2판

서양 패션의 변천사

고대부터 현대까지

2판

서양 패션의 변천사

THE HISTORY OF WESTERN FASHION

고대부터 현대까지

신혜순 지음
SHIN, HEISOON

교문사

PREFACE

"패션은 사회를 비추는 거울이다(Fashion is the Mirror of Society)." 이 말은 의식주 중에서도 특히 의복이 시대의 사회상을 가장 잘 표현함을 강조하고 있습니다. 이러한 맥락에서 볼 때 서양 패션을 이해하기 위해서는 서양 세계의 정치, 사회, 경제, 문화뿐만 아니라 학문, 예술, 사상 등 인간의 모든 활동 분야의 종합적 지식을 습득해야 할 것입니다.

6,000여 년의 문화와 패션사를 400여 쪽에 담기란 쉽지 않은 일임이 당연하지만 나름대로 큰 줄기를 잡고, 가는 줄기부터 잎사귀까지 간단명료하게 정리하고자 노력하였습니다. 그림은 가능한 한 화질이 좋고 시각적·디자인적으로 감동을 줄 수 있는 것을 뽑아 색상, 디자인, 소재가 잘 드러나게 하려 애썼으나 패션사 초반을 서술하는 부분의 자료 상태가 미흡하여 아쉬움이 남습니다.

대부분의 서양 패션사 관련 책에서는 서양의 패션만을 다루고 있지만 이 책은 20세기부터는 적은 분량이더라도 한국 패션사를 함께 서술하였습니다. 우리나라는 개화기에 처음으로 서양 패션이 도입되었습니다. 서양 패션은 현대에 와서는 국민 정서와 경제생활에 기여하고, 밖으로는 활발한 국제 교류를 통해 한국 패션의 발전을 세계에 알림으로써 국가의 위상을 높이고 있습니다. 따라서 우리나라에 들어온 서양 패션이 어떻게 변해갔는지를 비교·분석함으로써 한국 패션 문화의 정체성 확립에 보탬이 되었으면 합니다. 부디 이 책이 세계화 시대를 살아가는 패션 디자인 전공자에게 좋은 안내서가 되기를 희망합니다.

책이 발간되기까지 귀한 자료를 제공해주신 전 뉴욕 메트로폴리탄박물관 큐레이터 고(故) 김숙 씨와 비벌리 버크스(Beverly Birks), 뉴욕 FIT 박물관의 큐레이터 퍼트리샤 미어스(Patricia Mears), 이상봉 디자이너, 여러 디자인 기관과 패션 기관의 종사자 분들과 번역을 도와준 남편, 이운영 교수님, 이정화 씨, 김용희 씨, 출판을 맡아주신 류원식 사장님을 비롯한 관계 기관의 임직원 여러분께 진심으로 감사드립니다.

2020년 11월
SUNY Korea FIT
한국현대의상박물관
관장 신혜순

선생님의 전화를 받고 '아, 또 책을 내시는구나' 하고 감탄이 절로 났다. 몸이 불편하시니 건강에 유의하시라고 스승의 날에 찾아뵙고 말씀을 드렸는데 말이다. 나는 선생님을 뵐 때마다 패션의 선구자이자 교육자로서 수많은 제자들을 길러 내신 최경자 선생님이 떠오르곤 한다. 선생님께서는 역시 피는 못 속이나 싶을 정도의 열정과 제자 사랑으로 지금도 교단에 서시면서 패션계의 교과서인 《서양 패션의 변천사》를 출판하셨다. 이 책은 의상에 대한 시대적인 비교 분석이 담겨 있어 패션 인생 40년이 다된 나 역시 다시금 들여다보게 되는 필독서이다.

선생님과 국제패션디자인연구원에서의 인연은 나에게는 행운이었다. 패션에 대한 목마름은 원장으로 계셨던 신혜순 선생님과의 만남을 통해 디자이너의 꿈으로 바뀌게 되었다. 신혜순 선생님께서는 디자이너의 꿈을 접으시고 어머니이신 최경자 선생님과 함께 교육자로 계시면서, 제자들에게 꿈과 용기를 심어주셨다. 선생님에게 난 항상 제자로서 부족하다고 생각하기에 죄송하고는 했다.

"감사합니다. 선생님! 패션의 열정과 사랑으로 디자이너의 여정에서 남은 꿈을 키워나가겠습니다."라고 말씀을 드리고 싶다. 이번에 개정되어 출간되는 이 책에서 여러 후배 디자이너들이 그들의 멋진 꿈을 완성하는 데 도움을 받길 기원한다.

나의 스승 신혜순 선생님께
제자 이상봉 올림

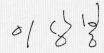

6

패션의 변천사

각국은 자국의 의상 발전을 위하여 타국의 기술적인 노하우를 받아들이고자 노력해왔다. 이 책의 목적은 지난 수천 년 동안 변화되어온 스타일과 패션의 주요 포인트를 짚어보는 것이다. 11세기에는 의복을 그저 다양한 방법으로 걸치는 데 그쳤고, 모양이나 스타일에는 큰 변화가 없었다. 튜닉은 아주 일반적인 것으로 거의 모든 사람이 입었다. 다만 옷감의 질과 길이가 입는 사람의 사회적 위치에 따라 달랐다. 예를 들면 부자들은 동방에서 유입된 고급 실크 소재의 튜닉을, 가난한 사람들은 값이 싼 소재의 튜닉을 입었다.

중세에는 귀부인들의 의상이 더욱 화려해졌는데, 이는 11세기 이후 십자군이 동방에서 가져온 다양한 소재의 영향이 컸다. 이 시대 남성들의 의상도 당시 큰 인기를 끌던 이탈리아풍의 스타일을 따라 급변하였다. 하지만 모든 패션이 그러하듯 유행은 오래가지 못하였고, 이 과정에서 여성의 패션이 신체 일부가 아닌 전부를 커버하는 경향으로 발전하였다.

16세기 들어 스페인 왕실의 패션이 전 세계 패션을 리드한 데는 정치적인 이유도 큰 몫을 하였다. 당시 강력했던 스페인 제국은 유럽의 대부분과 아메리카 신대륙, 아프리카를 지배하던 거대한 왕국이었다. 패션이 트렌드와 실루엣보다는 사회적 신분과 부의 상징인 보석을 과시하는 데 가려져 단순한 배경으로 밀려나는 모양새였다. 이러한 상황에서 프랑스가 스페인풍의 부자연스러운 패션에 대항하여 변화를 모색하기 시작하였다.

1625년경에는 남녀 모두의 실루엣에 큰 변화가 생겼다. 큰 심을 집어넣거나 빳빳하게 만들었던 스페인 스타일이 사라지고, 넓게 퍼진 파팅게일 스커트나 삼각형의 가슴 장식인 스토

마커가 없어졌다. 대신 활동이 편하도록 부드럽게 주름이 잡힌 롱스커트가 등장하였다. 값비싼 보석이나 고래 뼈로 만든 장식 또는 부속품은 레이스나 리본으로 바뀌었고, 하이 웨이스트 라인은 정상적인 허리선에 맞는 스커트로 대체되기 시작하였다.

남성의 의상도 여성적으로 변화하기 시작해서 널따란 라인 그레이브 바지 위에 리본 고리의 장식을 과도하게 단 페티코트가 등장했는데, 이는 우스꽝스럽기까지 했다. 또 다른 프랑스의 영향은 가발로, 이는 상류계급의 상징처럼 여겨졌다. 이 시대 남성들은 매우 화려한 가발을 착용하여 여성들의 길고 컬이 들어간 가발이 미처 상대가 되지 못하였다. 여성들은 남성의 호화스러운 가발에 대항하여 레이스와 리본으로 장식한 퐁탕주(Fontange, 높은 머리 장식)를 착용하였다.

바로크 시대(17~18세기 초)의 사치스러운 스타일은 점점 더 우아하고 품위 있는 스타일로 바뀌어갔다. 이때 남성 패션에 등장한 것이 쥐스토코르(Justaucorps)인데, 이는 무릎길이의 긴 코트로 조끼와 반바지와 함께 스리피스 앙상블을 이루어 남성 슈트의 대표가 되었다. 여성들은 페티코트 위 스커트를 뒤쪽으로 길게 늘어뜨리는 트레인(Train)을 끌고 다녔다. 스커트 뒤쪽에는 프레임으로 받쳐주는 장식이 있었는데, 이것이 버슬(Bustle) 스타일의 시초가 되었다.

로코코 시대(18세기)에는 프랑스에서 시작된 유럽풍 미술과 자유분방함이 함께 어우러졌다. 여성의 가발은 놀라울 정도로 높이 올라갔다. 프랑스 혁명(1789~1794)이 끝난 1795년에는 프랑스 집정내각이 들어서면서 더욱 매혹적인 패션 시대가 열렸다. 이 시대의 특징은 하이 웨이스트 라인의 여성 의상이 제1차 제국 시대 동안 유지되었다는 것이다. 또한 새롭고 단순한 패션이 기다란 흰색 가운에 반영되었는데, 이는 당시로서는 아주 패셔너블한 것이었다. 이 밖에도 부드럽고 투

명한 가운이 크게 유행하였다.

나폴레옹 시대의 조제핀(Joséphine) 황후는 화려한 패션으로 프랑스를 비롯한 유럽 패션을 리드하였다. 혁명 전 프랑스 패션에 영향력을 미쳤던 영국은 남성복 발전에 꾸준히 기여하였고, 영국의 유명한 멋쟁이 조지 브라이언 브럼멜(Geroge Bryan Brummell)이 영국식 재단법을 완성하였다.

로맨틱 시대(19세기)는 문학인의 시대였다. 프랑스 혁명 당시 망명했던 귀족과 왕족이 파리로 돌아왔을 때에는 긴 시스(Sheath) 드레스와 하이 웨이스트 의상이 사라지고 가벼운 코르셋이 재등장하였다.

1840년부터 1870년의 로코코 시대에는 크리놀린이 부활하였다. 이 무렵에는 재봉틀의 탄생으로 옷을 만드는 것이 대중화되었다. 빅토리아 여왕 시대(1837~1901)에는 여성해방운동이 시작되었지만, 그 당시에도 여성들의 패션에서는 장식품과 액세서리가 강조되었다. 남성의 의상에서는 평범한 스타일과 새로운 생산 방식이 빠르게 자리를 잡아가고 있었다.

20세기는 벨 에포크 시대(La Belle Époque, 1880~1905), 에드워드 시대로 불렸다. 깁슨 걸(Gibson Girl) 시대에는 깁슨 걸 초상화의 영향으로 패션에 큰 변화가 생겼다. 1910년경 유럽에서는 폴 푸아레(Paul Poiret)와 여러 디자이너에 의해 변화의 바람이 불었다.

제1차 세계대전 시기와 그에 따른 국제적 격변기에는 패션도 많이 변화되었다. 남성복은 외양상 표준화되었고 스포츠나 자동차 운전 같은 새로운 활동 영역이 패션에 영향을 미쳤다. 여성의 패션에도 변화가 있었는데 1900년대의 가느다란 파이프, 관 모양의 실루엣과 남성적 룩이 여성 패션에 영향을 끼쳤다. 날씬한 실루엣이 인기를 끌었고 허리선이 힙까지 내려왔으며 햄 라인은 무릎까지 올라왔다.

광란의 1920년대에는 소년처럼 보이는 납작한 가슴과 버스트 라인이 소개되었다. 유행의 첨단을 걷는 클로시 해트(Cloche Hat, 종 모양의 여성 모자)는 단발머리나 싱글 커트 스타일에 모두 어울리는 것이었다.

1930년대에 들어와서는 가냘프고 남성미가 넘치는 스타일이 사라지고 가슴 라인과 무릎에서 장딴지까지 내려오는 롱스커트가 부활하였다. 또한 할리우드 영화가 세계 패션을 지배하였다. 이에 따라 은막의 배우들이 당시 패션을 리드하던 저명한 여성을 몰아내고 그들의 자리를 차지하였다.

1940년대에는 제2차 세계대전이 패션에 놀랄 만큼 영향을 끼쳤다. 실루엣은 가늘어졌고 물자가 부족해지면서 더 적은 양의 옷감을 사용하였다. 수백만 명의 여성이 나라를 위해 유니폼을 입고 군에 입대하기도 했다. 그 후 전쟁이 끝나면서 넓게 퍼지는 롱스커트를 착용한 여성스러운 스타일이 소개되면서 뉴룩(New Look) 시대가 열렸다.

1950년대 초반의 의상은 1939년 이전보다 덜 형식적이었으나 여성들은 전쟁 전의 우아한 스타일로 돌아가려고 하였다. 남성들이 정장풍의 에드워드 스타일을 추구하면서 테디 보이(Teddy Boy)가 즐겨 입는 양복은 하류층에서나 입는 것이 되었다.

1960년대에는 돌리 걸(Dolly Girl)과 미니 드레스라는 재치 있는 패션이 선호되었고, 민족 고유의 의상이나 시스루(See-through) 스타일이 등장하였다. 디자이너들이 형식적인 디자인을 내놓기 시작하면서, 장식이 달린 스타일과 바지 정장의 슈트 스타일이 유행하기 시작하였다. 진(Jean)의 인기도 무척 높았다.

1970년대에는 장딴지 길이의 미디 실루엣에 약간의 변화가 있었지만, 곧 맥시스커트가 인기를 끌었다. 또 데님 진(Denim Jean)과 바지통이 넓은 판탈롱이 패션에 큰 영향을 끼쳤다. 이 시기에 선보였던 평상복, 컨트리 룩(Country Look)은 큰 흐름을 만들어냈으며 이러한 경향이 1980년대까지 지속되었다.

1980년대에는 1970년대의 스타일이 계속 유행하였으나 지나치게 도전적인 펑크(Punk)스타일은 점차 시들어갔다. 남성처럼 어깨가 넓어 보이게 하면서 여성의 몸매를 그대로 살리는 아워글라스(Hourgrass) 라인이 다시 나타나는 한편, 여성이 남성성을 지향하거나 남성이 여성성을 지향하는 앤드로지너스(Androgynous) 스타일이나 민속풍의 복장에서 유래된 포크로어(Folklore) 스타일, 클래식 스타일 등이 유행하였다. 1980년대 말과 1990년대 초반에는 팝아트(Pop-art)와 피카소(Picasso)의 그림 스타일이 트렌드의 한 축을 담당하였다.

1990년대는 '개성의 시대'였다. 미니멀리즘에서 사이버 룩까지 개인의 고유한 성향을 십분 존중했던 시기로, 다양한 스타일이 숨 가쁘게 교체되었다. 그중에서도 가장 압도적이었던 패션 경향은 미니멀리즘으로 샤넬, 루이 비통, 크리스챤 디올, 이세이 미야케 등의 모던 룩이 유행하였고 1990년대 후반에는 자연으로 돌아가자는 주장이 나오면서 에콜로지(Ecology)를 비롯한 에스닉 룩, 그런지 룩, 네오 히피 룩, 아방가르드 룩, 사이버 룩, 레트로가 유행하였다.

2000년대에는 백화점을 비롯하여 인터넷 쇼핑몰, 홈쇼핑 등 새로운 채널이 생겨나고 패션과 트렌드가 더욱 세분화되면서 '패션의 춘추전국 시대'가 열렸다. 2000년대의 가장 두드러진 트렌드는 레트로 열풍으로 이는 1960~1980년대의 패션 테마에 현대적인 감각을 섞어 새로운 패션 감성을 표출한 것이었다. 레트로 열풍의 예로는 내추럴리즘과 아프리칸 에스닉, 웨스턴 히피 룩, 빈티지 스타일 등을 들 수 있다.

의 복 의 기 능

'인류 최초로 몸을 가린 방법은 무엇이었을까?' 하는 질문은 한마디로 대답하기 어려운 문제다. 학자들은 신체 보호가 최초의 옷의 기능이었을 것으로 추측한다. 원시 시대에는 식량, 주거 시설, 그다음으로 옷이 꼽혔다고도 하며 혹자는 옷의 기원이 에덴의 동산에서 아담과 이브가 걸쳤던 가죽 조각이라고도 한다. 그 증거로 프랑스의 퐁 드 곰(Font de Gaume) 동굴 벽화와 스페인의 알타미라(Altamira) 동굴 벽화, 살타도라(Saltadora)의 동굴 벽화를 들 수 있다. 실제로 많은 사람이 거의 비슷한 시기에 세계 여러 곳에서 특정 기후와 지역에서만 나는 소재로 옷이 만들어졌을 거라 믿고 있다.

역사가 기록되기 전부터 인간은 자신의 몸을 보호하려 했고 그 위에 도덕, 규범, 사회적 관습 등이 변수를 이루었다. 우리의 몸을 보호하는 옷과 천의 종류는 계속해서 변화하다가 차츰 여러 가지 중요한 요소로 인하여 그 변화가 빨라지기 시작했는데, 세 가지 중요한 요인으로 ① 사회적·정치적 영향, ② 기술의 발달과 생산성 향상, ③ 미적 감각과 문화적인 콘셉트 등을 들 수 있다. 이 밖에도 부수적인 요인으로는 ① 철학적·경제적·심리적 요인, ② 사용 가능 여부와 발명, 공업화, ③ 라인(선), 칼라(색), 소재 등이 있다.

전쟁이나 군주제의 역사는 비교적 정확히 기록할 수 있으나, 패션의 변천사를 정확히 기록한다는 것이 쉬운 일은 아니다. 유행과 지역성, 국가 간의 힘의 균형에 따라 탄생한 문화의 융합 등이 복합적으로 영향을 끼치기 때문이다. 오늘날과 같이 빠른 통신이 가능한 시대에도 사람들이 새로운 콘셉트와 동화하는 데는 시간이 걸린다. 하물며 과거에는 패션이란 것이 쉽게 받아들여지지 않았고 공존하거나 곧바로 수용되기 힘든 것 중 하나였으며 때로는 무가치하게 여겨지기도 했다.

패션이 예술의 한 형태임을 부정할 수 없는 까닭이 바로 여기에 있다. 패션은 디자이너가 선택한 실루엣, 모양, 색, 소재에 의해 창조된다. 예부터 옷을 잘 입는다는 것은 삶을 아름답게 영위해나가는 방법 중 하나였다. 위대한 시각적 창조의 대가, 예를 들어 레오나르도 다빈치는 근대 패션 디자이너로 유명한 가브리엘 샤넬이나 발렌시아가처럼 패션 트렌드에 직접적인 영향을 끼쳤다. 다빈치는 축제나 무도회에 갈 때만큼은 아주 특별하고 예술적인 의상을 직접 만들어 입었다.

이 책은 여러 장의 그림을 통해 과거부터 현재에 이르는 사람들의 패션을 소개하고자 한다. 다만 아주 오래된 의상은 그 원형이 남아 있는 것이 많지 않고, 그것을 회화로 표현한 것은 사실과는 살짝 다른 경우가 있어 실제로 의상을 착용했던 이들의 생활을 뚜렷하게 파악하기가 쉽지 않다. 따라서 자료의 질을 높이기 위해 회화나 사진뿐만 아니라 예술 작품의 복제품 등을 삽입하여 패션의 변천사를 설명하고자 하였다. 부디 이 책을 통해 한 시대를 풍미했던 패션 스타일과 그 변천사를 한눈에 살펴볼 수 있었으면 한다. 또한 어느 시대에 어떤 패션이 유행했는지 쉽게 알 수 있었으면 하는 바람이다.

CONTENTS

머리말 5

추천사 6

프롤로그 7

고대

CHAPTER 1
이집트 시대의 패션

1. 이집트 시대의 사회와 문화적 배경 16

2. 이집트 시대 패션 18

3. 헤어스타일과 액세서리 22

이집트 시대

CHAPTER 2
메소포타미아 시대의 패션

1. 메소포타미아 시대의 사회와 문화적 배경 30

2. 메소포타미아 시대 패션 31

3. 헤어스타일과 액세서리 35

CHAPTER 3
크레타 시대의 패션

1. 크레타 시대의 사회와 문화적 배경 42

2. 크레타 시대 패션 44

3. 헤어스타일과 액세서리 47

그리스 시대

CHAPTER 4
그리스 시대의 패션

1. 그리스 시대의 사회와 문화적 배경 52

2. 그리스 시대 패션 54

3. 헤어스타일과 액세서리 60

CHAPTER 5
로마 시대의 패션

1. 로마 시대의 사회와 문화적 배경 66

2. 로마 시대 패션 67

3. 헤어스타일과 액세서리 70

비잔틴 시대

중세

CHAPTER 6
비잔틴 시대의 패션

1. 비잔틴 시대의 사회와 문화적 배경 76

2. 비잔틴 시대 패션 77

3. 헤어스타일과 액세서리 81

CHAPTER 7

로마네스크 시대의 패션

1. 로마네스크 시대의 사회와 문화적 배경 88

2. 로마네스크 시대 패션 89

3. 헤어스타일과 액세서리 91

CHAPTER 8

고딕 시대의 패션

1. 고딕 시대의 사회와 문화적 배경 98

2. 고딕 시대 패션 98

3. 헤어스타일과 액세서리 104

고딕 시대

근세

CHAPTER 9

르네상스 시대의 패션

1. 르네상스 시대의 사회와 문화적 배경 110

2. 르네상스 시대 패션 111

3. 헤어스타일과 액세서리 120

CHAPTER 10

바로크 시대의 패션

1. 바로크 시대의 사회와 문화적 배경 126

2. 바로크 시대 패션 127

3. 헤어스타일과 액세서리 136

바로크 시대

CHAPTER 11

로코코 시대의 패션

1. 로코코 시대의 사회와 문화적 배경 142

2. 로코코 시대 패션 143

3. 헤어스타일과 액세서리 156

근대

CHAPTER 12

엠파이어 시대의 패션

1. 엠파이어 시대의 사회와 문화적 배경 164

2. 엠파이어 시대 패션 167

3. 헤어스타일과 액세서리 173

로코코 시대

CHAPTER 13

로맨틱 시대의 패션

1. 로맨틱 시대의 사회와 문화적 배경 180

2. 로맨틱 시대 패션 181

3. 헤어스타일과 액세서리 186

CHAPTER 14

크리놀린 시대의 패션

1. 크리놀린 시대의 사회와 문화적 배경 192

2. 크리놀린 시대 패션 193

3. 헤어스타일과 액세서리 199

크리놀린 시대

CHAPTER 15

버슬, 아르누보 시대의 패션

1. 버슬, 아르누보 시대의 사회와 문화적 배경 204

2. 버슬, 아르누보 시대 패션 206

3. 헤어스타일과 액세서리 215

버슬 시대

현대

CHAPTER 16

1910년대의 패션

1. 1910년대의 사회와 문화적 배경 220

2. 1910년대 패션 220

3. 헤어스타일과 액세서리 225

CHAPTER 17

1920년대의 패션

1. 1920년대의 사회와 문화적 배경 232

2. 1920년대 패션 234

3. 헤어스타일과 액세서리 237

1920년대

CHAPTER 18

1930년대의 패션

1. 1930년대의 사회와 문화적 배경 244

2. 1930년대 패션 245

3. 헤어스타일과 액세서리 249

CHAPTER 19

1940년대의 패션

1. 1940년대의 사회와 문화적 배경 254

2. 1940년대 패션 255

3. 헤어스타일과 액세서리 260

1940년대

CHAPTER 20

1950년대의 패션

1. 1950년대의 사회와 문화적 배경 266

2. 1950년대 패션 268

3. 헤어스타일과 액세서리 273

CHAPTER 21

1960년대의 패션

1. 1960년대의 사회와 문화적 배경 280

2. 1960년대 패션 283

3. 헤어스타일과 액세서리 285

1960년대

CHAPTER 22

1970년대의 패션

1. 1970년대의 사회와 문화적 배경 290

2. 1970년대 패션 293

3. 헤어스타일과 액세서리 294

CHAPTER 23
1980년대의 패션

1. 1980년대의 사회와 문화적 배경 300

2. 1980년대 패션 302

3. 헤어스타일과 액세서리 305

1980년대

CHAPTER 24
1990년대의 패션

1. 1990년대의 사회와 문화적 배경 310

2. 1990년대 패션 312

3. 헤어스타일과 액세서리 314

CHAPTER 25
2000년대의 패션

1. 2000년대의 사회와 문화적 배경 320

2. 2000년대 패션 321

3. 헤어스타일과 액세서리 325

2000년대

CHAPTER 26
2010년대의 패션

1. 2010년대의 사회와 문화적 배경 330

2. 2010년대 패션 331

3. 헤어스타일과 액세서리 336

CHAPTER 27
2020년대의 패션

1. 2020년대의 사회와 문화적 배경 342

2. 2020년대 패션 343

3. 헤어스타일과 액세서리 348

2020년대

1910~2020년대 패션의 변천사 351

참고문헌 354

그림출처 356

찾아보기 364

1-1 거대한 스핑크스와 피라미드

CHAPTER 1
이집트 시대의 패션

1. 이집트 시대의 사회와 문화적 배경

이집트(Egypt)를 '세상의 어머니'라고 부르는 것은 세계 최초의 문화가 이곳에서 시작되었기 때문이다. 이집트의 주인이었던 강력하고 신성화된 파라오들이 세운 고대 이집트 문화라는 기반 위에 외국에서 침입해 들어온 알렉산더가 그리스 대제국을 세웠고 로마 제국, 비잔틴 제국, 이슬람 제국, 오스만 튀르크 제국이 남겨놓은 문화가 합쳐져 헬레니즘 로마·비잔틴·이슬람 문화 모두가 나일 강 지역 문화의 토대 위에서 꽃을 피웠다. 이집트는 북위 22~32도의 아열대 지역에 위치하고 중심에는 나일 강이 흐르고 있다. 서양 문화의 뿌리는 바로 이 나일 문화를 시초로 한다.

나일 강은 이집트 문명의 근원이다. 남북을 관통하는 대동맥이 된 이 강은 고대 이집트인들에게 풍요로운 물자를 가져다주었다. 나일 강은 예술적 영감의 발로였다. 고대 이집트인들은 죽음 후에 영원한 내세가 있다고 여겼기 때문에 항상 내세를 잘 보낼 수 있는 방법을 강구하였고, 예술과 종교의 발전이 모두 내세를 둘러싸고 이루어졌다. 따라서 오늘날 남아 있는 건축물들은 왕궁보다는 신전이나 무덤이 많다. 벽화도 현재의 모습보다는 미래의 이상적인 모습을 표현한 것이 많다.

고대 문명 중에서 이집트 문명만큼 오래 지속된 문명은 없다. BC 3100년경부터 BC 331년에 이르기까지 정치적 연속성을 유지할 수 있었던 것은 나일 강이 깊은 계곡을 이루고, 그 주위가 사막으로 둘러싸인 지리적 조건 때문이었다. 하지만 왕조가 바뀌고 전쟁과 종교 분쟁으로 얼룩진 고대 이집트는 셈족의 침략으로 완전히 멸망하였다.

이집트의 정치사는 크게 네 개의 시대, 즉 최고왕국 및 고왕국(BC 3100~BC 2180), 중왕국(BC 2040~BC 1785), 신왕국(BC 1560~BC 1085), 최신왕국(BC 1560~BC 1085)으로 구분

1-2 고대 이집트의 건축예술

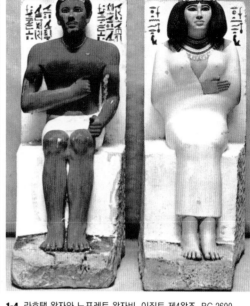

1-3 이집트 상형문자

1-4 라호탭 왕자와 노프레트 왕자비, 이집트 제4왕조, BC 2600

할 수 있다.

고대 이집트는 피라미드(Pyramid)의 시기라 불릴 만큼 많은 피라미드가 건설되었다. 고대 이집트인들은 파라오를 자신들의 왕이자 태양신의 아들이며, 죽은 후에 부활할 것이라는 종교적 믿음을 갖고 있었다. 피라미드는 삼각형이 주는 안정감과 독특한 내세관을 접목시킨 것이다. 조세르(Zoser) 왕의 계단식 피라미드를 시발점으로 하여 파라오들은 더 크고 높은 피라미드를 건축하기 시작하였다. 이집트의 거대하고 장엄한 피라미드는 건축예술의 대표작이자 소중한 유산이다〈그림 1-1〉.

고대 이집트의 건축예술〈그림 1-2〉은 절벽의 바위 같은 자연물에서 영감을 받아 만들어졌다. 식물을 주제로 한 일정한 양식(파피루스, 연꽃, 종려나무), 원시의 구조를 모방한 양식(목재, 갈대, 점토로 만든 구조) 등은 고대 이집트의 테베(Thebae, 나일 강가의 고대 이집트 수도)와 룩소르(Luxor) 신전에 있는 각종 양식의 화려한 기둥에서 그 모습을 찾아볼 수 있다. 또한 이집트의 상형문자는 세계 최초의 문자로 그 형태가 모든 문자의 기초가 되었다〈그림 1-3〉.

고대 벽화나 파피루스에 그려져 있는 고대 이집트인들은 지금 우리의 모습과 비슷하다. 밭을 갈고 빵을 굽고 포도주를 만들거나 낚시를 하고 소를 잡는 모습, 악기를 연주하고 춤을 추며 성대한 파티를 즐기고 있는 광경은 현대 생활에서도 쉽게 볼 수 있는 것이다. 또한 여성들의 화장, 의상과 목걸이, 팔찌, 반지 같은 액세서리 등 7,000년 전에 사용되었던 것들이 오늘날까지 그 디자인의 우수성을 드러내고 있다.

이집트의 지배 계급인 상류층, 귀족, 성직자들은 주거를 비롯하여 호화스러운 생활을 하였고 하류층의 노예들은 노동을 담당하며 비참한 생활을 하였다.

덥고 건조한 나일 강 지역에서 생활했던 이집트인들은 시원한 마 소재를 이용하여 신체의 일부를 가리거나 몸에 헐렁하게 두르는 간단한 옷을 만들어 입었다. 전신을 덮는 옷은 제18왕조경에 나타났으며 몸에 꼭 맞는 시스 드레스는 화려한 색과 무늬로 장식하였다.

고대 이집트 제18왕조의 파라오 아케나텐(Akhenaten)은 암몬 신전을 폐쇄하고 이집트에서 다른 신을 숭배하거나 제사를 지내는 것을 금지시켰다. 절세 아케나텐의 황후 네페르티티(Nefertiti)를 본뜬 상은 고대 이집트의 가장 완벽한 조각상으로 평가받고 있다〈그림 1-7〉. 네페르티티가 쓴 청색 관은 고대 이집트의 관과 달리 현대적인 디자인으로 가발은 따로 쓰지 않고 있다. 관은 다양한 색의 리본띠로 장식되어 있으며 앞에 있는 뱀의 형상은 머리가 없어지고 몸체만 남아 있다.

능력이 부족했던 젊은 파라오 투탕카멘(Tutankhamen)의 시대에는 제18왕조의 명성이 몰락하였고, 제19왕조가 역사를 창조하는 황금의 길에 들어서게 되었다. 온통 황금으로 만들어진 투탕카멘의 무덤은 1922년 11월 26일 저녁, 세상에 공개되면서 투탕카멘의 이름이 전 세계로 전파되었다.

1-5 아케나텐과 네페르티티, 이집트 제19왕조, BC 1555~BC **1-6** 샹테, 로인클로스를 착용한 아케나텐과 네페르티티 **1-7** 네페르티티 흉상
1330

그의 무덤은 도굴되지 않고 발견된 유일한 왕묘였다. 무덤 속에는 과일 바구니와 금으로 된 장식품, 황금 의자와 금으로 된 왕관, 왕의 미라를 감싼 황금 마스크까지 다양한 금 제품이 들어 있었다.

고대 이집트의 의학 중에서 가장 뛰어난 것을 꼽는다면 바로 미라 제작이라고 할 수 있다. 우리는 수천 년이 지난 후에도 완전한 체형을 유지하고 있는 미라를 통해 선조들의 점잖은 자세나 매력적인 미소를 추측할 수 있다. 고대 이집트의 관〈그림 1-8〉은 여러 층의 사람 모양으로 만들어졌으며, 얼굴 부위가 정교하게 조각되어 있다.

고왕국 시기에 제5왕조가 건립된 후에는 태양신 '라'〈그림 1-9〉에 대한 숭배가 전국으로 퍼져나갔다. 이집트 신화에서 '라'는 자손을 많이 낳게 하는 상징이었다. 이외에도 뱀과 이집트 신의 상징인 독수리, 로터스 식물무늬 등을 숭배하는 다신교를 믿었다.

이집트인들은 '안경뱀'을 수호신으로 추앙하였다. 파라오들은 이 뱀을 왕관 위에 달고서 태양신 '라'의 보호를 받는다고 여겼다. 고대 이집트인의 동물숭배사상은 대단하여 거의 모든 동물을 신으로 여겼기 때문에 이집트의 대신전에 들어서면 마치 동물 왕국에 온 것 같은 느낌을 받는다.

2. 이집트 시대 패션

나일 강 지역도 유프라테스 강 유역과 날씨가 비슷했으나, 이집트인들의 의복은 아시리아인이나 바빌로니아인보다 훨씬 간단하고 가벼웠다. 하류 계층과 왕궁의 노예들은 거의 나체로 생활하였다. 이집트에서 옷을 입는다는 것은 일종의 계층을 분류하는 방법이었다.

이집트의 패션은 직선, 곡선, 드레이퍼리가 기본 스타일이었다. 흰색이 가장 많이 사용되었고 원색의 밝은 빨강, 노랑, 청색 액세서리로 화려하게 장식을 하였다. 이집트인들은 기하학적인 감각이 뛰어나 패션에도 기하학적 무늬를 많이 사용하였다. 장식의 모티프로는 태양, 나일 강, 독수리, 무당벌레 등을 이용하였다. 소재로는 주로 품질이 좋고 폭이 넓은 리넨을 생산하여 사용하였으며, 주름을 잡는 고도의 기술을 디테일에 사용하였다. 무늬로는 주로 동물무늬, 기하학무늬, 식물무늬, 상형문자를 사용하였다. 동물은 주로 수소, 자칼, 뱀, 매, 하마 등 신을 상징하는 동물을 그려넣었으며 식물무늬는 로터스와 파피루스를 사용하였다. 리넨을 많이 쓴 이유는 재료인 아마사(亞麻絲)의 재배가 쉽고 옷감 자체가 뜨거운 기후에 적합했기 때문이다.

1-8 디엑혼스-이우판크의 관　**1-9** 햇볕을 발산하는 태양신 '라'　**1-10** 로인클로스와 튜닉을 착용한 사람들

1) 로인클로스

로인클로스(Loincloth)는 남녀 모두 착용했던 이집트의 대표적인 기본 의상으로, 직사각형 천을 허리에 대고 왼쪽 앞에서부터 시작하여 뒤로 돌려 감아 앞 중심에서 벨트나 끈으로 묶어 입었던 현대의 랩스커트(Wrap Skirt)와 같은 형태였다.

남성의 로인클로스는 초기에는 길이가 짧았으나 차차 길어지고 형태도 다양해졌다. 때로는 여러 개를 동시에 겹쳐서 착용하기도 하였다. 왕은 올이 고운 옷감으로 플리츠를 잡아서 만든 로인클로스에 왕을 상징하기 위해서 술로 장식된 허리띠나 쉔도트라는 앞 장식판을 같이 입었다. 이집트의 남성들은 어느 계급을 막론하고 민속 의상인 로인클로스를 입었다.

왕비는 길이가 긴 왕족의 하이크 튜닉을 입었다. 하이크의 앞 중심은 자수와 금속으로 장식되었고, 천을 리본 모양으로 묶어서 아래로 내렸다. 발에는 노출이 많은 샌들을 신었다. 왕족의 왕과 왕비는 청색 머리 가리개를 썼고 구슬, 자수, 여러 가지 보석 등으로 이루어진 넓은 네크웨어로 목 주위를 장식하였다.

투탕카멘 시대에는 로인클로스의 뒤를 허리 위까지 올라오게 하고, 앞쪽은 아랫배에 걸쳐 입어 배꼽을 노출시키면서 배를 더욱 불러 보이게 하여 다산을 표현하였다. 왕족 남성들은 전체적으로 주름이 잡힌 로인클로스에 왕을 상징하고 권위를 살리기 위한 태슬, 술이 달린 허리띠나 쉔도트라는 앞 장식판을 같이 착용하였다.

로인클로스의 일종으로는 킬트(Kilt), 파뉴(Pagne), 갈라 스커트(Gala Skirt) 등이 있었다. 로인클로스의 착용방법은 정사각형의 천을 허리에 둘러 입는 단순한 형태로 주름을 잡은 삼각 천을 장식으로 앞쪽에 늘어뜨리기도 했다. 왕은 장식이 복잡한 삼각형의 천을 앞쪽에 대기도 했는데 이는 권력의 상징이었다. 왕의 로인클로스는 일명 파뉴라고 불렸다. 앞에 달리는 장식으로는 허리에 장식하는 쉔도트와 태슬(Tassel)이 있었다.

(1) 킬트

킬트(Kilt)는 신왕국 이후에 일반적인 사람들이 입었던 로인클로스의 일종으로, 한 장의 천을 허리에 둘러서 입는 간단한 스커트였다. 격자무늬의 옷감을 사용하여 칼날 모양의 나이프 플리츠로 만든 스코틀랜드의 전통 의상인 남성용 스커트와 그 형태가 유사하다.

킬트는 앞자락을 자연스러운 주름으로 처리한 것으로, 초기의 킬트는 허리에서 허벅지 정도까지 오는 길이였으나 점점 밑으로 내려와 발목까지 오는 등 길이가 다양해졌다.

〈그림 1-12〉는 투탕카멘과 왕비의 모습이다. 왕좌에 앉은 왕은 발목까지 오는 킬트와 쉔도트를 입고 있다. 허리에는 장식으로 쓰는 폭이 넓은 벨트가 감겨 있고, 스커트의 드레이프는 우아하다. 왕비는 황금과 에나멜로 장식된 목걸이, 파시움을 걸고 하이크를 착용하였다. 왕과 왕비 모두 밝은 청색 가발을 쓰고 그 위에 머리 장식을 하였다. 머리에 쓴 관은 태양을 의미하는 것이다. 이 그림은 나무에 황금판을 입혀 유리나 보석으로 화려하게 장식한 의자 등받이에 새겨져 있다.

1-11 내세를 위해 재물을 바치는 장면

1-12 투탕카멘과 왕비
왕은 롱 킬트와 쉔도트를, 왕비는 하이크와 파시움(목걸이 장식)을 착용하고 있다.

(2) 파뉴

파뉴(Pagne)는 왕족 남성들이 착용했던 로인클로스의 일종으로 샹테, 킬트의 총칭이다. 이것은 허리에 한 번 하고도 반 정도를 둘러서 입었고 길이가 무릎, 허벅지, 발목까지 오는 등 다양하였다. 일반인이 착용하는 로인클로스보다 소재가 고급스러웠다. 파뉴는 주름이 전체적으로 잡혀 있는 옷으로 왕을 상징하는 태슬을 달거나 술이 달린 허리띠나 보석을 이용하여 화려하게 장식한 쉔도트라는 앞 장식판과 함께 착용하였다. 후에 주름이 많이 잡힌 파뉴를 가리켜 갈라 스커트(Gala Skirt)라고도 불렀다.

(3) 샹테

샹테(Schente)는 길이가 짧은 로인클로스로 한 장의 사각형 천을 배의 왼쪽 앞에서부터 뒤로 둘러 앞 중심에서 벨트로 고정시켜 입었다. 샹테는 왕부터 농부, 노예까지도 착용하던 옷이었다. 왕과 상류층의 사람들은 앞부분에 주름을 잡은 에이프런을 둘렀으며 하류층의 사람들은 끈으로 허리에다 둘러 묶었다.

2) 칼라시리스

칼라시리스(Kalasiris)는 남녀 모두가 착용하였던 로브(Robe) 스타일의 옷으로 긴 직사각형의 천을 반으로 접어서 목이 들어갈 수 있을 정도로 구멍을 내어 양옆을 바느질하여 박거나, 때로는 양옆을 바느질하지 않고 터놓았다.

왕족의 칼라시리스는 폭이 넓고 풍성하였으며 연예인들과 상류층 여성의 것은 옆을 터놓은 형태였다. 남성들은 허리에 폭이 넓은 끈을 묶었고, 여성들은 남성들보다 폭이 좁은 끈을 묶었다.

칼라시리스는 직조법이 발달된 신왕조 시대의 옷으로 매우 얇고 곱게 짠 리넨으로 만들어 인체가 아름답게 비치도록 한 것이었다. 반투명의 드레이프성이 좋은 직물로 만들었기에 특별한 장식을 추가하지는 않았다.

3) 쉔도트

쉔도트(Shendot 혹은 Shendyt)는 왕족 남성들이 파뉴 위에 둘렀던 에이프런 형태의 장식 패널로 벨트에 부착되었다. 이는 헝겊으로 납작하게 만든 판 위에 갖가지 화려한 보석을 달아 왕족의 위엄을 돋보이게 하였다.

보석으로 장식하지 않을 경우에는 앞 중심선을 플리츠, 주름 장식으로 꾸몄다. 이것은 BC 2500년 이후부터 남성의 액세서리로 착용되었으며 삼각형, 사각형 등 형태와 크기가 다양하였다.

1-13 왕의 행렬에서 샹테, 시스 스커트를 착용한 사람들

4) 트라이앵글러 에이프런

트라이앵글러 에이프런(Triangular Apron)은 고대 이집트 왕족 남성들이 장식적인 효과를 주기 위해 착용한 것으로 태양의 햇살을 상징하는 주름이 삼각형 모양의 에이프런 한쪽 모서리에서부터 방사선형으로 잡혀 있었다.

허리띠 끝에는 뱀 머리 모양의 장식인 우라에우스(Uraeus)를 매달았다. 왕은 로인클로스 위에 이 트라이앵글러 에이프런을 착용하였다.

5) 시스 스커트

시스 스커트(Sheath Skirt)는 여성들이 착용한 것으로 직사각형의 천을 옆선에서 접어 한쪽 끝을 막고 한두 개의 어깨끈을 V자나 11자 형태로 단 몸에 꼭 끼게 입는 것이었다. 오늘날의 타이트한 시스 드레스와 같은 형태의 롱 원피스 드레스로, 계층을 막론하고 착용하였다.

이것은 허리에서 약간 올라간 하이 웨이스트(High Waist) 스타일로 유방이 노출되기도 하였다. 소재로는 리넨, 모직 또는 가죽을 사용하였다. 화려하고 아름다운 색에 기하학적인 무늬를 주로 넣고 구슬을 달거나 수를 놓아 화려하게 장식하였다.

시스 스커트는 하이 웨이스트 라인, 엠파이어(Empire) 라인의 시초라고 볼 수 있으며, 시스 드레스 혹은 시스 가운이라고도 칭한다.

6) 하이크

하이크(Hike)는 상류계급의 남녀가 이중으로 몸에 걸치거나 둘렀던 숄(Shawl) 형태의 의상〈그림 1-15〉으로 신왕국 시대 소아시아 지방에서 유래한 이름이다. 왕이나 왕족들이 착용한 것은 '로열 하이크'라고 불렸다.

하이크는 두르는 방법에 따라 다양하게 연출되는 이집트 의상 중에서 가장 우아하고 창의성을 발휘할 수 있는 스타일로, 드레이퍼리 형태의 의상이 이집트에서 유래되었다는 사실을 확인시켜준다.

〈그림 1-16〉의 포톨레마이오스 필라 델푸스 왕은 왕실을 상징하는 코브라를 모자에 달고, 로인클로스를 입고 가죽으로 된 앞치마, 트라이앵글러 에이프런을 하고 있다. 옆에 있는 클레오파트라 여왕은 왕실을 상징하는 코브라가 있는 리본으로 머리카락을 땋아 내렸다. 머리에 있는 두 개의 깃털은 최상의 신분을 의미하는 머리 장식이고 태양, 공, 숫양의 뿔은 다산을 상징하며, 손에 쥔 안크(Ankh) 십자가는 생명을 상징한다. 몸에는 시스 드레스를 착용하고 있다.

7) 튜닉

튜닉(Tunic)은 직사각형의 천을 반으로 접고 앞 중앙 목둘레선을 T자 형태로 자른 후, 양쪽 옆 솔기가 소매가 되도록 하고 팔이 들어갈 정도만 남기고 나머지를 단까지 꿰어 막히게 한 옷이다. 짧은 블라우스 형태의 상의는 축제나 행사 때

1-14 칼라시리스를 입은 무용수와 구경꾼, BC 1580~BC 1321 　**1-15** 하이크를 착용한 여성 　　　　**1-16** 포톨레마이오스 필라 델푸스와 클레오파트라

귀족들이 착용하였다. 이 의복은 AD 1세기 로마의 달마티아 (Dalmatia) 지역에서 기독교인들이 착용하기 시작하여 후에 달마티카(Dalmatica)로 불렸다.

3. 헤어스타일과 액세서리

1) 헤어스타일

이집트에서는 태양열로부터 머리를 보호하기 위하여 머리카락을 밀거나 짧게 자른 후 가발을 착용하였다. 가발은 종려나무나 리넨으로 만들었는데 나중에는 사람의 머리카락을 이용하기도 했다. 이집트인들은 머리손질에 신경을 많이 써서 머리카락을 꼬불꼬불하게 꼬거나 인조머리인 가발을 얹고 작은 고리로 고정시켰다. 부자들은 사람의 머리카락으로 만든 가발을 썼고, 가난한 사람들은 양털로 만든 가발을 썼다. 가발의 길이는 계층을 나타내는 척도로 상류계층은 가발을 길게 늘어뜨렸다. 초기에는 단발머리 정도의 길이였던 가발은 후기로 갈수록 길고 풍성한 스타일이 되었다. 색은 검은색이 일반적이었으나 청색, 황금색으로 염색을 하거나 붙임머리로 머리를 꾸미기도 하였다.

　카우 혼(Cow Horn)〈그림 1-16〉은 사회적 지위를 표현해주었던 머리 장식으로, 좌우로 벌어진 소뿔 사이에 태양을 상징하는 둥근 원이 들어 있는 모양이었다. 왕은 원추형 왕관을 썼는데 시대에 따라 색과 모양이 조금씩 달랐다.

　고대 이집트 여성들은 뜨거운 열대 지방의 기후와 태양의 영향을 받아 거들이나 머리를 덮는 크라프트(Craft)만 사용하였다. 크라프트는 일반적으로 두껍고 줄이 긴 재료로 만들어 관자놀이에서 고정시키도록 되어 있었다. 이 크라프트는 접힌 상태로 어깨까지 내려오며 귀를 덮기도 하고 또는 귀를 내놓기도 하는 것이었다. 일부 여성들은 특별히 디자인한 머리 장식을 하였다〈그림 1-18〉.

　투탕카멘의 미라에 덮여 있던 황금 마스크로 싸인 머리쓰개는 크라프트이다. 크라프트는 제4왕조(BC 3613~BC 2494) 이래로, 왕이나 왕비가 사용했던 것으로 줄무늬의 선을 이용한 일종의 두건이다. 왕관에는 상 이집트(나일 강 상류)왕의 상징인 독수리와 하 이집트(나일 강 하류)왕의 상징인 뱀을 붙이고 있다. 권력을 나타내기 위해 인공 턱수염도 사용하였다. 제18왕조 무렵에는 턱수염을 땋거나 앞쪽에 컬을 주어 이것을 귀에 가는 끈으로 유지시켰다.

2) 화장

이집트인들은 몸에서 향기가 나고 피부에서 윤기가 나는 것을 좋아하여 향료를 바르고, 향료병을 머리 장식으로 사용하기도 했다. 향유를 바르는 것은 뜨거운 태양볕으로부터 피부

1-17 투탕카멘의 마스크, BC 1352   **1-18** 고대 이집트 여성의 헤어스타일

를 보호하고, 해충으로부터의 피해를 막고, 종교의식을 표현하기 위해서였다. 고체 향수 키피(Kyphi)는 열여섯 가지 향이 나는 인류 최초의 조합향료였다.

그들은 많은 양의 화장품을 사용하였다. 눈을 더 커 보이게 하려고 눈에 청색이나 검은색을 칠하고, 또 눈을 거무스름하게 하고 눈썹을 길게 그렸는데 이것은 이집트인의 화장법 중 하나인 녹청색 화장 재료를 바르는 것이었다. 원래는 눈을 보호하고자 하는 목적이었으나, 하나의 화장법으로 정착되어 남녀 모두에게 유행하였다. 코울(Kohl, 청동과 금속재료 등의 가루를 동물 기름과 섞어 만든 액체)로 눈화장을 하기도 했는데 이는 미용의 목적뿐만 아니라 곤충을 쫓고 악령을 떨쳐버리고 질병으로부터 눈을 보호하려는 위생적인 목적도 있었으며 호루스의 상징이기도 하였다. 또한 볼에 흰색이나 빨간색을 바르기도 하였다. 이마에 나타난 핏줄은 청색으로, 입술은 진한 붉은색으로, 손톱은 주황색과 오렌지 계통의 붉은색으로 물들였다.

고대 이집트 유물이나 벽화에 그려진 여성들은 공작석에서 추출된 청록색, 나일 블루색으로 눈화장을 진하게 하여 눈을 강조하고 이집트의 식물인 헤나에서 추출한 원료로 볼, 입술, 손톱, 발톱에 화장을 한 모습이다.

이집트 여성들은 화장을 중요시하여 손거울을 꼭 들고 다녔다. 금박, 은, 유리로 만든 손거울에는 머리 모양의 손잡이가 달려 있었다. 이집트의 화장술은 고대 사회의 화장술 중에서 가장 발달한 것이었다. 여성들은 향유를 사용하여 피부를 관리하고 눈, 입술, 손톱 등을 치장하였다.

이집트 여성들은 미를 추구하고 아름다움에 대한 독특한 의식과 관념을 지니고 있었다. 즉 몸매는 날씬해야 했고 팔다리는 가늘어야 했으며 엉덩이는 뚜렷이 나타나면서도 크지 않아야 하며, 가슴은 둥글고 작아야 했다. 여성들을 표현한 크고 작은 조각상들은 대개 호감이 가는 동그란 얼굴형에 뺨이 토실토실하고, 때로는 근육이 단단해 보이는 경우도 있었다. 반면 여신상들은 한결같이 젊고 날씬하게 표현되었다.

역사 자료에 따르면 고대 이집트 역사상 20여 년을 통치했던 여성 파라오 하트셉수트(Hatshepsut)의 얼굴은 여성이지만, 남성적인 파라오의 모습을 하고 있는 것으로 알려져 있다. 사학자들의 기술에 따르면 하트셉수트는 찢어진 눈, 길고 좁으면서 오똑하게 솟은 코, 납작한 뺨, 작은 입, 얇은 입술, 갸름한 턱, 애교가 넘치는 미소와 아름다움, 위엄을 갖춘 복장에서 나타나는 여성스러운 부드러움, 신으로 받들어졌던 파라오의 신비하고도 영적인 모습이었다. 그녀는 스스로를 "상·하 이집트의 여왕", "여왕 호루스"라 칭하고 파라오의 정장을 착용하였다. 이 미모의 여왕은 동상이나 그림 등에서 파라오의 전통적인 모습처럼 수염을 기른 오시리스로 그려진다. 즉, 남장을 하고 이집트를 지배했던 것이다. 그녀가 단 인공 턱수염은 이집트만의 독창적인 장식성을 보여준다.

제18왕조 시대에는 이집트의 우수한 유리 제조기법을 이용

1-19 고대 이집트 여성의 화장

(a) 람세스의 아내, 네페르타리 왕비가 비치는 의상을 착용하고 코울이라는 화장품으로 눈화장을 하고 있다.

(b) 람세스 3세가 승리를 표시하기 위하여 손을 들고 있다.

(c) 최고의 신 아문 라(Amun-Ra)가 두 개의 긴 직선형 깃털로 된 모자를 쓰고, 왕권을 상징하는 홀을 들고 있다.

한 채색 유리로 만든 향료병〈그림 1-20〉을 즐겨 사용하였다.

3) 액세서리

이집트 사람들은 더운 날씨에 적응하기 위해 신체를 많이 노출하였다. 노출은 장식을 더 많이 하게 만드는 요인이었다. 신분의 차가 명확했던 이집트 사회의 상류계급은 권위를 과시하기 위하여 많은 액세서리로 장식을 하였다. 액세서리는 장식뿐만 아니라 부적의 의미를 지니고 있었으며, 영생을 바라는 염원을 담아 단단한 재료로 만들어졌다. 액세서리의 재료로는 금·은·청동과 같은 금속, 칠보세공과 마노, 에메랄드, 석류석, 자수정, 터키석 등 다양한 보석이 쓰였다. 또한 보석으로 신이나 동물의 형상을 정교하게 세공하여 목걸이, 귀걸이, 반지, 팔찌, 발찌 등을 만들어 착용하였다.

고대 이집트에서는 남녀노소 모두 의복과 장식품에 관심이 많았다. 남성도 여성만큼 화장을 즐겼다. 남성들은 큰 귀걸이에 목걸이, 팔찌, 발찌를 차고 심지어 가슴에도 액세서리를 달았다. 지중해와 서아시아까지 제국의 위엄을 떨칠 때는 외

1-20 채색 유리로 만든 향료병

1-21 액세서리를 만드는 남성들

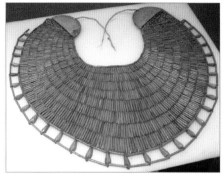

(a) 독수리 날개 모양의 파시움

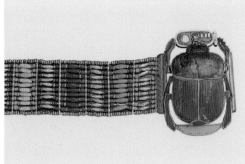

(b) 제18왕조의 스케럽 팔찌(높이 6.6cm)

(c) 투탕카멘의 귀걸이

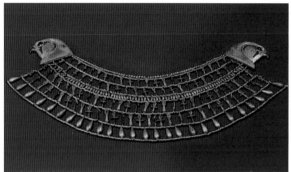

(d) 아호텝 왕비의 목걸이

(e) 람세스 11세의 대형 귀걸이

(f) 아호텝 왕비의 구슬 팔찌

(g) 투탕카멘의 무덤에서 나온 성 투구 풍뎅이와 암매 목걸이

(h) 프수세네스 1세의 가슴 장식

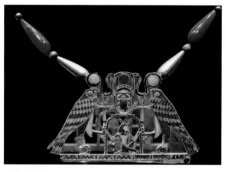

(i) 흉패 펙토랄

(j) 생명을 상징하는 안크 십자가

(k) 이집트인 착용 샌들, BC 2500

(l) 이집트 노동자의 샌들, BC 2000

(m) 셰숀크 2세의 장례용 샌들

1-22 이집트 시대의 다양한 액세서리와 슈즈

국에서 공물로 들어오는 금은보화로 온몸을 번쩍번쩍하게 꾸미고 다녔다.

액세서리 중에서 가장 특징적인 것은 이집트의 신인 독수리의 날개를 형상화하여 반달 모양으로 만든 파시움(Passium)이라는 목걸이이다〈그림 1-22(a)〉. 파시움은 목에서부터 가슴까지 노출된 상체를 넓은 칼라 모양으로 덮었다. 금줄을 삼각형, 원형, 타원형으로 깎은 이 목걸이는 에메랄드, 자수정 등 다채로운 보석을 줄줄이 배열하여 반원형으로 만든 것이었다. 그 밖에도 펜던트(Pendant), 가슴 장식의 일종인 펙토랄(Pectoral), 팔찌, 발찌, 반지 등이 있었다. 또한 뜨거운 태양광선을 막고 곤충을 쫓기 위하여 파피루스나 채색된 깃털로 만든 양산 또는 부채를 사용하였다. 사제들은 다채로운 색상의 보석과 금으로 장식된 긴 지팡이를 들고 다녔다.

흉패는 고대 이집트에서 가장 상징적인 의미가 담긴 액세서리였다. 국왕의 흉패〈그림 1-22(i)〉에는 반복적으로 등장하는 도안이 있다. 바로 왕이 적을 무찌르는 장면이다. 이 흉패의 중간 아래에는 머리에 태양을 이고 있는 말똥구리가 보인다. 양쪽에는 왕권을 상징하는 매와 생명과 부활의 상징인 뱀이 대칭으로 자리 잡고 있다. 색상은 고대 이집트 예술의 전형적인 대표 색으로 되어 있다.

이집트인들은 화려한 원색의 액세서리와 의복이 조화를 이루는 독특한 패션을 즐겼다. 또한 금은세공, 칠보 등이 발달하여 화려한 액세서리가 많았으며 태양의 상징인 금을 많이 사용하였다.

4) 슈즈

이집트는 더운 기후와 사막이라는 지리적 조건 때문에 슈즈를 중요시하지 않았다. 대부분이 슈즈를 신지 않았고, 중왕국 시대(BC 2040~BC 1785)에 가서야 남녀 구별 없이 간단한 형태의 샌들을 착용하였다. 중왕국 시대 이후부터는 상류층에서 좌우 구분 없이 앞부분이 뾰족하거나 둥근 형태의 샌들을 착용하였다. 상류층들은 실외에서 샌들을 신었고, 하류층은 계속 맨발로 다녔다.

신왕국 시대(BC 1560~BC 1085)에 들어서면서부터는 샌들이 일반화되었다. 평민들은 밑바닥이 평평한 샌들을 신었고, 남성들은 앞끝이 위로 올라간 굽 없는 샌들을 신었다. 귀족의 샌들은 금·은사로 수를 놓거나 보석으로 장식을 한 것이었다. 왕의 샌들 바닥에는 적의 모습이 그려져 있었는데 이는 적을 짓밟는다는 의미로, 전쟁에서 승리하기를 바라는 뜻에서 그려넣었을 것으로 추측된다.

샌들의 재료로는 종려나무잎의 파피루스 섬유와 갈대 야자수 잎의 섬유, 염소 가죽 등이 사용되었다. 사제는 파피루스로 만든 샌들을 신고, 상을 당한 사람은 맨발로 다녔다. 신왕국 시대의 왕과 귀족의 슈즈는 앞끝이 뾰족하게 위로 치켜올라갔으며, 금과 보석으로 화려하게 장식되었다. 샌들 역시 구슬, 보석으로 장식하였으며 일부는 귀금속으로 만든 끈에 버클을 달았다. 이러한 샌들은 특별한 행사에서 착용되었다. 금과 나무로 만든 샌들은 고대 이집트 시대에 제작된 것으로 알려져 있다.

이집트 시대 패션 스타일의 응용

금색 줄무늬 크라프트

크리스티앙 라크루아

파라오 조각상

존 갈리아노, 2004, S/S

파라오 조각상

존 갈리아노, 2004, S/S

이집트 시대 패션 스타일의 요약

이집트 시대(BC 3400~BC 331)

대표 양식	대표 패션

거대한 스핑크스와 피라미드	로인클로스, 시스 스커트, 칼라시리스를 착용한 사람들

패션의 종류	• 로인클로스(Loincloth)
	  - 킬트(Kilt)
	  - 샹테(Schente)
	  - 파뉴(Pagne)
	• 칼라시리스(Kalasiris)
	• 쉔도트(Shendot)
	• 트라이앵글러 에이프런(Triangular Apron)
	• 시스 스커트(Sheath Skirt)
	• 하이크(Hike)
	• 튜닉(Tunic)

디테일의 특징	• 직선, 곡선, 드레이퍼리의 기본 스타일 • 흰색 리넨, 기하학적 무늬, 불멸을 상징하는 무늬 • 주름 잡는 기술 발달(다산숭배의 의미로 배를 노출)
헤어스타일 및 액세서리	• 밀거나 짧은 머리, 가발, 양산, 부채, 손거울, 향유 • 액세서리: 금·은·청동과 같은 금속들과 마노, 에메랄드, 석류석, 자수정, 터키석 • 화려한 화장(눈 강조), 샌들, 인공 턱수염
패션사적 의의	• 미를 추구하고 내세에 관한 독특한 의식과 관념을 지님 • 태양숭배사상(태양광선을 형상화) • 삼각 구도의 스커트, 주름 표현 • 인체미를 살린 자연스러움 • 엄격한 계급사회의 표현

2-1 티그리스 강

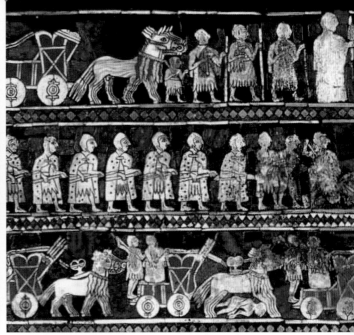

2-2 우르의 군병, BC 2459~BC 2289

CHAPTER 2
메소포타미아 시대의 패션

1. 메소포타미아 시대의 사회와 문화적 배경

BC 5000년경에는 메소포타미아(Mesopotamia) 지방의 농경법이 더욱 효율적으로 발달하였다. BC 3000년경에는 생활이 안정되고 인구가 증가하면서 도시생활이 가능해졌다. BC 3500년경에는 티그리스(Tigris) 강〈그림 2-1〉, 유프라테스(Euphrates) 강이 있는 메소포타미아 지역과 이집트의 나일 강 지역은 같은 시기에 문명의 중심이 되었다.

메소포타미아는 아시리아(Assyria), 바빌로니아(Babylonia), 수메르(Sumer), 페르시아(Persia)로 나누어지며, 수메르에서 일어난 문명을 모체로 하여 메소포타미아 문명이 시작되었다. 나일 강 근처가 산과 사막에 둘러싸여 폐쇄적인데 비하여 이곳은 좀 더 개방적이어서 여러 지역과 왕래가 활발하였고 의복의 형태도 수메르의 영향을 많이 받았다. BC 3000년까지 수메르에는 10개 이상의 독립된 도시국가들이 세워졌다. 각 국가들은 자체적인 수호신을 두고 이를 숭배하며 왕정을 유지하였다. 이 중에서 인구수가 최고로 많았던 도시국가는 우르(Ur)였다.

메소포타미아 문명은 창시자인 수메르인(Sumerian)이 이

곳에 정착하면서 문명이 싹트게 되었다. BC 3000년경에는 그들의 복장이 바빌로니아, 아시리아, 페르시아에 전해지고 흑해, 페르시아 만, 지중해를 비롯한 다른 지역에도 전파되었다. 인도족에 속하며 BC 6세기경 페르시안 만 동부의 고원 산악지대에 흩어져 기마생활을 주로 하면서 메디아(Media)의 지배를 받던 페르시아인들은 BC 550년경 키루스(Cyrus)의 영도 아래 반란을 일으켜 메디아를 멸망시키고 페르시아를 세웠는데, 이곳이 오늘날의 이란(Iran)이 되었다. 수메르인은 티그리스 강과 유프라테스 강 사이의 광활한 토지를 기반으로 문자 체계를 만들고 종교와 법규를 만들어 두 강 유역에서 고대 문명의 기초를 다졌다. 그들은 BC 4000년을 전후하여 우르, 에리두(Eridu), 라가시(Lagash), 우루크(Uruk) 등 최초의 도시국가를 건설하고 신전을 세우는 등 기나긴 무지의 시대를 벗어나 문명의 시대로 접어들었다.

〈그림 2-2〉는 수메르 시대의 전쟁 장면을 보여주는 판넬이다. 가장 윗부분은 전투를 하는 모습이고 가운데는 보병의 모습, 가장 아랫부분은 왕이 포로를 잡아가는 장면이다. 왕의 모습은 다른 병사보다 머리 하나 정도 더 크게 표현되어 있다. 병사의 스커트 밑자락은 후퇴하고 있는 병사의 것과 그 모양이 다른 것을 볼 수 있다. 전차병과 보병의 옷에 나타난

2-3 구데아상, BC 2130

2-4 함무라비 법전을 새긴 돌기둥, BC 1760

문양도 다른데 이를 통해 의식적으로 옷의 문양이나 디자인으로 인물을 구분하려 했음을 알 수 있다. 투구나 도끼, 창 등의 장비는 모양이나 크기에 차이가 없다.

설형문자는 수메르인들이 BC 3000년경부터 사용했던 상형문자로, 현재까지 알려진 설형문자 중 가장 기초가 되는 문자이다. 이 문자는 점토판에 갈대 가지로 만든 철필로 글씨를 쓴 것으로 세월이 지나면서 상형문자적 요소가 줄고 점점 추상적으로 변화하였다. 그들은 이 시기에 초기 왕조를 건설하고, 영혼불멸을 믿기보다는 현세를 중요시하였기에 이집트와 비교할 때 남겨진 유물이 많지 않고 점토 문자판을 비롯한 적은 수의 유물만이 남아 있다.

BC 1200년 이후 메소포타미아 지역에서는 히브루, 페니키아, 아시리아 등의 문명이 새로 생겨났고 BC 6세기 이후에는 페르시아가 중동 전역을 정복하여 고대 동방 최대의 통일국가를 이루었으나, BC 466년에 일어난 고대 그리스의 고대국가연합과의 전쟁으로 멸망하면서 유럽의 역사적 중심이 고대 동방에서 서쪽으로 옮겨가게 되었다.

수메르인들은 대부분 농사나 목축에 종사했으며 세공술이 우수하여 금이나 동을 이용한 세공기술이 크게 발달하였다. 그들이 만든 설형문자는 후에 페니키아인들에 의하여 간단하게 만들어져 알파벳의 시초가 되었다. 설형문자, 건축 외에 메소포타미아에서 자랑하는 미술품인 벽면에 새겨진 조각들은 대부분 정복 전쟁을 묘사하고 있다.

메소포타미아 조각상의 대부분은 아카드 왕조 시절의 것으로 고대 도시국가 라가시의 왕 구데아(Gudea)의 상 대부분은

기도하는 모습처럼 양손을 마주 잡고 있다〈그림 2-3〉. 머리에 쓴 독특한 모자는 페르시아 새끼 양의 모피로 만든 것이다.

바빌로니아는 BC 1894년경 셈족이 수메르, 아카드(Akkadian)를 정복하고 중심 도시인 바빌론을 중심으로 발달하기 시작하여 함무라비(Hammurabi) 왕 때 전성기를 맞았다. 바빌로니아 왕조를 창건한 함무라비 왕은 당시 가장 걸출한 인물이었다. 그가 남긴 가장 위대한 업적은 세계에서 가장 오래된 문자로 쓰여진 법전의 완성이다. 함무라비는 이 법전을 견고한 석판에 새겼는데 석판 윗부분에는 태양신 사마슈와 함무라비 왕이 부조되어 있다〈그림 2-4〉. 태양신은 발 아래 저울을 딛고 산을 표시하는 문양의 의자에 앉아 신성한 권력을 상징하는 홀을 든 오른손을 뻗고 있다. 함무라비 왕은 오른손을 가슴에 올리고 기도하는 듯한 경건한 자세를 잡고 있다.

메소포타미아는 인도, 시리아, 아라비아, 이집트 등과 교역하였고 바빌로니아는 국제 무역의 중심지가 되었다. 아시리아는 BC 911년에서 BC 612년경에 부흥한 도시국가로 그 영토가 광대하여 메소포타미아 최초의 제국이 되었다. 아시리아인들은 막강한 군대를 소유한 정복자적 기질을 지닌 민족으로 군복을 발달시켜 패션사에 영향을 주었다.

2. 메소포타미아 시대 패션

기본 패션은 튜닉(Tunic)과 숄(Shawl)이다. 왕이나 상류층의

2-5 수메르인의 패션

2-6 수메르 여인상, BC 28세기

튜닉은 신체에 딱 맞고 짧은 소매가 달린 것으로 발목까지 오는 길이였다. 바빌로니아와 아시리아에서는 숄을 튜닉 형태로 걸쳤는데, 직사각형 천의 가장자리에 술을 달았다. 이 시기에는 도시국가 간 교역으로 모직물, 실크, 리넨과 같은 재료가 옷을 만드는 데 사용되었다. 페르시아는 바빌로니아와 아시리아의 의복 형태를 따르긴 했으나 몸에 맞는 입체적 구조를 중시하였다.

1) 수메르인의 패션: BC 3500~BC 2000

수메르인의 기본적인 의복은 카우나케스(Kaunakes)〈그림 2-7〉로 된 로인클로스(Loincloth)였다. 바빌로니아, 아시리아 시대에는 가장자리에 술(Fringe)을 단 튜닉을 입고 술 달린 숄을 걸쳤다〈그림 2-8〉.

군인이나 하류층은 무릎까지 오는 길이의 튜닉을 착용하였다. 왕과 귀족의 튜닉은 의복 전체에 장식 문양이 그려져 있었으며, 지위에 따라 밑단에 달린 술의 길이가 달랐다.

수메르인들이 착용한 로인클로스는 이집트인들이 착용한 로인클로스와 달랐다. 유물에 나타난 형태를 보면 수메르인들이 착용한 로인클로스는 대개 길이가 무릎 밑이었고 어떤 것은 발목까지 내려오기도 했다.

수메르인의 대표적인 패션은 랩(Wrap) 형태의 스커트와 숄이다. 이것을 남녀가 공통으로 착용하였으며 여러 층의 모피나 리넨으로 만들어졌으며 카우나케스로 불렸다. 수메르인들

이 입었던 여러 층으로 된 티어드 의상은 케이프 양쪽의 팔을 덮었고 스커트 단을 꽃잎처럼 만들거나 술로 처리한 것도 있었고, 전체적으로 술이 늘어지게 해서 섬나라에서 착용했던 훌라(Hula) 스커트 형태도 있었다. 로인클로스 위에 연꽃잎처럼 문양을 넣어 짧은 스커트를 덧입기도 했고, 여러 층에 술이 달린 티어드(Tiered) 스커트도 착용하였다.

수메르에서 가장 중요한 소재는 양모였다. 가장 잘 길들여진 동물이 양이었기 때문에 바로 이 양에서 의복의 원료를 구한 것이다. 처음에는 양가죽이나 염소 가죽으로 만든 옷을 착용하였다가 나중에는 동물의 털에서 모직물을 짜는 기술을 습득하여 직기를 이용하여 헤링본 패턴으로 직조를 하였다. 군인들은 스커트와 발목까지 오는 긴 외투와 턱끈이 달린 가죽 헬멧을 착용하였고, 동물의 털로 만든 스커트를 입고 발목까지 오는 긴 외투를 걸쳤다.

2) 바빌로니아인의 패션: BC 1894~BC 1595

바빌로니아(Babylonia) 왕조는 BC 2000년경에 셈족이 수메르인과 아카드(Akkad)를 정복하면서 바빌론에서 시작되어 6대 왕인 함무라비 때에 전성기를 이루었다. 바빌로니아인들은 초기에는 수메르인과 같은 패션을 즐겼으나 점점 여러 곳의 패션을 받아들여 독자적인 의복을 착용하게 되었다. 남성들은 몸에 맞는 튜닉을 입었고 직사각형의 숄을 둘렀으며 카우나케스도 착용하였다. 튜닉의 소매는 오늘날의 짧은 기모노

2-7 여러 층으로 이루어진 카우나케스를 입은 조각상

2-8 발목 길이의 튜닉과 술로 장신한 숄을 두른 상류층 남성들

소매 형태였다.

상류계급의 튜닉은 발목까지 오는 긴 길이였으며 노동자, 군인들은 무릎 정도까지 오는 것을 입었다. 왕의 기본 패션도 단순한 튜닉에 자수가 놓인 숄을 두르는 것이었다. 여인들도 카우나케스를 입었는데 남성의 것보다 몸을 많이 가리는 것이었고, 케이프를 어깨에다 두르거나 가운데로 휘감기도 하고 드레이프가 생기게 착용하였다. 바빌로니아는 직조기술이 우수하여 모직물, 마직물 외에도 금사를 섞어서 여러 가지 직물을 생산하였다.

3) 아시리아인의 패션: BC 911~BC 612

아시리아(Assyria)는 티그리스 강 상류의 도시국가 아수르가 BC 1380년에서 BC 612년에 걸쳐 확대된 것이다. 아시리아인

2-9 바빌로니아인과 아시리아인의 패션

2-10 페르시아인의 패션

은 정복지에서의 약탈이나 방화, 군사 행동, 왕의 사냥 장면들을 궁전 내부에 새겨놓았는데, 이를 통해 활달한 아시리아인의 기질을 엿볼 수 있다. 대부분의 이미지는 전쟁, 사냥, 종교적 의식으로 여기에서는 왕이 중심이다. 이 그림들은 페르시아인들이 세운 기념비, 탑 등에서 따온 것이다. 아시리아인들은 호전적인 기질이 있어 영토를 확장하였고 실크로드를 통해 이집트의 리넨, 인도의 면을 들여와 패션 발전에 많은 영향을 주었다. 그들의 패션은 동양적 색채, 보석, 자수 등으로 화려하게 꾸며졌다.

아시리아인의 의복은 로인클로스, 튜닉, 숄이 기본이었다. 튜닉은 길이가 무릎까지 왔으며 팔꿈치 길이의 소매가 달리고 넓은 벨트를 엉덩이에 걸쳐 묶었다. 의복의 형태는 바빌로니아인들과 비슷했지만 훨씬 화려하였다. 신분은 술의 길이와 양으로 나타내었다. 아시리아인들의 패션 스타일은 획일적이었기에 때문에 직물의 문양과 가장자리의 장식술, 자수, 색채 등에 신경을 많이 썼다.

아시리아에서는 여성의 지위가 낮았다. 여성들은 옷소매가 7부 정도에 길이가 긴 튜닉을 착용하였으며 때에 따라 벨트를 매거나 매지 않았다. 또한 네크라인이 파인 튜닉 위에 술장식이 있는 직사각형 숄을 오른쪽 어깨에 걸쳤다. BC 1200년경의 아시리아에서는 법에 따라 결혼한 여성은 얼굴에 베일을 쓰고 다녀야 했다.

왕과 귀족의 옷은 길고 화려한 자수가 놓여 있었으며 가장

자리는 술로 장식되었다. 당시에는 오직 왕에게만 하나 이상의 드레스를 착용할 수 있는 권리가 있었다. 왕은 주름이 없는 튜닉을 술, 자수 등으로 의복을 장식하였다. 왕과 귀족의 옷에서 일반적으로 사용되는 색은 보라색이었다. 숄에 부착된 술의 형태와 길이, 분량은 신분을 나타내었으며 기하학적인 무늬를 새기거나 여러 가지 색으로 직조하거나 자수를 놓아 종교적인 의미의 장식을 하기도 했다. 성직자들은 삼각형의 술장식을 한 옷에 에이프런을 두르고 태슬(Tassel)로 묶어 내렸다. 튜닉의 끝단은 거의 술로 되어 있었으며 소매는 짧았고 관리들은 길이를 길게, 노동자와 군인들은 길이를 짧게 하여 입었다.

아시리아인의 활달한 기질은 군복을 발전시켰다. 그들은 짧은 튜닉 위에 갑옷을 입고, 머리에는 원추형 헬멧을 쓰고 허리띠를 매고 왼쪽 어깨에서 오른쪽 팔 밑까지 띠를 둘렀다.

상업술이 뛰어났던 아시리아인들은 터키에서 광산물을 직물로 바꾸어 사용하였다. 아시리아의 염료 색상으로는 갈색, 주황색, 빨간색, 보라색, 파란색, 창백한 파란색, 노란색 등이 있었다.

4) 페르시아인의 패션: BC 550~BC 330

페르시아(Persia)는 이란의 고원지대를 중심으로 서남아시아의 여러 나라를 통일하였다. 그들은 높은 산과 평지에서 추위

2-11 페르시아 왕의 사수대, BC 4세기 초

러한 의복 양식은 게르만족의 이동과 함께 로마로 전해졌다. 그들은 몸에 꼭 맞게 재단된 셋인(Set-in) 소매가 달린 현대적인 의복을 착용하였는데, 그들의 재단과 봉제법은 오늘날 현대 패션의 기반이 되었다.

왕이나 상류층의 튜닉은 발목까지 오는 길이로 몸에 딱 맞고 짧은 길이의 소매가 달렸으며 여성들은 반소매에 발목까지 오는 길이를 입고 벨트를 매거나 매지 않았으며, 숄과 맨틀 안에 튜닉을 착용하였다. 중인이나 하류층은 무릎 길이의 튜닉을 착용하였다. 왕과 귀족의 튜닉에는 전체에 화려한 장식 문양이 있었고, 스커트 밑단에 달린 긴 술은 길이에 따라 지위를 나타내었다. 숄은 바빌로니아와 아시리아에서 튜닉 위에 걸쳤던 것으로 직사각형의 천 가장자리에 술이 달려 있는 것이다. 여기에는 청색, 적색, 황색, 자색 등과 함께 모, 마, 면, 견 등의 천연섬유와 가죽, 금사, 직물 등이 주로 사용되었다. 또한 로제트, 성벽, 톱날, 황소, 사자, 독수리, 연꽃문양 등이 의복의 단이나 선 장식에 이용되었다.

3. 헤어스타일과 액세서리

메소포타미아 지역에는 여러 민족이 거주하였는데, 지역마다 약간의 차이는 있었지만 대개 하류층에서는 남녀 모두가 맨발로 다니거나 샌들, 발목까지 오는 부츠를 신었다. 말을 타고 생활하던 민족이었기에 뒤축이 넓은 튼튼한 가죽 샌들을 발목에서 묶어 신었다. 아시리아인들은 전쟁을 자주 하여 끈으로 묶는 부츠를 많이 신었고, 페르시아인들은 구두창이 없는 부드러운 가죽이나 펠트로 만든 모카신(Moccasin)을 신었으며 때로는 이것을 보석이나 자수로 장식하기도 하였다. 일반인들은 납작한 형태의 발을 감싸는 단순한 모양의 가죽 부츠를 신었고, 부유층에서는 금사로 수를 놓거나 보석으로 장식한 부츠를 신었다.

서아시아 지역의 액세서리는 이집트처럼 발달하지는 못하였다. 처음에는 금속으로 된 액세서리를 사용하다가 나중에는 금, 은, 보석 등을 사용하였다. 에메랄드 반지, 금이나 상아로 만든 팔찌 여러 개를 팔목부터 팔꿈치까지 착용할 때도 있었다. 이외에도 발찌, 귀걸이, 진주 목걸이, 펜던트 목걸이 등을 착용하였고 가죽 벨트, 지팡이, 파라솔 등의 액세서리도 사용하였다. 또한 이집트와 전쟁을 하면서 영향을 받아

를 견딜 수 있고 말을 타기에 편리한 바지를 착용하였다. 기본 패션은 튜닉과 숄, 바지 등이었으며 모직이나 리넨, 동양에서 수입한 실크로 만든 캔디스(Kandys)를 착용하였다. 캔디스는 페르시아의 관복으로 길이가 길고 품이 넓은 로브 형식의 관두의형 옷이다. 주로 실크로 만들었던 이 의복은 어깨에서 밑자락으로 갈수록 넓어지고 어깨에서 단으로 갈수록 길어지는 형태가 특징이다. 페르시아 왕의 사수대 역시 캔디스를 입었다〈그림 2-11〉. 사수대원들은 무늬를 넣은 소재로 만든 소매가 넓은 튜닉에 벨트를 멘 차림이었다. 그들은 머리카락과 턱수염에 뜨거운 쇠막대를 이용하여 컬을 만들었다.

왕의 소매와 소맷단에는 자색, 황색, 진홍색으로 된 선이 둘러져 있었다. 승려는 흰색이나 황색, 고승은 자색 띠를 매고 자색 케이프를 둘렀다. 그들은 추위로부터 신체를 보호하기 위해 무릎길이의 튜닉과 발목 길이의 바지를 입었는데, 이

(a) 수메르 공주의 금으로 된 머리 장식

(b) 페르시아인의 헤어스타일과 액세서리

2-12 메소포타미아 시대의 헤어스타일과 액세서리

눈화장을 과하게 하는 경향이 나타났다. 메소포타미아 시대는 종교적 의미보다는 미적 욕구의 충족을 위해 액세서리를 착용하기 시작한 시점이라고 할 수 있다.

1) 수메르인의 헤어스타일과 액세서리

수메르의 여성들은 터번을 쓰거나 루프, 리본, 금으로 머리를 장식하였다. 남성들은 머리에 컬을 주어 어깨까지 길게 늘어뜨렸고, 수염에도 컬을 주었다. 머리에는 금가루를 뿌려서 장식하였다. 왕은 모직에 자수를 놓고 보석을 단 원추 형태의 모자를 착용하였고 액세서리로는 귀걸이, 목걸이, 장미꽃을 장식한 폭이 넓은 팔찌, 양산, 부채 등을 사용하였다. 슈즈로는 가죽 샌들을 신었는데 이 샌들은 뒤축이 넓고 엄지발가락에 끈을 감고 발목을 묶는 것이었다.

왕족들은 금으로 된 머리 장식으로 치장을 하였다. 유물에는 수메르인의 눈이 크고 파랗게 표현되어 있는데, 파란색 눈을 신의 상징이라 여겼기 때문이다.

2) 아시리아인의 헤어스타일과 액세서리

아시리아인 여성들은 검은색 머리를 어깨까지 덥수룩하게 늘어뜨렸고, 남성들의 경우에는 곱슬곱슬한 턱수염과 코 밑 수염을 길렀다. 왕이나 상류층에서는 보석으로 된 티아라(Tiara)와 토크(Toque)를 썼으며, 여성들은 헤어밴드로 머리를 장식하였다. 왕과 상류층 남성들은 굽이 있는 샌들과 부츠를 신었고, 여성과 일반인들은 맨발로 다녔다.

(a) 섬유로 만든 샌들

(b) 구슬로 장식한 샌들

(c) 금으로 만든 샌들

2-13 메소포타미아 시대의 슈즈

3) 페르시아인의 헤어스타일과 액세서리

페르시아 여성들은 긴 머리카락을 자연스럽게 묶거나 머릿수건을 착용하였다. 남성들은 머리를 삭발하거나 꼼꼼하게 컬을 주어 곱슬거리게 하고 금가루를 뿌렸다. 또한 긴 수염을 잘 손질하여 길렀다. 여성들도 긴 머리를 자연스럽게 묶거나 머릿수건을 착용하였다. 〈그림 2-12(b)〉 속 왼쪽 여성은 머리 장식이 정교하고, 주름 잡힌 리넨으로 터번을 만들어서 쓰고 있다. 오른쪽 여성은 머리 중앙에서 시작하여 얼굴 양쪽에서 귀를 가리며 길게 늘어지게 하고 리본이나 리넨으로 된 헤어밴드를 하고 있다.

왕이나 상류층에서는 티아라를 썼고〈그림 2-12(b)〉, 일반인들은 흰색 펠트 토크나 머리와 목을 감싸는 터번, 원추형의 뾰족한 두건인 프리기안 보닛(Phrygian bonnet)을 착용하였다. 군인들은 헬멧을 썼다. 이외에도 머리나 목을 가리기 위한 흰색 리넨으로 된 친 클로스(Chin Cloth)가 있었다.

장식으로는 자수와 아플리케(Appliqué)가 있었는데 이는 고대 페르시아에서 십자군 전쟁을 통해 유럽으로 건너가 유행하였다. 이외에도 보석으로 만든 반지, 팔찌, 귀걸이, 목걸이, 호화로운 부채, 장갑, 파라솔 등을 사용하였으며 권력의 상징인 도장 반지(Signet Ring)도 착용하였다.

메소포타미아 시대 패션 스타일의 응용

수메르인의 카우나케스

카우나케스를 응용한 드레스

디스퀘어드, 2014, S/S

로레 룩스, 2013, S/S

하랄 룬데 헬게슨, 2009

메소포타미아 시대 패션 스타일의 요약

**수메르 BC 3500~BC 2000, 바빌로니아 BC 1894~BC 1595,
아시리아 BC 911~BC 612, 페르시아 BC 550~BC 330**

대표 양식	대표 패션
 페르시아 왕의 사수대	 수메르인의 로인클로스와 튜닉

패션의 종류	수메르(Sumer)	• 카우나케스(Kaunakes) • 튜닉(Tunic), 술 장식 • 숄(Shawl)
	바빌로니아(Babylonia)	• 카우나케스(Kaunakes) • 튜닉(Tunic) • 숄(Shawl), 자수 장식
	아시리아(Assyria)	• 튜닉(Tunic) • 숄(Shawl)
	페르시아(Persia)	• 캔디스(Candys) • 튜닉(Tunic)
디테일의 특징	• 튜닉, 숄, 술 장식 • 우수한 직조기술(바빌로니아) • 술, 자수, 색채(아시리아)	
헤어스타일 및 액세서리	• 수메르: 터번, 헤어밴드 • 아시리아: 곱슬거리는 턱수염, 덥수룩한 머리, 티아라(Tiara), 토크(Toque), 헤어밴드(여성) • 맨발, 모카신(Moccasin)	
패션사적 의의	• 아시리아: 군복 발달, 동양적 색채, 보석, 자수 • 페르시아: 입체 구조의 의복, 셋인 소매(Set-in Sleeve)	

CHAPTER 3
크레타 시대의 패션

3-1 크노소스 궁전

3-2 크노소스 궁전 벽화에 그려진 왕자, BC 1600

CHAPTER 3
크레타 시대의 패션

1. 크레타 시대의 사회와 문화적 배경

크레타(Crete)는 에게 해 남부에 있는 섬으로 그리스, 터키, 남쪽으로는 크레타와 구분이 된다. 이곳에 고대 에게 문명이 있었고, 이 문명은 또다시 크레타 섬에 있었던 미노스(Minos) 문명과 그리스에 있었던 미케네(Mycenae) 문명으로 분류된다. 에게 해의 크레타 섬은 괴물 미노타우로스(Minotaur)를 죽이고 승리하여 돌아오던 왕자가 비보를 알리는 검은색 돛을 흰색 돛으로 바꾸는 것을 깜빡 잊는 바람에 자신의 아들이 죽었다고 믿은 국왕이 바다로 걸어들어갔다는 비운의 전설로 유명한 곳이다.

크레타 문명은 영국의 고고학자 에반스가 1900년부터 크레타 섬을 발굴하기 시작하여 크노소스에서 금을 발견함으로써 밝혀지기 시작하였다. BC 2000년 이후, 크레타 섬이 청동기 시대로 접어들면서 미노스 왕은 섬 전체를 통일시키고 북쪽의 크노소스 궁전(Palace at Knossos)〈그림 3-1〉을 중심으로 국가를 세웠다. 당시 크레타 섬의 문명은 최고의 전성기를 누리고 있었다. 학자들은 크노소스에 세워진 왕조를 미노스 왕조, 크레타 섬 중부의 북쪽 해안가에 있는 궁전의 유적지를 크노소스 궁전이라 불렀다. 크레타 문명과 그리스 본토

의 미케네 문명을 통틀어 에게 문명이라고 한다.

유적지에서 출토된 벽화 속 인물은 이집트 고분에서 출토된 에게 원주민의 모습과 유사하다. 따라서 이집트의 문물을 근거로 크레타 문명을 4단계로 나눌 수 있다. 전왕궁 시기(BC 3000~BC 2000), 고왕궁 시기(BC 2000~BC 1700), 신왕궁 시기(BC 1700~BC 1450), 후왕궁 시기(BC 1450년 이후), 고왕궁 말기에는 크레타 섬에 유럽 최초의 문자가 생겨났다.

고대 동방의 문명을 그리스에 전달한 중간자 역할을 했던 에게 문명은 BC 3000년경부터 시작된 것으로 추측된다. 이 문명은 지중해 동쪽의 크레타 섬, 그리스의 미케네(Mycenae), 티린스(Tiryns), 소아시아의 트로이(Troy)를 잇는 삼각형의 에게 해를 중심으로 발달하였는데 미노스 문명이라고도 하는 크레타 문명에서 시작하여 그리스 본토의 미케네 문명으로 이어졌다. 미케네는 수공업과 상업이 그리 발달하지 않았고 황금이 많지도 않았지만 로메로스의 서사시에는 "황금의 미케네"라는 표현이 나온다. 크레타 문명은 고도로 발달하였는데 특히 청동을 다루는 기술과 도자기를 만드는 기술이 뛰어났고 문자로 상형문자를 사용하였다. 크레타 섬에서는 어로생활은 물론이거니와 주요 농산물로 곡물, 올리브, 포도를 재배하였고 채색 도자기나 알껍데기로 도자기를 만드는

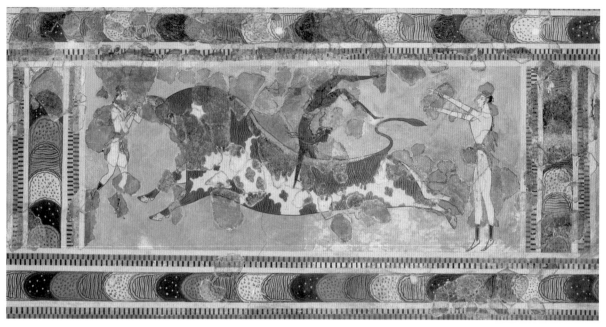

3-3 크노소스 궁전의 투우도

도자공예가 발달하였다〈그림 3-4〉.

미노스인들은 자연 숭배를 중심으로 꽃과 풀, 문어, 불가사리, 조개, 해초 등 다양한 바다생물을 도자기에 표현하였다. 그들은 크레타 고유의 문화를 숭배하여 크레타 섬의 신전과 도장에서 뱀을 든 여신의 형상을 많이 찾아볼 수 있다. 예를 들어 양손에 뱀을 들고 있거나 뱀을 목에 휘감은 여신상이 다수 출토되었는데, 이것들은 마치 살아있는 것처럼 생동감이 있고 예술성도 돋보인다. 왕궁 곳곳에 그려진 화려한 벽화는 당시의 뛰어난 예술 수준을 짐작하게 한다. 붉은색, 노란색, 파란색의 화려한 색상은 왕궁을 더욱 돋보이게 한다. 당시 장인들은 벽화가 훼손되지 않도록 모르타르가 마른 후 얇은 투명 액체를 발라 퇴색과 균열을 방지하였다. 그래서 수천 년이 지난 지금도 당시의 광채를 발하고 있는 것이다. 크노소스 궁전의 가장 유명한 벽화는 바로 우아한 모습의 왕자 그림〈그림 3-2〉이다. 여기서 왕자는 백합꽃과 공작 깃털로 장식한 왕관을 쓰고 머리카락을 휘날리며 금색 백합으로 만든 목걸이를 걸고 있다. 또한 짧은 로인클로스에 허리띠를 매고 있으며, 왼손에는 휘장을 들고 오른손을 가슴에 대고 있는 모습이다. 궁전에는 소를 형상화한 회화도 많은데, 크노소스 궁전에서 소와 관련된 벽화 중에서 가장 유명한 것이 '투우도'〈그림 3-3〉라고 불리는 벽화이다. 이 벽화에는 곡예사로 보이는 세 사람과 머리를 숙이고 돌진하는 소의 모습이 그려져 있다.

미노스 왕궁은 크레타 문명의 대표적인 상징이라 할 수 있다. 미노스 왕궁은 여러 도시국가의 왕궁 중에서 가장 가치 있고 대표적인 유적지이다. 이 왕궁은 오랜 세월 동안 화산, 지진, 쓰나미 등으로 파손되었지만 그때마다 이전보다 더 화려하게 수리되었다.

미노스 왕궁이 파괴되면서 에게 문명의 중심도 크레타 섬을 떠났다. 그 후 그리스 본토의 미케네 등 일부 지역이 고대 그리스 청동 문명의 중심지로 부상하였다. 호르메스의 서사시에 묘사된 트로이 전쟁은 BC 1200~1170년경에 발생하여 10년간 지속되었고 승패에 관계없이 모두에게 참혹한 결과를 가져왔다. 트로이인들은 거대한 목마를 전리품으로 여겨 성 안으로 끌고 들어왔는데 목마 안에 숨어 있던 그리스 용사들과 성 밖에 있던 군대가 서로 호흡을 맞추어 트로이 성을 함락시

3-4 전사 문양이 그려진 도자기 꽃병, BC 1200년경

3-5 에게인의 패션

컸다. 이로써 에게 해 근처의 청동 문명은 자취를 감추었고 그리스의 대지 위에 철기 문명이 나타나기 시작하였다.

2. 크레타 시대 패션

지중해와 에게 해 중간에 있는 크레타는 기후가 온화하여 사람들이 신체를 많이 노출하였다. 기후에 따른 제약이 없었기 때문에 사람들은 몸에 딱 맞아 신체의 곡선이 드러나는 타이트한 의상을 착용하였다. 뜨겁고 건조한 기후의 이집트에서 몸에 딱 붙는 것보다는 약간 헐렁하게 흘러내리는 드레이퍼리 스타일을 착용한 것과는 대조적이다.

크레타에는 비교적 평온한 사회제도가 존재하여 사람들의 권위 표현보다는 운동으로 단련한 인체를 아름답게 표현할 수 있는 의복이 발달하였다. 여성들은 유방을 노출하는 경우가 많았고 겨우 허리까지 오는 짧은 상의인 볼레로(Bolero)를 많이 착용하였다. 여러 층으로 된 티어드 스커트(Tiered Skirt)도 착용하였다.

크레타에서는 남녀 모두 스커트 형태의 옷을 착용하였는데 남성보다는 여성의 옷이 정교한 형태를 띠었다. 그들은 청색, 적색, 갈색, 황색, 주황색 등 원색적인 색을 선호하였고 소재로는 섬세한 아마, 가죽 등을 즐겨 사용하였다. 또한 황소, 돌고래, 문어, 연꽃, 뱀 등의 자연 무늬와 소용돌이 같은 기하학적 무늬를 많이 사용하였다.

모계사회였던 크레타에서는 출산과 풍요를 상징하는 여신을 섬겼으며, 소와 뱀을 숭상하여 두 동물의 형상을 장식으로 많이 사용하였다.

그리스의 역사학자 니콜라스 플라톤(Nicholas Platon)은 예술품의 형태를 최초로 갖추게 한 것이 미노스인들이라고 하였다. 당시 지중해 인근 주변 국가의 패션을 리드했던 크레타 섬 사람들은 20세기 패션의 선구자라고 할 수 있다.

1) 로인클로스

로인클로스(Loincloth)는 고대의 기본 패션으로 크레타에서는 지위나 계급에 관계없이 남녀 모두 맨살 위에 착용하였다. 주로 남성들이 착용했던 이 의상은 대개 길이가 짧고, 끝의 단 부분이 볼록하게 되어 있었다. 남성용은 성기 보호를 위하여 앞가리개가 달려 있거나 길이가 짧았다.

크레타인의 로인클로스는 화려하고 대담한 문양의 직물로 다양하게 만들어졌다. 한 장의 천을 그냥 두르는 것이 아니라 이집트인들의 것보다 좀 더 발전된 형태로 어느 정도 인체에 맞도록 재단하여 입었다. 허리는 꼭 맞게 만들었고 가죽이나 금속벨트로 허리를 가늘게 졸라맸다. 크레타에서는 로인클로스 위에 코르셋처럼 허리를 조이는 가죽이나 금속으로 된 넓은 벨트를 착용하였다.

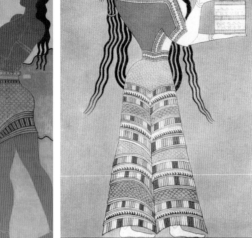

3-6 로인클로스를 착용한 남성 **3-7** 티린스의 프레스코 벽화에 나타난 롱스커트를 입 **3-8** 미노스 시대 중기의 뱀을 든 여신상, BC 1700~BC 1550
은 미노스 시대 후기 여성, BC 1400

기본적인 로인클로스는 무릎길이로 앞쪽 단이 뾰족하게 두 장의 삼각 천을 앞뒤로 하나씩 둘러 입는 간단한 형태였다. 그리고 두 장의 천을 앞뒤로 하나씩 둘러서 입는, 엉덩이를 가릴 정도의 앞부분에 프론탈 시스(Frontal Sheath), 앞자락이 있는 에이프런(Apron) 스타일의 로인클로스가 있었다. 프론탈 시스는 남성의 성기 보호를 위하여 튼튼한 가죽으로 만들어졌다. 평상시에는 긴 로인스커트를 입었고 운동경기를 할 때는 짧은 것을 입었다. 또한 남성들은 가는 팔뚝, 가슴, 가는 허리선을 강조하였다. 이러한 곡선적 인체미 때문에 권투를 하는 모습에서도 마치 무용하는 소녀와 같은 부드러움을 느낄 수 있다.

2) 블라우스

크레타 여성들은 남성과 같이 가슴을 완전히 노출하였으나 BC 1800년 이후부터는 몸에 꼭 맞는 블라우스(Blouse) 상의를 입었다. 유방과 배를 노출시키기 위하여 블라우스 앞에는 여밈이 없었고 유방 아래부터 허리까지를 끈으로 묶었다. 이는 모계사회의 다산을 상징하는 것이었다.

블라우스의 앞 네크라인은 깊게 파여 있고 벨트로 처리하였다. 소매는 대개 팔에 꼭 맞는 타이트(Tight) 소매, 어깨에서 약간 내려오는 캡(Cap) 소매, 풍성하게 부풀린 퍼프(Puff)

소매로 만들었다. 〈그림 3-9〉를 보면 머리에는 화려한 구슬 장식을 하고, 목걸이와 팔찌를 착용하고 있다. 또한 색이 다른 천으로 테두리를 장식한 블라우스를 입고 있다.

일부에서는 커다란 가슴과 엉덩이, 가는 허리를 강조했던 크레타의 패션을 19세기 초 프랑스 패션의 원형이라고 보고 있다.

3) 롱스커트

크레타 여성들은 발목을 덮을 정도로 길고 엉덩이에 딱 맞아서 곡선을 잘 드러내는 롱스커트(Long Skirt)를 착용하였다. 이 스커트는 밑으로 갈수록 종 모양처럼 퍼져나가는 형태로 때로는 길이가 다른 스커트 몇 개를 겹쳐 입었다. 허리에는 혀 모양의 에이프런을 둘렀으며, 넓은 허리띠로 허리를 졸라매어 유방을 강조하였다. 이는 로인클로스가 변형된 것으로 추정되며 기능적인 면보다는 장식적인 면에 큰 의미를 둔 것으로 보인다. 롱스커트는 주름단이나 러플(Ruffle)로 장식되었다.

크레타인의 스커트는 특유의 봉제 기술을 이용한 것으로 알려져 있다. 주로 수평의 층계식 디자인인 이 스커트는 바둑무늬, 물결무늬, 크고 대담한 기하학적 선무늬 등이 들어가 있고 소재로는 아마나 모직물이 사용되었다. 아마 당시의 모계적인 의식이 반영된 듯하다. 이러한 모계사상은 여성 신을

3-9 뱀을 든 크레타 시대의 여신상, BC 1500년경 **3-10** 에이프런을 착용한 여신상 Ⅰ **3-11** 에이프런을 착용한 여신상 Ⅱ

숭배했다는 점에서도 확인할 수 있다. 이 시기의 유물에서 발견되는 신은 대부분 여신으로, 크레타인들이 여신을 생명의 모태이자 다산과 풍요를 가져다주는 신으로 믿고 숭배하였음을 알 수 있다. 이 여신들은 풍만한 가슴을 드러낸 채 가는 허리와 엉덩이를 강조하고 있다.

크레타 섬의 여인들이 관능적인 살결을 드러내고, 여러 겹으로 된 화려한 주름 장식 스커트를 입고, 화장한 예쁜 얼굴을 뽐내면서 음탕한 여인으로 보였다는 모순된 학설은 20세기 남성들이 BC 2000년대의 여성을 자신만의 감성으로 추측한 것이다. 이러한 학설과 달리 크레타 섬의 여인들은 성적 대상물과는 거리가 멀었으며 사회에서 중요한 역할을 수행하였다. 여성들은 남성과 같이 황소 사냥을 하거나 원양 탐험을 함께하였다. 더 중요한 것은 그들의 사회가 하나로 뭉쳐, 여신의 제사를 주관하는 여성 성직자의 카스트 제도를 만들어냈다는 것이다.

크노소스 궁전에서 출토된 여신상은 미노스 문명의 전형적인 복장을 하고 있다. 유방이 노출된 블라우스와 계단식 스커트와 에이프런을 입고 다산을 상징하는 뱀을 들고 있다.

4) 코르셋 벨트

크레타에서는 남녀 모두 허리가 가늘어 보이려고 어릴 때부터 코르셋 벨트(Corset Belt)를 착용하였다. 이 벨트는 가죽이나 금속으로 만들어졌는데 금속으로 만든 벨트를 금, 은, 장미꽃으로 장식하거나 기하학적 무늬나 나선형 무늬, 도안된 꽃무늬를 넣은 금속판과 연결시키기도 하였다. 또한 착용했을 때 피부에 상처가 나는 것을 방지하기 위하여 가장자리는 둥글고 원만하게 만들었다. 코르셋 벨트는 가슴과 엉덩이를 부각시키고 허리는 가늘어 보이게 하여 여성의 곡선을 더욱 강조시켰다〈그림 3-8~11〉.

5) 에이프런

에이프런(Apron)은 여성들이 주로 사용했던 로인클로스를 변형한 무늬가 있는 직물이었다. 이것은 안에 테두리를 두르거나 술(Fringe)로 마감하거나 벨트로 장식하였고 블라우스와 스커트를 입고 그 위에 에이프런을 앞뒤로 두르는 것은 더블 에이프런이라 불렀다〈그림 3-10, 11〉.

6) 튜닉

튜닉(Tunic)은 짧고 좁은 소매가 몸판에 연결되어 있고, T자형의 앞솔기를 꿰맨 몸에 꼭 맞는 상의였다〈그림 3-12〉. 길이가 짧은 것은 군인들이 입었고, 길이가 긴 것은 종교의식에서

3-12 튜닉을 착용한 여성들, 미노스 문명 말기

입었다. 튜닉의 치마단과 어깨선, 옆솔기, 스커트, 끝단 등에는 줄무늬 배색을 하거나 기하학적 무늬, 파도무늬, 꽃무늬 등으로 장식을 하기도 했다. 전사들의 튜닉은 끝단에 술 장식이 달려 있었다.

3. 헤어스타일과 액세서리

1) 헤어스타일

크레타인들은 컬이 들어간 구불거리는 헤어스타일을 선호하였다. 남녀 모두 컬이 있는 머리카락을 자연스럽게 길게흘러

3-13 미노스 시대 여성의 헤어스타일, BC 1700~BC 1550

내리게 하였는데, 여성들은 머리카락을 촘촘하고 길게 땋아 구슬로 장식하였다. 후반기에는 모자를 착용하였는데, 뾰족한 관을 닮은 원추형의 모자가 크레타인의 대표적인 스타일이었다. 이 모자는 꽃이나 깃털 등으로 장식되었다.

2) 액세서리

크레타인들은 치장을 좋아하여 액세서리를 많이 착용하였다. 지리적인 조건 때문에 여러 나라와 활발히 교류하여 액세서리를 만드는 금속 세공 기술도 발달하였다. 목걸이, 팔찌, 귀걸이, 반지 외에도 머리를 치장하는 관을 사용하였다. 일반인들은 돌을 꿰어 머리 장식이나 목걸이를 만들었고, 부유한 사람들은 동물과 꽃, 나뭇잎 등 식물 위주의 자연물을 금속으로 세공하여 착용하였다. 구슬, 마노, 수정, 홍옥 등을 꿰어서 목걸이를 만들기도 하였다.

그들은 길게 늘어뜨린 곱슬머리를 보석이 달린 머리핀, 헤어밴드, 관 등으로 화려하게 꾸몄다. 또한 매듭으로 만들어진 스카프와 금으로 만든 단추, 보석이나 돌로 만든 펜던트를 착용하였다.

크레타의 가장 중요한 종교적 상징 중 하나로는 라브리스(Labrys, 두 개의 날을 가진 도끼)를 들 수 있다. 이것은 신성한 동물로 여겨졌던 황소의 머리와 함께 동굴 벽화나 궁전 기

(a) 황소 머리 모양 브로치

(b) 문어 모양 브로치

(c) 목걸이

(d) 뿔 형태에 방울이 달린 브로치, BC 1700~BC 1500

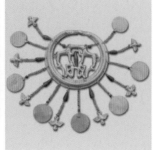
(e) 둥근 금속 디스코판을 이용한 실린더형 브로치

(f) 미노스 궁전에서 발견된 파이스토스 점토 원반

3-14 크레타 시대의 액세서리, BC 2000~BC 1500

3-15 크레타 시대의 슈즈

둥에 그려지거나 새겨졌다〈그림 3-16(a)〉. 벽화나 도자기에 표현된 장식은 매우 예술적이고 현대적인 스타일로 표현되었다. 흐르는 모양의 스타일로 표현된 동물, 바다와 식물은 생명의 역동적인 미를 표현하였다. 특히 문어를 주제로 한 공예품이 많이 발견되었다〈그림 3-14(b)〉.

3) 슈즈

크레타인들은 실내에서 남녀 모두 맨발로 다녔고, 외출할 때는 샌들과 부츠를 신었다. 여성들은 굽이 있는 부츠를, 남성들은 종아리까지 오고 끈으로 묶는 부츠를 신었다. 소재로는 양가죽이나 사슴 가죽을 사용하였고 색상은 본래의 가죽색 또는 붉은색, 흰색을 사용하였다.

크레타 시대 패션 스타일의 응용

에이프런을 착용한 여신상

엘리 사브, 2007, S/S

크레타 시대 패션 스타일의 요약

크레타 시대(BC 2800~BC 1300)

대표 양식	대표 패션

크노소스 궁전	에게인의 패션

패션의 종류	• 로인클로스(Loincloth), 프론탈 시스(Frontal Sheath) • 블라우스(Blouse) • 롱스커트(Long Skirt) • 코르셋 벨트(Corset Belt) • 에이프런(Apron) • 튜닉(Tunic)
디테일의 특징	• 볼레로 스타일, 인체를 드러내는 스타일 • 롱 티어드 스커트(Long Tiered Skirt), 기하학적 무늬, 바둑 무늬, 물결 무늬 • 남녀 모두 스커트 형태의 의상 착용, 스커트의 러플(Ruffle) 장식 • 타이트 소매(Tight Sleeve), 가슴과 배 노출 • 술(Fringe) 장식
헤어스타일 및 액세서리	• 곱슬거리는 긴 머리 • 맨발, 샌들(외출 시), 끈으로 묶는 샌들, 액세서리(세공 기술의 발달)
패션사적 의의	• 특유의 봉제 기술

CHAPTER 4
그리스 시대의 패션

4-1 파르테논 신전
아테네 아크로폴리스에 있는 이 신전은 고대 그리스의 건축물 중에서 가장 웅장하다.

CHAPTER 4
그리스 시대의 패션

1. 그리스 시대의 사회와 문화적 배경

고대 그리스(Greece)는 석기 시대를 지나 BC 3000년에 청동기 시대를 맞이하였다. 이때부터 인구가 늘고 상업도 활발해져서 바닷가 근처에 무역 활동을 위한 건축물이 들어서기 시작하였다. 그리스인들은 해상 무역에 종사하면서 에게 해에서 생산된 올리브유, 포도주를 금속, 곡식, 노예와 교환하는 등 외국과 무역을 활발히 하였다. 물질적인 욕구가 충족되자 간단한 예술 양식을 빌어 올림포스(Olympus) 12신을 바탕으로 신과 자연에 대한 숭배를 작품에 담아냈다. 또 풍년을 기원하고자 흙을 이용하여 여신상을 만들어냈다.

BC 1100년경부터 문화가 형성된 그리스는 지중해 동부에 있는 에게 해의 여러 섬으로 이루어졌다. 사람들은 대개 헬라어를 사용했으며 동양의 영향으로 도리아(Doria), 이오니아(Ionia), 에올리아(Aeolia) 등의 국가와 결합하여 독창적인 문화를 발전시켜나갔고, 그리스 문화가 유럽 문화의 원천이 되었다. 기원전 5세기에는 그리스가 페르시아와의 전쟁에서 승리하면서 아테네를 중심으로 황금기를 맞이하였다. BC 600~BC 400년은 그리스의 황금기로 경제·사회·정치 제도가 발달하고 훌륭한 예술가들이 많이 배출되었다.

기원전 8세기 호메로스 시기 후부터 기원전 5세기 그리스 페르시아 전쟁에 이르기까지는 아르카이크 시기(Archaic Period, BC 1200~BC 480), 고전 시기(Classic Period, BC 480~BC 330), 헬레니스틱 시기(Hellenistic Period, BC 330~BC 146)라고 부른다.

초기 에게 문명이 끝나가던 호메로스(Homeros) 시대 초기에는 다양한 기하학적 무늬가 나타나 이 시기를 '기하학무늬 시기'라고 부른다. 당시 도기에는 그리스인들이 태양신을 숭배하는 모습과 함께 직선이나 물결무늬, 동심원 무늬가 많이 나타난다. 도안은 원시적이고 소박했지만 도기를 굽는 불의 세기나 토질, 유약의 색상 등을 통해 당시의 미적 수준과 기술의 우수함을 엿볼 수 있다.

아르카이크 시기에는 이집트와 크레타의 혼합 양식이 나타났다. 이 시기의 조각상은 신분이나 배경과 관계없이 모두 잔잔한 미소를 띠고 있는데 이를 '아르카이크풍의 미소'라고 부른다. 고대 그리스인들은 이집트인들로부터 청동상을 만드는 방법과 돌로 석상을 만들고 건축물을 짓는 기술을 배웠다. 훗날 이 고대 그리스의 조각상과 건축물은 고대 그리스인들의 가장 뛰어난 업적 중 하나가 된다.

BC 8세기 호메로스 시기 이후부터 BC 5세기 그리스 페르

4-2 적색 기법으로 만든 도기

(a) 도리아 양식

(b) 이오니아 양식

(c) 코린트 양식

4-3 그리스의 기둥 건축양식

시아 전쟁에 이르는 아르카이크 시기에는 그리스 예술이 획기적으로 발전하였다. 도자기는 기하학무늬에서 탈피하고 이집트 나일 강 등 동쪽 지역의 예술 양식을 흡수하여 동양 기법, 흑색 기법, 적색 기법 등의 회화 양식을 형성하였다. 초기에 나타난 동양 기법 작품에는 짐승의 머리를 한 인간이나 식물 문양 등의 도안이 나타난다. BC 6세기 초의 흑색 기법은 인물의 형체를 검은색으로 칠하고, 배경은 도기의 원래 색으로 남겨두었는데 선으로 윤곽이나 디테일을 표현하여 그림자처럼 사물의 윤곽만 묘사한 것이었다. BC 6세기 말에 나타난 적색 기법은 신화와 일상생활을 소재로 하는 흑색 기법과는 대조적으로 배경을 검게 칠하고 형체는 원래 색으로 남겨두었다〈그림 4-2〉.

그리스의 역사는 늘 신화와 연결되었다. 과학, 철학, 예술, 문화 어느 분야에나 신이 존재하였는데 신은 두 가지로 분류되었다. 첫 번째는 만물을 지배하는 기독교의 하나님이었고, 다른 하나는 신화 속 영웅으로 그리스인들은 그들의 힘, 용기, 지혜, 품성에 매료되어 신화를 구전시켜나갔다.

고전 시기에는 순수하고 창의성 있는 그리스풍이 형성되면서 그리스 예술이 최고의 전성기를 누렸다. 건축 스타일〈그림 4-3〉은 도리아(Doria) 양식과 이오니아(Ionia) 양식으로 구분된다. 도리아 양식은 구성이 소박하고 웅장한 데 비하여, 이오니아 양식은 섬세하고 정교하다. 그리스 건축물은 많은 원주가 떠받치고 있는 대리석 건물로, 여기에 사용되는 원주의 종류에 따라 전체 구조의 양식이 결정된다. 도리아 양식 건축물은 세로로 홈이 파인 튼튼하고 단순한 원주가 떠받치고 있는 형태로 힘차고 소박한 느낌을 준다. 이오니아 양식의 둥근 기둥은 코린트(Corinthian) 양식을 낳았는데, 이 양식의 원주는 아칸서스(Akanthos) 잎이 정교하게 조각되어 마치 꽃과 잎이 돋아나는 느낌을 준다. 이러한 건축 양식은 그리스 복식에도 영향을 미쳤는데 대표적인 건물로는 포세이돈 신전과 바실리카가 있다. 코린트 양식은 훗날 로마 시대 패션의 완숙미에 영향을 미치게 된다.

고전 시기 후기의 대표적인 작품으로는 고전 시기의 최고 성과로 불리는 아테네 아크로폴리스의 파르테논(Parthenon) 신전이 있다. 이오니아 양식 기둥을 사용한 건축물로는 델포이(Delphi)의 최대 건축물인 아폴로 신전이 있고, 코린트 양식의 대표적인 건축물로는 아테네 여신상〈그림 4-4〉이 있다. 아크로폴리스 광장에 서 있는 이 거대한 여신상은 배를 타고 아테네로 들어오는 사람들이 멀리서부터 볼 수 있을 정도로 크다. 여신이 손에 든 금으로 만든 창과 방패는 코린트 양식의 기둥 위에 서 있다. 이 밖에도 파리 루브르박물관의 3대 보물 중 하나로 꼽히는 사모트라케의 승리의 여신상이 있다〈그림 4-5〉. BC 200년경에 만들어진 이 여신상은 소아시아가 이집

4-4 코린트 양식의 기둥

4-5 사모트라케의 승리의 여신상　　**4-6** 호메로스의 서사시 《일리아스》　　**4-7** 아리스토텔레스의 모습을 조각한 석상

트 톨레미 왕국의 함대를 격파하자 이를 기념하고자 만든 것이었다. 날개를 단 승리의 여신 니케(Nike)는 평화를 상징하는 올리브 가지를 항상 들고 다니면서 사람들에게 승리와 신의 선물을 선사하는 것으로 알려져 있다. 지금은 여신의 머리와 팔이 사라져 전체를 볼 수 없으나, 당당한 자세에서 고대 그리스 여성의 열정과 고전미를 느낄 수 있다.

고대 그리스인들은 자연의 수호와 인류, 철학에 관심이 많았고 조화로운 생활을 즐겼다. 그들은 정신적으로 고도의 문화를 낳았는데 유럽 철학의 선조라고 할 수 있는 그리스 철학, 그리고 고전 문화를 탄생시켰다.

호메로스(Homeros)는 BC 850~BC 750년경 그리스에 살았다고 하는 전설 속 눈먼 시인이다. 호메로스의 서사시는 청동기 시대의 트로이 전쟁 이야기를 비롯하여 미케네 문명에 관한 인명과 지명, 역사적 주요 사건을 다루고 있다. 이 작품은 중요한 사료로써 고대 그리스와 서양 문명에 큰 영향을 미쳤다〈그림 4-6〉.

그리스의 대표적인 철학자 아리스토텔레스(Aristoteles)〈그림 4-7〉는 마케도니아와 인접한 그리스의 이민 지역 스타게이로스에서 태어났다. 그의 아버지는 마케도니아의 국왕 필리포스 2세의 어의였다. 아리스토텔레스는 BC 367년에 아테네로 이사하여 철학자 플라톤(Platon)의 제자가 되고, 그 후에는 필리포스 2세의 아들 알렉산더의 스승이 되었다.

그리스인들은 맑은 공기와 밝은 태양 아래에서 옥외생활을 즐겼기 때문에 야외 극장이나 경기장에서 나체 경기가 성행하였다. BC 400년 이후에는 그리스인이 하는 모든 일에 종교적 의미가 있었는데 올림픽 경기 역시 종교적 의식에서 기인

한 것이었다.

그리스인들은 섬기는 신에게 맹신에 가깝게 빠져 있어서 소크라테스조차도 병이 나면 아스클레피오스(Asklepios)에게 낫게 해달라고 빌곤 했다. 그들은 신앙심을 나타내고자 신에게 제물을 바쳤다. 간단한 제사에서는 우유나 채소 등을 바쳤으나 중요한 제사에서는 동물 희생제를 올렸다. 신마다 좋아하는 동물이 있어 제우스나 포세이돈에게는 황소를, 아르테미스에게는 암염소를 바쳤다. 지하의 신에게 제를 올릴 때는 동물을 통째로 태워 바쳤는데 훗날 유대인 학살 또는 대량학살을 뜻하는 단어 '홀로코스트(Holocoast)'가 바로 여기에서 유래되었다.

2. 그리스 시대 패션

그리스인들은 지중해의 건조하고 온화한 기후 아래에서 나체의 아름다움과 율동미를 중시하였다. 그들은 천을 자유로이 걸치거나 두름으로써 인체의 곡선을 자연스럽게 드러내었다. 계급에 따른 의복 형태의 차이는 보이지 않으나 소재나 색, 장식, 입는 방법에 차이가 있었다. 재단이나 바느질은 하지 않았고, 한 장의 천을 인체에 느슨하게 걸쳤기 때문에 자연스러운 드레이퍼리(Drapery)를 다양하게 연출하였다.

그리스인의 의복으로는 키톤(Chiton)과 일종의 외투로 둘러서 입는 형태의 히마티온(Himation), 클라미스(Chlamys)가 있다. 그리스 시대에는 남녀 모두 키톤을 입었는데 키톤은 도릭 키톤(Doric Chiton)과 이오닉 키톤(Ionic Chiton)으로 나누

4-8 다양한 방법으로 착용했던 키톤과 히마티온

어졌다. 겉옷인 히마티온은 키톤 위에 걸쳐 입었다. 여름에 젊은 사람들은 길이가 짧은 여름 망토인 클라미스(Chlamys)를 걸치기도 하였다.

1) 키톤

그리스의 대표적인 의상 키톤(Chiton, Khiton)은 '마'를 의미하는 'Kitoeth'에서 유래되었다. 이는 BC 6세기경에 유입된 이오니아 튜닉을 뜻한다. 실질적이고 소박한 도리아인들이 두껍고 거친 모직으로 의복을 만들었다면, 이오니아인들은 얇고 부드러운 리넨을 사용하였다. 의복이나 직물의 가장자리에는 장식 문양을 넣어서 직조하거나 자수를 놓았는데 주로 사용된 모티프는 번개무늬, 소용돌이무늬, 새끼줄 모양, 승리를 뜻하는 월계수, 평화를 뜻하는 올리브, 아칸서스의 잎사귀 무늬였다. 키톤은 재질에 상관없이 마나 가벼운 모직 소재로 된 튜닉 형태인 그리스인의 대표적 패션을 지칭하며 외투 역할을 하는 겉옷인 히마티온이나 클라미스보다 상대적으로 얇은 모직물이나 마직물을 사용한다. 여성과 마찬가지로 남성들도 주름이 잡힌 마직물을 키톤으로 사용하였다.

키톤은 그리스의 남녀 모두가 공통으로 착용했던 대표적인 패션으로 남성복과 여성복의 차이는 길이에서만 나타났다. 초기에는 키톤이 남성의 튜닉만을 칭하였으나 나중에는 여성의 의복도 칭하는 단어가 되었다. 남성은 일반적으로 짧은 키톤을 착용하였는데, 예식의 엄숙함이나 신분을 나타내는 등 특수한 경우에만 긴 것을 착용하였다. 주로 흰색 키톤 가장자리에 무늬를 넣었으며 후기로 갈수록 남성들의 키톤이 짧아졌다. 긴 키톤은 그리스의 남성들 사이에서 잠시 평상복으로 유행하였으나 보통은 음악가, 배우 또는 특정 직종의 전차 운전자, 제물을 바치는 사제, 중장년층, 신화의 인물을 표현할 때만 사용되었다. 따라서 아티카의 항아리에 그려진 음악가의 모습이나 루브르박물관에 진열된 술잔의 원형 장식 속에 표현된 피리 연주자는 긴 키톤을 입고 있다. 반면 여성은 일반적으로 긴 키톤을 착용하였다.

키톤은 솔기가 없는 직사각형 형태의 천을 어깨에서부터 둘러 내려오게 하고, 피불라로 어깨에다 고정시키고, 허리에 끈을 매게끔 되어 있었다. 군사훈련이나 스포츠 경기에 참가하는 스파르타 여성들만이 예외적으로 남성과 같이 짧은 키톤을 착용하였다. 스파르타 여성은 법에 의하여 남성과 마찬가지로 추위에 잘 견디도록 얇은 옷을 입게 되어 있었다. 스파르타는 정치적·위생학적 목적으로 여성에게도 군사훈련을 실시하여 건강한 어머니를 통해 미래의 군사가 될 건강한 소년을 얻고자 하였다.

키톤의 종류에는 두꺼운 모직으로 만들어 활동적이고 남성적인 도릭 키톤, 얇은 리넨으로 드레이프선을 살린 우아하고

4-9 이오닉 키톤과 히마티온

여성적인 이오닉 키톤이 있었다.

(1) 도릭 키톤

도릭 키톤(Doric Chiton)은 알카익(Archaic) 시대 도리아 지역 사람들이 착용했던 기본 의상으로 스파르타의 영향을 받아 초기에는 벨트를 사용하지 않았으나 차츰 허리에 한 개 또는 두 개의 벨트를 둘렀다. 일명 알카익 키톤이라고도 부른다.

이 키톤은 길이가 다양했는데 길이와 입는 방법에 따라 명칭이 달랐다. 입는 방법은 어깨에서 발목까지 길이에 따라 약 50cm를 추가한 직사각형의 천을 반으로 접어 몸에 두르고, 양쪽 어깨를 핀으로 고정시키는 것이었다. 그다음에 끈으로 한 번 묶거나 장식적인 효과를 살려 여러 번 묶었다. 이때 약 50cm 정도 더 긴 쪽을 어깨에서 밖으로 접어 케이프처럼 늘어지게 만들었는데 이것을 아포티그마(Apotigma)라고 불렀다. 아포티그마의 길이는 다양했는데 도릭 키톤은 아포티그마가 있고, 이것 없이 어깨에서 여러 개의 피불라로 고정시킨 것을 이오닉 키톤이라고 불렀다.

도릭 키톤은 한쪽이 접히고 다른 한쪽은 열린 비대칭 형태인데 열린 쪽은 자연스러운 주름이 옆선 끝에 잡혔다. 열린 한쪽 옆솔기선은 그대로 튼 상태로 입거나 때로 허리부터 밑단까지 꿰맸다. 이 상태에서 아포티그마를 허리 밑까지 더 길게 내려 허리에 벨트를 매기도 했는데 이는 옷의 상하가 분리된 듯한 착시효과를 노리기도 하였다. 그리스 여성복은 이처럼 아포티그마를 통해 다양한 형태와 장식성을 추구하였다.

여성의 키톤은 아포티그마의 길이나 벨트의 착용 여부, 상의에서 접혀 케이프처럼 내려오는 아포티그마의 크기에 따라 디자인이 다양하였다. 뒤쪽에 늘어트린 아포티그마는 필요에 따라 머리를 덮는 베일 역할도 하였다. 주로 실내에서 생활하던 여성들은 가볍고 얇은 소재를 선호했는데 이러한 소재는 몸 위에 드레이핑되면서 실루엣을 간접적으로 드러내주는 효과가 있었다. 또한 그리스 여성복은 천을 여유분이 생기도록 직조하여 아포티그마를 만들거나 마직물을 주름 처리하여 장식성을 살렸다. 허리띠를 가릴 정도로 상체의 옷을 끌어 올려서 불룩하게 브라우징(Blousing)된 블라우스의 형태를 콜로보스, 또는 콜포스(Kolpos)라 칭하였다.

남성들이 활동할 때 한쪽 어깨에 걸쳤던 짧은 키톤은 엑조미스(Exomis)라고 불렸다. 엑조미스는 밖과 어깨를 합친 합성어로 활동을 편하게 하기 위해 한쪽 어깨, 특히 오른쪽 어깨를 내놓는 옷이었다. 이 의복의 드레이핑 방식은 천을 반으로 접어 윗부분의 한쪽 어깨만 꿰매거나, 단추나 줄로 매듭을 짓거나 피불라(Fibula)로 이어서 입고, 허리띠를 두르는 것이었다. 길이는 엉덩이나 허벅지까지 내려왔으며 활동이 편하여 작업 현장의 조각가나 노동자, 대장장이, 농부 등 평민이나 노예가 착용하였다. 짧은 키톤은 전형적인 남성용으로, 주로 군인의 외투인 클라미스(Chlamys)나 갑옷 속에 착용하였다.

짧은 키톤을 입을 때는 반을 접어 어깨 모양이 엑조미스같

4-10 도릭 키톤과 이오닉 키톤

4-11 도릭 키톤과 이오닉 키톤의 특징을 합친 스톨라와 숄

이 피불라로 한쪽 어깨만 고정시켰다. 양쪽 어깨를 고정시킨 형태도 있었으며 허리를 벨트로 고정하고 길이는 무릎 정도까지 왔다. 엑조미스를 짧은 키톤의 일종으로 보는 경우도 있지만, 키톤은 걸쳤을 때 엑조미스보다 품에 여유가 있어 앞주름의 볼륨이 더 크게 생기고 길이도 더욱 길었다. 양쪽 어깨를 고정한 키톤이 일반적인 형태이다. 키톤 위에는 벨트 한두 개를 둘렀는데 두터운 모직으로 폭이 넓지 않게 만들었던 초기의 도릭 키톤에 비하여, 후기에는 가벼운 모직을 이용하여 넓고 풍성하게 만들었다. 양쪽 어깨에 꽂았던 송곳같이 뾰족

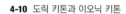

4-12 도릭 키톤, 콜포스, 아포티그마, 피불라 장식

한 피불라는 브로치로 바뀌었다.

(2) 이오닉 키톤

이오닉 키톤(Ionic Chiton)은 그리스의 이오니아 지방의 의상으로 아테네 여성들이 어깨에서 핀으로 고정시켰던 짧은 두르개식 페플로스보다 더 많이 착용되었다. 소아시아에서 온 이 키톤은 도릭 키톤보다 넓고, 드레이프가 부드럽게 져 있다. 도릭 키톤과 달리 아포티그마가 없고, 통이 많이 넓어 어깨를 약 열두 개의 피불라, 혹은 단추로 고정하거나 꿰매고 허리에 벨트를 매었다. 이때 천을 끄집어올리고 벨트 위로 늘어뜨려 콜포스를 형성시켜서 블라우스를 입은 것 같은 효과를 내기도 했다. 또는 작은 피불라 사이로 어깨와 팔이 자연스럽게 드러나게 하여 세련미를 더하였다.

이것은 도릭 키톤보다 넓어서 폭이 두 팔을 벌린 것의 두 배가 되었고 팔과 팔꿈치까지 주름이 내려와 마치 소매가 달려 있는 것처럼 보였다. 어깨와 팔 둘레에 끈을 묶어 소매 형태로도 만들었다. 이오닉 키톤은 어깨에서 발목까지 내려왔으며 10~14개의 피불라나 브로치로 어깨에 고정시켰다. 허리는 X자 형태로 묶기도 하였다. 풍부한 옷감을 사용하였기에 깊은 드레이프 주름이 잡혔다. 가장자리는 무늬나 자수로 장식하였다. 주로 흰색의 얇은 리넨이나 실크로 만들어 은근히 속이 비쳤고, 아름다운 드레이프가 생겨 여성들이 애용하였다. 주름이 접히는 효과는 물을 묻힌 손톱으로 마에 주름을 잡

4-13 키톤 위에 테베나를 두르고 춤추는 여성들, 5세기

아 천이 젖은 상태에서 비틀어 꼬고, 천의 가장자리를 끈으로 묶은 후 며칠을 그대로 두어서 만들었다. 이것은 아주 오래된 방식으로 여전히 몇몇 지방에서는 '손톱 주름'이라고도 하는 이와 같은 주름이 전해지고 있다. 사치스러운 이 키톤의 재질은 마직물 중에서도 고급스럽고 우아하며 매우 고운 질감의 올이 가는 아마포(Byssus)였다.

대표적인 소재로는 모직물과 마직물이 있었는데 모직물은 대부분 염색하였고, 마직물은 4세기 후반 알렉산더 대왕 시기부터 염색하여 입었다. 마직물에는 고대 그리스인들이 오래 전부터 사용해왔던 사프란(Saffraan)에서 추출한 적황색, 자주색과 몇 가지 톤이 다른 적색이나 초록색을 썼다. 클라미스에는 검은색, 초록색, 적색을 사용하였다. 여성복에도 사프란에서 추출한 적황색, 자주색 또는 흰색이 예식용으로 사용되었다. 이오닉 키톤은 색상으로는 여성복과 남성복을 구분하기는 어려우며, 재질에서 남녀의 차이가 나타났다.

2) 히마티온

히마티온(Himation)은 몸 전체에 두르는 옷을 의미하는 'heima'에서 유래된 명칭으로 '드레이퍼리 된 외투'를 일컫는다. 어깨와 팔에 큰 숄처럼 두르는 이 의복은 어깨에서 발목까지 몸 대부분을 감쌌다〈그림 4-14〉. 그리스 시대 사람들은 키톤 위에 이것을 둘러 외출 시 겉옷으로 착용하였다. 이것은 직사각형의 모직으로 착용 방법이 다양하였다. 다만 서민

들은 이것을 입을 수 없었다. 빈민층에서는 길이가 짧은 거친 소재의 겉옷, 트리봉(Tribon)을 입었다.

히마티온은 피불라 같은 고정용 액세서리를 사용하지 않고, 사각형 천을 접지 않은 채 숄처럼 다양한 방법으로 둘렀다. 남성의 외투였던 겉옷 히마티온과 클라미스는 보온 효과를 고려하여 두툼한 모직물로 만들었다. 짧고 굵은 양모로 짠 히마티온과 클라미스는 두껍고 표면에 잔털이 많았다. 길고 가는 양모로 짜서 표면이 매끄럽고 질이 좋은 일명 밀레의 모직물(laine de Milet)은 히마티온이나 도릭 키톤에 사용되었다.

히마티온은 다른 의복과 마찬가지로 직사각형 천이었는데 크기가 가장 컸다. 폭은 착용자의 키 정도였고 길이는 키의 약 3배 정도였다. 소재로 썼던 모직물은 그리스 시대 후기로 가면서 더 얇고 부드러워졌다. 사람들은 우아한 드레이퍼리 주름을 얻으려고 이것을 점점 크게 만들어서 결국에는 크기가 360×150cm에 이르기도 했다. 외투로 입었던 히마티온은 남녀 공용이었다. 일반적으로 남성복으로 입었던 것은 짧은 키톤과 육체노동자의 엑조미스(Exomis)〈그림 4-15〉, 군인의 클라미스(Chlamys)〈그림 4-16〉였다.

같은 히마티온이더라도 여성복은 남성복과 다르게 드레이핑되었다. 남성복에서는 피불라를 사용하지 않는 반면, 여성복에서는 종종 피불라로 고정하여 숄처럼 두르거나 한쪽 어깨에 걸쳐 앞으로 두르면서 이오닉 키톤과 함께 입었다. 머리까지 전체를 감싸거나, 머리는 내놓고 손이 보이지 않도록 두르는 방식도 있었다. 또한 튜닉이 보이도록 히마티온을 한쪽

4-14 히마티온을 착용한 남녀   **4-15** 엑조미스   **4-16** 클라미스   **4-17** 클라미스, 챙이 넓은 모자

어깨에 고정하여 사선으로 걸치고 옷자락을 겉으로 내리거나 안으로 집어넣는 경우, 옷자락을 길게 늘어뜨려 앞치마처럼 보이게 하는 경우도 있었다. 멋에 관심 있는 여성들은 남성용 히마티온을 활용하여 원래 옷자락이 등 뒤로 가게 입는 남성용 히마티온의 자락을 앞으로 드레이프하여 입었다.

여성들은 추위를 막으려고 큰 천으로 어깨부터 발목까지 몸 전체를 감싸 키톤이나 페플로스 위에 입었다. 치수가 작은 것은 한쪽 어깨에 핀으로 고정시키고 숄처럼 둘렀다. 상을 당했을 때는 이것을 머리 위로 썼다. 색상은 파란색, 검은색, 밤색 등 다양했다. 때로는 속에 키톤을 입지 않고 속옷 위에 이것을 바로 착용하기도 했다. 남성복과 여성복의 차이는 모호했고 그저 크기가 다른 사각형의 천을 둘렀다.

청빈한 철학자들은 맨살에 히마티온을 입고 밤에는 이것을 이불처럼 덮었다. 소크라테스나 냉소주의 학파 철학자들은 긴 히마티온을 반으로 접어 트리봉처럼 착용하였다. 필요에 따라 시민들도 히마티온을 반으로 접어 클라미스처럼 입었다. 당시 그리스 사회에서 짧은 의복은 노동자나 군인처럼 실용성이나 소박함을 드러내는 것이었다.

히마티온의 착용 방법을 자세히 살펴보면 가장 단순하게는 어깨와 등에 걸치는 방식이 있다. 소포클레스의 동상을 보면 왼쪽 어깨를 오른쪽 옷자락으로 덮고 오른손만 나오게 한 후 몸 전체를 감싸서 입는 방식도 살펴볼 수 있다. 이는 오른쪽 손놀림을 강조하기 위한 것으로 이러한 히마티온을 '연설가의

드레이퍼리'라고 불렀다. 또 다른 착용 방법으로는 천이 허리를 두르면서 만들어진 주름이 벨트처럼 허리를 조이게 하고, 왼쪽 팔을 감싸서 가짜 소매처럼 보이게 한 후 왼쪽 어깨 위에서 세로로 옷자락이 떨어지게 하는 방식이었다. 이외에도 방금 언급한 방식과 유사하지만 오른쪽 어깨, 양쪽 팔, 가슴이 드러나게 입는 방법이 있었다. 이 방법 역시 오른쪽 어깨와 팔을 자유롭게 사용할 수 있었기에 말할 때 팔을 많이 움직이는 연설가들에게 유용하였다. 따라서 남성들은 가슴을 드러내고 팔의 움직임을 자유롭게 하면서 드레이핑을 강조하는 방식으로 히마티온을 착용하였다.

히마티온은 후기로 갈수록 부피가 커져 디자인과 명칭이 변하였는데 이것이 로마 시대까지 이어졌고 비잔틴 시대에는 귀족의 복식이 되었다.

3) 클라미스

클라미스(Chlamys)는 히마티온이 변형된 사각형 천으로 키톤 위에 입는 짧은 망토였다〈그림 4-16〉. 매듭을 지은 유동형 클라미스는 시인 호머가 살았던 시기의 두껍고 따뜻한 천을 의미하는 클렌(Khlain)과 어원이 같다. 어원에서 알 수 있듯 클라미스는 두꺼운 모직물로 된 직사각형의 천을 어깨에 둘러 입는 방한용 옷으로 대개 여행자나 군인이 착용하였다. 몸의 동작에 따라 유동적인 케이프나 숄 형태의 외투로, 왼쪽이

(a) 헤어스타일

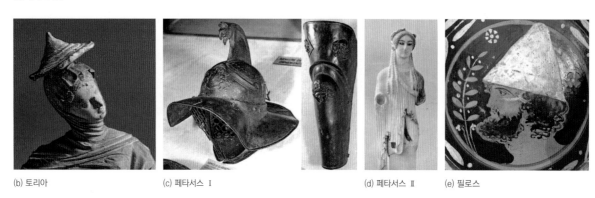

(b) 토리아　　　　(c) 페타서스 Ⅰ　　　　(d) 페타서스 Ⅱ　　　　(e) 필로스

4-18 그리스 시대의 헤어스타일과 모자

나 오른쪽에 피불라를 꽂아 고정하거나, 목 앞에서 천의 양끝을 묶어 입었다. 대부분 오른쪽에 매듭이 있어서 왼쪽 어깨와 몸 부분을 덮었고, 오른쪽 팔과 몸이 드러나 활동하기에 용이하였다. 착용자에 따라 매듭이나 피불라를 반대쪽 어깨에 두거나, 매듭을 몸 중심에 두고 옷자락을 모두 뒤로 넘기기도 하였다.

그리스 예술가들은 인간의 용맹함을 드러내고자 하는 드라마틱한 장면에서 신화 속 인물이나 전설적 인물을 표현할 때, 남성의 단련된 몸 위에 키톤보다는 군인을 상징하는 클라미스를 입히고는 했다. 클라미스는 키톤이나 나체 위에다 착용하기도 하였다.

그리스 시대에는 자연스러움을 존중하여 인체의 형태를 강조했기 때문에 나체 위에 겉옷을 입는 경우도 많았다. 때로는 여성들도 이것을 방한용으로 입었는데 정사각형, 직사각형, 사다리꼴 등 그 형태가 다양하였다. 말을 타고 달릴 때는 양쪽 옷자락이 바람에 휘날려 사다리꼴을 만들었는데 이러한 효과로 몸의 미를 극대화시키면서 인물의 역동적 움직임을 강조하였다.

3. 헤어스타일과 액세서리

1) 헤어스타일과 모자

그리스인들은 남녀 모두 곱슬거리는 긴 헤어스타일을 즐겨 하였고 금발을 선호하였다. 남성들은 곱슬거리는 머리카락이 앞이마 위로 내려오게 하거나 이마를 내놓고 뒤로 빗어 넘겼다. 혹은 앞머리를 이마 위로 가지런히 자르고 뒤쪽에 늘어뜨렸는데 페르시아 전쟁 이후에는 짧은 머리가 유행하였다.

그리스 시대 초기에 여성들은 웨이브가 들어간 긴 머리카락을 자연스럽게 풀어 늘어뜨리거나 뒤 목덜미에서 타래로 묶었다. 후기에는 머리를 뒤통수에서 바깥쪽으로 뻗쳐올리게 하여 그물망을 씌우거나 리본으로 묶었다. 염색도 성행하였고 머리카락을 감싸는 망을 머리 장식으로 사용하였다.

그들은 평소에 모자를 잘 쓰지 않았지만 여행할 때만큼은 모자를 착용하였다. BC 4세기경부터는 여러 가지 형태의 모자가 나타났다. 토리아(Tholia)는 밀짚을 짜서 만든 햇볕 가리기용 모자로 중앙이 뾰족했다. 브림이 달린 최초의 모자는 페타서스(Petasus)였다. 피리기안 보닛(Phyrigian Bonnet)은 양쪽 귀 뒤로 두 자락의 끈이 늘어져 있었고, 모자 끝이 둥근

(a) 금으로 만든 티아라

(b) 우크라이나에서 발견된 고대 그리스 왕관, BC 300

(c) 팔찌

(d) 인장 반지

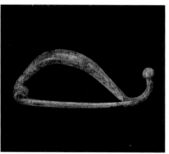
(e) 피불라 Ⅰ

(f) 피불라 Ⅱ

(g) 금색 디스크 피불라

4-19 그리스 시대의 액세서리

후드 모양으로 가죽이나 펠트 직물로 만들어졌으며 끝이 앞쪽으로 꺾인 모양이었다. 그 밖에도 삭코스(Sakkos)와 스테판(Stephane)이 있었다. 삭코스는 끝이 뾰족한 원추형 끝에 술장식이 달린 머리를 감쌌고, 스테판은 머리 앞쪽에 초생달 모양 관을 쓰고 천을 늘어뜨려 머리를 감싸는 형태였다. 필로스(Pilos)는 농부나 어부가 썼던 뾰족한 모자로 펠트나 양모 섬유를 손으로 짜서 만든 것이었다.

2) 화장

그리스 의복은 팔과 가슴이 노출되어 여성들이 제모와 화장에 시간을 많이 소비하였다. 가정마다 손톱을 다듬는 도구, 면도칼, 거울 등이 있었고 화장품 용기도 발달하였다. 여성들은 흰색 납가루를 분으로 발랐고, 푸른 산화연으로 만든 붉은색을 입술과 볼에 칠하였다.

3) 액세서리

그리스인들은 금·은·청동으로 반지, 팔지, 귀걸이를 만들었다. 남성들은 인장 반지를, 여성들은 펜던트(Pendant)형의 다양한 액세서리를 착용하였다. 팔찌와 목걸이, 그중에서도 진주 목걸이를 특히 좋아하였다.

특징적인 액세서리로는 드레이퍼리한 의복을 고정하고, 장식용으로도 효과가 큰 브로치의 일종인 피불라(Fibula)가 있었다. 이 장식용 핀은 고대 그리스나 로마 시대에는 어깨에 두르는 겉옷을 고정시키는 데 사용하였다. 이 청동 금속제 핀은 길이가 7~8cm로 고대 그리스 의복에서 꼭 필요한 액세서리였다. 철, 구리, 상아 등을 세공하여 만든 이것은 장식성과 실용성을 동시에 가지고 있었으며 안전핀 모양 또는 둥근 모양에 보석을 박아 장식하였다. 또한 T자형으로 만든 은이나 구리에 조각을 했는데, 이것이 길고 무거워지면서 비상시 흉기로 사용하는 등 그 형태와 용도가 다양해졌다.

이외에도 긴 손잡이가 달린 거울, 나뭇잎이나 가죽으로 만든 양산, 부채가 있었다. 양산은 손잡이가 길고 살이 원형 혹은 반원형으로 만들어졌다. 스파르타 여성을 제외한 대부분의 여성들은 집에서 자수를 즐겼고 그 기술이 발달하여 패션이나 액세서리에 자수 장식을 많이 이용하였다. 자수에 사용된 무늬로는 성공을 의미하는 월계수 잎과 평화를 의미하는 올리브 등이 있었다. 또한 이집트인들처럼 몸에 향유를 발라 치장하였다.

 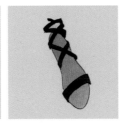  

(a) 칼세우스　　(b) 페로　　(c) 샌들 Ⅰ　　(d) 샌들 Ⅱ　　(e) 고대 그리스 샌들

4-20 그리스 시대의 슈즈

4) 슈즈

그리스 시대 초기에는 실내에서 슈즈를 신지 않았고 외출할 때만 샌들을 신었다. 그리스인의 슈즈는 크게 샌들과 부츠로 구분되었다. 샌들은 나무, 가죽 또는 파피루스 등으로 구두창을 만들고 거기에 여러 가닥의 가죽 끈으로 발목에 감아 돌려 다리를 묶는 그들만의 전통 방식으로 만들어졌다.

철학자들은 장식이 없는 간단한 샌들을 신었는데, 이 샌들이 변하여 크레피스(Crepis)와 버스킨(Buskin)이 되었다. 크레피스는 구두창에 여러 줄의 끈을 묶어 발을 보호한 것으로 상류층에서는 좋은 가죽을 소재로 하여 금·은 등으로 화려하게 장식하였다. 버스킨은 여행자나 군인들이 착용하던 부츠로 목이 종아리까지 높게 올라가고 중앙에 끈으로 조절을 하도록 되어 있었다. 크레피스나 버스킨 둘 다 더운 기후에서도 통풍이 잘되도록 발가락을 노출시키는 형태였다.

코더너스(Cothornus)는 약 7.5cm의 코르크창이 달린 신발로 야외극장에서 연극 배우들이 인체를 과장하기 위해 가면과 함께 착용했던 것이 일반인 사이에서도 유행하였다. 남성들은 대부분 검은색 가죽 슈즈를 신었고 여성들은 붉은색, 초록색, 흰색 등의 슈즈를 자수나 금·은 등으로 화려하게 장식하여 신었다. 창부들은 도금한 샌들을 신었다.

그리스 시대 패션 스타일의 응용

벨베데레의 아폴론상, BC 4세기

매기 러프, 1941

그리스풍 이브닝드레스, 1990

주하이드 무라드, 2011

유키, 1930

그리스 시대 패션 스타일의 요약

그리스 시대(BC 1200~BC 146)

대표 양식	대표 패션
 파르테논 신전	 도릭 키톤과 이오닉 키톤

패션의 종류	• 도릭키톤(Doric Chiton): 도리아인, 스파르타, 남성적, 두꺼운 소재 사용 - 아포티그마(Apotigma) - 콜포스(Kolpos) - 엑조미스(Exomis) • 이오닉 키톤(Ionic Chiton): 이오니아인, 아테네, 여성적, 섬세한 소재 • 히마티온(Himation): 숄의 일종 • 클라미스(Chlamys): 두꺼운 모직 케이프
디테일의 특징	• 피불라(Fibula) 장식 • 자연스러운 드레이퍼리 • 손톱 주름
헤어스타일 및 액세서리	• 곱슬거리는 머리, 염색, 그물망 • 남성 모자: 페타서스(Petarsus), 필로스(Pilos) • 여성 모자: 토리아(Tholia), 삭코스(Sakkos) • 남녀 공용 모자: 프리기안 보닛(Phyrigian Bonnet) • 슈즈: 샌들, 크레피스(Crepis), 버스킨(Buskin)
패션사적 의의	• 독창적인 문화를 발전시켜 유럽 문화의 원천을 확립 • 나체의 아름다움과 율동미 표현(걸치거나 두르는 형태의 의상) • 계급의 차이가 없는 패션

CHAPTER 5
로마 시대의 패션

5-1 로마 건축의 특징인 아치를 이용한 판테온 신전 내부   **5-2** 로마의 원형 경기장, 콜로세움

CHAPTER 5
로마 시대의 패션

1. 로마 시대의 사회와 문화적 배경

지중해를 중심으로 거대한 제국을 건설한 로마(Rome)는 라틴인이 티베르(Tiber) 강변에 세운 작은 도시국가로 시작하여 5세기에 걸쳐 오리엔트(Orient)를 포함한 전 지중해를 정복·통합하면서 세 개 대륙에 이르는 커다란 제국을 건설하였다. 로마는 지중해를 중심으로 발전한 고대 문화에 라틴적 요소를 가미하며 유럽의 고전 문화를 완성해나갔는데, 기독교는 로마 제국의 국교로 지정되면서 유럽 문화의 원천이 되었다. 이 문화는 유럽 역사의 주인공으로 등장했던 게르만 민족에게 전달되면서 오늘날 유럽 문화의 기반이 되었다. 로마의 건축은 로마인의 정신을 표현한다. 로마인은 건축을 통하여 창조적인 발명의 재능을 발휘하였다. 특히 설계, 디자인 분야의 재능이 탁월하였다. BC 753년에 시작된 로마는 로마 왕국에 이어 서로마 제국(BC 27~330)이 나타나고 동로마 제국이 사라질 때(1453)까지 1,500년 가까이 유지되었다.

로마는 아치 건축 기술이 매우 발달하여 다리, 수도교, 극장, 대형 공중목욕탕 등 규모가 크고 실용성이 있는 건축물을 많이 지었는데 이것이 오늘날까지 거의 완벽하게 보존되어 고대의 기적으로 불리고 있다. 로마의 건축물은 주택, 성

벽, 궁전, 성전, 오락장소, 공공시설, 기념비로 나누어지는데 판테온(Pantheon) 신전〈그림 5-1〉과 원형 경기장 콜로세움(Colosseum)〈그림 5-2〉이 대표적이다.

만남의 장소였던 로마의 공중목욕탕〈그림 5-3〉은 모든 사회계층의 삶의 근본이 되는 장소였다. 로마인들은 목욕탕에 들러 여러 시간 몸을 단련함으로써 전차 경기장이나 원형극장 등에서 즐거움을 누릴 준비를 하였다. 여성들은 개인 욕실을 사용하였는데 그곳에서 화장을 하거나 우유로 목욕을 하고 향유도 발랐다. 스트로피움(Strophium)〈그림 5-4〉은 공중목욕탕에 갈 때나 운동할 때 입었던 것으로 속옷의 초기 형태라고 할 수 있다.

로마인들은 고대 문명국가인 중에서 놀이를 가장 즐기는 민족이었다. 무를 숭상하는 나라답게 그에 걸맞는 놀이로 검투사들이 날이 선 칼과 창을 들고 시합을 벌였다. 당시에는 전문적인 검투사 양성학교가 있어서 각종 무기를 다루는 훈련을 실시하기도 했다.

로마인들은 그리스인들의 영향을 받아 자연의 힘을 신격화한 많은 신을 믿었다. 로마 제국 초기에는 다수의 신을 섬겼으나, 392년에 기독교가 국교로 승인되면서 이교도의 전도가 금지되고, 다신교 사회에서 유일신 사회로 전환되었다. 기독

5-3 로마의 공중목욕탕

5-4 스트로피움

교는 로마 제국이 멸망한 후에도 살아남아 더욱 큰 세력으로 발전하여 오늘날 전 세계에서 가장 보편적인 종교로 자리 잡았다. 기독교는 서양의 고대와 중세를 잇는 다리 역할을 하였으며 그리스·로마 문화와 더불어 유럽 문명의 중요한 기반이 되었다.

　BC 240년에는 연극이 무대에 올려졌다. 연극은 그리스의 연극을 그대로 옮겨오거나 약간씩 각색하여 로마의 연극으로 재탄생시킨 것이었다. 연극을 즐겼던 네로(Nero) 황제 시기에는 팬터마임(Pantomime)이 무대에 올랐다. 비극은 로마 연극에서 중요한 의미를 갖는다. 이 비극은 그리스나 로마를 다루고 있었지만 내용 대부분이 무서운 장면, 선과 악이 분명한 인물, 과장된 대사로 이루어져 있었다. 이러한 로마 비극은 르네상스 시대 비극에 큰 영향을 주었다.

2. 로마 시대 패션

고대 로마의 기본적인 의복은 토가(Toga)로 지중해 주위 국가들이 공통적으로 착용했던 대표적인 의상이며 남녀 모두 걸치고 다녔다. BC 2세기부터 발달한 부피가 큰 토가 속에 사

5-5 로마 시대의 패션

5-6 짧은 헤어스타일에 관을 쓰고 토가를 착용한 사람들   **5-7** 토가 프라에텍스타   **5-8** 튜니카

람들은 품이 넓은 셔츠와 같은 튜니카(Tunica)를 입었다.

여성들은 그리스의 히마티온(Himation)과 유사한 겉옷, 팔라(Palla)를 입었다. 이 옷은 히마티온보다 부피가 훨씬 크고 장식이 화려하며 모직으로 만들어서 왼쪽 어깨에 한쪽만 걸쳐서 내려왔고 오른팔을 자유롭게 움직일 수 있었다. 기본적인 토가 외에도 튜니카, 스톨라, 팔라, 팔루다멘툼 등의 의복을 착용하였다.

1) 토가

토가(Toga)는 로마 시민의 주요 복장으로 몸을 감싸 어깨에서 피불라(Fibula)로 고정시키는 단순한 직사각형 천이었다. 낮은 계층이 입었던 가장 실용적이고 인기 있는 의상은 튜닉이었는데 부자들은 이것을 속옷으로 입었다. 토가의 겉이나 속에 입었던 튜닉은 추위를 막는 데 도움을 주었다.

로마인들은 모자가 달린 망토도 착용하였다. 여성은 속옷으로 긴 튜닉을 입고, 그 위에 스톨라(Stola)라고 하는 어깨에서 발까지 내려가는 긴 옷을 입었다. 여성들도 춥거나 궂은 날씨에는 어깨를 덮는 긴 코트를 입었다. 토가는 몸을 감싸거나 두르는 드레이퍼리 형태의 옷으로 그리스의 히마티온(Himation)과 에르투리아의 테베나(Tebenna)가 합쳐진 것이다. 기본적인 형태로는 모직물로 된 간단한 사각형 리넨이나 모직물로 된 반원형 배색이 된 색상으로 앞중심을 따라 밴드 형태로 단을 장식한 것이 있다.

토가는 로마 초기에는 단순한 형태였으나 제정 시대에는 상류층들이 자신의 권위를 나타내기 위하여 자주색 밴드인 클라비(Clavi)를 단에 댄 화려한 것을 착용하였다. 일반인들은 단순한 흰색을 착용하였고 계급에 따라서 형태나 사용 방법을 달리하였다.

토가의 드레이핑 방법은 개인의 취향에 따라 조금씩 달랐으나 기본적으로 왼쪽 허리 바로 위에서 드레이프지게 시작하여 왼쪽 어깨가 항상 덮이게 하고 오른쪽 어깨는 노출되게 하여 끝 부분이 헐렁하게 트이게 해서 손을 자유롭게 놀릴 수 있었다. 이와 같은 드레이핑 방법에 따라 주머니가 생겨나기도 했다. 토가는 점점 커져 후기에 이르러서는 혼자서 감당하기 어려워 노예의 도움을 받아야 할 정도로 거대해졌다.

토가는 맨몸에 걸치거나 튜닉 위에 착용했는데 제정 시대 이후부터는 큰 부피의 토가를 걸치는 것이 거추장스러워서 공식행사에서만 착용하게 되었다. 토가는 사회적 지위에 따라 형태와 착용 방법이 달랐고, 색상이나 장식에 따라 다음과 같이 구분되었다.

(1) 토가 프라에텍스타

토가 프라에텍스타(Toga Praetexta)는 토가 가장자리에 자주색 단을 두른 흰색 토가로 황제, 성직자 집정관, 소년들이 착용했고 개선장군들이 입는 금색 자수로 된 가장 화려한 토가는 토가 픽타(Toga Picta)라고 불렸다〈그림 5-7〉.

이 옷은 외출용으로 가장 적합했으나 노동을 할 때나 실내에서는 착용하지 않았다. 장식이 전혀 없는 흰색 모직 소재의 토가 푸라(Toga Pura)도 있었다.

(a) 토가   (b) 스톨라   (c) 팔라   (d) 팔리움

5-9 토가, 스톨라, 팔라, 팔리움

(2) 토가 칸디다

토가 칸디다(Toga Candida)는 청렴결백을 강조하기 위하여 옷감에 붓칠을 하여 더욱 희게 만든 것으로 공직자들이 착용하였다. 일반인이 착용했던 모직물로 만든 자연적인 색상의 토가는 토가 비릴리스(Toga Virillis)라고 불렀다. 평민들이 착용했던 검은색, 회색, 갈색 등 어두운 색상의 토가는 토가 풀라(Toga Pulla), 일명 토가 소디다(Toga Sordida)라고도 하였다. 이와 같이 토가는 소재와 입는 사람에 따라 명칭이 달랐다.

2) 튜니카

튜니카(Tunica)는 튜닉(Tunic)의 라틴명으로 그리스의 도릭 키톤(Doric Chiton)에서 발전된 T자형의 활동하기 편한 의상이다〈그림 5-8〉. 튜니카는 로마에 살던 원주민 에르투리아인들이 많이 착용하였다. 에르투리아인의 의복은 동방과 그리스에서 영향을 많이 받았다. 초기에는 한 장의 직사각형 천을 반으로 접어서 머리 부분을 파내고 팔이 들어갈 곳을 제외한 옆선을 꿰메어 토가의 속옷으로 착용하였다. 로마인들이 착용한 언더 튜닉(Under Tunic)으로 몸에 꼭 맞고 길이가 짧고 모직으로 된 언더 튜닉은 수부쿨라(Subucula)라고 불렀다. 초기에는 이것을 토가 안에 입었지만, 공식 복장으로 사용하게 되면서 소매를 달아 겉옷으로도 입었다.

튜니카가 겉옷으로 사용되면서부터는 귀족 계급에서 신분의 표시를 위하여 수직으로 된 긴 장식 테이프인 클라비스를 대거나 어깨와 가슴 부분의 헝겊 장식인 세그멘티(Segmenti)를 달았다. 재료로는 흰색의 리넨이나 모직을 사용하였는데 여성들은 녹색, 청색, 분홍색 등 화려한 색상을 사용하였다. 튜니카에는 흰색 리넨으로 된 로마의 집정관, 원로원, 성직자들이 착용한 위에서부터 밑단까지 클라비로 장식한 튜니카 라티클라비(Tunica Laticlavi)가 있었고 전쟁에 승리한 개선 장군들과 황제들이 착용한 금사로 종려나무 잎으로 가장자리를 장식한 튜니카 팔마타(Tunica Palmata)가 있었다. 또한 밑단에 그리스의 식물무늬나 동물의 형상을 금사로 수놓아 장식한 튜니카 탈라리스(Tunica Talaris)가 있었다.

3) 스톨라

스톨라(Stola)는 로마 여성들의 튜닉으로 그리스 여성의 키톤(Chiton)에서 유래되었다〈그림 5-9(b)〉. 어깨에서부터 손목까지 난 솔기선을 따라서 주름을 잡았다. 스톨라는 그리스 여성들이 키톤을 착용할 때처럼 허리띠를 두세 번 정도 둘러 상체에 풍성한 블루론(Blouron) 형태가 생기게 하여 입었다. 소재로는 모직물이 사용되었고 색상은 다양하였다.

BC 2세기까지는 남녀 모두 토가를 입었으나 이후에는 여자들은 스톨라를 입게 되었다. 오늘날 뉴욕에 있는 자유의 여신상이 몸에 걸치고 있는 것도 바로 이 스톨라이다.

4) 팔라, 팔리움

팔라(Palla)〈그림 5-9(c)〉는 그리스의 히마티온(Himation)과 같은 형태로 로마에서는 여성들이 착용한 것을 팔라, 남성들이 착용한 것을 팔리움(Pallium)〈그림 5-9(d)〉이라고 불렀다. 이것은 직사각형의 천으로 주로 모직물, 마, 면 등으로 만들었고 적색, 황색, 자색, 청색 등 색상이 다양하였다. 위에 둘러싸서 입은 것으로 속에 입었던 스톨라나 튜닉과 색의 조화를 이루도록 하였다. 2세기경부터는 머리에 쓰는 베일을 함께 착용하기도 하였다.

5) 팔루다멘툼

팔루다멘툼(Paludamentum)은 고대 로마 시대부터 비잔틴 시대까지 사용된 부피가 큰 망토 스타일의 옷으로 그리스의 클라미스(Chilamys)와 유사한 직사각형, 정사각형 형태의 천이었다〈그림 5-10〉. 고대 로마 시대에는 황제와 장군들이 튜닉 위에 착용하였다. 평민들이 여행할 때도 거칠고 튼튼한 모직물로 된 팔루다멘툼을 사용하였다. 등 가운데와 어깨를 감싸고 오른쪽 어깨에서 장식된 피불라(Fibula)로 고정하였고 길이는 무릎을 덮는 정도였다. 황제의 팔루다멘툼은 보라색으로 하고 금사로 수놓아 화려하게 장식하였다.

5-10 팔루다멘툼

3. 헤어스타일과 액세서리

1) 헤어스타일

로마 시대의 헤어스타일은 그리스 헤어스타일의 모방으로, 공화정 시대에는 앞가르마를 타고 머리에 컬을 주어 양쪽으로 자연스럽게 늘어뜨리거나 머리카락 전체를 짧게 잘랐다. 또는 뒤중심에서 묶어 올린 시뇽(Chignon) 형태였으나, 후기에는 보석, 장식망, 진주, 리본 등으로 장식하고 화관이나 베일을 사용하였다. 남성들은 짧은 곱슬머리를 선호하였고 머리숱이 적은 것을 부끄럽게 여겨 가발을 착용하기도 하였다.

로마인들도 그리스인들처럼 컬이 들어간 금발을 좋아하여 노란색으로 염색을 하였다. 로마의 여성은 머리를 염색하거나 표백하는 기술이 뛰어났다. 전쟁에서 승리한 장군들은 월계관을 썼고 축제나 결혼식에서는 화관을 착용하였다. 황제는 보석으로 장식된 관을 썼다. 여성들은 머리카락에 볼륨감을 더하기 위해 웨이브를 주었는데 칼라미스트룸(Calamistrum)이라는 오늘날의 고대기와 비슷한 도구를 널리 사용하였다. 나이를 먹거나 칼라미스트룸을 과도하게 사용하거나 염색을 자주 해서 머리카락이 상한 경우에는 각양각색의 가발을 썼다.

공화정 시대(BC 509~BC 27)에는 남성들이 머리를 짧고 단조롭게 잘랐는데 아우구스투스 시대에 유행이 바뀌기 시작하면서 남성들도 칼라미스트룸으로 웨이브와 볼륨을 주는 등 더욱 정교하게 머리카락을 정돈하였다. AD 2세기 초, 하드리아누스 시대에는 남성들이 콧수염과 턱수염을 기르는 것이 유행하여 부유한 남성들은 이를 길게 기르고 웨이브를 주어 단장하였다.

제정 시대 남성들은 수염을 길렀고 성직자들은 머리카락과 수염을 길게 길렀다. 로마인들은 기후 조건상 모자를 거의 쓰지 않았고 햇볕, 비 등을 피하기 위해서 그들이 착용하는 토가와 비슷한 팔라, 팔리움을 착용하였다. 신부들은 머리에 밴드나 화환을 쓰고 거기에 베일을 달아 어깨까지 늘어뜨렸다. 색상은 대개 주황색이었는데, 기독교인들은 흰색을 사용하였다.

2) 화장

로마인들은 얼굴을 희게 분칠하고 손톱도 예쁘게 손질하였다. 화장을 지우는 데는 너도밤나무와 재, 산양유를 혼합한 사포

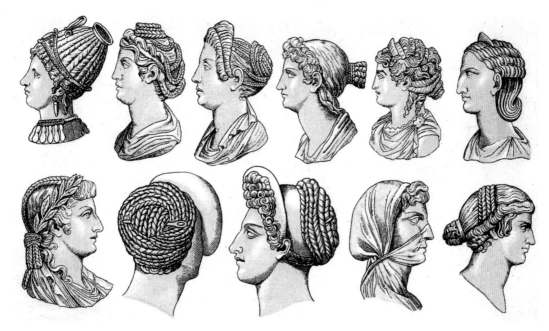

5-11 로마 시대의 헤어스타일

를 사용하였는데 이것이 비누의 시초가 되었다. 또한 고급 향수를 수입하고 염모제도 만들어 사용하였다. 귀부인들은 치장을 위한 몸종을 여럿 두었고, 교사로부터 미용에 관한 지식을 습득하였다. 또한 붉은 염료와 재로 만든 아름다운 마스카라를 속눈썹에 발랐다. 로마의 부인들은 아름다움을 위해서라면 어느 정도 자학적인 행위도 감수하였다. 그들은 올리브유에 희석한 송진으로 만든 일종의 탈모 왁스를 사용하여 다리털과 겨드랑이 털을 제거하고, 오늘날 우리가 사용하는 것과

비슷한 족집게로 제모 작업을 마무리하였다.

3) 액세서리

로마 시대에는 정복지에서 실어온 값비싼 다이아몬드, 사파이어, 오팔, 진주 등의 사용으로 액세서리가 더 화려해졌다. 금·은을 다루는 세공 기술은 고도로 발달하였다. 액세서리는 목걸이, 귀걸이, 팔찌, 반지 등 종류가 다양하였는데 로마인들

(a) 금과 옥으로 만든 브로치

(b) 청동으로 만든 팔찌

(c) 펜던트로 이루어진 거들

(d) 아우구스투스의 음각 세공 펜던트

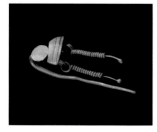

(e) 금으로 만든 귀걸이

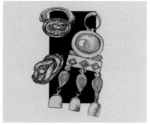

(f) 귀걸이, 반지

(g) 귀걸이

(h) 반지

5-12 로마 시대의 액세서리

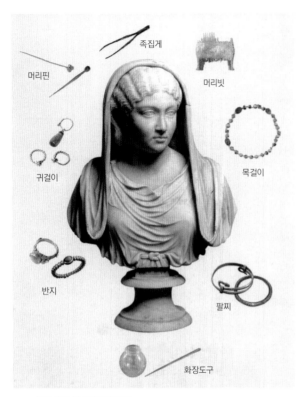

5-13 로마 시대 여성의 액세서리

금이나 은을 세공하거나 철, 구리, 상아 등을 이용하여 만들었다.

4) 슈즈

로마의 문화는 에트루리아와 그리스의 영향을 받아 발전한 것으로 슈즈 또한 종류가 다양해지고 형태가 정교해졌다. 로마 사회는 사회적인 신분에 따라 제도, 장식, 신발의 형태가 달랐다. 로마의 대표적인 슈즈로는 샌들, 발목까지 덮는 반구두의 형태로 두 개의 끈으로 발목을 여러 번 감아서 앞쪽에서 매는 칼세우스(Calceous), 구두창 양옆을 두 개의 끈으로 꿰어 발등에서 교차시켜 발목을 매는 크레피다(Crepida)가 있었다. 크레티다는 일반인들이 신었으며 위 부분을 스트랩으로 잠그고 끈으로 묶게 된 갈색의 가죽 부츠였다. 고급 가죽으로 만든 것과 색상이 있는 것은 부유층에서 착용하였다.

귀족들이 신었던 칼세우스 파트리키우스(Calceous Patrĭcĭus)는 버클로 잠그는 형태로 비싼 보석과 붉은색 고급 가죽을 사용하여 굽이 있게 만든 것이었다. 검은색 가죽에 금장식을 한 칼세우스 세나토리우스(Calceous Senatórĭus)는 버클 대신 스트랩 네 개를 이용하여 여닫는 형태로 원로원 의원들이 신었다.

다리 윗부분까지 높게 올라온 코투르누스(Cothurnus)는 구두 앞부분을 사자 머리 모양으로 장식하였다. 상류층 사람들은 슈즈를 높고 화려하게 장식하였다. 로마인들의 슈즈는 왼쪽과 오른쪽의 구분이 있었고 재료와 형태가 신분을 나타냈다.

그리스와 동방 지역에서는 슈즈의 착용 여부가 신분을 나타내었으나 로마에서는 어떤 형태의 슈즈를 신었느냐에 따라 신분을 구별하였다. 고대 그리스와 에트루리아 군인들이 신었던 발목까지 끈으로 동여매는 버스킨(Buskin)은 발가락을 전부 내놓는 것이 특징이었다.

은 특히 반지에 관심이 많아 값비싼 보석이 박힌 반지나 역사적으로 유명한 영웅의 얼굴이 조각된 반지, 문장 반지, 열쇠용 반지, 독을 담는 반지 등을 중요시하였다. 초기에는 보석 사용을 억제하였으나 동방의 정복지로부터 많은 보석이 들어옴으로써 화려한 액세서리 여러 개를 같이 착용하였다. 후기에는 사치와 부의 과시 수단으로 착용하였고 금속판을 뚫어 잘라내는 투각 세공기법인 오푸스 인터라실(Opus Interrasile)이 유행하여 정교한 문양을 표현하였다.

헤어밴드는 보석으로 뒤덮인 티아라로 대체되었다. 남녀 모두 반지를 꼈는데, 특히 여성들은 반지뿐만 아니라 보석이 박힌 금귀걸이, 목걸이, 팔찌, 또는 핀이나 메달 위에 카메오를 얹은 것 등 값비싼 보석류를 걸쳤다〈그림 5-13〉. 주로 사용한 보석은 금, 다이아몬드, 사파이어, 오팔, 진주 등으로 팔찌는

5-14 로마 시대의 슈즈

로마 시대 패션 스타일의 응용

토가 프라에텍스타

발렌티노, 1991, S/S

발렌티노, BC 3세기 에트러스칸 문명에서 영감을 얻은 하프코트, 1966, S/S

팔루다멘툼

돌체 앤 가바나, 2014, S/S

마이클 손탁, 2013, F/W

로마 시대 패션 스타일의 요약

로마 시대(BC 753~AD 476)

대표 양식	대표 패션
 로마의 원형경기장, 콜로세움	 주황색 베일을 쓴 신부(오른쪽), 470년경

패션의 종류	• 토가(Toga): 황제나 개선장군이 착용 - 토가 프라에텍스타(Toga Praetaxta): 황제나 성직자, 소년들이 착용 - 토가 칸디다(Toga Candida): 청렴결백성 강조 • 튜니카(Tunica): 튜닉 • 스톨라(Stola): 여성의 튜닉으로 그리스의 키톤에서 유래 • 팔라(Palla): 여성용 망토, 팔리움(Pallium): 남성용 망토 • 팔루다멘툼(Paludamentum): 부피가 큰 케이프 스타일의 옷으로 그리스의 클라미스(Chilamys)와 유사
디테일의 특징	• 드레이퍼리 • 클라비(Clavi), 세그멘티(Segmenti)
헤어스타일 및 액세서리	• 시뇽, 머리 염색, 수염 • 반지에 대한 관심 • 동방(정복지)의 영향을 받은 화려한 액세서리 • 세공 기술의 발달
슈즈	• 샌들, 칼세우스(Calceous), 크레피다(Crepida), 버스킨(Buskin), 코투르누스(Cothurnus) • 하이 부츠, 세나토리우스(Senatorius)
패션사적 의의	• 입체적으로 늘어지게 한 드레이핑 • 천으로 몸을 감싸고, 부피를 크게 하여 두르고, 어깨에 걸침 • 무엇으로 만들었는지, 누가 입었는지에 따라 명칭이 달라짐

CHAPTER 6
비잔틴 시대의 패션

6-1 성 소피아 성당

6-2 성 소피아 성당의 내부

CHAPTER 6
비잔틴 시대의 패션

1. 비잔틴 시대의 사회와 문화적 배경

비잔틴 제국(Byzantine Empire, 330~1453)은 330년에 콘스탄티누스 황제가 수도를 비잔틴으로 옮겨 콘스탄티노폴리스(Constantinopolis), 일명 콘스탄티노플을 건설하면서 생겨났다. 이 제국은 서로마 제국이 멸망한 후에도 여러 나라의 공격을 받으면서 1,000여 년간 유지되었다.

수도인 콘스탄티노플은 동양과 서양의 문화가 만나는 중요한 곳으로 상업상 요지였을 뿐만 아니라 지중해와 흑해를 연결하는 중심지이자 유럽과 아시아 대륙의 중심이었다. 비잔틴 제국은 이러한 정치적 지리적 여건으로 문화가 발달하고 세계 여러 나라와 교류가 활발한 부유한 국가였다.

대표적인 건축물인 성 소피아(Hagia Sophia) 성당은 콘스탄티누스 황제가 325년에 창건하여 유스티니아누스 대제가 532~537년까지 개축한 것이다〈그림 6-1〉. 성당의 내부는 현존하는 비잔틴 시대 건축의 대표작으로, 비잔틴 제국의 기독교 문화와 오스만 튀르크 제국의 이슬람 문화가 합쳐진 결정체이다〈그림 6-2〉.

콘스탄티노플은 제국 전체의 수도로서 오래 남아 있지는 못했다. 395년 테오도시우스(Theodosius) 황제의 죽음 이후

제국이 동로마 제국과 서로마 제국으로 분리되고, 476년에 서로마 제국이 멸망하자 콘스탄티노플의 새 이름인 비잔티움(Byzantium)이 서방 세계와 단절되었으며, 건설 당시부터 느껴지던 동양의 영향이 더욱 짙어졌다. 만약 그렇지 않았다면 위치상 아시아 내륙 지방의 무역 집산지가 되기는 힘들었을 것이다.

동로마 문화는 그리스와 동방의 문화가 합해져서 만들어졌다. 서유럽과 사회·문화의 폭넓은 교제를 통하여 그들의 사회 발전은 물론이고 서양 중세 문화에 중요한 역할을 하였다. 중세란 서로마 제국이 멸망한 476년부터 15세기 말까지를 말하며 동로마 제국, 비잔틴 제국이 명맥을 유지하였다. 프랑크 왕국은 카를로스 마그누스 황제가 죽은 후 동프랑크와 서프랑크, 중프랑크로 분리되었고 동프랑크와 서프랑크는 후에 독일과 프랑스로 발전해갔다. 동프랑크 왕국의 오토 1세는 제국의 기반을 다지고 교황으로부터 신성 로마 제국의 황제로 추대되어 문화와 전통을 크게 발전시켰다.

아시아로부터 공격을 받으면서 유럽을 발전시킨 비잔틴 시대 패션은 중세 유럽 패션의 기반이 되었다. 비잔틴 패션은 거의 대부분이 그리스 패션이 로마로 전해진 것을 이어받은 것이었다. 그리스 문화가 함유된 그리스와 로마풍 패션에

6-3 테오도라 황후와 시녀들, 547

동방의 영향을 받아 많은 색상과 호화스러운 실크를 사용하고 자수와 보석, 특히 진주로 화려하게 장식한 그레코-로만(Greco-Roman) 스타일로 엄숙해보이면서도 화려한 느낌을 주었다.

호화스러운 색채의 비잔틴 제국 문화는 로마 제국의 정치적인 전통 위에 그리스 문화와 기독교 사상, 거기에 동방적인 요소가 합쳐져 창조되었으며 11~12세기의 로마네스크 문화, 15~16세기 르네상스 문화에 많은 영향을 주었다.

비잔틴 제국의 황제 제위(610~641) 중에는 7년에 걸친 페르시아 원정에서 승리하였으나 이슬람교도인 아랍인에 의해 시리아, 메소포타미아, 이집트, 아르메니아를 계속 잃어갔다.

중세 유럽은 726년, 우상 파괴령을 시발점으로 서로마 교회가 동로마 교회와의 연결고리를 단절하고 라틴 문명과 게르만 문명을 융합시킴으로써 형성되었다. 이때의 분열은 지금도 그 흔적이 남아서 카톨릭과 개신교는 서유럽에, 정교회는 그리스와 동유럽, 러시아에 남아 있는데 그 접점 지역이 보스니아헤르체고비나이다. 게르만족의 이동은 처음에는 약탈만을 남겼으나 점차 상업에 종사하고 정착하면서 상업 부활에 큰 자극을 주었다. 또한 원주민과의 융합으로 동화되어 유럽 중세세계 형성에 커다란 역할을 하였다.

마자르족의 침입은 노르만족의 침입처럼 장기간 계속된 것은 아니었으나 이로 인한 피해가 대단하여 긴 부흥 과정 속에서 유럽 중세 사회의 문화가 발전하게 되었다.

비잔틴 시대의 문화는 고대 그리스의 헬레니즘 문화에 기독교적 요소를 융합시킨 것으로 종교적인 표현을 강조하며 번영을 누렸다.

2. 비잔틴 시대 패션

비잔틴 시대의 패션은 기독교 정신을 염두에 두고, 그리스와 로마풍 패션에 동방의 영향을 받아 화려한 직물, 실크를 많이 사용하였다. 특히 진주와 자수로 호화로운 장식을 하였는데 남녀 모두 착용했던 옷으로는 달마티카(Dalmatica), 튜닉(Tunic), 팔루다멘툼(Paludamentum)이 있었다. 팔루다멘툼은 황제와 황후 등 귀족들이 착용하였고, 평민들은 팔리움(Pallium)이나 팔라(Palla)를 입었다. 그들은 소매가 긴 튜닉을 입고 허리에 띠를 둘렀다.

말기부터는 황제와 귀족들이 튜닉과 달마티카에 세그맨티(Segmenti)나 클라비(Clavi)를 대어 신분을 표시하였는데, 이는 패션사 최초로 신분에 따른 계급을 장식으로 나타낸 것이다. 후기에는 빳빳한 직물을 사용하게 되면서 패션이 더욱 화려해졌다.

1) 팔루다멘툼

로마의 대표적인 의복이 토가(Toga)라면, 비잔틴의 대표적인 의복은 팔루다멘툼(Paludamentum)이다〈그림 6-3~5〉. 남녀 모두 기본적으로 착용했던 팔루다멘툼은 비잔틴 제국에서 정사각형, 직사각형 대신 사다리꼴 또는 반원형의 모직물로 만

6-4 타블리온, 세그멘티, 튜닉을 입고 검은색 샌들을 신은 유스티니아누스 황제, 547

들어졌다. 착용 방법은 왼쪽 어깨는 완전히 감싸고, 오른쪽 어깨를 핀으로 고정하여 오른손의 활동을 자유롭게 하는 것이었다. 로마에서는 이것을 무릎 밑 정도까지 오도록 입었는데 비잔틴에서는 발목까지 길게 내려오도록 하였다.

왕족들이 착용한 팔루다멘툼은 양쪽 가장자리 부분을 보석이나 금·은사를 이용한 자수로 화려하게 장식하였고 타블리온(Tablion)이라는 실크 장식천을 부착하여 고귀한 신분을 나타내었다. 타블리온에 사용된 문양은 새, 양, 비둘기, 십자가,

종교화, 황제의 초상화 등이었다. 유스티니아누스 황제의 팔루다멘툼에는 자수를 놓은 황금색 타블리온이 부착되었고, 황후의 팔루다멘툼에는 금사로 놓은 자수가 화려하게 장식되었다. 일반인들은 그리스의 클라미스나 로마에서 착용했던 수수한 색의 모직으로 만든 사굼(Sagum)을 착용하였다.

비잔틴 시대의 모자이크 작품 중 최고로 알려진 이 작품은 산 비탈레(San Vitale) 성당 제단의 양쪽 벽면에 있는 것으로, 황제 유스티니아누스와 황후 테오도라가 예배에 참석하는 모

6-5 오토 3세의 튜닉과 맨틀, 997~1000
튜닉 위에 팔루다멘툼을 입은 오토 3세에게 곡물을 바치는 스클라비니아, 게르마니아, 갈리아, 로마

6-6 달마티카를 입은 여성들

습을 표현하였다. 교회의 우두머리 사제인 유스티니아누스 황제는 금관을 쓰고 하나님께 바치는 빵이 담긴 금색 그릇을 들고 있다. 산 비탈레 성당의 주교인 막시미아누스는 금으로 장식된 십자가를 들고 있다. 황제는 튜닉 위에 팔루다멘툼을 입고 있는데 옆의 성직자들은 소맷부리가 넓은 달마티카와 검은색 샌들을 신고 있다. 황제의 클라미는 금과 보석으로 타블리온(Tablion) 피불라, 양 어깨나 소매에 부착된 사각형 또는 둥근 장식인 세그멘티로 화려하게 장식되어 있다.

2) 달마티카

달마티카(Dalmatica)는 고대 로마 시대 말기, 즉 1세기경에 달마티아 지방에서 기독교인들이 착용하기 시작했던 통이 넓은 소매가 달린 튜닉 형태의 의복이다〈그림 6-6, 7〉. 초기에는 기독교인들만이 착용하였으나 콘스탄티누스 1세 때(331) 기독교가 국교로 정해진 후부터는 왕족, 교황, 사제, 귀족들까지 착용했던 비잔틴 시대의 대표 의상으로 르네상스 시대 전까지 중세 의복의 기본이었다.

왕족, 귀족들의 달마티카는 네크라인과 소매 끝단에 자수를 놓거나 자수를 놓아 화려하게 장식을 하였다. 어깨부터 밑단까지는 자색, 적색의 클라비(Clavi)로 장식을 하였다. 미혼인 기독교인들은 자수나 클라비가 없는 검소한 달마티카를 착용하였다. 달마티카의 스커트 양옆은 터침, 슬릿으로 되어 있었고 소재는 고급스러운 리넨, 모직, 실크 등이였다. 농부,

노동자들의 달마티카는 소매통이 넓고 상체는 몸에 타이트하게 맞았고 거친 직물로 만들어졌다. 로마인들에게 박해받으며 기독교 전파에 열심이었던 기독교인들은 로마 시민의 거대한 의상보다는 튜니카나 달마티카를 많이 착용하였다. 달마티카는 직사각형의 천을 반으로 접어서 양쪽 팔 밑을 잘라내고 가운데 머리가 들어갈 부분을 -자, T자, U자 또는 둥근 판 형태로 제작하였다. 옷을 펼쳐놓으면 십자가의 형태를 이루어 종교적 감각을 느끼게 하는 이 옷은 현재까지도 사용되는 유고슬라비아의 국민복으로, 기본 형태는 셔츠나 튜닉처럼 일자형으로 간단하나 소매가 더 넓어지고 밑자락도 극적으로 넓어져서 벨 모양이 된다. 또한 입는 사람의 재산 정도나 지위에 따라 트임, 밑자락의 장식이 실크 브로케이드, 진주, 보석, 에나멜을 입힌 금속 장식 등으로 화려하게 꾸며졌다.

3) 튜닉

튜닉(Tunic)은 고대 로마 시대부터 착용했던 의상으로 짧은 것부터 발목까지 오는 긴 것까지 길이가 다양하며 비잔틴 시대에 더욱 화려하게 발전하였다〈그림 6-10〉.

로마 시대에는 계급의 분별이 엄격하여 클라비와 세그멘티의 너비, 색, 무늬 등으로 계급을 구별하였지만 비잔틴 시대에는 계급을 크게 왕족, 귀족, 평민으로 분류하였다. 소매는 팔꿈치 정도까지 오는 것이 많았다. 또한 튜닉의 네크라인, 밑단, 소맷단, 트임 부분에 자수나 다른 색을 조화시키기도 하였

6-7 샤를마뉴 황제의 달마티카, 1431~1447

6-8 팔리움(좌)과 달마티카(우), 10세기

6-9 튜닉, 팔리움, 팔루다멘툼, 로룸을 입고 관을 착용한 중세 왕족, 5~10세기

6-10 튜닉   **6-11** 튜닉과 언더 튜닉, 튜닉 위에 팔루다멘툼을 입은   **6-12** 팔라, 610~797   **6-13** 팔리움
여성들

다. 사용된 소재는 모직, 실크 그리고 모직과 실크의 혼합된 교직물이었다. 모직은 그리 거칠지 않으면서 부드럽고 가벼운 것을 사용하였고 색상은 붉은색, 자색, 황색, 녹색이 주를 이루었다.

상류층의 튜닉은 매우 화려하고 고급스러운 비단에 클라비와 세그맨티로 장식을 하였다. 상류층은 발목까지 오는 길이에다 허리를 끈으로 묶었다. 노동자나 하류층의 튜닉은 단순하고 장식이 없는 것이었는데 활동하기 편하도록 헐렁하였고 소매는 팔꿈치 정도까지 왔으며 튜닉의 길이도 짧았고 밑에다가 바지를 착용하였다. 추울 때는 좁은 소매에 길이가 긴 언더 튜닉이나 튜닉 위에 넓은 소매의 길이가 짧은 슈퍼 튜닉을 착용하였다. 흰색 리넨으로 만든 검소한 로마의 스톨라와 비교할 때, 비잔틴 시대의 튜닉이나 달마티카는 화려한 것이라고 할 수 있다.

4) 팔라, 팔리움

그리스의 히마티온(Himation)은 로마 시대에 부피가 큰 토가(Toga)로 바뀌었는데 여성들이 착용한 것을 팔라(Palla), 남성들이 착용한 부피가 작은 것을 팔리움(Pallium)이라고 칭하였다〈그림 6-12, 13〉. 이는 직사각형의 천을 몸에 감싸는 랩 스타일로 소재로는 리넨이나 모직이 많이 사용되었다. 이 시대에는 토가가 없어지고 튜닉이나 달마티카 위에 팔라와 팔리움을 착용하였다.

5) 로룸

고대 로마 시대 말기에는 토가가 팔리움과 팔라에 밀려 착용되지 않으면서 크기가 줄어들고, 가늘고 길이가 긴 띠 형태로 변하였다. 이것은 비잔틴 시대가 되자 폭이 넓은 장식 띠의 형태로 변하여 로룸(Lorum)이 되었다〈그림 6-14〉.

로룸은 황제와 황후만 착용하였으며 몸 전체를 두르는 Y자 스타일, 폭이 넓은 캉아스타일이 있었다. 로룸은 두꺼운 실크에다 보석과 자수로 장식을 많이 화려하게 장식하여 뻣뻣한 것이 팔리움이나 팔라와의 차이점이다. 로룸의 종류에는 긴 패널로 팔리움이나 팔라처럼 몸 전체에 두르는 형태와 머리가 들어갈 수 있게 앞 터침으로 된 앞뒤를 길게 늘어뜨린 Y자 스타일, 이집트의 목걸이 파시움(Passium)과 같이 폭이 넓은 칼라 형태로 된 것도 있었다. 흰색 마로 만든 십자가가 달린 로룸은 종교 예복으로 사제가 어깨에 걸치는 것이었다.

6) 파에눌라

파에눌라(Paenula)는 로마의 군인, 노예, 하층민이 입었던 실용적인 판초 형식의 긴 케이프로, 3세기경에는 승마를 할 때나 여행을 갈 때 입었던 의복이었다. 이것은 비잔틴 시대에는 사제복이 되었고, 현대에는 천주교의 전례복으로 사용되고 있다.

6-14 클라비 장식을 한 　**6-15** 샤쥐블, 9세기 　　**6-16** 튜닉과 호사를 입은 남성, 9세기경
로룸, 5세기

7) 샤쥐블

샤쥐블(Chasuble)은 그리스도교의 사제복으로 가장 겉에 입는 의복이다. 원래는 고대 로마 시대에 여행용 또는 방한용으로 사용되었던 몸을 덮는 겉옷으로, 6세기 무렵부터 미사를 위한 종교 예복〈그림 6-15〉으로 착용되었으며 파에눌라에서 기본 형태가 이루어졌다.

8) 브라코

브라코(Braco)는 1~2세기경 북유럽의 게르만족이 착용하던 바지의 일종이다. 이는 무릎이나 발목까지 오는 바지로 남성들이 짧은 튜닉 밑에 입었는데 바지의 폭이 넓은 것은 브라코, 다리에 딱 붙는 것은 호사(Hosa)〈그림 6-16〉라고 칭하였다. 브라코 형태의 바지는 원래 추운 지방에서 착용하던 의복으로 로마에서는 북쪽으로 영토를 확장할 때 군인들이 착용하였다. 바지 위에 헝겊띠로 다리에 붕대를 말듯 감거나 직사각형의 헝겊을 두르고 끈을 X자 형태로 묶었다. 귀족들은 브라코를 야만인의 옷이라고 하여 입지 않았기에 주로 시민, 노예층에서 애용되었다. 비잔틴 제국에서는 긴 브라코를 착용하였는데 왕이 착용한 모습도 찾아볼 수 있다.

　소재로는 주로 모직을 사용하였는데 중동 지방에서는 예외적으로 실크를 사용하기도 했다. 로마 제국의 황제 중에서는 일명 브라케(Braccae)라고도 불렸던 이 바지 입는 것을 금하

기도 했다. 대부분 무릎 위까지 올라오는 이것은 추운 지방으로 갈수록 길어져서 발목까지 내려오는 것도 있었다.

3. 헤어스타일과 액세서리

1) 헤어스타일과 모자

비잔틴 시대 초기에는 남녀 모두 모자를 쓰지 않았고, 자연스러운 컬과 웨이브를 중요시하였다. 남성은 수염과 머리를 짧게 자르고 여성은 머리를 길렀다. 전체적으로 로마인들의 헤어스타일과 비슷했으나 머리에 쓰는 관이나 장식 등을 더 중요시하였고, 6세기경부터는 그들과 다른 형태로 발전하여 남성들의 머리카락이 목덜미를 덮을 정도의 길이가 되었다가 후에 짧아지고 앞이마에 머리카락을 늘어뜨리게 되었다. 여성들도 초기에는 로마 시대 여성들처럼 머리카락을 땋아서 올렸으나 차차 베일, 터번 등으로 머리를 감쌌고 고급스러운 실크나 진주로 장식한 망을 씌워 독특하게 치장하였다. 귀부인들은 보석이 달린 관을 썼으며, 이마에 금색 밴드를 두르거나 긴 베일을 써서 장식하였다. 소년·소녀들은 머리를 묶지 않았고 기혼 여성들은 머리카락을 시뇽 형태로 묶었다. 머리카락을 위로 감아올리는 유행은 동양의 영향을 받은 것으로 보인다.

　이 시기에는 헤어스타일보다는 머리를 장식하는 헤드드레스(Headdress)가 관심을 끌었다. 관은 여러 가지 비싼 보석

6-17 비잔틴 시대의 헤어스타일, 610~797

과 금속으로 만들어졌다. 특히 황제나 황후의 관은 진귀한 보석으로 화려하게 장식되었다. 관은 동방과의 교류에서 사용되었다.

비잔틴 시대 여성의 가장 큰 관심은 화려한 의상과 조화를 이루는 머리 장식이었다. 삼각형이나 사각형의 베일은 땅 끝까지 닿을만큼 긴 것도 있었다. 그들은 밴드나 크라운을 베일 위에 썼다. 베일은 주로 흰색이었지만 때로는 보라색도 사용하였으며 앞 중심을 브로치로 고정시키거나 목에다 두르기도 하였다.

2) 화장

기혼 여성들은 기독교의 영향을 받아 얼굴을 천으로 덮고 다녔다. 또한 밀가루, 수은, 녹나무의 증류수에서 추출된 결정체 등으로 화장품을 만들어 사용했으나 위생적이지 못하고 부작용이 많아 국가에서 화장품 사용에 관한 경고를 하기도 하였다. 이외에도 가발을 사용하거나 머리 염색, 화장 등으로 인공적 미를 추구하였다. 필요 이상의 진한 화장은 금기시되었

고 중국이나 인도, 페르시아에서 들여온 천연 원료로 향수를 만들어 사용하였다.

3) 액세서리

비잔틴 시대의 액세서리는 화려하고 특별한 시대적 특징을 보여준다. 비잔틴 제국은 동방과의 교류가 활발하여 동방으로부터 진귀한 보석들을 수입하였다. 이 풍부한 보석들은 비잔틴 사람들의 뛰어난 금속공예 기술을 발전시키는 촉진제가 되었다.

주요 액세서리로는 진귀한 보석으로 만들어진 머리에 쓰는 관과 반지, 팔찌, 브로치, 귀걸이, 피불라 등이 있었다. 브로치는 로마의 피불라 대신 다양하게 사용되었으며 반지는 종교적인 의미의 행사나 결혼식 등에 많이 사용되었다.

1170~1190년경에 발견된 손지갑〈그림 6-18(c)〉은 리넨 위에 비단실로 수를 놓은 것으로 중세 시대 귀부인이 섬세한 끈으로 벨트에 매달고 다녔을 귀한 물건이다. 당시 사람들에게 끈은 '인연을 속박으로 지배하여 욕망의 결속을 통제하는 것처

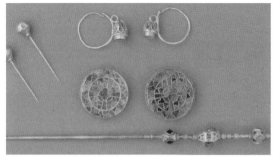

(a) 성당 보물고 상자의 유물, 1180

(b) 타빌리온 펜던트

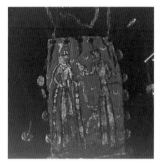

(c) 비단실로 수놓은 손지갑, 1170~1190

(d) 버클, 6~7세기

6-18 비잔틴 시대의 액세서리

럼 끈을 쥔다.'는 의미를 갖고 있었다.

4) 슈즈

비잔틴 시대의 슈즈는 슬리퍼 스타일이 아닌 발등을 덮는 스타일이었으나 때로는 발목까지 덮는 형태의 샌들과 부츠를 신기도 했다. 샌들은 양옆이 가죽으로 되어 있었고, 발등이 노출되었다. 양옆은 가죽끈이나 보석으로 장식된 줄로 연결되었고, 발목에서 버클을 채우게 되어 있었는데 그리스와 로마인들의 샌들과 비교할 때 발을 좀 더 감싸는 스타일이었다. 검은색 가죽으로 만든 앞이 막힌 슈즈에는 가터(Garter) 높이까지

엇갈리게 묶을 수 있을 정도로 긴 끈이 달려 있었다. 부츠는 시간이 지나면서 발끝이 뾰족해졌으며 발목까지 올라오는 것, 무릎 밑까지 올라오는 것 등 길이가 다양하였고 주로 군인들이 신었다.

하류층의 슈즈는 비교적 단순하였고, 상류층에서는 화려하게 염색한 부드러운 가죽이나 비싼 비단을 이용하여 금·은사로 화려하게 수를 놓거나 보석으로 장식하였다. 색상은 대개 밝은색이나 붉은색이었는데 황제나 황족은 자주색의 고급스러운 비단에다가 화려한 자수와 비싼 보석을 장식하여 만든 슈즈를 신었다. 다음 그림은 부분적으로 도금한 가죽 신발이다〈그림 6-19(a)〉.

(a) 남성용 슈즈, 6세기

(b) 페루에서 발견된 슈즈, 6세기

(c) 수도승의 슈즈, 9세기경

6-19 비잔틴 시대의 슈즈

비잔틴 시대 패션 스타일의 응용

테오도라 황후의 패션 스타일

비잔틴 스타일의 홀터 앙상블, 잔니 베르사체, 1991~1992, F/W

비잔틴 시대 주얼리를 모티프로 한 액세서리, 발렌티노, 1998, S/S

비잔틴 시대 모자이크를 모티프로 한 장식, 잔니 베르사체, 1990~1991, F/W

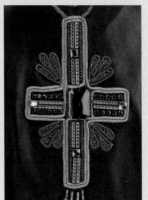

비잔틴 시대 모자이크를 모티프로 한 자수, 잔니 베르사체, 1991~1992, F/W

비잔틴 시대 패션 스타일의 요약

비잔틴 시대(330~1453)

대표 양식	대표 패션
성 소피아 성당	테오도라 황후와 시녀들, 547

패션의 종류	• 팔루다멘툼(Paludamentum): 겉에 두르는 외투의 일종 • 달마티카(Dalmatica): 간편하게 몸에 두르는 토가 형태의 옷 • 튜닉(Tunic): 원피스 드레스 형태의 옷 • 팔라(Palla, 남성), 팔리움(Pallium, 여성): 랩 스타일의 옷 • 로룸(Lorum): 황제와 황후만 착용 • 파에눌라(Paenula): 길이가 긴 판초 형태의 옷 • 샤쥐블(Chasuble): 사제복 • 브라코(Braco): 남성의 바지
디테일의 특징	타블리온(Tablion, 사각형 장식 헝겊), 머리 장식, 동방의 자수·보석 장식, 화려한 문양
헤어스타일 및 액세서리	• 여성은 자연스러운 컬, 남성은 짧은 머리 선호 • 패션과 어울리는 머리 장식, 화려한 액세서리, 금속공예 기술의 발달
슈즈	발을 감싸는 형태의 슈즈, 샌들, 긴 부츠
패션사적 의의	• 그리스와 로마풍 패션에 동방의 영향을 받음(동양의 실크, 자수) • 신분에 따른 계급 장식 • 서양 패션 구성의 기초가 되는 재단의 발달 • 기독교 정신을 기초로 한 그리스·로마풍 패션에 동방의 영향을 더한 화려함

7-1 샤르트르 대성당

7-2 신하의 예를 올리는 십자군, 13세기

CHAPTER 7
로마네스크 시대의 패션

1. 로마네스크 시대의 사회와 문화적 배경

중세(Middle Ages)는 서로마 제국이 멸망한 476년부터 르네상스가 시작될 때까지 서양의 약 1,000년 동안을 일컫는데 흔히 로마 문화가 가려졌다고 해서 암흑기(Dark Ages)라고도 부른다.

이집트 시대부터 로마 시대에까지 대개 따뜻한 지중해 연안에서 문화가 발달했던 것과 달리, 중세 시대에는 문화가 유럽 내륙을 중심으로 발달하였다. 이 시기의 사회는 기독교를 주축으로 한 봉건 사회로, 교회를 통해 문화와 기술이 발달하여 패션에 종교적인 색채가 강하게 나타났다.

학식이 풍부한 성직자들이 세속적으로 권력을 추구하고, 교회와 봉건 영주들이 대규모의 성당을 건축하면서 새로운 로마네스크(Romanesque) 양식이 생겨났다. 로마네스크 양식은 고대 로마 스타일과 중세 유럽 고유의 스타일, 그리고 비잔틴(Byzantine) 문화 등이 합쳐져서 만들어졌다. 당시의 예술 양식은 수도원 중심의 성당 건축 및 이를 장식하기 위한 예술 작품에 그 특성이 두드러졌다〈그림 7-1〉.

중세 유럽은 동로마 제국과 서유럽으로 나누어졌는데 비잔티움을 수도로 한 동로마 제국을 비잔틴이라고 불렀다. 중세 유럽은 지리적 조건과 경제적 번영을 기반으로 하여 독자적인 문화를 발달시켰고, 이러한 문화에서 나타난 비잔틴 패션이 서유럽의 로마네스크 패션과 고딕 패션에 큰 영향을 미쳤다.

한 세기 동안은 유럽 문명의 중심이 지중해에서 서쪽으로 이동하여 중세의 기반이 이루어졌고(650~750), 서양은 그간 상실했던 예술 문화를 찾아 로마풍의 로마네스크라는 기틀을 마련하였다. 7~8세기의 유럽은 수도원 운동, 프랑크 제국의 설립, 이슬람의 팽창, 동·서로마 교회의 분열, 동로마 제국의 그리스적 국가 완성이라는 다섯 가지 사건으로 요약할 수 있는데 이 사건은 중세 서방 세계의 종교·정치 구조에 많은 영향을 미쳤다. 11세기 이후에는 에스파냐의 재정복과 십자군 전쟁으로 인해 유럽인의 시야가 넓어지고, 선진 문화인 사라센(Saracen) 문화와 접촉하는 사건이 일어났다. 또한 아리스토텔레스의 학문을 접하게 되면서 학문이 크게 발달하였다.

중세의 사회는 매우 강력한 신분제가 적용되어 신분에 따라 생활과 문화를 달리하였다. 11세기 이후에는 중세 문화가 개화하여 11세기 말부터 13세기 말까지 지속된 십자군 전쟁〈그림 7-2〉이 동서양의 교류에 큰 영향을 주었고, 상공업과 도시 발달을 배경으로 12~13세기에 꽃을 피우게 된다. 로마네

7-3 튜닉 위에 맨틀, 11세기   **7-4** 튜닉, 블리오, 셰인즈, 브레를 입고 버클이 달린 벨트, **7-5** 팔루다멘툼을 착용한 보타니아테스 황제, 1078~1081
다양한 모자, 엘모너를 착용한 사람들

스크 시대의 일반적인 사람들이 백년전쟁(1337~1453)에 시달린 것과 달리, 귀족들은 부유하고 사치스러운 생활을 하였는데 이에 따라 예술과 건축, 상업이 크게 성장하였다. 14~15세기에는 봉건 사회와 중세 문화가 시들면서 새로운 사회·문화의 싹이 텄다.

흔히 중세를 유럽 역사에서 중요한 시기라고 보는데 그 이유는 유럽의 기틀이 되는 국가가 탄생하고, 십자군 전쟁으로 새로운 문물이 도입되어 중세 유럽의 정치와 경제, 종교가 발전했기 때문이다. 특히 이 시기에는 대학이 등장하여 학문이 발달하고 근대화가 촉진되었다.

2. 로마네스크 시대 패션

중세 서유럽인의 패션은 게르만적 요소를 바탕으로 로마적인 요소와 비잔틴적 요소가 합쳐져서 고대 패션과는 다른 양상으로 발전하였다. 이 당시 남녀의 기본 패션은 바지 위에 튜닉을 입고 겉에 맨틀(Mantle)을 걸치는 것이었다. 그들은 몸을 둘러싸는 드레이퍼리 스타일과 달리 활동하기 편한 바지와 튜닉 형태의 의상을 착용하였다.

11세기경 서유럽 사람들은 동로마 제국의 영향을 받았는데 게르만 문화, 고대 로마, 비잔틴 문화가 합쳐져서 중세 문화의 기반이 되었다. 로마네스크 패션은 헐렁한 의복으로 신체를 모두 가렸던 비잔틴 패션과 달리 상하로 분리되고 몸에 꼭 맞는 의복으로 발전해가는 과정으로 흐르는 듯한 부드러운 인

체미가 특징이었다. 세속화된 교회, 비잔틴의 영향, 십자군 전쟁의 시작 등 복잡한 현실과 달리 패션에서만큼은 우아하게 흐르는 듯한 스타일이 유행하였다.

완전한 로마네스크 스타일은 12세기 중엽부터 나타났다. 로마네스크의 기본적인 의상은 남성의 경우 무릎까지 오는 블리오(Bliaud)를 착용하는 것이었다. 또한 북부 유럽의 영향을 받아 다리에 꼭 맞는 스타킹을 신었다. 여성들은 발목까지 오는 길이가 긴 것을 착용하였다〈그림 7-4〉.

블리오 안에는 리넨이나 얇은 울 소재의 속옷인 셰인즈(Chainse)를 입고 겉에 맨틀을 걸쳤다. 11세기부터 여성들이 옷을 상체에 꼭 맞게 하기 위하여 뒷중심이나 양옆 팔 밑에서 타이트하게 끈으로 엮어서 꽉 조였으며, 스커트가 넓고 길어졌다. 십자군 전쟁(1096~1270)으로 인하여 유럽과 동양 세계와 많은 접촉을 했던 기사들의 패션은 당시의 생활과 의복에 큰 영향을 주었다. 〈그림 7-5〉는 왕위에 오른 보타니아테스 황제의 모습으로, 이를 통해 당시 착용한 옷의 형태와 색을 살펴볼 수 있다.

1) 튜닉

튜닉(Tunic)은 남녀 모두가 착용한 T자형의 기본 의상으로, 남성들은 무릎을 덮을 정도로 짧은 기장의 것을 입고 허리에다가 벨트를 매기도 하고, 호즈나 브레와 함께 착용하기도 하였다. 일반인들은 단순한 벨트를 매었으나 귀족들은 발목까지 오는 긴 튜닉을 착용하였고 네크라인, 앞 중심, 아랫단에 다

7-6 블리오를 착용한 남성들, 11세기

른 색 천으로 트리밍을 하였다. 왕족들은 양쪽 어깨에 세그멘티(Segmenti)를 부착하기도 하였다. 보통 추운 날씨 때문에 두 개씩 겹쳐 입거나 리넨이나 모직 등으로 만들었는데 비잔틴의 영향을 받아 후반기에 더 화려해졌다. 여성들은 발끝까지 오는 긴 것을 착용하였다. 11세기 이후에는 성직자의 의복인 후드 달린 튜닉을 많이 착용하였다.

튜닉의 일종인 달마티카도 착용하였는데, 소매와 폭이 좁은 튜닉 위에 소매와 폭이 넓은 달마티카를 겹쳐 착용하기도 하였다. 달마티카는 브레(Braies)와 함께 입었다.

2) 블리오

블리오(Bliaud)는 11세기 초에 나타난 위가 타이트하고 아래가 길며 폭이 넓은 의상으로, 중류층 이상의 귀족들이 착용했던 달마티카와 튜닉이 변형된 스타일이다. 블리오의 소매는 깔때기처럼 넓게 퍼져 있었고, 소매 끝이 땅에 끌릴 정도로 길었다. 긴 허리 장식끈은 허리에다 돌려서 매고 앞 중심에서 길게 늘어뜨렸다. 동양에서 수입한 부드러운 견직물이나 모슬린을 사용하여 인체의 곡선을 나타내고 정교한 작은 주름도 잡았다. 현재 우리가 착용하는 블라우스가 바로 이 블리오에서 발전된 것이다.

블리오 속에는 셰인즈를 입고, 위에는 맨틀을 걸쳤다. 중류 이상 계급에 속하는 사람들이 블리오를 입었다면, 서민들은 무릎 정도까지 오는 짧은 길이에 벨트를 매는 튜닉을 착용하였다〈그림 7-6〉.

3) 셰인즈

셰인즈(Chainse)는 튜닉의 속옷이자 란제리 형태의 원피스 드레스로, 소매가 좁고 소매 끝단에는 수를 놓거나 끝동을 부착하였고 목둘레에는 금사로 수를 놓았다. 블리오 밑에 착용했던 이 의복은 앞 중심을 단추나 끈으로 여몄는데 블리오 밖으로 셰인즈의 목둘레가 보였다. 상체는 타이트하게 맞고 스커트 부분은 넓고 길었으며 옷감으로는 마직물, 얇은 모직, 실크 등을 사용하였다. 남성들이 착용한 셰인즈도 여성들의

7-7 셰인즈, 블리오, 코르사주를 입고 양갈래로 길게 땋은 머리에 필박스를 착용한 여성과 짧은 머리의 남성

7-8 모피 달린 망토를 입은 마틸다, 12세기　　**7-9** 브레를 입은 일꾼들, 12세기

것과 모양이 같았으나 여성의 것보다는 장식이 단순하였다. 이것은 13세기부터는 슈미즈(Chemise)라고 불렸다.

4) 코르사주

코르사주(Corsage)는 소매와 앞트임이 없고 뒷트임이 있는 타이트한 베스트 형태의 옷으로, 여성들이 블리오 위에 착용하는 것이었다. 목둘레에는 수를 놓은 장식선이 부착되었고 목둘레가 좁은 형태와 목둘레를 넓게 파서 블리오가 보이는 것 등의 두 가지가 있었다. 허리는 꼭 맞았고 길이는 엉덩이까지 왔으며 가죽이나 헝겊으로 된 벨트를 매었다. 겹쳐서 누빈 얇은 천 위에 금·은사, 색실을 사용하여 여러 가지 모양의 사각형, 다이아몬드 형태의 스티치와 보석으로 장식하였다〈그림 7-7〉.

5) 망토

망토(Manteau)는 7~10세기까지 프랑크인들이 사용했던 망토와 그 형태가 같았다. 입는 방법은 옷에다 한 번 두르고 오른쪽 어깨나 가슴에서 핀이나 브로치로 고정시키는 것이었다. 남성의 망토는 11세기경까지 무릎 정도까지 오는 짧은 길이가 많았다. 직사각형, 반원형, 타원형 등의 형태가 있었고 블리오가 길어짐에 따라 망토도 길어졌다. 또한 안과 겉을 대조되는 색으로 만든 것이 많았다. 옷감은 린넨, 실크, 모직을 사용하였고 수달피나 가죽, 담비털도 사용하였다〈그림 7-8〉. 이 옷은 18세기 여성들에게도 인기가 있었다.

6) 지폰

지폰(Gipon)은 십자군 병사들이 사용했던, 패드를 넣고 누빈 베스트 형태의 군복으로 전쟁 시 몸을 보호하는 역할을 하였다. 코르사주를 자른 것처럼 길이가 짧고 겨드랑이 밑을 터서 끈으로 몸에 꼭 맞게 묶어 입는 것으로 옷감은 모직, 가죽 등을 사용하였다.

7) 브레

브레(Braies)는 프랑크인들이 착용했던 것과 같은 형태의 옷으로, 일반 서민 남성들이 튜닉 밑에 착용하였던 짧고 풍성한 바지이다. 옷감으로는 가죽, 면, 리넨이나 모직을 사용하였다〈그림 7-9〉. 일명 브라케(Braccae) 또는 브라코로도 불렸다.

3. 헤어스타일과 액세서리

1) 헤어스타일과 모자

11세기 남성들은 주로 짧은 단발머리를 하였다. 또한 남녀 모두 옷에 달린 모자, 후드(Hood)를 착용하였다. 이 시기 남성용 머리쓰개에는 상당한 변화가 있었다. 1380년경까지는 길고 가는 천인 리리파이프(Liripipe)가 달린 후드〈그림 7-10(b)〉가 보편화되었으나 그 후 누군가가 얼굴 부분을 터서 머리를 끼워넣고 조개나 나뭇잎 모양으로 가장자리를 장식한 후드를

(a) 컬이 들어간 헤어스타일

(b) 리리파이프

(c) 친 밴드, 남성의 코이프

(d) 여성의 코이프

(e) 윔플과 필박스 모자

(f) 크라운이 달린 모자

(g) 후드가 달린 케이프

7-10 로마네스크 시대의 헤어스타일과 모자

감아 터번 모양으로 머리를 두르고 리리파이프로 묶어 고정시키자는 기발한 생각을 하였다. 여기서 발전된 것이 커다란 터번 형태의 샤프롱(Chaperon)으로, 여기에는 장식적인 형태로 재단된 주름 소재의 목 가리개가 붙어 있었다.

로마 시대부터 목동이나 농부들이 착용했던 샤프롱은 고딕 양식이 나타날 때까지 계속 사용되었는데 샤프롱 위에는 챙이 말려올라간 보닛(Bonnet)이나 펠트(Felt) 모자를 썼다. 상류층 여성들은 코이프(Coif)를 착용하였는데 이는 어린아이의 모자같이 턱에다 묶는 형태의 작은 모자로 13세기를 대표하였다〈그림 7-10(c)〉.

당시 여성들의 전형적인 머리는 앞 중앙을 가르고 머리를 두세 가닥으로 땋아서 길게 늘어뜨린 것이었다. 그들은 머리가 길어 보이려고 리본을 머리와 함께 땋아 늘어뜨렸다. 여성들은 머리 장식으로 머리 위에 리넨으로 된 사각 또는 원형의 얇은 천을 덮어써서 어깨 위로 늘어뜨렸다. 이것은 고대의 팔라(Palla)를 간소화한 베일로 윔플(Wimple)이라고 불렸다〈그림 7-10(e)〉. 부유층 여성들은 윔플에 금사로 자수를 놓아 화려하게 장식을 하였다. 귀족들은 그 위에다 부와 사회적인 신분을 표현하는 관을 썼다.

13세기경에는 뺨을 감싸는 친 밴드(Chin Band)가 유행하였다〈그림 7-10(c)〉. 친 밴드는 흰색 리넨을 밴드 상태로 만들고 뺨 아래를 지나게 하여 머리 위에서 핀으로 고정시킨 것

으로 위에다 관 같은 형태의 헤드 밴드(Head Band)나 토크(Toque)를 쓰기도 했다. 프랑스 15세기 초반 여성들의 머리쓰개는 두 가지 종류로, 뿔 모양과 핀으로 얼굴에서부터 베일을 걷어 올려놓은 것이 있었다.

15세기 동안 모자는 널리 착용되면서 여러 가지 형태로 변하였다. 어떤 모자는 낮거나 납작한 크라운에 좁은 테가 달려 있었고〈그림 7-10(f)〉, 어떤 것은 매우 높고 테두리가 없었다. 크라운은 끝이 점점 가늘어지거나 부풀어올랐다. 터키인들의 챙이 없는 원통형의 붉은색 모자 페스(Fes)도 착용되었다. 어떤 모자는 현대의 중산모와 거의 비슷했고, 어떤 것은 깃털로 장식되었다. 15세기 말부터는 납작한 캡이 사용되었는데, 말아올린 테에 보석을 하나 달아 장식을 한 것이었다. 그러나 일반적으로 남성들의 헤어스타일은 단순하여 어깨에 닿을 정도의 짧은 단발이 주를 이루었다. 그들은 전체적으로 모발을 구불거리게 하고, 앞머리가 이마를 가리도록 내렸다.

당시 사람들은 귀족이나 특수층을 제외하고는 일상에서 모자를 쓰지 않았으며, 어깨까지 덮는 후드가 달린 케이프〈그림 7-10(g)〉를 착용하여 얼굴만 밖에 내놓고 다녔다.

2) 액세서리

이 시기에는 십자군 전쟁의 결과로 동양풍의 액세서리가 유행

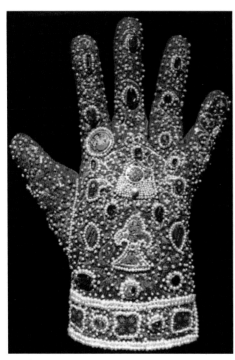

(b) 장갑, 1360

(c) 브로치, 13세기

(d) 앨모너

(e) 프랑스에서 제작된 자수 주머니

(f) 펜던트 갑, 1325~1340

(a) 장갑

7-11 로마네스크 시대의 액세서리

하였다. 십자군들이 귀국하면서 자수로 장식한 옷과 액세서리들을 가져왔기 때문에 이러한 액세서리가 유행하게 된 것이다. 이 시기에는 남녀 모두 동양풍의 파우치(Pouch), 부채, 거들, 장갑을 사용하였다. 장갑은 남성들 사이에서 먼저 유행하였는데 자수와 보석으로 화려하게 장식된 것이었다. 여성들은 장갑 위에 반지를 끼기도 하였다. 이 시대의 대표적인 액세서리는 블리오의 허리와 아랫배에 매었던 허리끈으로 값비싼 보석으로 장식된 고가의 품목이었다.

당시 사람들은 보석이 행운과 승리를 가져온다고 믿어서 남녀 모두 보석을 많이 사용하였다. 남성들은 벨트에 단검을 찼으며 십자군들은 가슴에 십자가를 늘어뜨렸다. 또한 출전할 때 성직자로부터 받은 십자가를 보관하기 위하여 앨모너(Almoner)라는 주머니를 허리끈에 달고 다녔는데, 이것이 오

늘날 핸드백의 모체이다〈그림 7-11(d)〉.

3) 슈즈

로마네스크 시대에는 종래의 샌들과는 다른 다양한 스타일의 슈즈를 착용하였다. 남성들은 주로 굽 없는 부츠를 신었는데 이것은 목이 긴 것, 목이 짧은 것, 버클이나 단추가 달린 것과 달리지 않은 것, 발목에서부터 무릎까지 오는 것, 가죽끈으로 무릎까지 엇갈리게 묶어서 올리는 부츠 등 종류가 다양하였다. 여성들의 구두는 굽이 있고 앞에서 버클이나 단추로 여미는 것이었다.

동양과의 접촉이 잦아지고 비잔틴 시대의 영향을 받은 11세기 말경부터는 앞이 뾰족한 형태의 구두가 유행하기 시작

7-12 로마네스크 시대의 슈즈

하였는데, 이는 후기로 갈수록 점점 더 뾰족해졌다. 또한 뱀, 물고기, 돼지 꼬리 같은 특이한 형태가 나타났는데 이러한 경향이 1480년대까지 계속되었다. 성직자와 관리들은 1360년에 나타났던 이 흐름을 혐오스럽게 여겼다. 에드워드 3세(King Edward III, 1312~1377)는 패션금제령을 제정하고 "군주의 영지에 속한 기사뿐만 아니라 그 누구라도 끝부분의 길이가 2인치를 넘는 슈즈를 신어서는 안 되며, 이를 어겼을 경우 40펜스의 벌금을 물린다."라고 규정하였다. 하지만 다른 패션금제령과 마찬가지로 이 역시 효력이 없어 다음 국왕의 치세 아래에서는 끝부분이 18인치 이상인 슈즈가 나타나기도 했다. 이러한 슈즈는 발가락 부분이 길어서 걸을 때 금으로 장식된 쇠사슬을 이용하여 슈즈의 끝을 무릎에 묶어놓아야 했다. 긴 구두 안쪽은 머리카락이나 여러 가지 재료로 채웠는데, 때로는 구두 끝이 흐느적거리게 빈 상태로 두었다. 이 극단적인 패션은 1410년까지 지속되었고, 일부 뾰족한 슈즈는 튜터 왕조(1485~1603)인 헨리 7세부터 엘리자베스 1세까지의 영국 왕조(영국의 르네상스 시대)가 도래할 때까지 남아 있었다.

슈즈의 소재는 대개 가죽이었는데 귀족의 것은 양질의 가죽이나 실크, 벨벳, 금사·은사로 짠 직물 등으로 만들었고 진주와 화려한 보석을 달거나 자수로 장식하였다. 이러한 슈즈는 이 시기 다른 유럽에도 영향을 미쳤다〈그림 7-12〉.

로마네스크 시대 패션 스타일의 응용

황금사원, 예루살렘

모자이크 드레스, 샤넬, 2011, S/S

황금사원의 모자이크를 모티프로 만든 자수 튜닉, 발렌티노, 1976, S/S

모자이크 드레스, 샤넬, 2011, S/S

로마네스크 시대 패션 스타일의 요약

로마네스크 시대(10세기~13세기 초반)

대표 양식	대표 패션
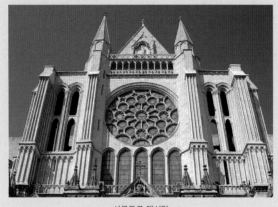 샤르트르 대성당	 블리오를 착용한 남성들

패션의 종류	• 튜닉(Tunic): T자형 기본 의상 • 블리오(Bliaud): 튜닉이 변화된 겉옷 • 셰인즈(Chainse): 튜닉의 속옷 • 코르사주(Corsage): 여성, 블리오 위에 착용한 베스트 스타일 • 망토(Manteau): 둘러 입는 상의 • 지퐁(Gipon): 군복 • 브레(Braies): 튜닉 밑에 입는 바지
디테일의 특징	동양에서 수입한 부드러운 견직물인 세그멘티(Segmenti)를 사용
헤어스타일 및 액세서리	단발머리, 코이프(Coif), 윔플(Wimmple), 헤드 밴드(Head Band), 리리파이프(Liripipe), 토크(Toque), 샤프롱(Chaperon), 코케이드(Cocade)
슈즈	앞이 뾰족한 구두
패션사적 의의	• 동양의 영향을 받은 패션(십자군 전쟁의 영향) • 패션금제령, 극단적인 패션 • 고대 로마의 부활, 비잔틴 시대 패션 스타일의 영향을 받음

CHAPTER 8

고딕 시대의 패션

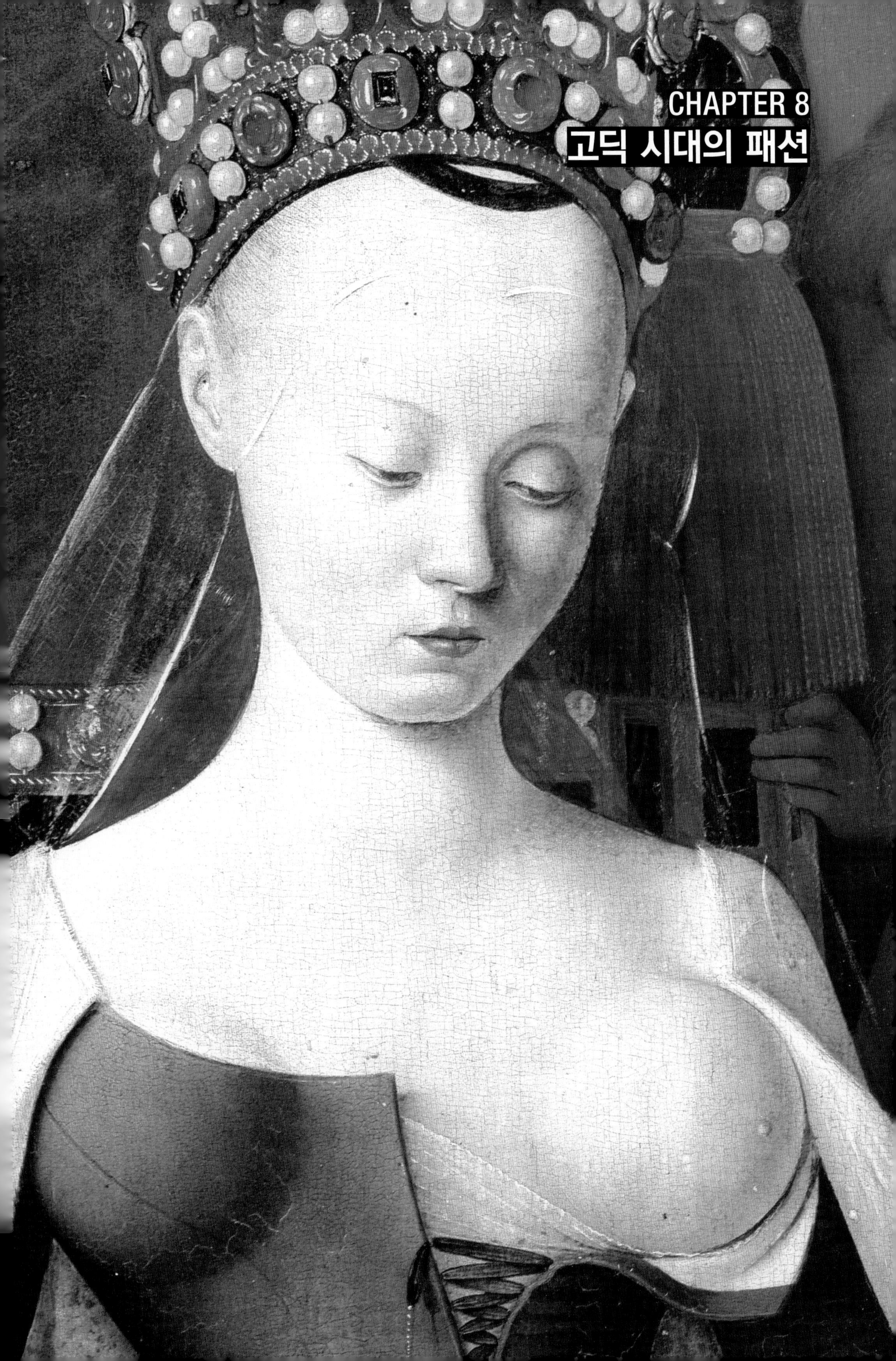

8-1 쾰른 성당
독일 최초의 수직 건축물로 쌍탑의 높이가 고딕의
특징을 잘 표현한다, 1248~1880

8-2 생트 샤펠 성당의 내부, 파리
루이 9세가 콘스탄티노플황제에게서 받은 예수의 가시면류관을 보존하기 위해 건축, 1248년 완공

CHAPTER 8
고딕 시대의 패션

1. 고딕 시대의 사회와 문화적 배경

중세 후기, 즉 고딕(Gothic) 시대는 십자군 전쟁 후반기부터 16세기 르네상스가 시작되기 전까지의 기간을 칭한다. 교회 건축을 중심으로 고딕 양식의 전성기를 이루었던 13~15세기에는 십자군 전쟁의 결과로 학문, 예술, 직물 공업 등이 발달하였다. 중세 말기에는 십자군 전쟁이 계속 실패하고, 상공업이 발전함에 따라 부르주아 계급이 출현하여 사회 중심 세력으로 활약하기 시작하였다.

고딕은 게르만족의 '고트족(Goths)'이라는 어휘에서 온 말이지만 로마적·비잔틴적 문양이 후퇴한 후에 나타난 예술적 형태를 뜻하기도 한다. 고딕 양식은 하늘을 찌를 듯한 뾰족한 탑〈그림 8-1〉, 아치와 서로 얽힌 격자무늬, 돌 대신 유리창을 많이 사용하여 전체적으로 힘이 있고 밝다〈그림 8-2〉.

고딕 건축 양식은 1137년에 프랑스 왕실 묘가 안치된 생 드니(St. Denis) 성당을 재건하면서 생겨났다. 중세 초기에 나타난 로마네스크 양식은 반원통형 지붕 형태로 채광과 높이에 제한이 많았으나 고딕 양식에서는 지붕에 뼈대를 넣었기 때문에 지붕 무게가 뼈대를 통해 기둥으로 연결되는 구조가 나타났다. 그래서 채광 면적을 크게 하고 기둥을 높여 꺾이지

않도록 버팀대로 받쳤다. 12세기에서 15세기 사이 유럽에서는 높은 천장과 뾰족한 아치, 과장된 각도의 형태, 괴물 모양의 주둥이, 길고 뻣뻣한 인물 형상 등을 특징으로 하는 큰 성당들이 많이 건축되었는데 이 시기의 건축은 고전 시대에 대한 관심이 부활한 르네상스 시대에 그리스나 로마식을 따르지 않았으므로 고전적이지 않다는 의미의 '고딕'이라는 단어로 묘사되었다.

2. 고딕 시대 패션

13~14세기에는 십자군 전쟁의 영향으로 서유럽의 학문·예술·산업 등이 비약적으로 발달하였는데 그중에서도 가장 두드러진 것이 바로 직물 공업, 새롭게 변화된 고딕 시대의 패션이었다〈그림 8-3〉.

12세기에는 몸의 윤곽을 나타내주던 로마네스크 스타일, 13세기에는 무겁고 헐렁하게 몸을 감추는 스타일이 착용되었다가 14세기에는 다시 부드러운 옷감을 이용하여 육체미를 나타내도록 화려하게 장식을 하는 스타일이 유행하였다. 또한 이탈리아를 중심으로 리넨, 양단, 수놓은 벨벳, 모피 등이

8-3 고딕 시대의 패션

유행하였고 정적인 생활보다는 활동적인 생활을 중요시하여 블리오(Bliaud)처럼 땅에 끌리는 소매가 없어졌다. 특히 15세기에는 길이가 길고, 상체가 타이트하게 맞고, 아래로 갈수록 넓어지는 실루엣이 나타났다. 고딕 건물 외관의 영향을 받아 흐르는 듯이 앞이 뾰족한 구두, 높고 뾰족한 모자, 소매나 옷의 단이 불규칙한 의복이 유행하였다.

당시에는 가문과 재산을 과시하는 수단이자 방법으로 문장을 새겼는데, 이것이 의복의 장식으로 발전하였다. 이 장식은 1차 십자군 전쟁에서 십자군의 가슴에 기독교를 상징하는 붉은 십자가를 단 데서 비롯되었다. 십자군은 이 상징적인 문장을 통해 개인의 가문을 나타내고, 부하들의 단결을 도모하기 위하여 의복, 방패, 깃발에 같은 문장을 장식하였다〈그림 8-4〉. 문장 장식의 모티프로는 동물이나 기하학적 무늬로 새,

8-4 십자군의 베스트와 바지

물고기, 뒷발로 서 있는 사자, 표범 등이 유행하였다. 이 장식은 가문, 계급, 부를 상징하였다. 이 시대 패션은 로마나 동방의 모방이 아니라 북유럽의 독자적 스타일이었다.

때로는 의복의 양쪽 면을 다른 색으로 하여 조화를 이루기도 하였다. 또한 사회활동이 다양해지면서 남녀 패션의 구별이 뚜렷해졌다. 남성 의복의 길이는 짧아지고 활동적으로 변해갔다.

동방 문화가 들어오면서 옷의 여미는 위치가 뒤에서 앞으로 옮겨왔고, 단추를 사용하기 시작하였다. 또한 자수와 직물 공업이 크게 발전하여 실크, 벨벳, 브로케이드(Brocade) 등이 많이 사용되었고 이로 인해 부르주아 계급의 성장과 함께 패션에서 사회 풍조가 유행하기 시작하였다. 패션의 장식으로는 비잔틴에서 들어온 보석이나 로마네스크 시대의 수도원을 중심으로 유행하였던 자수가 많이 사용되었다.

중세 말기에는 가짜 소매인 행잉 소매(Hanging Sleeve)가 출현하여 패션에서 중요한 장식 요소가 되었다. 13세기에는 기본 의복으로 튜닉이나 코테를 입고 그 위에 쉬르코 중 한 가지를 입었고, 아래에는 길이가 긴 양말인 호스를 신었다. 14세기에는 주로 코트아르디를 착용하였고, 그 위에 망토를 입었다.

1) 코테

13세기에는 로마네스크 시대의 블리오가 없어지면서 상류층에서 소매가 달린 긴 원피스 형태의 코테(Cotte)를 착용하였다. 코테는 상체가 타이트하게 맞는 튜닉으로 블리오보다 간단하며 길이가 길었다. 코테의 소매는 돌먼 소매로 소매 끝이 꼭 맞았고 보디는 돌먼 소매와 비슷하나 소매통이 전체적으

8-5 슈미즈와 코테, 푸르푸앵과 쇼스를 입은 신랑과 신부, 1470년경

8-6 슈미즈, 코트아르디, 푸르푸앵을 입은 남녀 다양한 모양의 벨트는 부를 상징하였다.

8-7 쉬르코 투베르, 1373~1378

로 좁은 기모노 소매로 네크라인은 둥글었다. 전체적으로 엉덩이까지는 꼭 맞고 밑으로 내려가며 점점 넓어져서 발등을 덮고 바닥에 끌릴 정도로 길었다〈그림 8-5〉.

여성의 코테는 남성의 것보다 약간 더 길었다. 이 의복은 주로 실내에서 입었는데 외출할 때는 위에 쉬르코를 덧입기도 하였다. 재질은 다양하여 상류층에서는 실크나 실크와 모직의 교직물을, 시민들은 모직물로 만든 것을 착용하였다. 이는 중세 말까지 등장하는 중요한 의복으로, 초기에는 허리에 가는 벨트를 맸다.

2) 코트아르디

코트아르디(Cote-hardie)는 이탈리아에서 입기 시작한 의복으로, 코테에 장식성이 추가되어 변형된 남녀의 옷이었다. 남성의 코트아르디는 코테나 튜닉의 옷 길이가 무릎까지 오는 짧은 길이었는데, 몸에 타이트하게 맞았다. 또한 단추가 촘촘하게 달렸고 타이트 소매로 되어 있었다. 엉덩이에는 보석으로 장식한 금속판 벨트를 매기도 하였다〈그림 8-6〉.

여성의 코트아르디는 쉬르코 속에 입었던 것으로 상체가 꼭 끼고 스커트가 여러 쪽의 고어드 스커트 형태로 넓게 퍼져 있었으며 길이가 길었다. 스커트 앞자락에 양쪽으로 수직의 트임을 하여 손을 집어넣어 속옷을 들어올리거나 스커트

를 들고다닐 수 있도록 한 것이 특징이다. 대개 타이트 소매로 된 것이 많았고 팔을 그 트임 사이로 내놓는 행잉 소매라는 장식 소매 형태를 띠었다. 소매의 폭은 대개 8~10cm에 달했으며 길이는 100~150cm나 되었다. 좁은 폭의 긴 끈을 팔꿈치의 약간 위쪽에서 무릎 아래까지 늘어뜨린 티핏(Tippet)이 부착된 소매는 그냥 티핏으로도 불렸다. 부인들은 남편이 전쟁터에 나가게 되면 이 티핏을 창 끝이나 방패 끝에 달아 승리를 기원하였다.

14세기 말부터는 자수가 유행하여 귀족 부인들이 가문의 문장을 코트아르디, 쉬르코, 망토 등에 수놓았는데 사자와 독수리 모양이 가장 인기 있었다. 1375년경의 코트아르디에는 칼라가 부착되어 있었다.

3) 쉬르코 투베르

쉬르코 투베르(Surcot-ouvert)는 쉬르코가 변화된 화려하고 독특한 스타일의 옷으로 상류층 남녀 귀족들이 주로 착용하였다〈그림 8-7〉. 쉬르코는 십자군 전쟁 때 햇빛, 눈, 비, 먼지로부터 갑옷을 보호하기 위하여 병사들이 갑옷 위에 착용했던 의상이다. 초기에는 직사각형의 천을 어깨에서 반으로 접고 중앙에 구멍을 뚫어 네크라인을 만들었으며, 가늘게 보이는 상체와 여유 있는 스커트를 입었다. 이것은 장식적인 겉옷

8-8 코트아르디, 코테 위에 쉬르코 투베르를 착용한 여성들

으로 화려한 색의 실크나 모직으로 만들었는데, 남성용은 종아리 길이로 짧은 반면, 여성용은 발끝이 보이지 않을 정도로 바닥에 끌리도록 입었다. 후에 여러 가지 형태로 변형되어 새로운 모드의 기원이 되었다. 쉬르코에서 변형된 또 다른 의복으로는 시클라스(Cyclas)가 있다.

쉬르코 투베르는 진동 둘레가 힙까지 길게 트여 있는 현재의 점퍼 스커트와 같은 형태이다. 네크라인이나 진동 둘레에는 털을 달았고, 스커트 앞쪽에는 양손을 넣어서 앞자락을 들어 올릴 수 있는 트임을 만들었는데, 이것이 바로 오늘날 주머니의 시초라고 할 수 있다. 쉬르코 투베르는 코테나 코트아르디 위에 입는 장식적인 겉옷이기었에 고급 소재인 실크, 모직 등으로 만들었고 대조되는 색이 조화를 이루도록 만들기도 하였다. 또한 중앙에 보석으로 된 장식단추를 달아 화려하게 장식하였다.

〈그림 8-12〉는 앞뒤 가슴에 오르간 파이프 같은 주름이 잡혔거나, 어깨에서부터 팔꿈치까지 슬릿이 되어서 속에 있는 옷이 다 들여다 보이거나, 품이 넓어서 허리띠를 두른 푸르푸앵에 쇼스를 입은 남성들이다.

4) 푸르푸앵

푸르푸앵(Pourpoint)은 14세기 중엽에 들어온 의상으로 쇠사슬, 체인이나 비늘 형태의 금속판 갑옷을 입게 되면서 갑옷 속에 입었던 옷이다. 후기에는 푸르푸앵이 일반적인 상의로서 중요한 역할을 하게 된다. 푸르푸앵은 '누빈 옷'이란 뜻으로 영국에서는 더블릿(Doublet)이라고 불렀다. 이 짧은 의상은 십자군 병사가 착용한 호신용 누빔 옷으로 앞에서 단추로 여미게 되어 있었다. 14세기 중엽부터 단추가 도입되면서 푸르푸앵의 타이트 슬리브에도 단추가 촘촘하게 달렸다. 단춧구멍은 동방에서 도입된 것으로 실용적이어서 널리 이용되었다. 푸르푸앵은 브레(Braies)나 양말과 같은 쇼스(Chausses)와 함께 입었는데 이것이 바로 오늘날 신사복 바지의 시초라고 볼 수 있다. 푸르푸앵은 남성만 착용했던 특유의 의상으로 이때부터 패션에서 남녀의 구별이 나타나기 시작하였다.

5) 우플랑드

우플랑드(Houppelande)는 1380년경부터 1450년까지의 특징적인 의상으로 남성과 여성 모두 착용하였던 품이 넓고 칼라가 귀에 닿을 정도로 높아진 코트 형태의 드레스이다. 손목쪽으로 가면서 넓어지는 깔때기 혹은 톱니 형태, 소매 끝단이 꽃잎이나 잎사귀 모양으로 넓고 장식적인 것이 특징이다. 소매는 오르간 파이프 형태로 풍성하게 주름을 잡았으며 길이는 바닥에 끌리도록 길었으며 작은 방울을 어깨에 촘촘히 달아 장식을 하기도 하였다. 로 웨이스트 원피스로 바닥까지 길게 끌리는 것, 무릎 위까지 오게 짧은 것에는 벨트를 매기도

8-9 우플랑드를 입고 샤프롱을 쓴 귀족들, 1409~1416

8-10 15세기 중기의 고딕 양식이 반영된 푸르푸앵, 쇼스, 길이가 긴 로브, 슈미즈, 에넹과 앞부리가 뾰족한 슈즈를 착용한 귀족들, 1430

하였다. 앞과 뒤에 트임이 있었고 가장자리에 털을 부착하거나 앞 뒤의 다른 색들이 조화롭게 보이도록 하였다. 소재로는 화려한 실크나 얇은 모직, 벨벳 등을 사용하였고 귀족들은 보석, 금사로 장식하여 착용하였다. 후에 '가운'이라고도 불렸다.

위 그림 속 남성은 긴 우플랑드(Hoopelande), 쇼스(Chausses)에, 앞끝이 뾰족한 신발인 크랙코(Creckow)를 신고 머리에 캡과 라운드렛(Rounlete) 혹은 리리파이프(Liripipe)로 구성된 샤프롱(Chaperon)을 착용하였다〈그림

8-9〉. 여성은 원뿔 모양의 에넹(Hennin)을 쓰고 하이 웨이스트 로브를 입고 있다〈그림 8-10〉.

6) 로브

로브(Robe)는 여성들의 겉옷으로 중세 말기, 15세기에 유행하였다〈그림 8-11〉. 영국에서는 이를 가운(Gown)이라고 불렀다. 이것은 코테와 우플랑드에서 변형된 의상으로 르네상스

8-11 로브를 입은 여성들

8-12 푸르푸앵과 쇼스를 입은 남성들

8-13 우플랑드를 입고 결혼식에 참석한 남성, 1470

초기의 대표적인 여성복이다. 디자인은 국가마다 달랐으나 일반적으로 네크라인이 둥근 사각형에 상체의 길이가 짧고 허리선이 약간 위로 올라간 형태였다. 스커트 부분은 길고 풍성하여 바닥에 길게 끌렸고 뒤에 트레인이 달린 것도 있었으며 넓은 벨트를 매었다. 슬리브는 타이트한 것과 소맷부리가 깔때기 형태로 넓게 퍼지는 형태의 두 가지였다. 하이 웨이스트 라인까지 깊게 파진 V자 형태의 네크라인에 로마네스크 시대의 속옷 셰인즈(Chainse)와 같은 리넨으로 만들었으며, 금사로 수를 놓은 슈미즈와 대비되는 색상의 가슴 가리개를 대었는데, 훗날 이 부분이 스토마커로 변화하였다.

7) 브레, 쇼스

영국에서는 바지를 브레(Braies) 대신 브리치스(Breeches), 양말은 쇼스(Chausses) 대신 호스(Hose)라고 불렀다. 남성의 겉옷이 짧아지면서 다리를 가리는 것이 중요해져서 처음에는 튜브 모양으로 된 것을 양쪽 다리에 끼우고 허리까지 잡아당겨 고정시켜 입었다. 나중에는 양쪽 앞중심과 뒷중심을 연결하여 입는 팬티인 호스가 되었다.

14세기 고딕 시대에는 상의가 점점 짧아지고 브레와 쇼스는 점점 길어져서 엉덩이까지 올라갔다. 쇼스는 바지로 입게 되었고, 푸르푸앵과 아래위 한 벌의 남성복이 되었다. 종래의 바지 형태였던 브레는 속옷으로 바뀌어 브라코(Braco)라고도

불렀다. 15세기 말에는 메리야스직으로 된 양말이 나왔고 양쪽 다리의 색이나 무늬를 서로 다르게 한 다양한 스타일이 등장하였다.

8) 망토

망토(Manteau)는 품이 넓은 형태로 길이를 길게 하여 입었다. 모직이나 실크로 대개 직사각형, 원형, 반원형, 타원형 모양으로 만들어서 앞이나 오른쪽 어깨에서 브로치로 여미고 장식을 하였다. 이 시기에는 털을 망토 안에 대어 입었고 모피를 무제한으로 사용하였는데, 영국의 헨리 2세가 1476년에 사치금지령을 내려 모피 사용량을 제한시켰다. 이 사치금지령은 16세기까지 지속되었으나 신흥 부르주아로 등장한 상인계급과 귀족들이 아름다운 옷을 선호하여 실효를 거두지 못했다. 귀족들은 진주, 보석, 자수로 옷을 장식하였고 담비털과 양털, 다람쥐털을 옷에 사용하였다〈그림 8-14〉.

농부와 중류계급 의복에는 궁정사회에서 착용했던 것 같은 사치스러움이 없었다. 부유한 시민들은 독일인들이 샤우베(Schaube)라고 부르는 캐속(Cassok: 카톨릭, 성공회, 동방정교회의 성직자들이 입는 제의)처럼 생겼지만 소매가 없는 오버코트를 입었다. 소매가 있더라도 그것은 속에 입은 옷의 진짜 소매 뒤쪽에 빈 채로 달려 있었다. 샤우베는 종종 옷 안에 모피를 대었는데, 이것이 학자들의 전형적인 복장이 되었

8-14 짧은 푸르푸앵과 쇼스를 입은 남성, 모피로 장식된 망토를 입은 여성, 1450

다. 마르틴 루터(Martin Luthe, 1483~1546)가 이 옷을 입었기 때문에 오늘날에도 이것이 루터파 목사의 복장으로 지정되어 있다. 영국에서는 종교 개혁자였던 토머스 크랜머(Thomas Cranmer, 1489~1556)가 이와 비슷한 옷을 입었는데 체인으로 목 부분을 둥글린 이 옷은 시장(市長)의 공식 복장을 이루는 모체가 되었다. 여러 가지 흔적 소매(Vestigial Sleeve)는 오늘날의 학사복에서 찾아볼 수 있다.

3. 헤어스타일과 액세서리

1) 헤어스타일

남성들은 머리 중앙에 가르마를 타고 컬을 주어 머리카락을 어깨까지 늘어뜨리고 그 위에 관을 쓰기도 하였다. 후에는 사제들의 헤어스타일과 같이 뒷목 밑을 깨끗이 면도하고 머리를 짧게 자른 헤어스타일도 등장하였다. 모자는 13세기에 등장한 케이프 달린 후드인 샤프롱(Chaperon)을 썼는데, 후드 끝부분이 점차 길어지면서 대롱 형태가 되면서 이를 리리파이프(Liripipe)라 부르게 되었다. 리리파이프는 고딕 양식의 특징을 살린 장식 천으로, 목에 감거나 어깨에 걸쳤다. 이것

은 14세기에 이르러 점차 터번 형태로 변했는데 이를 샤프롱 터번이라고 하였다. 이외에도 보닛(Bonnet), 펠트 해트(Felt Hat) 등을 썼다.

미혼 여성들은 머리카락을 자연스럽게 늘어뜨렸고, 기혼 여성들은 머리카락을 둘로 나누어서 양쪽 귀 밑에 망으로 싸서 둥글게 말아 올린 후 장식을 하였다. 그들은 가로로 매는 헝겊 고리인 부르렛(Bourrelet)에 보석을 박거나, 흰색 베일로 된 에스코피온(Escoffion)을 써서 장식을 과장되게 하였다.

이 시기의 가장 특징적인 것은 에넹(Hennin)으로 이는 프랑스에서 처음 등장하였다. 에넹은 고딕 건축양식의 뾰족함을 살린 끝이 뾰족하고 긴 원추형 모자로 100년 이상 사용되었다. 무엇보다도 가장 볼만한 것은 버터플라이(Butterfly) 머리쓰개였다. 이것은 머리카락을 감싸 넣은 작은 캡이나 카울(Caul) 위에 부착된 와이어 구조물로 머리 위로 높게 솟아올랐으며, 아주 얇은 베일을 나비 날개 모양으로 유지하였고, 1485년 무렵까지 크게 유행하였다. 에넹에는 하트 모양, 뿔이 두 개 달린 모양, 끝부분을 잘라낸 뿔 모양, 나비 모양 등 다양한 형태가 있었으며 점점 높아졌는데 높이에 따라 착용자의 사회적 신분을 표시하게 되어 있었다. 사람들은 원추형의 모자 위에 베일을 덮어 길게 늘어트렸다. 에넹은 고딕 시대 말기에 크게 유행하였으나 착용이 불편하여 얼마 지나지 않아 사라지고 말았다〈그림 8-15〉.

2) 액세서리

고딕 시대에는 허리에 보석으로 장식한 벨트를 맸다. 남성들은 작은 단검걸이와 금·은으로 된 소형 종을 벨트에 매달았으며, 발드릭(Baldric)을 한쪽 어깨 위에 사선으로 착용하였다. 여성들은 벨트에 주머니를 매달고 다녔다. 14세기에는 베니스에서 유리 거울이 발명되었고, 이것을 액세서리로 썼다. 또한 동방풍의 공작 깃털로 된 부채, 파라솔, 손수건을 들고 다녔고, 기도서에도 보석을 부착하여 부를 과시하였다〈그림 8-16〉.

13세기 말, 프랑스와 독일 등에서는 과도한 사치를 막기 위해 금이나 은으로 된 액세서리, 특정 스타일과 색상 사용을 법으로 금지하였다. 15세기 말, 스페인의 이사벨 여왕 역시 금이 들어간 옷감 사용을 금지하였다. 그러나 15세기 중반에 물자 공급이 풍부해졌기 때문에 이러한 금지령이 잘 지켜지지

(a) 여성의 헤어스타일과 모자 장식

(b) 여성의 베일 장식

(c) 여성의 초상화, 15세기 중반

(d) 여성의 초상화, 1465

(e) 모자를 쓴 여성, 1526~1528

8-15 고딕 시대의 헤어스타일과 모자

(a) 사파이어 브로치

(b) 귀부인의 벨트, 이탈리아, 14세기 후반

(c) 벨트의 버클과 끝부분, 14세기 후반

(d) 금사와 실크로 된 성직자의 모자, 14세기 말

(e) 금, 에나멜, 진주로 된 브로치, 네덜란드, 1450

(f) 사파이어가 박힌 금반지, 프랑스, 15세기

8-16 고딕 시대의 액세서리

8-17 고딕 시대의 슈즈

는 않았다.

3) 슈즈

슈즈에는 고딕 스타일의 뾰족한 감각이 그대로 반영되었다. 앞부리가 뾰족해지기 시작한 구두는 이 시기에 절정을 이루었다. 계급을 나타내는 앞부리의 길이는 지나치게 길어져서 법령으로 길이를 규제하는 사치금지령을 제정하기도 하였다. 앞끝이 뾰족한 신발 크랙코(Crackow)는 프랑스에서 풀레느

(Poulaine)라고 하였다. 이 크랙코를 보호하기 위하여 사슬을 발목에 감아 사슬 끝을 구두 발목 부분에 연결시키기도 하였다. 여성들도 크랙코를 신었는데 소재로는 부드러운 가죽이나 펠트, 벨벳, 실크 등을 사용하였다. 그 밖에도 나막신 형태의 패튼(Patten)을 신었다. 패튼은 바닥이 얇은 나무나 코르크로 되어 있었으며 1인치 정도의 굽과 스트랩이 달려 있어서 크랙코와 겹쳐 신었다. 15세기 말경에는 크랙코의 앞부리가 짧아지고, 점차 앞부리가 둥글고 넓은 것으로 변해갔다〈그림 8-17〉.

고딕 시대 패션 스타일의 응용

병사들의 패션, 13~15세기

티에리 뮈글러, 1980년대

알렉산더 맥퀸, 2011~2012, F/W

고딕 시대 패션 스타일의 요약

고딕 시대(13~15세기)

대표 양식	대표 패션
 생트 사펠 성당의 내부	 코테를 입은 여인들, 1380

패션의 종류	여성복	• 로브(Robe), 가운(Gown): 여성의 겉옷으로 코테와 우플랑드가 변형된 의복	• 코테(Cotte): 튜닉 형태의 드레스 • 코트아르디(Cote-hardie): 코테의 변형 드레스 • 쉬르코 투베르(Surcot-ouvert): 점퍼 드레스, 쉬르코가 변화된 형태 • 푸르푸앵(Pourpoint): 갑옷 안에 입었던 누빈 옷 • 망토(Manteau) • 우플랑드(Houppelande): 품이 넓고 칼라가 높은 코트 형태의 드레스
	남성복	• 베스트, 카프란 스타일의 남성복 • 브레(Braies), 브리치스(Breeches): 바지, 속옷 • 쇼스(Chausses), 호스(Hose): 양말	

디테일의 특징	• 자수와 직물공업의 발달 • 실크, 벨벳, 브로케이드, 행잉 소매(Hanging Sleeve), 발드릭(Baldric) • 뾰족한 구두, 높고 뾰족한 모자, 불규칙한 소매와 단
헤어스타일 및 액세서리	샤프롱(Chaperon), 보닛(Bonnet), 펠트 해트(Felt Hat), 부르렛(Bourrelet), 에스코피온(Escoffion), 에넹(Hennin), 풀레느(Poulaine), 앵클 부츠(Ankle Boots), 동방풍의 공작 깃털로 만든 부채, 파라솔, 손수건
패션사적 의의	• 가문과 재산을 과시하는 수단의 문장 • 남녀 패션이 구분됨 • 북유럽의 독자적인 스타일

CHAPTER 9
르네상스 시대의 패션

9-1 산타 마리아 델 피오레 대성당, 피렌체, 1296

9-2 최후의 만찬, 레오나르도 다빈치, 1498

CHAPTER 9
르네상스 시대의 패션

1. 르네상스 시대의 사회와 문화적 배경

르네상스(Renaissance)는 중세와 근대 사이, 즉 15~16세기에 유럽 사회에서 일어난 문예부흥 운동으로, 이 단어가 지닌 학문 또는 예술의 재생, 부활이란 의미처럼 고대의 그리스 로마 문화 이상으로 문화를 부흥시켜 새 문화를 창출해내려는 운동을 뜻한다. 당시는 사상, 문학, 미술, 건축, 음악, 철학 등 문화 분야뿐만 아니라 과학, 경제생활, 사회구조, 정치 체제에 걸쳐 일어난 커다란 변화를 겪는 역사적 과도기였다. 이와 같이 전반적으로 낡은 것과 새것이 뒤섞인 과도기를 보통 근대의 출발점으로 간주한다.

15세기에 들어서면서는 피렌체를 중심으로 오늘날의 '휴머니스트'라 할 수 있는 인문주의자들은 시민적 인문주의(Civic Humanism)의 확립에 크게 공헌하였는데, 이 시민적 인문주의자들은 고대 로마를 자기 정체성의 기원으로 생각하기 시작하면서 어떤 이에게도 예속되지 않는 시민의 자유와 그것을 보호하는 공화정을 중요시하였다. 그들은 공화정이 로마의 귀중한 유산으로, 그것을 보호하는 일이 피렌체의 책임이라고 생각하였다.

또한 상공업의 발달로 롬바르드, 토스카나 등 이탈리아 북부 도시가 크게 발달하여 경제적으로 융성하였다. 이와 같은 도시의 활발한 분위기와 풍부한 경제 상황이 바로 르네상스 운동의 배경이라고 할 수 있다. 도시의 시민들은 문학과 예술에 관심을 가졌으며, 생활 태도에서는 현재 생활 중심의 사고와 개인주의에 충실하였다. 그들은 도시의 바쁜 생활, 향락의 기회, 인간의 능력에 대한 사상, 부의 축적, 사치와 관련하여 매우 세속적인 생활 태도를 가졌다. 르네상스 시대 사람들은 교회와 신앙을 2차적인 것으로 생각하고, 현 생활의 즐거움에 만족하고자 하였다. 르네상스 운동은 휴머니즘으로, 좁은 의미로는 그리스 로마의 고대의 문예와 철학에 대한 관심을 깨우치는 운동이며 넓은 의미로는 현 생활 속에서 인간의 역할에 대한 관심을 깨우치고자 하는 운동이었다. 이것은 인간성을 높이며 개성을 표현하고, 비판정신을 기르는 경향이었으며 그러한 의미에서 예술가들도 이에 깊은 관심을 가지고 그리스 로마의 조각, 이탈리아의 대성당 같은 건축물 등에 우수한 개성과 능력을 충분히 발휘하였다〈그림 9-1〉.

이 시기의 천재로 알려진 레오나르도 다빈치(Leonardo da Vinci, 1452~1519)는 가장 다재다능한 예술가로 피렌체의 메디치 가문, 밀라노의 스포르차 가문과 프랑스 왕이었던 프랑수아 1세 등과 함께 르네상스 자연주의를 완성시켰다. 그

9-3 스토마커와 장식 소매가 달린 궁정 의상, 1547~1549

가 15세기 말에 완성한 〈최후의 만찬〉〈그림 9-2〉, 16세기 초에 그린 〈모나리자〉는 그의 명성을 영원하게 만들었다. 피렌체의 귀족 출신이었던 미켈란젤로의 〈천지창조〉, 〈노아의 대홍수〉처럼 성서의 내용을 웅장한 기법으로 그린 작품도 있었다. 이외에도 르네상스 시대에는 위대한 화가들이 수없이 등장하였다.

중세는 5세기 로마 제국의 몰락부터 르네상스에 이르기까지의 시기를 암흑 시대라 규정하고, 당시 사람들은 고대의 부흥을 통해 이 무가치한 시대를 극복하고자 하였다. 이러한 움직임은 프랑스, 영국 등 북유럽에 전파되어 각각 특징 있는 문화를 형성하게 하였으며 르네상스가 이탈리아에서 다른 지역으로 전파되어 근대 유럽 문화 태동의 기반이 되게 하였다. 또 유럽에서는 14세기경부터 봉건 체제가 무너지고 신 중심의 교회문화가 쇠퇴하는 가운데 새로운 근대 문화가 나타났는데 이 근대 문화는 종교 개혁으로부터 시작되었다.

2. 르네상스 시대 패션

르네상스 시대의 패션은 모드의 주도권을 가지고 지배했던 국가를 중심으로 전개되어 이탈리아 모드 시대(1480~1510), 독일 모드 시대(1510~1550), 스페인 모드 시대(1550~1600)로 분류된다. 고대부터 중세 전기에 국왕·여왕·대신 등 상류층에서 유행했던 의상들은 귀족층에, 그리고 중간층으로 내려가면서 간소화되어 하류층에서도 이용되었다. 십자군 전쟁 이

후에는 재정적으로 풍부한 사람들의 패션이 중심이 되기도 하였다.

르네상스 시대의 호화찬란한 궁정 의상〈그림 9-3〉은 왕과 부르주아의 재력을 과시하기에 충분하였다. 또한 십자군 전쟁의 계속된 실패로 교회의 권위가 약화되고, 신 중심의 사회에서 인간 중심의 사회로 변화되고 개인주의가 발달하였다. 비잔틴 제국의 몰락으로 지중해 무역은 대양 무역으로 변하였고, 수공업은 대량 생산으로 바뀌면서 자본가와 노동자 간에 자본주의가 싹트기 시작하였다. 부르주아 상인들은 왕과 결탁하여 재산을 가진 새로운 귀족계급이 되면서 유럽의 패션 문화를 이끌어가는 리더로 등장하였다. 새로운 귀족 부르주아는 그들의 재산과 권력을 과시하기 위하여 화려한 패션에 몰두하였다. 남성들은 남성미를 과시하기 위하여 어깨, 소매, 가슴을 과장되게 부풀렸고 여성들은 네크라인을 깊게 파서 가슴을 많이 노출시켰다. 그들은 전 세계에 화려한 패션을 전파하면서 세계적인 유행을 탄생시켰다. 르네상스 성숙기에는 종교적 의지를 지닌 패션이 사라지고, 봉건사회에서 소중하게 여겼던 문장 패션을 더 이상 착용하지 않게 되었다.

르네상스 시대는 인간의 존엄성을 나타내는 시기로, 패션을 확대 또는 과장하여 너비를 넓힌 형태의 복장이 나타났다. 16세기에는 우아하고 품위 있는 의상을, 17세기 바로크 시기에는 남성적이고 역동적인 의상을 착용하였으며 레이스, 루프, 리본 등을 과도하게 달아 장식하였다. 18세기 로코코 시대에는 바로크 양식이 좀 더 세련되게 변하여 여성적이고 섬세한 장식의 패션 문화가 나타났고, 19세기에는 로맨틱한 실

9-4 포르투갈의 이사벨라 공주, 1535

9-5 네크라인에 러프, 슬래시 슬리브를 단 여성용 로브를 입은 스페인 여왕, 1571

9-6 행잉 소매가 달린 여성용 로브를 입은 스페인 여왕, 1571

루엣이 나타났다. 이러한 변화는 모두 르네상스 스타일의 영향을 받은 것이었다.

여성들의 복장에서도 스커트의 큰 볼륨과 함께 실루엣의 변화를 볼 수 있는데 스커트 버팀대, 소매를 갈라놓는 슬래시(Slash), 행잉 소매(Hanging Sleeve), 러프(Ruff) 등의 디테일이 많이 이용되었다. 남성들의 상의인 푸르푸앵의 큰 볼륨과 하의인 오 드 쇼스, 즉 타이트한 상의와 하의의 대비를 살펴볼 수 있는데 이는 에로티시즘적 표현의 일종이라고 할 수 있다. 여성들 사이에서는 깊게 패여 노출이 많은 데콜테한 가슴, 가느다란 허리, 상의 밑으로 크게 뻗쳐나가는 스커트가 유행하였다. 이러한 변화는 오늘날 남녀 의상의 조화를 이루는 기반이 되었다.

1) 여성의 패션

16세기 초부터는 인체의 이상화를 위해 예술가들의 선과 조화로운 색상으로 우아하고 품격 있는 패션이 창조되었다. 패션을 구성하는 고급스러운 옷감, 두터운 자수, 사치스러운 보석과 레이스 등은 예술가들의 창조성에 영감을 주었다.

여성들은 겉옷으로 가운 또는 드레스라는 명칭을 가진 로브(Robe)를 입었다. 속옷으로는 코르셋의 일종인 바스킨과, 코르피케, 스커트의 버팀대인 베르튀가댕(Vertugadin)과 오

스 퀴, 속치마인 페티코트와 겉옷 사이로 노출시키곤 했던 슈미즈(Chemise)를 착용하였다.

(1) 로브

로브(Robe)는 타이트한 상체와 몸에 꼭 끼는 좁은 소매, 안에 스커트 버팀대를 착용하여 크게 부풀린 형태의 스커트로 고딕시대의 코테(Cote)와 우플랑드(Houppelande)가 변형된 투피스이다. 대표적인 여성의 의상으로 우아하고 품위 있는 스타일이며 영국에서는 가운이라고도 불렀다. 로브의 네크라인은 가슴이 보일 정도로 깊게 파여 노출이 많아 가슴 가리개인 레이스, 네트로 된 파틀릿(Partlet)이나 프릴을 부착하여 살짝 가리기도 하였다〈그림 9-4, 5〉. 소매는 윗부분은 부풀리고 소매 끝으로 내려오면서 타이트하게 좁아지는 양다리 형태의 레그 오브 머튼 소매와 늘어지는 행잉 소매〈그림 9-6〉가 달렸고 여러 벌의 소매를 스타일에 따라 바꿔 달기도 하였다.

로브 위에는 폭이 풍성하고 넓은 앞트임이 있는 코트를 착용하였다. 앞 네크라인에서부터 허리까지 리본을 일렬로 달아 장식하기도 하고, 앞 부분은 벌어지게 하여 안에 입은 로브가 보이도록 하였다. 소매는 대개 부풀린 짧은 퍼프 소매, 끝으로 갈수록 넓어진 깔때기 형태의 소매였으며 소재는 새틴, 벨벳, 금·은사로 화려하게 장식된 튜림을 많이 사용하였다. 겨울철에는 모피로 안감을 대기도 하였다〈그림 9-7〉.

9-7 르네상스 시대의 소매

(2) 스토마커

스토마커(Stomacher)는 코르피케나 바스킨(Basquin) 위에 부착했던 역삼각형 가슴받이 장식으로, 가슴과 아랫배 부분을 지나갔으며 끝이 뾰족하거나 둥글었다. 목둘레선이 직선으로 되어 있고 가슴 부분이 깊게 파인 데콜타주(Décolletage) 네크라인과 조화를 이룬 이것은, 후에 형태를 유지하려고 패드를 대기도 하였다. 르네상스 시대 여성들은 스토마커를 리본, 토크, 조화, 보석, 자수로 화려하게 장식하였다.

(3) 슬래시

르네상스 시대 남녀 복장의 중요한 특징 중 하나로는 어깨, 팔, 팔꿈치, 가슴 및 남성들의 하의까지 구멍을 내어 안에 입은 슈미즈가 겉으로 보이게 했던 슬래시(Slash)를 들 수 있다. 슬래시는 15세기 말경부터 나타난 의복으로 상·하의, 관절부 등을 절개하고 그 안에 다른 천을 부착하여 겹쳐 입은 듯한 이중의 효과가 나게 한 것이다. 패션사에 나타난 슬래시 기법이 바로 여기에서 기인한 것이다.

이는 1477년 이후 독일군에 의해 유행하여 프랑스와 영국에서도 유행하였고 1520년경부터 1535년경에는 그 기법이 극치에 달해 옷 한 벌에 슬래시를 몇 백 개까지도 달았다. 당시의 귀족들은 슬래시의 정교한 장식을 옷감의 문양으로도 이용하였고, 슬래시를 전문으로 제작하는 전문직공이 나타나기도 하였다. 그러나 이러한 유행은 여성복 스커트에는 나타나지 않았고 남성의 바지인 오 드 쇼스(Haut de Chausses)에 화려하게 나타났다.

(4) 소매

소매(Sleeve)는 상의를 구성하는 중요한 부분으로 르네상스 시대에는 주로 퍼프 소매를 이용하였고 슬래시를 소매 전면, 또는 부분적으로 조화가 되도록 만들었다. 퍼프는 크게 부풀리거나 좁은 천조각을 이어붙여 주머니처럼 보이게 하였다. 소매는 점점 변화하면서 다양해졌는데〈그림 9-7〉, 그중에는 15세기에 유행하였던 행잉 소매가 특징적이었다. 이 소매는 팔꿈치에 구멍을 뚫어 팔을 내놓으면 안에 입은 화려한 드레스의 소매가 보이는 것이었다. 이외에도 어깨를 극단적으로 부풀리고 그 아랫부분에서 손목까지 타이트하게 한 숄더 퍼프(Shoulder Puff) 소매, 양다리 형태의 레그 오프 머튼(Leg of Mutton) 소매, 별도로 만든 소매를 어깨에 부착한 윙(Wing) 소매, 늘어진 모양의 덧소매 등으로 화려하게 장식하였다. 남성들은 취향에 맞는 소매를 만들어두고 옷에 따라 교대로 부착하여 사용하기도 하였다.

(5) 속옷

① 바스킨, 코르피케

바스킨(Basquin)과 코르피케(Corps-piqué)는 몸을 강하게

9-8 스페인의 숙녀와 귀족, 1582~1595
프랑스식 스커트 버팀대인 오스 퀴로 원통형 실루엣을 연출하였다.

조였던 베스트(Vest) 형태의 의상으로 16세기에 사용하던 코르셋의 일종이었다. 이 단단한 코르셋은 입었을 때 늘어나지 않도록 견고한 심을 넣어 가슴과 허리를 압박했으며 소재로 철을 이용하기도 했다. 대개 빳빳한 마직으로 안감을 대고 가장자리는 철사로 두른 다음 목까지 닿게 하였으며, 허리의 앞 중심은 V형으로 하여 배 밑으로 연결되게 만들었다. 형태가 흐트러지지 않도록 하기 위하여 겉과 안 사이, 앞뒤, 옆에 바스크(Bask)를 삽입하여 고정시켰고 앞이나 뒤중심에 트임을 넣고 끈으로 엮어서 묶었다. 겉으로 보이는 부분은 아름답고 화려한 옷감으로 감싸고 화려한 수를 놓아서 장식하였다.

② 스커트 받침대

베르튀가댕 스커트를 받치는 베르튀가댕(Vertugadin)은 파팅게일(Farthingale)〈그림 9-10, 11〉이라고도 하는 스페인에서 착용하기 시작한 속치마, 즉 페티코트의 일종으로 르네상스 시대 여성들이 실루엣에 따라 겉옷 형태를 살리기 위하여 큰 받침틀을 스커트 밑에 착용하던 것이었다〈그림 9-9〉. 코르피케로 가는 허리를 강조하고, 장식적인 스커트는 귀족적인 권위와 화려함을 표현하기에 효과적이었다. 스페인의 이런 모드는 서구 제국에 도입되어 나라별 민족적인 성향을 살려 변형되었다. 이것은 스페인에서 유래된 것이었으나, 영국에서는 스커트를 부풀리기 위한 원추형 버팀대인 베르튀가댕을 파팅게일이라고 불렀다.

9-9 스페인의 이사벨 클라라 유지니아 여왕
허리에서부터 직경이 점점 커지는 원추형의 베르튀가댕을 로브 밑에 스커트 받침대로 착용하였다.

9-10 원추형 후프 파팅게일   **9-11** 원통형 휠 파팅게일

9-12 원통형의 오스 퀴를 입은 엘리자베스 1세, 1593

베르튀가댕은 언더 스커트로서, 형태를 만들기 위해서 풀을 많이 먹인 마직 소재에 등나무나 종려나무의 줄기, 철사 등으로 둥글게 틀을 짜고 수평으로 여러 단을 붙여 종의 형태나 둥근 형태로 만들었다. 영국 파팅게일의 시초는 벨드고 (Berdugo)로 치마의 넓이가 권세나 신분의 상징처럼 되어 스커트를 과장시키는 현상이 극대화되었다. 귀족들은 당시 절대왕권의 상징이었던 엘리자베스 여왕이 권위를 드러내기 위하여 처음 착용했던 것을 모방하였다.

또한 1470년경 포루투갈의 여왕 주안나(Juana)가 다른 남성과의 관계로 인해 임신하게 되자 배가 나온 것을 숨기기 위하여 단단한 후프로 감추었던 것을 이탈리아의 귀족 여성들이 모방하면서 유행하였다.

오스 퀴 16세기 말기에 나타난 스커트를 부풀리는 버팀대로, 베르튀가댕 위에 언더 스커트를 입으면 겉의 스커트가 퍼져서 늘어진 모양이 드럼통을 연상시킨다. 이러한 스타일을 오스 퀴(Hausse cul)라고 하는데 스페인의 베르튀가댕이 품위와 안정감을 표현한다면 오스 퀴는 당당함을 느끼게 한다. 영어로 휠 파팅게일이라고 부르는 이것은 철사나 심을 많이 이용한 타이어 같은 모양이며 언더 스커트 위로 허리 부분에 끈으로 매어 착용하는 것으로 취급이 편리하여 스페인식 의복과 같이 사용되었고, 승마를 즐겼던 프랑스인 사이에서 애용되었다. 영국에서는 엘리자베스 1세가 재위 중에 애용하였는데, 고래수염처럼 가는 줄로 둥근 바퀴 형태를 만들어서 천에 고정시키고 끈으로 허리를 매게 되어 있었다. 여러 가지 색의 실크, 다마스크(Damask), 타프타(Taffta) 등으로 덮어 싸서 만들었으므로 옷감이 많이 소요되었다〈그림 9-12〉.

③ 슈미즈

로브 속에는 리넨이나 실크로 만든 좁고 길이가 약간 긴 튜닉 형태의 속옷, 슈미즈(Chemise)를 착용하였다. 슈미즈의 네크라인은 프릴로 장식하였는데 후에 이것이 러플로 변하였다. 타이트한 소매 끝에도 러플 장식을 달았고 때로는 터침, 슬래시로 처리하기도 하였다. 소매의 슬래시 사이로는 장식된 슈미즈 소매가 나오게 하기도 했다. 속에 입은 슈미즈의 러플은 스페인의 영향으로 목까지 올라가면서, 깊게 파인 네크라인을 가리기 위하여 파틀릿(Partlet)을 대기도 하였다.

(6) 러프

러프(Ruff)는 맞주름(Pleat)을 반복해서 잡아 만든 칼라로 스페인에서 유럽으로 보급되었다. 초기에 슈미즈에 달려 있었던 이 칼라는 점점 크기와 모양이 커졌다. 최초에는 프랑스의 앙리 2세의 왕비가 그의 본국인 이탈리아에서 가져와 유행하였다고 한다. 1540년경 푸르푸앵의 칼라가 높았던 때 목둘레에서 슈미즈의 칼라가 보였던 것이 1570년경에 레이스를 장식용으로 부착하게 되면서 크기가 커졌다. 1580년대에는 러프가 크게 유행하여 목 밑에서 칼라 끝까지의 반경이 20~30cm 정도로 커졌으며 이 러프를 만들기 위해서 7m 이상의 옷감이

9-13 라플릿, 주름, 러프로 된 네크라인 주름, 러프

소요되었다. 대형 러프를 착용할 때는 불편을 덜기 위하여 앞을 터서 끈으로 매어 여미기도 하였다. 얇은 마 소재에 풀을 적당히 먹여 일정한 길이와 간격을 맞추어서 인두질하여 원하는 형태를 만들었다. 끝은 레이스, 커트워크, 자수 등으로 장식하고 길이에 차이를 두어 만든 칼라가 두세 단으로 겹쳐지도록 제작하였다. 색상은 주로 흰색과 엷은 색을 사용하였다. 러플은 사치를 표현하는 방법 중 하나로 귀족뿐만 아니라 서민층에서도 사용하였다〈그림 9-13〉.

2) 남성의 패션

(1) 푸르푸앵

이 시기에는 중세 후기에 갑옷 속에 착용했던 푸르푸앵(Pourpoint)이 겉옷으로 변화되었다. 영국에서는 이를 더블릿(Doublet)이라고 불렀다. 남성들은 슈미즈 위에 상의로 푸르푸앵을, 하의로 트렁크 호스(Trunk Hose)나 쇼스(Chausses)를 착용하였으며 몸에 꼭 맞는 형태를 기본으로 하여 옷에 패드를 넣으며 부풀리고 퍼프, 슬래시 등으로 남성다움과 화려함을 과시하였다.

초기에 착용했던 푸르푸앵은 뒤에서 여미도록 되어 있었고, 크게 파인 원형이나 사각형의 목둘레선 속의 슈미즈가 보이기도 하였다. 하지만 1530년경부터 목둘레선이 높아지면서 좁은 스탠드 칼라와 앞여밈으로 변형되었다. 신체 보호의 목적으로 전면에 두껍게 심을 넣었던 것이 일상복이 되면서 얇게 심을 받치고 누벼서 만들기도 하였다. 심은 양피, 캔버스 등으로 만들어 빳빳한 것을 전면에 내세워 크고 과장되어 보이게 보이게 하는 것이 유행의 초점이었다. 목둘레선은 높아져 목을 감추게 될 정도로 변하였다. 푸르푸앵의 스탠드 칼라는 목을 둘러싸고 그 안에서 주름 잡힌 장식 러프의 칼라가 높게 보였다. 또한 슈미즈의 끝부분 프릴(Frill)을 겉으로 꺾어 아름다운 장식을 하고 여러 가지 색과 금·은 자수, 황금색 구슬로 화려하게 꾸몄다. 이것은 부인들이 섬세한 솜씨로 정성을 다해 남성들에게 만들어주는 선물 품목이기도 하였다. 칼라와 조화를 이루도록 소매 끝에도 같은 방법으로 장식하였다〈그림 9-14, 15〉.

소매 모양이 다양해짐에 따라 푸르푸앵의 호화로움과 우아함이 돋보이는 르네상스 패션의 특징이 살아나게 되었다. 영국의 왕 헨리 8세는 취향과 때에 따라 소매를 바꾸어 달았다. 별도로 소매를 만들어 착용했을 때 소매를 붙인 선이 어색하지 않고 아름답게 보이게 하기 위해서 어깨에 '에포레트(Epaulet)'라는 별도의 장식을 부착하였으며 늘어지는 소매를 따로 붙여 모양을 내기도 하였다〈그림 9-16〉.

르네상스 시대 중엽이 지나면서는 푸르푸앵을 앞여밈으로 하여 상체에 꼭 맞게 하고 허리를 V자로 하여 가는 허리를 강조하였다. 아울러 앞중심을 뾰족하게 하고 화려한 보석단추로 장식하고 다양한 페플럼(Peplum)을 달기도 하였다. 또한 V자형으로 내려온 허리선 앞중심에 가슴과 배가 볼록하게 보이도록 부풀린 피스코드(Peascod) 밸리(실크, 벨벳, 금으로 장식된 극도로 사치스러운 옷감으로 귀족들이 착용)가 나타나기도 하였다〈그림 9-15〉.

(2) 바지

① 오 드 쇼스

오 드 쇼스(Haut de Chausses)는 중세 후반 이후 서민들 사이에서 착용되었다. 16세기가 되면서 편리함과 장식이 더 강화되었는데 오 드 쇼스라는 짧은 반바지와 바 드 쇼스(Bas de Chausses)라는 양말 형태의 두 부분으로 분리되는 형태

가 나타났다. 오 드 쇼스는 그 모양과 형태에 따라 트라우스(Trouses), 캐니언스(Canions), 베니션스(Venetians), 그레그(Gregues) 등으로 나누어졌는데 이 아래에는 일종의 긴 양말인 바 드 쇼스를 착용하였다.

모든 쇼스 앞에는 남성의 성기 보호를 위한 역삼각형 모양의 덮개, 코드피스(Codpiece)가 달려 있었다〈그림 9-17〉. 일명 브라게트(Braguette)라고 불린 이것은 남성의 상징이 강조되도록 장식되었다. 돌출된 코드피스는 끈, 핀 등으로 고정시켰는데 차차 크기가 커졌고 슬래시, 자수, 보석 장식 등 지나치게 화려해져서 선정적이라는 비난도 받았다.

오 드 쇼스는 과장되면서 길이와 부피가 다양한 형태로 변하였는데 그 변화가 심하여 역사상 가장 특이한 모양에 이르게 되면서 르네상스 시대의 특색 있는 패션으로 자리 잡았다.

② 트라우스

트라우스(Trouse)는 바지 형태의 옷으로 스페인에서 처음으로 입었다. 아주 짧고 좁은 천을 조각조각 잇고 그 안에 패드와 심을 넣어 풍선처럼 크게 부풀려 둥근 호박처럼 만든 것이었다〈그림 9-18〉.

오 드 쇼스를 대표하는 트라우스는 자수 등으로 장식하여

9-14 티롤의 페르디안드 대공, 1542
푸르푸앵, 호스를 입고 짧고 깔끔한 헤어스타일에 깃털로 장식한 모자를 쓰고 있다.

9-15 스탠드 칼라와 러프를 착용한 로버트 더들리의 초상, 런던, 1560

9-16 케이프를 착용한 헨리 2세

9-17 코드피스를 입은 찰스 5세, 1530   **9-18** 트라우스를 착용한 남성, 1550   **9-19** 캐니언스를 입은 남성과 페플럼이 부착된 베니션스를 입은 그의 아들, 1590

고급스럽고 화려하게 푸르푸앵같이 사치스러운 형태로 1575년 경까지 착용되었다. 바 드 쇼스는 트라우스 위로 올려서 신었는데 오 드 쇼스에 붙여 착용하였다. 이것은 견사, 모직물 등 비싼 재료로 만들었기 때문에 귀중한 재산으로 여겨졌다. 색상은 일반적으로 흰색, 황색, 청색, 녹색, 자색 등을 사용하였다. 16세기의 중엽에는 편물제가 나타나 바 드 쇼스에 혁명을 일으켜 오늘날의 양말로 정립되었다.

③ 캐니언스

캐니언스(canions)는 길이가 무릎까지 오는 타이트한 반바지로, 트라우스보다 길이가 길었다. 1580년에 네덜란드에서 유래된 의복이다〈그림 9-19〉.

④ 베니션스

이탈리아의 베니스에서 유래된 베니션스(Venetians)는 캐니

9-20 베니션스를 입은 영국 남성과 스페인 여성, 1560~1572   **9-21** 저킨, 스페인, 1580

9-22 상의 속에 입었던 슈미즈, 르네상스 시대 초기

9-23 헨리 8세와 그의 세 번째 부인, 제인 시무어

언스처럼 양말 위에 입는 반바지로, 부풀림이 적으며 허리에 주름이 있어 윗부분이 풍성하였다〈그림 9-20〉. 이 바지는 무릎에서 좁아지고 무릎 바로 아래에서 단추나 끈으로 여미게 되어 있었다. 트라우스나 베니션스 아래에는 양말을 신었는데 초기에는 바지에 양말을 부착하고 신축성 있는 소재에 바이어스 재단을 하여 다리에 꼭 맞도록 만들었다.

⑤ 그레그

그레그(Gregue)는 베니션스 정도의 길이로 무릎까지 오는 반바지로 캐니언스처럼 허벅지에 타이트하게 맞고, 트리밍으로 배색을 하여 반바지 중에서 가장 화려하다.

(3) 저킨

저킨(Jerkin)은 푸르푸앵 위에 착용한 상의로 푸르푸앵보다는 길고 소매가 없는 형태가 많았다. 초기에는 칼라가 없었으며 네크라인이 많이 파인 V자, U자 형태로 안에 입은 푸르푸앵이 보였다. 후에는 좁은 스탠딩 칼라가 등장하였다. 단추나 끈으로 된 앞 여밈으로 되었으며 푸르푸앵보다 터침, 슬래시가 더 많이 이용되었다〈그림 9-21〉. 디자인적 요소로 볼 때 현대 남성 베스트의 원형이라고도 할 수 있다.

(4) 코트, 케이프

푸르푸앵이나 저킨 위에는 어깨가 넓고 풍성한 겉옷, 코트 (Coat)를 착용하였다. 코트의 앞중심은 여밈 없이 벌어졌으며, 넓은 칼라가 부착되어 있었다. 이것은 르네상스 시대 의상 중에서 유일하게 슬래시 장식이 없는 의상으로 발목까지 오는 것은 성직자나 고관들이 착용하였고, 말을 탈 때는 무릎까지 오는 짧은 것을 착용하였다. 초기에는 뒤판의 요크 밑으로 주름을 많이 잡아 폭이 넓었는데, 차츰 엉덩이까지 오는 길이가 되었고, 높게 세운 칼라와 늘어진 행잉 소매가 유행하였다. 후기에는 귀족들이 케이프를 착용하였다. 케이프는 앞여밈이 없는 경우가 많았다〈그림 9-16〉.

(5) 슈미즈

고대 로마인들의 튜니카가 발전된 형태의 슈미즈(Chemise)는 푸르푸앵 밑에 입는 속옷으로 대개 흰색 리넨과 실크로 만든 길고 폭이 넓은 셔츠 스타일이었다〈그림 9-22〉. 손목과 목 주위는 주름으로 장식되었으며 대부분 비숍 소매로 되어 있었다. 높게 세운 스탠딩 칼라와 함께 달리기 시작한 프릴은 러프로 변하였다. 천에 풀을 먹이고 촘촘하게 주름을 잡아 만든 러프는 1580년경에 최고의 전성기를 맞이하였다. 남성들은 헨리 8세의 집권 시절, 신하들은 솜으로 채우거나 패드로 된 높은 칼라의 조끼인 더블릿(Doublet)을 입었다. 활짝 벌어진 앞여밈 사이로는 슈미즈풍 드레스의 흰색 퍼프가 보였다. 터침, 슬래시에는 보석과 수를 놓아 변화를 주었고 조끼는 무릎 길이의 스커트와 조화되도록 넓고 짧게 만들었다. 두 개의 흰 장식띠가 허리를 감싸고 금으로 된 단도를 달았으며 가운데가 벌어진 스커트 사이로 정교하게 만들어진 콜피스(15~16세기에 유행한 남성의 바지 안쪽에 다는 주머니)가 보였다. 흰색 양말인 호스의 왼쪽은 왕실 무늬의 가터(Garter)로 둘러서 다리에 맞게 하였고, 신발은 앞부리의 중간이 뚝 잘려나간 사각형으로 발등을 덮었다. 헐렁한 붉은색 가운은 검은 담비의 모피와 두터운 금실 자수로 장식되었고 별다른 기능 없이 낮게 걸린 슬리브는 원통 모양으로 뒤쪽에 걸쳐 있었다. 크게 부풀린 소매 위쪽은 삼각 천을 덧대어 금실로 수를 놓아 장식하였다. 보닛(Bonnet)은 검은색 펠트와 흰 깃털로 만들어졌으며, 챙 아랫부분을 보석으로 장식하였다. 헨리 8세는 보석으로 장식된 금색 펜던트 목걸이를 목에 걸었고 가죽 장갑을 끼고 다녔다.

왕비는 귀를 덮는 보닛 형태의 모자인 코이프(Coif)에 달린 긴 머리띠(Lappets)를 핀으로 고정하고, 머리 장식이나 뒤쪽의 베일은 양쪽으로 나누어 오른쪽은 뒤쪽에서 꼬아 기다란 소라 모양으로 올렸으며, 왼쪽은 늘어트려 오른쪽 어깨에 걸쳤다. 빨간색 벨벳으로 된 깊지 않은 스퀘어 네크라인은 진주와 루비로 만든 밴드로 장식하였다. 스커트는 허리 라인에서부터 앞쪽이 넓게 벌어졌고 그 사이로 자수를 놓은 안쪽 스커트가 보였다. 이는 커다랗고 부자연스러운 소매와 어울려 보였다. 넓은 소맷부리는 팔꿈치 위치에 고정시켰고, 종 모양의 파팅게일은 페티코트의 천을 주름잡아 마무리하였다. 액세서리로는 펜던트를 목에 걸었다〈그림 9-23〉.

겉에 입은 옷이 땀이나 물, 기름에 오염되는 것을 방지하려고 이 옷을 더블릿이나 로브 안에 챙겨 입었다. 부채 형태의 러프 칼라는 프랑스 왕비가 된 카트린 드 메디치(Catherine de Médicis)가 유행시켰다고 하여 '메디치 칼라'라고 불렸다.

3. 헤어스타일과 액세서리

1) 헤어스타일과 모자

르네상스 시대 초기 남성들은 머리에 컬을 하여 어깨까지 늘어뜨렸다. 대형 러프 칼라가 유행하면서 긴 머리가 불편하게 느껴진 그들은 머리를 짧게 잘라 단정하게 빗어넘겼다. 수염도 단정하고 깨끗하게 자르기 시작하면서 중기경엔 코 밑 수염까지 자르게 되었다. 모자는 둥글고 높은 크라운이 달린 토크(Toque)에 깃털을 장식하여 썼다. 16세기에 가장 유행했던 모자는 베레(Béret, 베레모)로 이탈리아 베레타(Biretta)에서 만들어진 이 모자는 초기에는 모직물로 만들어 머리에 맞게 끈으로 묶어 사용하였다. 재료로는 펠트, 벨벳, 실크 등을 사용하였고 보석으로 된 메달, 브로치, 리본, 깃털 등으로 장식하였다. 중기에 의상이 과장되게 커지면서 베레도 과장되기 시작하였다. 관 부분에 철사를 넣어서 높이고 각종 보석과 공작 깃털로 화려하게 장식을 하였고, 여름에는 밀짚으로 만들어서 썼다.

여성들은 생활이 불편하지 않도록 머리를 단정하게 빗었다. 또한 앞중심에 가르마를 타서 앞이마 전체가 노출되게 하였다. 뒷머리는 목덜미에 붙이고 머리에 얇은 거즈, 보일로 된 베일을 덮는 것이 유행하였다. 여성들도 남성처럼 깃털로 장식한 베레나 토크를 썼으며 모자의 재료로는 새틴, 벨벳 등을 사용하였다. 보닛(Bonnet)은 머리 뒤에서 쓰고 앞부분에는 깃털로 장식을 하였다. 게이블 후드(Gable Hood)는 앞부분에 철사를 넣어 틀을 만들고 뒷부분을 늘어뜨렸던 르네상스 시대의 특징적인 모자로 검은색 실크나 벨벳으로 만들었다. 머리 전체를 감추었던 르네상스 시대에는 항상 모자를 썼으며, 각종 보석이나 깃털로 장식하였다〈그림 9-24〉.

2) 액세서리

16세기의 과장된 사치풍조는 향락주의로 바뀌었고 진주, 다이아몬드, 루비 등의 비싼 보석과 금·은사로 수를 놓아 장식

(a) 메디치 가문의 영향을 받은 의상을 착용한 헨리 3세 시절의 왕족

(b) 턴 다운 칼라의 셔츠를 착용한 찰스 4세 시절의 왕족

(c) 프란시스 공작, 16세기

(d) 헨리 공작, 16세기

(e) 스웨덴 왕족 구스타브 1세의 딸, 엘리자베스, 1580년경

9-24 르네상스 시대의 헤어스타일과 모자

(a) 화려한 목걸이, 1590

(b) 목걸이와 반지, 플로렌스, 1550~1560

(c) 헨리 8세의 네 번째 부인, 클레브의 앤

(d) 스페인에서 사용한 끈이 달린 지갑

(e) 첼리니의 소금단지, 1543

(f) 모자를 쓴 헨리 8세

9-25 르네상스 시대의 액세서리

(a) 레이스가 달린 남성용 슈즈

(b) 리본이 달린 남성용 슈즈

(c) 베네치아의 영향을 받은 높은 굽의 구두

(d) 카우 후프스(Cow Hoofs)

(e) 조코로(Zocolo)

(f) 코핀, 이탈리아, 1590~1600

9-26 르네상스 시대의 슈즈

한 액세서리가 인기를 끌었다. 이 시기에는 남녀 모두 커다란 보석이 달린 목걸이, 귀걸이, 팔찌, 펜던트, 반지, 정교하게 세공한 굵은 사슬 목걸이를 착용하였다〈그림 9-25〉.

16세기 중후반, 유럽 패션을 리드했던 인물은 영국의 헨리 8세와 그의 딸 엘리자베스 1세였다. 특히 엘리자베스 1세는 의복에 자수나 리본, 보석, 진주 등을 달아 치장하여 많은 귀부인들이 이를 따라 하게끔 만들었다. 15세기 말, 콜럼버스(Columbus)가 엘리자베스 1세에게 선물한 부채 역시 크게 유행하였다. 이에 따라 깃털, 상아, 보석으로 장식한 값비싼 부채가 유행하기도 했다.

당시에는 목욕을 자주 하지 않았기에 향수를 많이 뿌렸다. 프랑스의 프랑소와 1세는 이탈리아의 향수업자 르네(Rene)를 초청하여 향수 산업을 발전시켜 손수건, 장갑에도 향수를 사용하게 되었다. 손수건도 장식품으로 사용되어 켐브릭이나 실크로 만들어졌고 가장자리의 레이스가 커트워크(Cut-work)로 처리되었다. 또한 공작이나 타조 등의 깃털로 만든 화려한 부채, 모피로 만든 머프(Muff)도 착용하였다. 극장에서 연기자들이 처음으로 사용하기 시작한 마스크를 일상생활에서 쓰는 것도 유행하였다. 여성들은 햇볕을 피하고 신분을 감추기

위하여 마스크를 착용하였다.

3) 슈즈

르네상스 시대에는 전반기에 신었던 앞부리가 길고 뾰족한 구두 대신, 앞부리가 넓고 둥글며 굽이 없는 부드러운 구두가 유행하였고 이것이 변하여 앞부리가 사각으로 뭉뚝해졌다. 구두 앞부리를 뾰족하게 과장했던 고딕 시대와 달리 구두 앞부리 부분에 터침을 하고 폭을 넓게 만들었다.

여성들의 구두도 남성들의 것과 같이 앞부리가 뭉뚝해지고 높아져서 하이힐 슬리퍼나 꽃 장식을 한 부츠가 등장하였다. 전에 사용했던 나막신 패튼(Patten)은 귀부인들이 계속 착용하였고 30cm나 되는 높은 힐도 있었다. 영국에서는 엘리자베스 여왕이 처음으로 실크 스타킹을 신었다. 16세기 후반에는 이탈리아의 슬리퍼 형태의 슈즈, 코핀(Chopin)이 상류층 여성들에게 인기를 끌었다. 후반기에는 일반인들도 굽이 달린 신발을 신었고, 굽이 점점 높아져서 하이힐 형태로 변하였다. 신발에도 슬래시 기법을 이용하였고 화려한 보석으로 장식을 하였다〈그림 9-26〉.

르네상스 시대 패션 스타일의 응용

엘리자베스 1세, 1593

위베르 드 지방시, 1997, F/W

르네상스 시대 패션 스타일의 요약

<table>
<tr><td colspan="4" align="center">르네상스 시대(14세기 말~16세기)</td></tr>
<tr><td colspan="2" align="center">대표 양식</td><td colspan="2" align="center">대표 패션</td></tr>
</table>

조토의 종탑, 피렌체, 1359

스토마커와 장식 소매가 달린 궁정 의상, 1547~1549

패션의 종류	여성복	• 코르피케(Corps-piqué) • 베르튀가댕(Vertugadin) • 로브(Robe) • 슈미즈(Chemise)	• 숄더 퍼프(Shoulder Puff) 소매 • 레그 오프 머튼(Leg of Mutton) 소매 • 행잉(Hanging) 소매 • 윙(Wing) 소매 • 에포레트(Epaulet)
	남성복	• 푸르푸앵(Pourpoint), 오 드 쇼스(Haut de Chausses) • 브리치스(Breeches), 호스(Hose) • 트라우스(Trouses), 캐니언스(Canions) • 베니션스(Venetians), 그레그(Gregue) • 코드피스(Codpiece), 트라우스(Trouse) • 저킨(Jerkin) • 슈미즈(Chemise)	
디테일의 특징		소매 터침, 슬래시(Slash), 프릴(Frill) 주름, 러프(Ruff), 칼라(Collar), 커트워크(Cut-work), 부의 상징인 사치스러운 직물과 보석 장식, 메디치 칼라, 엘리자베스 칼라	
헤어스타일 및 액세서리		짧은 헤어스타일, 토크(Toque)에 깃털 장식, 베레(Béret), 보닛(Bonnet), 게이블 후드(Gable hood), 패튼(Patten), 코핀(Chopin), 마스크(Mask)	
패션사적 의의		• 패션의 화려함 전파 • 확대와 과장, 남성미를 과시하는 남성 패션 • 남녀 의상의 차이가 현저하게 나타남(남성은 상체 볼륨 강조, 여성은 하체 볼륨 강조)	

10-1 겨울 궁전, 상트페테르부르크, 1730년경   **10-2** 겨울 궁전에 있는 유진 왕자의 골드 룸

CHAPTER 10
바로크 시대의 패션

1. 바로크 시대의 사회와 문화적 배경

바로크(Baroque) 시대는 1580년경부터 18세기 말까지의 비고전적인 미술양식으로 어원은 '일그러진 진주'를 의미하는 스페인어 'barrucca' 혹은 포르투갈어의 'barroco'에서 유래되었다. 이 단어는 18세기 후반 프랑스에서 곡선과 장식이 많은 건축물을 칭하는 말로 쓰였다.

17세기에 이르러서는 스페인이 쇠퇴하고, 네덜란드가 영향력을 발휘하기 시작하였다. 17세기에 생겨난 바로크 양식은 근대 국가뿐만 아니라 근대 과학과 철학이 형성되었던 시기로 스스로의 사회를 이룩하고 자신의 운명을 개척할 수 있다는 생각의 결과가 예술로 표현된 것이다.

바로크 시대 전성기의 대표적인 건축물 겨울 궁전(Winter Palace)〈그림 10-1〉의 내부는 금으로 화려하게 장식되어 있으며 장대함과 복잡한 장식, 뛰어난 기교가 시선을 사로잡는다〈그림 10-2〉.

바로크 건축의 또 다른 대표 걸작인 세인트 폴 대성당은 영국의 크리스토퍼 제임스 렌(Cristopher James Wren, 1632~1723)이 설계한 것이다. 이 건축물은 베르사유 궁전과 로마의 산 피에트로 대성당에 견줄만 한 수작으로 렌은 수학

자이자 천문학자로 아이작 뉴턴이 경탄했던 신동이었다. 그는 교회의 돔을 짓는 데 공학기술을 사용함으로써 세기의 걸작을 탄생시켰다. 로마의 산 피에트로 대성당과 그 광장을 둘러싼 인물상과 건물 기둥은 바로크 최고의 조각가이자 건축가인 잔 로렌초 베르니니(Gian Lorenzo Bernini)의 작품이다.

바로크 시대의 회화는 선명한 색채나 명확한 선보다는 광선과 음영의 미묘한 대조와 단계적인 색조의 결합이 특징이다. 플랑드르의 루벤스는 〈십자가에서 내려지는 예수〉로 유럽 전역에 센세이션을 일으키며 유럽 최고의 종교 화가가 되었다〈그림 10-3〉. 이 그림은 예수의 신체를 그린 것 중에서 가장 훌륭한 작품이라고 극찬을 받고 있다. 또한 네덜란드의 화가, 렘브란트가 그린 〈방탕아의 귀환〉도 유명하다.

이 시대의 음악은 비발디, 바흐, 헨델에 이르러 절정을 이루었다. 또한 베네치아의 몬테 베르디가 오페라를 최초로 시작하였고 하이든, 모차르트, 베토벤 등이 고전음악을 확립시켰다.

17세기 프랑스 문학의 특징을 살펴보면 과거와 전통을 중요시하나 엄격한 형식의 고전주의라 할 수 있는데, 희극 작가 몰리에르(1622~1699)는 인간을 풍자적으로 묘사하였고 밀턴(1608~1074)은 〈실낙원〉을 저술하였다. 18세기 말 괴테와 실러

10-3 십자가에서 내려지는 예수, 루벤스, 1612

10-4 바로크 시대의 패션 Ⅰ

는 고전주의를 벗어나서 개성의 해방을 추구하는 문학운동을 전개하였다. 대표적으로 괴테의 〈젊은 베르테르의 슬픔〉, 〈파우스트〉 등이 유명하다. 여러 가지 회화, 음악, 문학 등의 작품을 통해 바로크 양식을 르네상스의 고전적인 조화와 비교해보면 바로크 시대에는 유동적이고 남성적인 감각이 강조되었다고 할 수 있다.

2. 바로크 시대 패션

1630년까지는 스페인풍이 지배적이었지만, 스페인 치하에서 네덜란드가 독립하여 직물공업의 발전과 종교사상의 확립으로 경제력이 증강되어 17세기 중반기에는 네덜란드가 세계 상업의 중심지로 유럽에서 지도권을 장악하고, 패션에서 귀족풍의 부자연스러운 스페인 패션을 배격하고 실용적이고 간편한 의상들을 선호하기 시작하였다.

루이 14세(1644~1715) 통치 초기에는 스페인을 제외한 전 유럽이 프랑스의 패션과 문화를 추종하였다. 직물산업의 발전을 위하여 금과 은을 패션에 사용하는 것을 금지하였기 때문에 리본, 루프, 러프 장식이 유행하였다. 또한 루이 14세는 베니스에서 레이스 만드는 기술자를 데려와서 프랑스에서 레이스를 생산하도록 하였다. 이러한 직물 산업의 장려는 경제적인 풍요를 가져왔고, 프랑스의 패션을 비롯한 모든 문화가 전 유럽의 중심이 될 정도로 성장하였다.

네덜란드의 복장은 과장되고 복잡한 귀족풍이 아니라, 장식이 축소되고 착용하기 편하며 넉넉하게 맞는 단순한 시민풍이었다. 특히 르네상스 시대의 화려하고 사치스러운 의상과는 달리 검소하고 현실적이었다. 이와 같은 네덜란드풍 의상은 유럽의 많은 나라에 영향을 주었고 특히 남성복 근대화의 기반이 되었다.

바로크 시대 초기인 1618년에 시작된 30년 전쟁의 영향으로 우아한 기사, 카발리어(Cavalier)풍의 복장과 1630년대에 군인들이 목을 보호하기 위하여 목에 네커치프(Neckerchief)를 두른 것이 넥타이의 기본이 되었다. 칼라, 커프스, 때로는 부츠 커프스를 보빈 레이스(Bobbin Lace)로 장식하였다. 영국에서는 크롬웰에 의한 청교도적인 정치가 이루어져서 의복에도 영향을 미쳤다. 어둡고 짙은 색상에 장식이 없는 의복이 유행하였고 프랑스의 루이 14세 때는 왕을 중심으로 귀족들의 호화로운 사교 생활이 유럽에 파급되어 유럽이 유행의 중심지가 되었다. 이러한 프랑스 귀족풍 패션들과 네덜란드 시민풍의 패션이 혼합되어 독특한 바로크 패션이 태어나게 된 것이다.

1) 여성의 패션

여성들은 귀족풍의 에스파냐 스타일 의복을 착용하였는데 네덜란드풍이 유행했던 시기에는 스커트 버팀대가 사라지고 부피와 함께 스커트 길이도 줄어 기능적이고 활동하기 편한 실루엣이 유행하였다. 하지만 다시 프랑스풍이 유행하면서 허리를 줄이고 스커트를 부풀리는 거창한 스타일로 변하였다.

10-5 바로크 시대의 패션 Ⅱ

바로크 시대 후기의 화려한 의상들은 엉덩이가 돌출된 독특한 실루엣의 버슬(Bustle) 스타일을 유행시켰다. 또한 17세기 화려한 장식의 모티프인 리본, 루프, 레이스 장식이 많이 사용되었고 상체, 보디스와 스커트가 분리된 투피스(Two-piece) 스타일로 변하였다.

(1) 로브

로브(Robe)는 보디스와 스커트가 분리된 투피스로 16세기 초반처럼 딱딱하게 꽉 조이는 스타일이었다. 이 시기에는 귀족적이고 활동이 불편한 원추형 스커트와 원통형 스커트가 유행하였으나 1625년경에 큰 버팀대 대신 코르피케나 베르튀가댕이 없어지면서 거창한 실루엣이 작아졌다. 1630년경에는 허리선이 올라가고 딱딱한 바스크가 사라졌다. 1650년대에 들어서면서는 원피스와 투피스의 형태가 함께 착용되었고, 다시 보디스가 타이트하고 뾰족한 형태로 변하였다. 또한 플랫 칼라, 깊게 파인 데콜테(Décolletée) 네크라인이 유행하였고 레그 오브 머튼(Leg of Mutton) 소매, 행잉(Hanging) 소매 등이 유행하였다. 소매를 리본으로 오그리면서 터침, 슬래시로 된 소매 사이로 흰색 슈미즈나 속에 옷이 보이도록 하였다.

17세기 초에는 네덜란드의 영향으로 스토마커가 허리선까지 내려와 화려하게 수를 놓은 커다란 장식의 역할을 하였다.

17세기 중엽부터는 다시 속치마, 페티코트를 입기 시작하여 부피가 크고 활동이 불편한 거대한 형태의 실루엣이 등장하였으며, 1680년경에는 겉에 덧입은 오버스커트나 스커트 뒤쪽에 늘어뜨린 긴 트레인 스커트를 뒷중심으로 끌어올린 버슬 스타일이 나타나기도 하였다.

(2) 보디스

17세기 바로크 시대의 여성복은 르네상스 시대처럼 상체, 보디스(Bodice)와 스커트가 분리된 투피스 형태였으나, 착용의 편리함을 위하여 원피스 형태로 변형되어 가운(Gown) 혹은 로브(Robe)라고 불렸다. 17세기 초의 보디스는 16세기와 같이 딱딱한 고래수염으로 뼈대를 만들거나 금속으로 된 코르셋(Corset)으로 조여서 꼭 끼게 만들었다. 보디스의 앞에 달린 스토마커(Stomacher)는 앞 중심으로 길게 연장되어 허리선이 길어 보였으며 끝은 둥글게, 혹은 뾰족한 삼각형 형태로 허리에 짧은 페플럼이 부착된 것도 있었다.

고래의 뼈나 주철로 된 스토마커는 1630년대 이후 네덜란드의 영향으로 사라지면서 보디스가 부드러워졌으며 목선이 낮아지고 허리선은 더 짧아졌다. 스토마커는 바로크 시대의 특징인 리본, 보 장식으로 덮이기도 했는데 이를 에셸(Echelle)이라고 불렀다. 에셸은 주로 뒤에서 묶어서 고정시

10-6 코르셋의 초기 형태인 스테이스

10-7 메디치 칼라가 달린 로브, 1600

10-8 풀을 강하게 먹여서 빳빳하게 만든 러프 칼라, 1596~1667

켰으며 앞여밈으로 되어 있을 때는 보석이 박힌 잠금걸이, 단추 또는 보넛(Bow-knot)으로 장식을 하였다. 보디스의 어깨선과 네크라인은 낮았으며 전체적으로 코르셋을 한 보디스에 프릴(Frill)로 장식을 하였다.

(3) 코르셋

17세기 여성들은 몸매가 아름답게 보이도록 옷 속에 코르셋(Corset)을 착용하였다. 초기에는 네덜란드의 영향으로 힙의 부풀림이 감소되고 허리선이 올라가면서 16세기부터 사용하던 코르피케도 길이가 짧아지면서 뾰족하던 앞중심도 둥글어졌다.

로브의 보디스로는 고래수염으로 만든 빳빳한 코르셋을 사용하였다. 일설에는 프랑스의 헨리 2세의 왕비, 카드린 드 메디치가 허리가 굵은 사람들이 왕실 행사에 참여하는 게 싫어서 이를 입지 않은 자들의 출입을 제한했다는 얘기도 있다.

17세기 후반(1649~1660)에는 네덜란드풍이 사라지고 귀족풍이 유행하여 허리를 조이는 코르셋이 다시 유행하였다. 풀을 빳빳하게 먹인 캔버스 천에 0.5cm의 좁은 간격으로 스티치를 넣고 그 속에다 고래수염을 넣어 만든 코르셋은 스테이스(Stays)라고 불렸다〈그림 10-6, 13〉. 허리선에 달린 페플럼은 앞중앙만 겉으로 내놓고 다른 부분은 허리 속으로 집어넣어서 사용하였다. 코르셋이라는 명칭은 18세기 영국에서 붙여진 이름으로 프랑스 중세 시대에는 코르사주(Corsage), 르네상스 시대에는 바스킨(Basquine)이나 코르피케(Corps-Piqué)라고 불렸다.

(4) 네크라인, 칼라

17세기에는 16세기에 유행했던 러프(Ruff)〈그림 10-8, 9〉가 계속 사용되었지만 사이즈가 작아져서 그다지 거대하지는 않았고 주름은 더욱 촘촘하게 두세 겹을 겹쳐 달았고, 많이 패인 스퀘어(Square) 네크라인, 위로 뻗어올라간 스탠딩 칼라, 반원형의 메디치(Medici) 칼라〈그림 10-7〉, 뒤로 뻗어나가고 앞중심은 여며진 휘스크(Whisk) 칼라 등이 이용되었다.

1640년대로 접어들면서 갈수록 목의 노출이 심해지자 어린이나 중년 여성들은 케이프 칼라를, 젊은 여성들은 버사 칼라를 달아 노출 부위를 가렸다. 큰 정사각형 천을 대각선으로 접어 숄처럼 둘렀던 케이프 칼라와, 해당 부위만 살짝 가렸던 버사(Bertha) 칼라는 모두 앞중심에서 브로치로 고정되었다. 칼라는 또 다시 레이스로만 만든 것과 가장자리만 레이스로 두른 것으로 나누어졌다. 1630년대에는 휘스크 칼라도 사용되었는데, 대개 플랫 칼라의 일종인 반 다이크(Van Dake) 칼라를 달았다. 반 다이크 칼라는 어깨를 덮을 만큼 넓었고, 끝이 둥글거나 뾰족하였으며 레이스나 자수로 장식되었다.

1650년대 들어서는 네크라인이 깊게 파이기 시작하면서 어깨가 노출되었고 어깨 속을 속치마, 슈미즈(Chemise)의 레이스 프릴로 덮었으며 깊게 파인 네크라인을 스카프나 레이스 혹은 얇은 숄인 피슈(Fichu)로 장식하여 가슴을 강조하였다.

르네상스 시대 의상에도 많이 쓰였던 레이스는 동방에서 들어왔는데, 이는 이탈리아의 베네치아가 생산의 중심지였다. 중세부터 보급된 프랑스 자수는 수요가 늘어나고 왕이 자수가 놓인 의상들을 선호하여 궁중에 자수사를 여러 명 두

10-9 세 겹짜리 러프를 걸친 마드린느 백작 부인, 1613   **10-10** 바로크 시대 후반기의 휘스크 칼라, 머리 장식, 1641   **10-11** 라운드 네크라인, 버사 칼라가 달린 로브, 1660

게 되었다. 자신이 원하는 문양의 자수를 많이 놓아 거의 옷의 바탕 전체에 자수를 사용한 의상들도 많았다. 이 시기에는 목과 어깨 주위에 레이스를 많이 부착한 것이 특징이다〈그림 10-10~12〉.

(5) 소매

초기에는 르네상스 스타일의 소매(Sleeve)가 유행하였다. 어깨에 패드를 넣어서 부풀리고 소매 끝으로 내려오면서 좁아지는 양다리 모양의 레그 오브 머튼(Leg of Mutton) 소매는 1610년경까지 사용되었으며, 스페인 모드인 길고 넓은 행잉(Hanging) 소매가 스페인과 이탈리아에서 계속 사용되었다. 초기에 여성복 소매는 16세기와 같이 갈라진 슬래시(Slash) 장식이 있었고 풍성한 소매는 팔꿈치나 손목까지 오는 길이였다.

프랑스 스타일의 커다란 조각의 소매는 팔꿈치에서 두 개

10-12 메디치 칼라가 달린 로브, 1600   **10-13** 코르셋의 초기 형태인 스테이스

10-14 실크 타프타에 은사로 수를 놓은 스토마커가 달린 가운, 영국, 1770년경

10-15 스토마커가 다시 뾰족해진 바로크 시대 후기 로브, 1625~1630

의 퍼프(Puff)를 끌어올리고 소매 끝과 칼라 끝은 고급 레이스로 장식을 하였다. 소매 끝이 위로 젖혀진 턴 백 커프스(Turn Back Cuffs)로 된 것도 있었다. 7부 정도의 짧은 소매에는 팔꿈치까지 오는 긴 장갑을 꼈다.

17세기 후반에는 소매가 풍성해지고 소매에 여러 개의 퍼프를 넣었다. 7부 정도 길이의 소매 끝은 젖혀지는 형태였고 짧은 소매 밑으로 슈미즈 소매가 보이는 스타일이 유행하였다.

17세기의 소매는 16세기의 것보다 경쾌하고 가벼웠다. 이 시기에는 앙가장트(Engageantes)라는 장식이 새로이 등장하였다. 앙가장트는 팔꿈치 길이의 짧은 소매에 달린 여러 층으로 플레어된 얇은 레이스 장식으로, 18세기 로코코 시대에도 중요한 패션 아이템으로 쓰였다.

(6) 스커트

17세기 초기에는 부피가 큰 드럼통 형태나 돔(Dome) 형태의 스커트(Skirt)를 착용하였고, 1620년경부터는 스커트 속을 큰 받침대가 받쳐주는 거추장스러운 후프 스타일의 유행이 지나면서 후프의 규모가 적어지고 실루엣도 변하였다. 스커트는 바닥까지 자연스럽게 늘어지거나 스커트 자락을 끌어올려서 힙 근처에다 볼륨을 주기도 하고, 속에 입은 속치마를 일부러 보이게 하기도 하였다. 스커트의 앞 부분이 겹쳐서 쌓이게 여

며지거나 앞부분이 트여 있는 스타일의 스커트도 유행하였다. 1625년부터는 크게 부풀렸던 스커트 베르튀가댕(Vertugadin)이 사라지면서 거추장스럽던 큰 실루엣이 활동적인 형태로 변하였다.

1650년대는 페티코트(Petticoat)와 속치마를 여러 개 겹쳐스커트를 볼륨감 있게 만들었다. 페티코트는 속치마의 역할뿐만 아니라 장식용으로도 중요하게 쓰였다. 속치마는 아름다운특수 재질로 만들거나 레이스 플라운스(Flounce), 각종 브레이드(Braid)로 장식되었다. 이렇게 장식된 속치마들은 앞트임부분을 통해 밖으로 노출되어 아름다움을 더하였다. 위에 겹쳐 입는, 오버스커트 자락을 뒤로 끌어올리는 스타일도 유행하였다.

스커트의 독특한 형태는 1670년대로 가면서 나타나기 시작해서 오버스커트의 뒷부분을 입체적으로 드레이핑하고, 브로치나 리본으로 고정시키고 나머지 뒷부분을 바닥에 길게 늘어뜨려서 트레인으로 장식하는 형태도 나타났다. 트레인의 길이는 신분에 따라 차이가 났는데 귀족들과 상류층 여성들은오버스커트의 트레인 부분을 왼쪽 팔에 들고 다녔다. 그러다가 차차 오버스커트의 여유분 모두를 엉덩이 쪽으로 끌어올리고 실루엣을 살리기 위해 받침대나 패드를 넣었다.

17세기 중엽부터는 다시 페티코트를 착용하기 시작하여 엉

덩이의 양옆으로 퍼지는 파니에를 사용하는 등 거창해져서 문을 지날 때 게처럼 옆으로 서서 통과해야 될 정도로 스커트의 모양이 과장되게 커졌다.

(7) 청교도 패션

이탈리아의 영향권에 있던, 검소한 의상을 계속 착용했던 영국의 청교도인(Puritan)들은 크롬웰이 권력을 잡기 전까지 청교도의 정신을 표현하기 위하여 검은색 계통의 브로드천(Broadcloth)으로 옷을 만들어 입었고 여성들은 어깨에 흰색 레이스로 장식된 피슈(Fichus)라는 이름의 삼각형 숄을 둘렀다〈그림 10-16〉.

여성들은 여전히 러프를 썼지만 형태가 타원형으로 변하고 레이스는 계속 사용하였고 꼭 맞는 후드 위에 쓰던 넓은 챙이 달린 모자와 청교도적 의상은, 영국에서 첫 번째로 건너간 식민지의 이주자들과 함께 미국으로 전파되었다. 그들은 짙은 색인 검은색, 갈색, 회색 등의 의상을 주로 착용하였고 화려한 색상 대신 흰색 리넨으로 만든 폴링 밴드형 칼라를 부착하여 어두운 의상을 청결하고 산뜻한 분위기로 만들었다. 스커트에는 주름을 넣어서 활동이 편하도록 풍성하게 하고, 허리선은 뾰족하지 않고 네크라인은 목까지 높이 올라오게 하였으며, 소매는 적당히 맞게 하고, 손목에는 흰색 리넨으로 커프스를 달고 레이스로 간단하게 마감을 하였다.

스커트에는 흰색 앞치마를 둘러 커프스와 조화를 이루게 하였고 청결함을 위하여 쉽게 세탁할 수 있도록 만든다.

10-16 청교도의 패션, 1645

2) 남성의 패션

네덜란드는 바로크 시대 초기 유럽의 경제적 중심지로 외국과의 무역을 위한 실질적이고 활동적인 의상이 유행하였다〈그림 10-17〉. 17세기 전반부에는 르네상스 시대의 귀족들이 착용하였던 사치스럽고 화려한 의상이 사라지고 시민풍 의상을 착용하였다. 그들이 착용한 의상 중 바로크 스타일은 루이 14세가 즉위한 중엽부터 유행했던 것이다.

화려한 직물의 산지인 이탈리아와 스페인 궁정을 중심으로 발달했던 르네상스 시대 패션은 프랑스와 영국으로 그 중심지가 옮겨지게 되었다. 프랑스에서는 루이 13세와 그의 어머니 마리 드 메디치, 루이 13세의 아내인 안네 왕비, 루이 14세가 17세기 화려한 의상 유행의 리더 역할을 하였다.

(1) 푸르푸앵

17세기 남성들의 상의, 푸르푸앵(Pourpoint)은 반바지인 오드 쇼스와 함께 착용되었다. 바로크 시대 초반 10여 년간은 르네상스 시대 스타일이 유지되었으나 차차 네덜란드의 영향을 받아 어깨의 패드가 없어지고 작은 러프, 숄더 윙(Shoulder Wing) 장식이 사용되었다. 소매는 조각으로 이어져 있었으며 커프스가 달렸다. 허리선 밑으로는 페플럼(Peplum)이 4~6개 정도 부착되었다.

1640년대에는 페플럼의 길이가 더욱 짧아져서 바지 윗부분이 노출되었다. 또한 작은 스탠딩 칼라 위에 바로크 양식의 특징인 커다란 레이스 칼라를 붙이고 여미는 곳에 작은 리본을 부착하였다. 이것은 레이스 폴링(Falling) 칼라로 일명 반 다이크 칼라라고도 불렸다. 반 다이크 칼라는 고급스러운 레이스에 자수를 놓은 소재를 이용하여 목부터 어깨까지 덮도록 넓게 만들고, 소매 끝에 넓은 커프스를 단 것이었다. 이후에는 폴링 칼라 대신에 크라바트(Cravate)가 등장하였다.

1650년경에는 길이가 힙 라인까지 길어지고 목에서부터 허리까지 단추가 길게 달렸다. 1680년경에는 길이가 아주 짧아져서 소매가 달린 짧은 베스트 형태로 바뀌었는데 쥐스토코르가 나타나면서 안에 착용하였다. 또한 16세기 후반의 청교도 남성들은 위에 푸르푸앵을 입고, 무릎 밑까지 오는 판탈롱이나 무릎 아래까지 오는 퀼로트를 착용하였고, 모직으로 된 긴 양말을 신고 푸르푸앵을 덮는 망토를 둘렀다. 모자는 높이가 높고 챙이 넓게 달린 검은색 펠트 모자를 썼다. 이 청교도

10-17 네덜란드인의 패션

들의 의상은 현재까지도 스타일에 큰 변화 없이 이어지고 있다〈그림 10-18, 24〉.

(2) 베스트

베스트(Vest)는 17세기 후반에 착용되었던 남성 상의로 오늘날 남성 신사복 조끼의 시초라고 할 수 있다. 영국에서 웨이스트 코트(Waist Coat)라고 불렸던 이것은 슈미즈와 쥐스토코르(Justaucorps) 사이에 착용했던 중간 옷으로 푸르푸앵이 단순해진 형태였다. 주로 실내에서 착용하였으며 외출할 때는 위에 쥐스토코르를 입었다. 초기의 베스트는 몸통과 소매가 꼭 맞았으며 쥐스토코르보다 길이가 짧고 작은 단추가 길게 내려 달렸고 앞트임이 있었다〈그림 10-19〉.

1690년대에는 크라바트가 유행하면서 베스트의 단추는 허리만 잠그고 위의 단추를 풀어 크라바트의 리본이 보이게 하였으며 쥐스토코르 안에 착용하였다. 소매는 위에 입은 쥐스토코르보다 좁았고, 소매 끝이 넓어서 접었을 때 쥐스토코르의 소매 위로 베스트의 커프스가 겉으로 나오도록 하였다. 칼라는 없었고 앞판 양쪽에 주머니가 있었는데 귀족들은 고급 소재인 벨벳이나 실크를 사용하였고 자수로 장식하였다.

(3) 쥐스토코르

쥐스토코르(Justaucorps)는 프랑스에서 루이 14세 때 1670년 경부터 귀족풍에 대항하여 입기 시작했던 남성 상의로, 17세 기 중엽에 푸르푸앵이 없어지면서 착용하게 되었다. 보통 단추를 풀어두었기 때문에 안에 입은 베스트가 보였으며 꼭 끼는 반바지에 양말과 무릎 장식인 카농(Canon)을 착용하였다. 쥐스토코르는 귀족풍에서 벗어난 시민풍의 검소한 스타일로 현대 신사복의 기초가 되었다〈그림 10-20, 22〉.

(4) 오 드 쇼스

오 드 쇼스(Haut de Chausses)란 프랑스어로 반바지를 뜻한다. 16세기의 오 드 쇼스는 패드와 슬래시를 넣어 호박처럼 부풀린 형태였으나 17세기가 되면서 패드를 넣지 않고 모양이 축소된 풍성한 반바지 형태가 되었다. 1630~1640년대에는 다리에 꼭 맞는 스타일로 무릎에서부터 약 20cm 내려와서 리본으로 묶는 블루머 형태였다. 반바지의 길이는 무릎까지 왔으나 차차 길어졌다가 퀼로트(Culotte)라는 명칭이 등장하면서 오 드 쇼스라는 명칭이 사라지게 되었다.

오 드 쇼스와 함께 착용했던 바 드 쇼스(Bas de Chausses)는 프랑스어로 다리를 감싸는 부분인 호스를 칭하는 것으로 레이스로 장식한 리넨, 실크 등으로 만들었다. 오 드 쇼스는 형태가 바뀌면서 트라우스(Trouse) 판탈롱, 퀼로트, 랭그라브로도 불렸다.

(5) 퀼로트

퀼로트(Culotte)는 오 드 쇼스의 폭이 좁아지면서 몸에 딱 맞

10-18 푸르푸앵을 착용한 찰스 9세, 스웨덴, 17 세기 초

10-19 베스트를 착용한 남성

10-20 적색 모직에 반짝거리는 은색 실로 수를 놓은 크라바트, 쥐스토코르, 슈미즈, 퀼로트, 1700~1705

10-21 베스트, 오 드 쇼스를 착용한 남성, 1625~1930

10-22 쥐스토코르, 프랑스, 1787~1792

10-23 기사풍의 폴링 밴드 칼라가 부착된 클락, 브리치스, 더블릿, 판탈롱, 1630

10-24 흰색 반 다이크 칼라, 푸르푸앵, 1640

10-25 바로크 시대 프랑스 장교와 여성, 1682

10-26 시미즈 위에 입은 푸르푸앵, 판탈롱, 랭그 라브, 1665

10-27 프록코트와 오픈 셔츠, 영국, 1755~1765

게 변한 바지이다. 상의인 푸르푸앵과 같이 착용하며 푸르푸앵에 달린 끈을 허리의 구멍에 꿰어서 연결하였으나, 푸르푸앵이 상의의 역할을 할 정도로 짧아지면서 허리에 벨트를 매게 되었다. 처음에는 무릎 정도까지 오는 길이였으나 1680년 이후에는 활동하기 편하도록 주름을 잡고 무릎 위를 풍성하게 하여 무릎 부분이 꼭 맞는 간편한 바지로 바뀌었다. 밑에는 무릎 장식인 카농을 입고 위에 코트로 쥐스토코르를 입었다. 퀼로트의 밑부분은 단추나 리본 루프(Ribbon Loop)로 묶었다. 바로크 시대부터 착용되기 시작한 퀼로트는 로코코 시대에도 계속 착용되었고, 형태는 변하였으나 그 명칭이 현재까지 남아 있다〈그림 10-20〉.

(6) 랭그라브

랭그라브(Rhingrave)는 17세기 중엽, 루이 14세 때에 프랑스에서 착용한 것으로 네덜란드 농부들의 의상에서 유래하였다. 영국에서 페티코트 브리치스(Petti-coat Breeches)라고 불렸다. 스타일을 크게 두 가지로 분류되는데 고대 퀼트와 같이 긴 천을 허리에 둘러서 입는 짧은 스커트 형태로 초기의 것은

바로크 시대 프랑스의 장교와 여성

위의 〈그림 10-25〉는 프랑스의 장교와 여성의 대표 패션 스타일을 표현한 것으로, 남성은 블루머 스타일의 반바지를 입고 있다. 코트는 약간 잘록하며 힙 바로 아래까지 내려오는 플레어 라인을 이룬다. 소매는 팔뒤꿈치까지 꼭 맞고, 목에 리넨 소재로 만든 레이스 스카프를 둘렀다. 몸에는 폭이 넓은 어깨띠를 하고 칼을 찼다. 블루머 스타일의 반바지는 무릎 밑쪽에 리본으로 묶었는데 리본을 많이 달아 장식하였다. 앞코가 사각형인 구두는 가죽띠와 금속 버클, 그리고 리본으로 여미게 되어 있었다. 구두는 일반적으로 검은색 가죽을 썼으며 뒷굽이 붉은색이었다. 넓은 챙이 달린 커다란 모자는 한쪽 챙을 늘 위로 젖혔다. 또한 목이 긴 장갑에 수를 놓거나 모피를 둘러 장식하였다. 목에 리본을 달거나 모피로 만든 커다란 머프를 손에 끼고 다니기도 했다.

여성은 몸에 딱 맞는 허리가 잘록한 가운의 보디에 풍성하게 트레인을 덮은 스커트가 달린 드레스를 입고 있다. 목 뒤로 둥글게 파진 데콜타주(Décolletage)는 때로는 네모나게 하기도 했다. 소매는 짧고 직선으로 똑바로 되어 있으며 팔꿈치 바로 위까지만 내려온다. 이러한 데콜타주는 올려서 매거나 어깨 바로 밑에서부터 슈미즈 소매 전체가 보이게 되어 있었다. 긴 스커트는 땅까지 끌리고, 트레인이 달린 오버 스커트는 뒤쪽이나 옆쪽으로 끌어올렸다. 또한 머리에 수건을 두르고 턱 아래에 매듭을 지었다. 지팡이와 긴 손잡이가 달린 양산도 들고 있다.

(a) 모자를 쓴 여성, 1525

(b) 가발을 쓴 남성, 1705

(c) 제임스 스튜어트와 퐁탕주를 머리
에 얹은 여동생, 1695

(d) 헤어스타일과 모자

(e) 퐁탕주 스타일의 머리 장식과 뷰티 패치,
1880

(f) 헤어스타일과 모자, 1682

(g) 모자, 러프, 스토마커, 1610

10-28 바로크 시대의 헤어스타일과 모자

궁전에서 착용하였다. 형태가 변하여서 양쪽에 바지통이 넓은 바지 형태의 디바이디드(Divided) 스커트 형태로 이것은 일반인들도 많이 착용하였다. 랭그라브 안에는 퀼로트를 받쳐 입어 퀼로트가 보이도록 하였다. 바로크 시대 패션의 특징적인 옷으로 여성복과 같이 러플이나 레이스, 리본 루프 등으로 정교하게 장식하였다〈그림 10-26〉.

17세기 후반에는 푸르푸앵의 길이가 짧아져 허리 위로 올라가서 그 밑에 입은 슈미즈가 보였다. 랭그라브 안에는 페티코트를 착용하여 부피가 커보이게 하였다.

(7) 망토

망토(Manteau)는 겉에 두르는 코트의 일종으로 원형의 넓은 천 중앙에 머리가 들어갈 수 있도록 구멍을 내어 네크라인을 만들고, 앞 중심에 앞여밈을 만든 것이다. 길이는 대개 무릎까지 왔는데, 상류층에서는 길이를 길게 하고 망토 가장자리를 전부 모피로 장식하였으며 안감을 실크로 대었다. 왕의 정장 망토는 붉은색 벨벳으로 만든 긴 것으로 땅에 끌렸고 화려한 보석으로 장식하였다. 스페인이나 영국에서는 검은색과 짙은 보라색을 많이 사용하였다. 1770년경 영국에서는 사치스럽고 불편했던 아비 아 라 프랑세즈보다 프록코트(Frock Coat)를

많이 입었다.

3. 헤어스타일과 액세서리

1) 헤어스타일과 모자

바로크 시대 초기의 남성들은 목에 높게 세운 러프(Ruff)와 목 뒤쪽에 높고 빳빳하게 뻗치도록 한 위스크(Whisk) 칼라에 맞는 짧은 헤어스타일을 고수하였다. 그러다가 칼라가 낮아지면서 머리카락이 길어져 어깨까지 내려오게 되었고 1630년경부터는 컬이 있는 긴 머리가 유행하면서 가발을 쓰기 시작하였다. 가발은 앞 중심에 가르마를 타고 전체가 컬을 하여 늘어뜨린 형태였다. 이 시기는 남성의 헤어스타일이 여성의 헤어스타일과 가장 흡사하고 머리 모양이 풍성하였다. 초기에는 본인의 머리카락으로 가발을 만들었으나 나중에는 인조모로 만든 것을 착용하였다.

남성들이 착용했던 모자관의 끝은 뾰족해졌다. 챙은 평범한 넓이였으며, 깃털로 장식하였다. 이외에도 영국 청교도들이 착용했던 퓨리턴 해트(Puritan Hat), 펠트로 된 모자가 있

(a) 러프, 보석 장식

(b) 발드릭, 17세기경

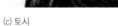

(c) 토시

(d) 가방

(e) 장갑

10-29 바로크 시대의 액세서리

었으며 보석이 박힌 밴드나 깃털 장식을 하였다. 남성들은 집에서 나이트 캡(Night Cap)을 썼는데 실내에서 가발을 벗었을 때 드러나는 흉한 헤어스타일을 가리기 위해서였다.

이 시대 초기에는 여성들도 남성들처럼 컬한 짧은 머리를 늘어뜨렸고, 컬 속에 패드를 넣어 부풀리기도 했다. 그러다가 머리카락이 길어지면서 전체적으로 컬을 하여 앞부분은 부풀려서 높이 올리고 뒷면으로 컬한 머리를 자연스럽게 늘어뜨렸다. 후기에는 가늘게 땋은 머리카락에 리본을 달고 아래로 내려뜨린 스타일과, 컬한 머리를 빗질하여 풍성해 보이도록 만들고 머리 위에 새털을 단 스타일이 유행하였다.

루이 14세 때는 사냥 파티에서 말을 타고 달릴 때 머리카락이 날리는 것을 방지하기 위하여 철사 틀에 얇은 리넨이나 레이스를 주름잡아 층층이 세운 탑처럼 60cm쯤 올려서 장식한 풍탕주(Fontange)라는 머리 장식을 착용하였는데 이것은 부

채를 펴놓은 모양 같았다. 이 시대 상류층 여성들은 의상 못지않게 헤어스타일을 중요시하여 대개 개인 미용사를 두고 있었다〈그림 10-28〉.

2) 액세서리

바로크 시대 남성들은 여성스러운 외모 가꾸기를 즐겨 목걸이, 귀걸이, 팔찌, 반지 등으로 장식을 하였다. 그들은 부드러운 가죽 또는 실크로 된 장갑을 끼었고 실크에 보석, 리본 등으로 장식을 하였다. 손수건 역시 중요한 액세서리 중 하나였다. 그들은 어깨에서 가슴을 거쳐 허리에 비스듬하게 벨벳이나 실크, 가죽 등으로 만든 발드릭(Baldric)이라는 장식을 걸치고 긴 칼을 찼다. 발드릭에는 화려한 수를 정교하게 놓았다.

여성들은 화려한 의복에다가 보석을 박은 단추로 장식을

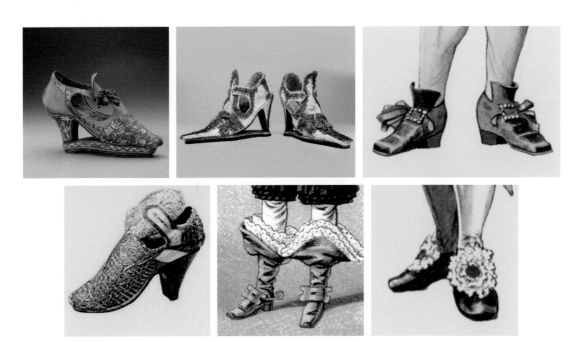

10-30 바로크 시대의 슈즈

하였다. 이들은 흰 피부를 선호하여 납 인형처럼 화장을 진하게 했고 향수를 많이 뿌렸다. 빗은 실용적인 목적보다는 장식용으로 가지고 다녔고, 말을 탈 때나 외출할 때 마스크를 썼다. 또한 헝겊을 별 모양으로 오려 붙여서 만든 점, 뷰티 패치(Beauty Patch)를 얼굴에 부착하였다. 이것은 쉽게 떨어졌으므로 헝겊과 풀을 가지고 다니면서 떨어질 때마다 다시 붙여야 했다〈그림 10-29〉.

3) 슈즈

슈즈로는 주로 구두와 부츠를 신었다. 17세기가 되면서 구두는 앞코가 둥글어졌고, 넓은 커프스가 달린 부드러운 가죽부츠가 유행하기 시작하였다. 재료로는 밝은 색상의 베이지, 노란색, 흰색 등의 가죽, 실크, 벨벳이나 일반 천이 사용되었고 여기에 장밋빛 스타킹을 신었다. 부츠와 스타킹 사이에는 두

꺼운 리넨으로 된 부츠 호스를 신었다. 부츠는 바로크 시대 중기에 들어서면서 사라지고 기사들만이 계속 넓은 커프스에 통이 넓은 부츠를 신었다. 스페인풍의 반바지 오 드 쇼스가 유행하였던 17세기에는 무릎 위까지 오는 부츠가 남성 사이에서 애용되었고 바지가 길어짐에 따라 짧은 부츠를 착용하게 되었다.

구두의 볼은 사각형이었고 굽이 넓었으며 리본, 버클 등으로 장식되었다. 여성들의 구두는 앞부리가 좁고 뾰족하였고 가죽이나 새틴(Satin)으로 만들어졌다. 대개 붉은색의 높은 힐은 중앙에 보석이 박힌 조화로 장식되었다.

슈즈는 벨벳으로도 만들어졌으며 발등 부분은 끈이나 버클로 조절하였다. 17세기 상류층 여성들은 작은 발을 선호하여 리넨으로 된 테이프로 발을 조여 작은 구두를 억지로 신었다. 비가 오거나 길이 지저분한 경우에는 패튼(Patten)이라는 오버슈즈(나막신)를 신었다〈그림 10-30〉.

바로크 시대 패션 스타일의 응용

바로크 시대의 러프 칼라

비비안 웨스트우드, 1997~1998, F/W

이브닝드레스, 1897

리셉션 가운, 1894

바로크 시대 패션 스타일의 요약

바로크 시대(1580~1715)

대표 양식	대표 패션

베르사유 궁전	풀을 강하게 먹여서 뻣뻣하게 만든 러프 칼라

패션의 종류			
패션의 종류	여성복	• 로브(Robe) • 슈미즈(Chemise) • 보디스(Bodice) • 스토마커(Stomacher) • 페티코트(Petticoat)와 오버스커트(Overskirt) • 코르셋(Corset)	• 휘스크(Whisk) 칼라 • 반 다이크(Van Dake) 칼라 • 크라바트(Cravate) • 네커치프(Neckerchief)
	남성복	• 푸르푸앵(Pourpoint) • 베스트(Vest) • 쥐스토코르(Justaucorps) • 오 드 쇼스(Haut de Chausses) • 퀼로트(Culotte) • 랭그라브(Rhingrave) • 망토(Manteau)	
디테일의 특징		동방의 레이스, 데콜타주(Décolletage), 턴 백 커프스(Turn Back Cuffs), 화려한 수를 놓은 발드릭(Baldric), 숄더 윙 (Shoulder Wing)	
헤어스타일 및 액세서리		• 가발, 퐁탕주(Fontange), 퓨리턴 해트(Puritan Hat), 나이트 캡(Night Cap), 흰 피부, 뷰티 패치(Beauty Patch) • 둥근 코 구두, 패튼(Patten)	
패션사적 의의		• 검소하고 편리한 시민풍의 패션 • 남성복의 근대화	

11-1 로코코 건축 양식의 대표격인 피어첸하일리겐 성당, 독일, 1742~1753　　**11-2** 루이 15세, 18세기

CHAPTER 11
로코코 시대의 패션

1. 로코코 시대의 사회와 문화적 배경

로코코(Rococo)는 프랑스의 루이 14세가 죽은 후(1715)부터 프랑스를 중심으로 전개된 유럽의 예술 양식이다. 18세기 예술 양식을 의미하는 이 단어는 프랑스어의 '로카이유 (Rocaille)'와 '코키유(Coquille)'에서 온 것으로, 정원의 장식용으로 이용되었던 작은 돌이나 조개껍데기를 의미한다.

로코코는 1789년 프랑스 혁명 이전 18세기 미술이나 장식의 양식으로, 로코코 문화는 낙천적인 인생관을 배경으로 생의 희열과 리듬을 음악적인 선과 면으로 표현해냈다. 이는 장식미술의 한 분야로 섬세한 감각과 리듬으로 넘쳐 흐르는 음악, 그 밖의 건축물과 실내 장식으로 대표되며 이 시기에는 패션 분야에서도 곡선과 과다 장식을 쉽게 찾아볼 수 있다. 또한 남성복보다는 여성복에서 더 많은 변화가 일어나 급진적인 발전을 이루었으며 꽃, 깃털, 리본, 러프, 꽃바구니 등의 유연하고 섬세한 모티프가 벽면이나 의복의 장식, 직물 문양 등에 표현되었다.

이 시대 건축물 중에서 가장 유명한 것은 독일의 발타자르 노이만이 건축한 피어첸하일리겐 성당이다〈그림 11-1〉. 14 성인에게 바쳐진 이 성당은 장식의 곡선미, 화려한 파스텔 색조

와 금색과 은색의 조화를 통해 로코코 양식의 특징을 드러낸다.

또 다른 로코코 시대의 대표적인 건축물 베르사유 궁전은 넓은 정원과 크고 작은 분수, 조각이 한데 어우러져 조형미의 극치를 보여준다. 과거 이 궁전은 호화로운 미술품으로 가득했는데 대부분이 순수예술 장식 미술품이었다.

유럽사에서 18세기 로코코 시대는 초기(루이 15세의 섭정기, 1715~1725), 중기(루이 15세의 친정기, 1725~1774), 후기(루이 16세의 통치기, 1774~1792)로 구분된다. 로코코 양식이 가장 화려하게 나타났던 시기는 루이 15세가 직접 통치했던 친정기와 루이 16세의 통치기이다〈그림 11-2〉.

바로크 시대가 궁정을 중심으로 한 남성 문화라면, 로코코 시대는 새롭게 등장한 부르주아 계급의 아름다운 부인을 중심으로 한 살롱 문화가 발달하여 부드러우면서도 섬세하고 우아한 여성 중심의 예술이 탄생하였다. 이러한 풍조는 유럽의 여러 나라로 전파되어 화려하고 세련된 귀족풍 문화로 정착되었다. 18세기 중반, 루이 15세의 친정기 이후에 사람들은 형식적인 것보다는 쾌락에 몰두하여 무절제하고 자유분방한 생활을 원하게 되었다. 이 같은 문화는 로코코 시대 패션에도 반영되어 이 시대의 패션이 세계 패션사에서 가장 화려한 것

11-3 로브 아 라 프랑세즈를 입은 마담 드 퐁파두르, 1756 **11-4** 마담 뒤 바리, 1782   **11-5** 마리 앙투아네트, 1783

으로 남게 되었다. 즉 루이 15세와 귀족 계급이 프랑스의 패션 문화를 더욱 발달시켰다고도 할 수 있다.

이 시기 패션에 가장 큰 영향을 끼쳤던 여성으로는 루이 15세의 정부였던 마담 드 퐁파두르(Madame de Pompadour) 〈그림 11-3〉와 마담 뒤 바리(Madame du Barry)〈그림 11-4〉, 루이 16세의 부인이었던 마리 앙투아네트(Marie Antoinette) 〈그림 11-5〉가 있었다. 프랑스 패션 리더였던 그녀들의 의상은 프랑스 사교계와 유럽 전 지역으로 퍼져나갔다. 부르주아 출신으로 지성과 미모를 겸비했던 마담 드 퐁파두르는 패션뿐만 아니라 예술 전 분야에 뛰어난 지식으로 베르사유 궁전의 실내 장식에도 많이 관여하였으며 당대의 화가 프랑수아 부세(François Boucher)와도 가까운 사이였다. 부세는 로코코 시대의 건축과 회화를 주도했던 인물로 마담 드 퐁파두르의 강력한 후원을 받았다. 부세는 여성적 아름다움, 지성과 권세를 두루 갖춘 퐁파두르의 매력을 화려하고 정교한 필치로 섬세하게 표현해냈다.

1770년 5월 16일에는 베르사유 궁전에서 마리 앙투아네트와 루이 16세의 성대한 결혼식이 전 유럽의 관심 속에 열렸다. 그러나 루이 16세 시기가 되면서 경제 상황이 더욱 나빠지면서 1789년 10월에 굶주림에 고통받던 파리 군중의 혁명으로 국왕 일가가 유폐되고, 1792년에는 프랑스 공화정이 선포되었다. 혁명 후의 혼란스러운 사회 상황으로 인하여 프랑스 모드가 영국으로 옮겨지고, 산업 혁명으로 영국의 직물 생산 기술이 발달하면서 영국이 서구 패션의 중심으로 자리 잡았다. 영국의 산업 혁명은 18세기에 가장 중요한 사건으로, 근대 패션 발전에 크게 공헌하였다.

한편 미국의 독립전쟁(1775~1783)으로 식민지 개척자들이

자체적으로 천을 직조하고 옷을 만들게 되었다. 1769년 윌리엄스버그에서 열린 무도회에서는 백여 명의 여성이 손으로 짠 가운을 입고 나왔다. 하지만 집에서 천을 직조하는 경향은 오래가지 못하였고, 전쟁 종료로 무역이 활성화되면서 천을 수입하는 경우가 많아졌다.

18세기 후반에는 프랑스 혁명이나 미국의 독립전쟁 등으로 인해 일반인들이 더 많은 물자를 얻을 수 있었는데 이러한 변화를 소비자 혁명이라고 부른다. 이 시기에는 패션이 상업화·민주화되었는데 농부나 직공이 입었던 프록코트(Frock Coat)나 긴 바지는 여러 번 변형되어 18세기 후반에 고급 패션으로 발전되었다.

중산층과 하류층이 더 패셔너블한 옷을 구매할 수 있게 되면서 패션은 빠르게 변하기 시작하였다. 통신수단의 발달로 변화에 관한 소식이 빨리 퍼져나갔고, 여성 패션 잡지나 여러 종류의 마분지로 옷을 만들어 입힌 패션 인형, 패션 광고들이 패션의 변화를 가속시켰다. 실루엣이나 재단 방법은 이전보다 더 급격히 변하였다. 18세기 말에는 형식에 얽매이지 않은 스타일이 인기를 끌었는데 이러한 스타일은 노동자 계층의 패션에서 발전된 것이었다. 이외에도 소의 젖을 짜는 여인들처럼 스커트를 걷어 올린 스타일이나 기존에 존재했던 버슬 스타일, 폴로네즈 가운, 그리스 조각상의 휘장 등 다양한 실루엣에서 영감을 받은 스타일이 나타났다.

2. 로코코 시대 패션

17세기의 화려한 바로크 시대 패션이 가고, 18세기에는 우아

11-6 로코코 시대의 로브 아 라 프랑세즈, 1759

11-7 마리 앙투아네트
목에 레이스 리본을 묶고 리본과 레이스가 달린 로브를 입고 있다.

하고 섬세한 로코코 스타일의 패션이 나타났다. 바로크 시대 패션 스타일의 기본을 답습한 로코코 패션은 궁전에 있는 여성들의 의상에서 시작되었다. 그녀들의 관능적이고 향락적인 생활은 패션에도 반영되어 유방이 드러날 정도로 깊은 네크라인, 꽉 조인 허리, 파니에(Panier)로 크게 부풀린 스커트, 다양한 방법으로 높게 올린 머리 장식 등이 나타났다. 이러한 로코코 시대 패션은 세계 패션사에서 가장 독특한 것으로 평가된다.

　로코코 시대의 패션은 위엄과 중압감을 지녔던 바로크 시대의 패션보다 훨씬 우아하고 아름다우며 옷감과 색조가 부드럽고 여성스러웠다. 바로크 시대의 굵은 직선은 가늘고 섬세한 곡선으로 변화하여 패션에 환상적 화려함을 더하였다. 장식에도 변화가 있었다. 17세기의 일정한 루프 장식은 다채롭고 화려한 리본으로 변하여 네크라인, 가슴, 스커트 등에 장식되었다. 당시 프랑스에서는 리옹을 중심으로 하여 여러 패션 소재를 금·은사로 화려하게 장식하는 경향이 나타났다. 루이 15세 시기에는 붉은색과 갈색 계통, 푸른색이 유행하였고 루이 16세 시기에는 보라색이 섞인 갈색 계통이 유행하였다.

　의복의 소재로는 타프타(Taffeta), 새틴(Satin), 다마스크(Damask), 로운(Lawn) 등이 쓰였다. 특히 실크 소재의 고급스러운 레이스는 여성의 섬세하고 우아한 분위기를 돋보이게

하였다. 어느 때보다도 가벼운 직물이 많이 쓰였던 이 시기에는 꽃무늬나 줄무늬 등의 프린트, 부드러운 파스텔톤이 많이 사용되었다.

1) 여성의 패션

로코코 시대의 여성복은 동시대 남성복보다 환상적이고 우아했다. 이 시대 패션의 핵심은 가는 허리와 플레어였다. 여성들은 가는 허리를 나타내기 위하여 코르 발레네(Corps Baleine)라는 코르셋을 착용하고, 플레어를 나타내기 위하여 파니에(Panier)를 착용해서 로코코 시대의 특징적인 패션을 표현하였다. 겉에 입었던 화려한 로브는 로코코 의상의 극치를 보여준다. 호화로운 로브 아 라 프랑세즈(Robe à la français)는 착용자의 등을 노출시키고 스커트가 옆으로 퍼진 스타일로 자수와 레이스, 리본 등으로 장식되었다. 소맷단에는 레이스를 층층으로 겹쳐 붙이는 소매 장식인 앙가장트(Engageantes)를 달았는데, 이는 여성 패션의 화려함을 더해주는 중요한 아이템이었다〈그림 11-6, 7〉.

(1) 로브

로코코 시대를 대표하는 가장 아름다운 의상은 단연 로브

11-8 로브 아 라 볼란테, 와토 주름이 잡힌 로브, 1731

패션을 리드했던 마리 앙투아네트

마리 앙투아네트(Marie Antoinette)는 1755년 11월 2일, 오스트리아의 마리아 테레지아 여제와 신성 로마 제국의 프란츠 1세 사이에서 15명의 자녀 중 막내로 태어나 프랑스 왕세자비로 간택되어 생애 대부분을 호화롭게 보냈다. 마리 앙투아네트와 루이 16세는 사회적 변화에는 무심하면서도 화려한 헤어스타일이나 패션, 무도회, 연극, 도박과 사치를 즐겨 국민에게 나쁜 인상을 심었다. 특히 왕비의 전속 의상 제작자인 로즈 베르탱(Rose Bertin, 1747~1813)이 왕실의 호사스러운 사치와 낭비의 생활을 가속시키고 정부의 몰락을 앞당겼다. 베르탱은 프랑스 패션사 최초로 권위가 있었던 예술가로, 당시 사람들은 베르탱을 '마리 앙투아네트의 의상담당장관'으로 불렀는데, 이는 여성복 창작자로서의 권위가 얼마나 대단했는지 보여준다.

1770년부터 1774년까지 마리 앙투아네트가 프랑스 왕세자비였던 시기에 자연을 배경으로 묘사된 승마 복장, 혹은 고대 그리스의 여신 복장, 궁정 복장을 착용한 의상에는 소박하고 활기가 넘쳤던 앙투아네트의 성격과 활동적 면모가 드러나 있다. 남성의 전유물이었던 승마복이 여성복으로 바뀌어 나온 것을 볼 때, 이때부터 평등사상이 패션에 나타나기 시작했다고 볼 수 있다.

1775년부터 1779년까지는 마리 앙투아네트가 프랑스 왕비로 등극했던 초반부로, 스커트가 거대한 파니에로 부풀려졌고 허리가 코르셋으로 타이트하게 조여졌다. 의복 표면에는 다양한 리본, 레이스, 프랑스 왕가의 상징인 백합 문양, 담비털, 자수 등이 장식된 로브 아 라 프랑세즈(Robe à la français)가 주로 나타났다. 헤드 드레스도 의복의 크기와 비례하여 커졌으며, 의복에 사용된 장식과 유사한 색과 소재로 화려하게 장식되었다.

1783년까지의 복잡하고 화려한 스타일 대신에, 네오 그리스 로마 형식의 심플한 드레스가 등장하면서 왕실 의상에 급격한 변화가 나타났다. 이 '심플리시티에 운동'으로 인하여 1786년경부터 '슈미즈 스타일' 또는 '크레올식'이라 불리는 간소한 드레스가 유행하기 시작하였다. 화려한 의상이 심플한 의상으로 변한 원인으로는 귀족의 해산, 장 자크 루소(자연으로의 복귀, 인간 행동의 간소화를 설명한 철학자, 1712~1778)의 사상, 당시 문학으로 인한 옛것에 대한 향수, 트리아농의 집에 은둔했던 마리 앙투아네트의 영국식 농부 스타일의 의상 등을 들 수 있다.

그 후 루이 16세와 함께 체포된 마리 앙투아네트는 오랜 감금 생활 끝에 산토노레가를 통과하여 콩코드 광장으로 끌려갔는데, 그때 입었던 흰색 슈미즈와 주퐁(Jupon), 보닛의 머리 장식, 어깨에 삼각형 숄을 걸친 복장은 새 시대의 민중이 열광적으로 받아들였던 심플한 스타일이었다(1793).

11-9 로코코 시대 의상을 착용한 브랜쇼 가족, 영국 런던, 1770~1775

11-10 와토 주름이 잡힌 로브, 프랑스, 1750

(Robe)이다. 루이 16세 시기에는 커다란 드레스가 유행하였는데 이는 매우 다양한 소매의 주름 장식과 진주, 보석 등으로 장식되었다. 이 드레스는 17세기의 것과 비슷해 보였지만, 거대한 파니에를 착용하면서 로브 뒤쪽에 깊은 주름이 잡힌 와토(Watteau) 가운을 입게 되었다는 점이 달랐다. 와토 가운은 또다시 앞뒤가 풍성한 로브 아 라 볼란테(Robe à la Volante)와 앞은 꼭 맞고 와토 주름이 뒷부분에 늘어진 로브 아 라 프랑세즈로 나누어졌다.

주로 입었던 로브는 프랑스식의 로브 아 라 프랑세즈, 폴란드식의 로브 아 라 폴로네즈(Robe à la Polonaise), 영국식의 로브 아 랑글레즈(Robe à l'anglaise)가 있었다. 이외에도 로브 아 라 시르카시엔느(Robe à la Circassienne), 로브 아 라 카라코(Robe à la Caraco) 등이었다.

① 로브 아 라 볼란테

로브 아 라 볼란테(Robe à la Volante)는 루이 14세 말기에 몽테스판 부인이 실내에서 임신복으로 입었던 로브로, 고대극 중 아드리엔느가 이 가운을 입어 일명 '아드리엔느 가운'이라고 불렀다.

이 로브의 특징은 뒤쪽 네크라인과 어깨에서부터 큰 겹 주름이 바닥까지 길게 늘어졌다는 것이다. 화가 장 앙투안 와토(Jean Antoine Watteau, 1681~1721)가 이런 형태의 로브를 입은 여인을 아름답게 그렸기에, '와토 주름'이라는 명칭이 붙

었다. 이 의상은 처음에 실내복인 네글리제 같다고 하여 선호하지 않았으나 루이 15세 때 궁정에서 많이 입기 시작하면서 로브 아 라 프랑세즈(Rove à la français)라 불리며 유행하였다. 또한 가운의 뒤주름이 걸을 때마다 너풀거려서 너풀거린다는 뜻의 '볼란테(Volante)'를 사용하여 '로브 볼란테'라고도 불렸다. 로브 볼란테는 앞 네크라인은 많이 파졌으나 뒤 네크라인은 주름 때문에 거의 파이지 않은 형태이다.

여성은 자루 형태의 색(Sack) 가운을 입었으며 상체는 고래의 뼈로 빳빳하게 받치고 스토마커 끈으로 묶었다. 스커트는 주름을 잡고 소매는 팔꿈치까지 오게 하였으며 가운의 뒷면은 뒤중심에 두 개의 더블박스 와토 주름을 잡았다〈그림 11-8, 10〉.

② 로브 아 라 프랑세즈

로브 아 라 프랑세즈(Robe à la français)〈그림 11-11~16〉는 루이 15세의 애인 마담 퐁파두르에 의해 유행한 로코코 시대의 대표 의상이다. 로브 볼란테의 변형으로 스커트 속에 파니에(Panier)를 착용하여 상체는 꼭 맞고 스커트는 양옆으로 퍼지게 하고 와토 주름을 넣어 풍성하게 한 것으로 대개 가슴은 V자로, 스커트는 A자로 하여 속에 입은 언더 스커트가 보이도록 하였다.

로브 아 라 프랑세즈의 특징은 리본으로 화려하게 장식된 스토마커가 부착되어 있다는 것이다. 스토마커는 꽃, 레이스,

11-11 로브 아 라 프랑세즈
왼쪽은 초록색 실크 양단의 이브닝 가운(프랑스, 1770)이고, 오른쪽은 흰색 실크 타프타에 핸드 프린트된 드레스(1780)이다.

11-12 로브 아 라 프랑세즈, 프랑스, 1763

11-13 로브 아 라 프랑세즈, 프랑스, 1770년경

11-14 로브 아 라 프랑세즈, 프랑스, 1760

11-15 로브 아 라 프랑세즈, 프랑스, 1750

11-16 로브 아 라 프랑세즈, 프랑스, 1770-1775

리본, 루프 등으로 장식하였다. 이 의상은 루이 15~16세 때 가장 많이 유행하였고, 1774년을 기점으로 프랑스 혁명 전까지 궁중에서 사용되다가 1770년대 후반부터는 간단하게 변형된 로브가 유행하기 시작하였는데 그것이 바로 '로브 아 라 폴로네즈'이다.

③ 로브 아 라 폴로네즈

로브 아 라 폴로네즈(Robe à la Polonaise)〈그림 11-17~19〉는 1770년경 폴란드 민속의상에서 영향을 받아 1776~1787년까지 유행한 로코코 시대 말기의 대표적인 로브이다.

폴로네즈는 로브 아 라 프랑세즈가 변형된 로브이다. 여러

겹을 드레이프지게 하여 부풀려서 가장자리를 러플로 장식하고, 스커트의 양쪽 옆과 힙 부분에 커튼의 드레이프처럼 부착한 오버스커트이다. 소매는 꼭 끼고 팔꿈치까지 오는 길이이고 끝단은 러플로 장식하였으며 네크라인에 얇은 면으로 된 피슈(Fichu)를 걸쳤다. 1790년대 후반까지도 유행하였다.

로브 아 라 폴로네즈와 비슷하며 유럽 여성복 역사상 처음으로 다리를 드러냈던 로브 아 라 시르카시엔느(Robe à la Circassienne)〈그림 11-20, 21〉, 영국식 재킷의 승마복에서 유래된 투피스 형태의 로브로 힙 부분을 부풀린 로브 아 라 카라코(Robe à la Caraco)〈그림 11-22〉, 영국 스타일의 날씬한 로브로 파니에 없이도 입는 간편하면서도 풍성한 스

11-17 로브 아 라 폴로네즈, 프랑스, 1775

11-18 로브 아 라 폴로네즈, 1780년경

11-19 로브 아 라 폴로네즈, 프랑스, 1775

11-20 로브 아 라 시르카시엔느, 1778

11-21 로브 아 라 시르카시엔느, 1778

11-22 로브 아 라 카라코, 1785

11-23 로브 아 랑글레즈, 1785

11-24 로브 아 라 레비테, 1784

11-25 슈미즈 아 라 렌느를 입은 마리 앙투아네트

11-39 아비 아 라 프랑세즈, 1756 　　　　**11-40** 웨이스트 코트, 브리치스, 자보, 슬리브 러플, 영국, 1740

(3) 프라크, 망토

추운 날씨에는 외투를 입거나 클로크(Cloak)라고 하는 소매가 없는 케이프 형태의 긴 코트를 입었다. 이 코트는 대부분 울로 만들어졌는데 이때 사용한 울은 아주 촘촘하게 직조하여 방수작용을 할 수 있게 하였고 주름을 많이 잡아 품을 넉넉하게 만들었다〈그림 11-38〉.

프라크(Frac)는 사치스럽고 불편한 아비 아 라 프랑세즈와 달리 영국의 일반 시민들이 입었던 검소한 의상이다. 상의 앞 중심에서 끝단까지 사선으로 잘려 앞이 많이 오픈되고 활동성이 높은 의상으로 영국 군인들이 쥐스토코르의 앞자락을 뒤의 옷자락과 함께 잡아매어 입은 스타일에서 영향을 받았다. 1758년에 버지니아의 대 농장주 프란시스 제르돈은 키가 183cm인 남성에게 맞으면서도 따뜻하고 12시간 동안 비를 막아낼 수 있는 옷감으로 만들어진 외투를 주문하였다. 이 외투는 18세기 후반 노동자 계급의 의상에도 영향을 끼치기 시작하였다. 1760년 후반기에서부터 18세기 끝 무렵까지는 정치적인 것뿐만 아니라 패션 분야에서도 세계적인 활동기였다.

1780년경에는 루이 16세가 복장의 간소화를 위하여 아비 아 라 프랑세즈 대신에 프라크를 궁중의 공식 복장으로 사용하도록 하였다. 영어 단어의 프록코트(Frock Coat)와 그 의미가 같다. 상류사회와 궁중에서는 길고 사치스러운 망토〈그림 11-44〉를 걸쳤다.

(4) 르댕고트

르댕고트(Redingote)〈그림 11-45〉는 영국의 승마용 코트에서 유래되어 프랑스에서는 여행용뿐만 아니라 일상복으로도 착용되었다. 쥐스토코르, 프라크와 모양이 같으며 뒤중심에 터침을 넣어서 활동이 편하였다. 1780년대에는 영국풍의 여러가지 르댕고트가 유행하였는데, 더블 브레스티드와 어깨를 덮는 큰 칼라로 된 코트인 아비 르댕고트(Habit Redingote)를 19세기까지 예복 코트로 입었다.

(5) 베스트

베스트(Veste)는 바로크 시대에 상의로 입었던 푸르푸앵(Pourpoint)을 쥐스토코르 속에 입게 되면서 그 위에 꼭 받쳐 입었던 화려하게 장식된 의복이다. 앞 중앙, 아랫단, 포켓, 소매 끝단에는 고가의 단추와 섬세한 꽃무늬 자수로 장식되어 있었다.

외출할 때는 아비 아 라 프랑세즈나 쥐스토코르, 프라크를 입었다. 초기에는 쥐스토코르나 프라크보다 약간 짧은 허벅지까지 내려오는 길이였으나 18세기 후반에는 아비 아 라 프랑세즈의 앞부분이 잘려나가면서 베스트 길이도 따라서 짧아졌고 앞부분의 선도 사선으로 잘려나간 형태로 변하였다. 베스트에 사용된 옷감은 고급 실크나 모직이 사용되었다. 베스트는 의상을 화려하게 표현하기 위하여 가장 필요한 아이템

11-41 상의 앞단이 사선으로 잘려나간 하프 아 라 프랑세즈 베스트, 퀼로트, 시미즈

11-42 프랑스산 고급 실크로 만든 영국 슈트, 1780~1790

11-43 자수로 장식한 프라크, 베스트

으로 인기가 많았으나 18세기 후반의 검소하고 실용적인 베스트 질레(Gilet)가 나타나면서 실내에서 입는 의상으로 정착되었다. 질레는 소매가 없고 허리까지 오는 짧은 조끼로 앞판에는 좋은 원단을 사용하고, 보이지 않는 뒤판은 저렴하고 실용적인 원단으로 만들었다. 이 베스트는 현대 남성 정장에도 이용되고 있다〈그림 11-41~43, 46〉.

패셔너블한 베스트는 정교하고 컬러풀한 천으로 만들어졌는데 이는 손으로 수를 놓은 원단이나 직조기로 짠 브로케이드를 사용한 것이었다.

(6) 퀼로트

18세기에는 보편적으로 무릎까지 오는 바지 브리치스(Breeches)를 착용하였다. 브리치스는 아주 헐렁하고 엉덩이 부분만 꼭 맞아서 벨트나 멜빵이 필요 없었고 무릎 아래에서 서너 개의 단추로 여몄다. 처음에는 스타킹 위에 장식 버클로 여민 브리치스를 입었다.

몸에 꼭 맞는 바지 퀼로트(Culotte)〈그림 11-47〉는 쥐스토코르와 같은 시대에 착용했던 허벅지의 곡선이 그대로 보이도록 다리에 꼭 끼게 만든 짧은 바지를 말한다. 초기 형태는 바로크 의상에서 착용한 것과 비슷하였으며 1730년대부터 차차 길어져서 무릎 밑까지 내려왔는데 바지 밑단은 단추, 밴드 등으로 조여서 여미고 허리에는 벨트를 매었다. 짧은 바지라서 다리가 보였기에 금·은사로 수놓은 목이 긴 실크 양말을 신었다.

〈그림 11-48〉 속 남성은 당시에 유행했던 트리콘 해트(Tricorne Hat)를 들고 있으며, 새틴으로 된 코트는 몸에 딱 맞고 단추를 잠그는 가슴에서부터 옆쪽으로 트리밍을 장식하여 무릎 위까지 내려와 있다. 뒤쪽은 트여 있고 코트는 금색 레이스로 수를 놓았다. 싱글 브레스티드로 된 웨이스트 코트는 허리 바로 아래에서 비스듬히 재단되었다. 바지 역시 새틴으로 만들었으며, 실크 자수로 멋을 낸 스타킹과 구두를 착용하였다.

(7) 호스

퀼로트 밑으로 보이는 다리 곡선에 신경 쓰게 되면서 양말도 중요한 아이템이 되었다. 대개 흰색, 회색, 갈색 계통의 실크 양말을 신었는데 1785년에 프랑스의 양말 제조 기술이 우수해지면서 호스(Hose)〈그림 11-49〉가 더욱 유행하였다.

11-44 루이 14세의 망토, 1701   **11-45** 르댕고트를 입은 남성, 1795   **11-46** 베스트, 쥐스토코트, 1730~1780

　18세기 전반부에는 대개 양말을 퀼로트 위로 신었는데 후반부에는 양말이 퀼로트 밑으로 오게 하였다. 스타킹은 털실로 짠 니트 또는 리넨, 면, 실크 등의 소재로 갖가지 색상을 사용하여 만들었으나, 흰색 실크 스타킹이 공식적인 행사에서 가장 많이 사용되었다. 어떤 스타킹은 뜨개질로 짜서 만들었지만, 대부분은 평면의 천을 스타킹 프레임에 올려놓고 원하는 모양대로 짠 다음 뒤쪽을 이어 붙이는 방식으로 만들었다. 발목의 장식은 수를 놓거나 옷감에 직접 직조하여 넣었다. 노동자들이나 하층민들은 조잡하게 짠 니트 스타킹이나 저렴한 울로 발 모양에 대충 맞게 바느질한 스타킹을 신었다. 스타킹은 무릎 위에서 리본처럼 된 띠로 묶었다. 남성들은 스타킹이 흘러내리지 않도록 무릎 바로 아래에서 반바지에 달린 밴드로 타이트하게 묶었다.

　18세기 후반에는 색깔이 있는 양말을 많이 신었는데 특히

11-47 베스트와 퀼로트를 입은 남성, 1774   **11-48** 웨이스트 코트, 크라바트, 줄무늬 스타킹을 착용한 남성, 1786   **11-49** 호스를 입고 트리콘 해트를 쓴 남성, 1770

퀼로트에는 흰색 바탕에 빨간색, 초록색의 원색 줄무늬 양말을 신는 것이 유행하였다.

3. 헤어스타일과 액세서리

1) 헤어스타일과 화장

18세기에는 남성들의 머리카락 전체에 컬이 들어간 풀 바텀 위그(Full Buttomed Wig)가 사라지고, 뒷부분만 강조하는 부분 가발이 사용되었다.

다양한 남성 가발 중에서 가장 많이 착용했던 것은 백 위그(Bag Wig)로 옆머리를 잘라 컬을 하여 늘어뜨리고, 위의 머리는 납작하게 하여 뒤로 넘기고, 머리끝을 검은색 실크로 만든 크라포(Crapaud)라는 백(Bag)에 넣었는데, 백의 윗부분을 뒷목에서 리본으로 묶는 것이었다. 피그테일 위그(Pigtail Wig)는 머리를 뒤로 넘기고 검은색 리본으로 그 머리를 감고 위에다 리본으로 묶은 것이었다.

가발에는 항상 흰색 가루를 뿌렸기 때문에 머리카락 색으로 나이를 구별하기 어려웠다. 이러한 유행은 남녀가 모두 즐겼던 것으로, 나이가 들어 흰머리가 나는 것에 대한 두려움에서 시작되었다. 18세기 후반에는 이러한 유행에 대한 반대 운동이 일어났다.

여성들의 헤어스타일은 18세기 중반부터 단순해져서 앞에서 뒤로 넘겨 어깨 위로 늘어뜨렸다. 머리를 높이기 시작하면서 컬 속에 솜으로 된 쿠션을 넣어서 과장하였고, 조화로 화려하게 장식을 하고 머리 전체에 가루를 뿌렸다. 1760년경부터는 머리 모양이 점점 커지고 높아져서 구조물처럼 되었고 〈그림 11-53(a)〉, 1775년경에는 90cm가 넘는 가발을 세우고 속을 채워서 깃털로 장식하였다.

로코코 시대 여성들은 의상보다 헤어스타일에 관심이 많아 여러 가지 형태의 가발을 머리 위에 얹었다. 그들은 정원, 새, 과일 바구니, 채소 바구니, 배 등 여러 모양을 크게 만들고 거기에 레이스, 리본, 깃털, 각종의 보석 등으로 장식을 하였다. 이에 따라 귀부인들의 머리 장식을 담당하는 미용사가 파리에만도 1,200여 명이 있었고, 결발술(結髮術)이 예술로 발전하고 미용 잡지도 발간되었다.

이외에도 남녀 모두가 화장에 큰 관심을 가져서 파우더가 중요하게 사용되었다. 이 시기에는 화장법이 극히 발달하여 파우더를 머리와 얼굴에 하얗게 발랐다〈그림 11-53〉.

2) 모자

남성용 모자 중에서는 삼각형 모서리가 있는 트리콘 해트(Tricone Hat)가 유행하여 이를 공작 깃털, 리본, 밴드 등으로 장식하였다. 후에는 앞뒤에 플랩(Flap)이 있는 트리콘 해트와 비슷한 바이콘 해트(Bicone Hat)도 유행하였다. 당시 사람들은 가발이 흐트러질까 봐 모자를 팔에 끼고 다니는 경우가

11-50 높고 화려한 여성의 헤어스타일, 1760

11-51 높은 머리에 큰 모자를 쓴 귀부인과 캡을 쓴 하녀, 영국, 1780년경

11-52 머리 치장을 하는 모습, 1778

(a) 건축물 같은 여성의 헤어스타일, 1715~1815

(b) 로코코 시대의 모자와 네크웨어, 1745

(c) 모데 레이몬드의 헤어스타일과 모자, 토시, 1787

(d) 마담 드 퐁파두르, 1756

(e) 마리 앙투아네트, 1783

(f) 마리아 테레사, 1700년대

(g) 남녀의 헤어스타일

(h) 트리콘 해트

(i) 짧은 헤어스타일과 모자

(j) 리본을 묶은 가발을 쓴 헤어스타일

(n) 여성의 보닛

(k) 바이콘 해트

(l) 남성의 긴 헤어스타일

(m) 짧은 헤어스타일과 네크웨어, 1792

11-53 로코코 시대의 헤어스타일과 모자

(a) 로코코 시대의 부채

(b) 주머니

(c) 남성용 액세서리, 18세기 초

(d) 여성용 브로치와 귀걸이 18세기, 다이아
몬드와 루비로 제작

(e) 청샛 벨벳, 프랑스, 18세기 중반

(f) 마리 앙투아네트의 우유를 담는 사기그릇,
1755~1842

11-54 로코코 시대의 액세서리

많았다. 나중에는 보편적이었던 삼각모마저 대체되기 시작해서, 적어도 사냥과 같은 일에는 테가 좁고 크라운이 높은 모자를 써서 원시적인 형태의 헬멧처럼 사용했는데, 여기서 이미 19세기 톱 해트(Top Hat)의 윤곽이 나타난다.

여성용 모자로는 작은 흰색 리넨이나 실크로 된 작은 캡이 사용되었고 거대한 머리에는 보닛(Bonnet), 샤포(Chapeau) 등의 작은 모자, 실크나 투명한 리넨으로 주름을 잡아 만든 칼라시(Calash)가 있었다. 세기 말에는 크와피르(Coiffure)가 축소되고 보닛도 작아져 현대의 것과 같은 모자의 형태가 생겨났다. 또한 챙이 넓고 관이 낮은 전원풍의 밀짚모자에 리본 밴드를 묶어 쓰는 것이 유행하였다〈그림 11-53〉.

3) 액세서리

(1) 장식

남성들의 네크 장식에는 큰 변화가 없었기 때문에 17세기 말의 전통 크라바트(Cravate)를 그대로 착용하였다. 1740년경부터 젊은이들은 스톡(Stock)이라는 깃으로 목을 장식하기 시작했는데 이는 리넨이나 캠브릭 천조각으로 만들어진 것으

로, 가끔씩 판지를 이용하여 빳빳하게 만들어 뒤에서 버클로 여몄다. 간혹 솔리테르(Solitaire)라는 검은색 타이를 자루 가발과 함께 착용하기도 하였다〈그림 11-54〉.

이 시기에는 보석의 사용이 줄어들기 시작하여 남성들이 외눈안경과 시계를 중요한 액세서리로 사용하였다. 남녀 모두 머플러를 둘렀는데 이것은 점점 크기가 커졌다. 손수건도 중요한 역할을 하였다. 반면, 여성들은 여전히 진주나 보석을 많이 사용하여 슬리퍼에도 다이아몬드를 달았다.

(2) 부채

18세기의 부채는 더위를 식히는 용도보다는 패션 액세서리로서 중요시되었다. 어떤 부채는 종교의식이나 조문 같은 특별한 행사에 사용되었다. 또한 호색적인 장면이 그려진 경박한 부채, 카드게임을 하는 방법이 적힌 부채, "자기 분수를 지켜라.", "하나님을 두려워하라.", "너 자신을 알라.", "너의 욕망을 억제하라.", "종말을 기억하라." 등 교훈적인 메시지가 적힌 부채도 있었다. 1771년에 조셉 에디슨이 런던의 〈스팩테이터(Spectator)〉에 기고한 풍자적인 글에는 부채를 든 남녀가 장난을 치는 모습이 나타나 있다. "여성은 부채로, 남성은 칼로

11-55 로코코 시대의 슈즈

무장하고, 어떤 때는 부채로 더 많은 처형을 해냈다."라는 말이 있을 정도로 당시 사람들은 특별한 뜻을 상대에게 전하기 위해 부채를 여러 가지 형태로 흔들었는데 이러한 행동은 스페인에서 시작된 것으로 보인다.

검은색 종이나 고무를 댄 검은색 실크 소재의 뷰티 패치(Beauty Patch)는 계속 유행하였다. 후에는 이것을 다이아몬드로 장식하기도 하였다. 이것은 우선 얼굴을 흰색이나 붉은색으로 칠하고 그 위에 별, 초승달 등 여러 형태를 만들어서 붙였다. 패치를 넣고 다니는 패치 박스나 화장품 박스도 중요한 액세서리 역할을 하였다. 여성들이 마스크를 계속 사용하면서 양산의 크기는 줄어들고 그냥 장신구로 들고 다녔다. 18세기 초에 상아, 자개, 금, 은 등으로 만든 부채 틀에다가 새틴이나 각종 고급 재료를 씌우고 거기에 그림을 그려 넣었는데 이러한 부채는 예술품으로 여겨졌다. 비싼 직물로 만든 작은 백이나 구슬 지갑도 인기가 있었다.

청결하지 않았던 당시 사람들에게 향수는 필수품이었다. 그 밖에도 에이프런, 가면, 뷰티 스폿, 파라솔, 핸드백, 손수건, 안경, 토시 등이 사용되었다〈그림 11-54(a)〉.

4) 슈즈

로코코 시대 초기의 남성 구두는 바로크 시대의 영향을 받

은 사각형에서 점차 앞부리가 뾰족하게 변하였고, 보석이 박힌 큰 버클이 유행하였다. 1770년대 마카로니(유럽식 멋쟁이)들은 커다란 버클이 달린 매우 얄팍한 구두를 신었는데 이 구두는 버클을 금이나 은, 합금 혹은 철로 만들어졌고 진짜 또는 모조 돌이 박혀 있었다. 구두는 대개 붉은색에 높이가 낮은 편이었는데 18세기 후반으로 가면서 굽이 더 낮아졌다. 구두의 소재는 얇고 부드러운 가죽이었고 버클이 없어지면서 끈으로 묶는 펌프스가 유행하기 시작하였다. 부츠의 굽은 여전히 낮고 부드러운 검은색 가죽으로 만들어졌다.

여성들 사이에서는 스커트 길이가 짧아져 구두가 밖으로 보였으므로 버클의 뒤축을 아름답게 장식한 구두가 유행하였다. 실내에서는 슬리퍼 형태의 덧신으로 나막신 등이 사용되었고 여성들의 구두로 붉은색의 높이를 높인 루이 힐(Louis Heel)이 사용되었다. 귀부인들은 구두는 슬리퍼 형태로 앞부리가 뾰족하였다. 구두의 소재로는 새끼 염소의 가죽, 고급 새틴, 브로케이드 등을 썼으며 자수로 장식하고 보석을 부착하는 등 구두라기보다는 예술품과 같았다. 말기에는 그리스풍 샌들이 등장하였다.

스타킹은 계속 착용되었다. 초기에는 금·은사로 자수를 놓은 실크 스타킹이 귀부인들에게 사용되었고, 흰색 실크 스타킹도 유행하였다〈그림 11-55〉.

로코코 시대 패션 스타일의 응용

스토마커가 있는 로브 아 라 프랑세즈, 1756

스토마커를 부착한 이브닝드레스, 비비안 웨스트우드, 1970

로코코 시대의 로브 아 라 폴로네즈

로브 아 라 플로네즈를 모티프로 한 미니 드레스

로코코 시대의 부채

부채를 모티프로 한 롱 드레스, 장 폴 고티에, 1999

로코코 시대 패션 스타일의 요약

로코코 시대(1710~1790, 18세기)

대표 양식	대표 패션
 로코코 건축 양식의 대표격인 피어첸하일리겐 성당, 독일, 1742~1753	 로코코 시대의 패션

패션의 종류	여성복	• 로브(Robe)
		  - 로브 볼란테(Robe Volante)
		  - 로브 아 라 프랑세즈(Robe à la Français)
		  - 로브 아 라 폴로네즈(Robe à la Polonaise)
		  - 로브 아 라 시르카시엔느(Robe à la Circassienne)
		  - 로브 아 라 카라코(Robe à la Caraco)
		  - 로브 아 랑글레즈(Robe à L'anglaise)
		  - 로브 아 라 레비테(Robe à la Levite)
		• 르댕고트(Redingote), 가운(Gown)
		• 코르 발레네(Corps Baleine)
		• 파니에(Panier), 만투아(Mantua), 플리스(Pelisse), 펠러린(Pèlerine)

	남성복	• 쥐스토코르(Justaucorps) • 아비 아 라 프랑세즈(Habit à la Français) • 프라크(Frac), 베스트(Veste), 퀼로트(Culette), 르댕고트(Redingote), 질레(Gilet), 슈미즈(Chemise)
디테일의 특징		스토마커(Stomacher), 앙가장트(Engageantes), 와토(Watteau) 주름, 레이스 장식, 다양한 리본 장식(네크라인, 가슴, 스커트)
헤어스타일 및 액세서리		긴 가발, 화려하고 과장된 헤어스타일, 피그테일 위그(Pigtail Wig), 트리콘 해트(Tricone Hat), 바이콘 해트(Bicone Hat), 크라바트(Cravate), 호스(Hose), 보닛(Bonnet), 샤포(Chapeau), 루이 힐(Louis Heel), 꽃, 깃털, 리본, 러프, 꽃바구니, 에이프런(Apron), 가면, 뷰티 패치(Beauty Patch), 파라솔, 핸드백, 손수건, 안경, 토시, 부채
패션사적 의의		• 관능적이고 향락적인 생활을 표현한 패션 • 파니에(Panier)로 크게 부풀린 스커트 • 다양한 방법으로 높게 올린 머리 장식

코르셋 스테이스
(Corset Stays)

12-1 나폴레옹 1세와 조제핀 황후의 대관식, 1804

CHAPTER 12
엠파이어 시대의 패션

1. 엠파이어 시대의 사회와 문화적 배경

유럽사에서 1799~1814년까지를 프랑스의 역사라고 하는데, 이 시기는 나폴레옹 보나파르트(Napoléon Bonaparte, 1769~1821)의 영웅적 생애에 해당하기 때문에 '나폴레옹 시대'라고 부른다. 이 시기에는 두 가지 중요한 정치적 결과가 나타났다. 첫째, 프랑스 혁명이 프랑스의 실제적 정치 상황에 적용되었고 제도로 확립되었다. 둘째, 프랑스 혁명이 유럽에 전파되어 유럽 전체의 일반적인 현상이 되었다.

17세기 이래 프랑스를 비롯한 유럽 각국은 왕권의 지위를 확립하다가 18세기부터는 차츰 타락하였다. 프랑스는 루이 14세 때부터 경제난에 시달리다가 루이 16세 때 무능한 왕과 사치스러운 왕비 마리 앙투아네트에 의하여 파산하였고 시민들은 1789년에 바스티유 감옥을 파괴하고 자유와 평등을 위한 민주주의 대혁명을 일으켜, 1793년 1월 21일에 루이 16세를 처형하면서 왕정 정치가 막을 내렸다.

코르시카 섬 출신 나폴레옹 보나파르트는 포병장교로 임관되었다가 1796년에 상관의 부인이었던 연상의 과부 조제핀 데 보하르네스(Josephine de Beauharnais, 1763~1814)와 결혼하였다. 조제핀은 총독부인 시대를 거쳐 8년 후 황후의 자리에 앉았는데, 그녀의 타고난 산뜻함과 우아함이 유럽의 패션계를 지배하게 된다. 1804년 12월 2일에 나폴레옹은 파리의 노트르담 성당에서 교황 피우스의 입회 아래, 화려한 엠파이어 드레스(Empire Dress)를 입은 조제핀에게 황후의 관을 직접 수여하였다〈그림 12-1〉. 또한 황제의 관을 자기 손으로 씀으로써 프랑스의 제1제국이 수립되었다. 공포정치의 시기(1792~1794)를 최후로 그 15년에 걸친 대동요기에 종말을 고하고 역사의 무대는 집정관 정부 시대(1794~1799)부터 총독 시대를 거쳐 나폴레옹 제정기(1804~1814)로 이행된다. 1815년에는 나폴레옹이 추방되고 프랑스는 루이 18세에 의하여 왕정으로 되돌아갔다.

프랑스 혁명으로 권력을 되찾은 왕정은 시민의 생활을 위협하여 유럽 전 지역이 경제적인 안정을 잃게 되었다. 시민들은 불만을 품고 1848년 2월에 혁명을 일으켰는데, 이후 귀족적인 경향을 배제한 부르주아들이 사회를 지배하였으나 이것 역시 실패하였다.

1848년 12월에는 농민들의 지지를 받아 루이 나폴레옹(Louis-Napoléon, 1808~1873)이 공화국의 대통령으로 선출되었고, 1852년 2월에 황위에 올라 나폴레옹 3세라 불렸다. 이로써 제2제정 시대가 시작되었고 다시 부르주아의 사치스러

12-2 화려한 패션을 자랑하는 스페인의 카를로스 4세와 그의 가족, 고야, 1800~1801

운 생활이 펼쳐졌다. 그들은 전쟁과 식민지 개혁으로 프랑스의 지위를 강화하려 하였고 산업 발전에 총력을 기울여 프랑스의 철도사업, 공공사업, 은행업을 발전시켰다.

이러한 시대 배경은 당시의 패션 스타일에 적합한 튤(Tulle), 레이스 등의 기계에 의한 직조를 가능하게 하였다. 이 시대의 스타일은 일반적으로 엠파이어 스타일이라고 불린다. 제1제정 시대의 황제 나폴레옹은 군사 정복과 함께 프랑스 섬유 산업 진흥에도 강한 열의를 보여 "리옹을 유럽의 비단 시장으로 만들 것"이라는 칙령을 내렸다.

제정의 발족과 함께 왕실의 살롱이 부활하고, 그와 함께 패션 분야에서 이전의 호사스러운 취미생활이 다시 나타나고 있었다. 튀일리 궁전(Tuillerien Dispute)의 호화 살롱은 마리 앙투아네트의 호사스러움을 뛰어넘었다. 이러한 사회의 분위기는 프랑스의 비단, 벨벳, 고가의 자수 생산에 새로운 자극을 주었다. 고가의 자수는 나폴레옹이 이집트 원정(1798) 당시, 현지의 캐시미어로 만든 숄을 조제핀에게 선물하면서 프랑스에서 크게 유행하였는데, 조제핀 황후는 이런 것을 400매나 가지고 있었다. 이러한 경향에 힘입어 테르노에 캐시미어 기계화 기업이 설립되었다.

제2제정 시대의 나폴레옹 3세 시기는 18년으로 막을 내리고 1875년 새로운 공화국이 성립되었는데 이로써 정치적인 안정을 찾은 프랑스는 정치, 경제, 문화면에서 계속 발전하여 세계에서 중요한 위치를 차지하게 되었다. 그러나 나폴레옹 3세가 독재를 하는 동안 영국은 빅토리아 여왕의 전통적인 민주주의를 실시하여 유럽에서 경제 강대국으로 부상하였다.

영국도 안정된 정치 체제 밑에서 식민지의 확장으로 국토의 확장과 정치, 경제 등의 발전으로 국가의 기틀을 마련하고 세계에서 해가 지지 않는 나라라는 호칭을 얻고, 최대의 번영을 누렸다.

산업적으로도 19세기에 2차 산업혁명이 일어나 합성섬유, 인조섬유의 발명 및 인공염료의 발전으로 소재도, 색상도 다양해졌다. 또한 재봉틀 보급률이 늘면서 대량 생산의 증가로 패션 산업이 큰 발전을 이루었다.

지금까지 설명한 시기를 상세히 구분하면 크게 혁명 시대, 공포정치 시대, 집정 시대와 제1제정 시대로 나눌 수 있다.

1) 혁명 시대의 패션

혁명 시대(1789~1795)에는 루이 16세 시대의 것보다 단순한 복장이 등장하였다〈그림 12-3, 4〉. 과장되며 사치스러웠던 의상은 사라지고, 시민적인 영국과 독일의 의상에서 영향을 받은 의상이 나타났다. 남성들은 여성에게 봉사하는 귀족의 차림보다 활동적이고 기능적인 복장을 착용하였다. 혁명 군인들은 영국 해병의 상의, 조끼, 긴 바지를 입었는데 이러한 차림을 상 퀼로트(Sans Culotte)라 불렀다. 이는 민중을 의미하는 명칭으로 차후 혁명 주도 세력의 복장이 되었다.

여성의 복장 역시 인위적으로 인체를 부풀리고 조였던 이전의 스타일에서 벗어나 단순하면서도 자연스러움을 추구하는 형태로 변화되었다. 또한 영국풍의 허리선이 약간 올라간 로브를 안에 입고, 17세기 후반 이후 영국에서 도입한 르댕고

12-3 혁명 시대의 남성복과 엠파이어 드레스, 1801 **12-4** 혁명 시대의 시민풍 의상, 1789~1795 **12-5** 메르베이외즈가 착용했던 엠파이어 드레스, 1715~1815

트(Redingote)를 입었다. 뒤에 길게 늘어뜨렸던 트레인은 사라지고 가슴에는 피슈(Fichu) 장식을 하였다. 의복의 소재로는 주로 면과 리넨을 사용하였고, 속옷으로는 부드러운 란제리 가운을 입기 시작하였다.

2) 공포정치 시대의 패션

프랑스 대혁명 말기, 공포정치 시대(1795~1799)에는 고대 그리스와 로마를 동경한 고전 스타일이 등장하였다. 여성들은 흰색의 얇은 감으로 만든 속치마 형태의 슈미즈(Chemise) 가운을 입었는데 스커트는 부드럽게 흘러내리도록 하였고 트레인은 팔에 걸었다. 다리와 무릎이 노출되었다. 소매는 길고 타이트하게 말았는데 소매 길이가 짧은 경우에는 긴 장갑을 꼈다. 메르베이외즈(Merveilleuse)라고 불린 멋쟁이들은 목둘레가 깊게 파인 투명한 가운을 입고 숄을 팔에 걸쳤는데, 이것이 유행이 되었다〈그림 12-5〉.

영국은 18세기 후반부터 섬유 산업의 기계화를 추진하여 프랑스의 의복 관련 상인들이 가볍고 질 좋은 값비싼 영국 툴이나 모슬린을 대량으로 수입하였다. 영국과 정치적 항쟁을 계속하던 나폴레옹은 영국의 고립을 꾀하기 위하여 대륙봉쇄령을 발표(1806)했는데, 이는 영국보다 기계화가 뒤처진 프랑스 섬유 산업을 보호하기 위한 것이기도 했다.

3) 집정 시대와 제1제정 시대의 패션

집정 시대와 제1제정 시대(1799~1815)에는 나폴레옹에 의하여 3통령 정부가 수립되었다. 1804년에는 나폴레옹이 스스로 황위에 올랐다. 그는 작은 키를 가리기 위하여 어깨를 과장한 웨이스트 코트 제복과 앞이 높게 솟은 바이콘 해트(Bicone Hat)를 썼다. 18세기 말에 나폴레옹은 트리콘 해트나 삼각모 대신 가상의 괴물 바이콘에서 기인한 이 모자를 즐겨 착용하였다. 커다란 챙이 위로 접혀 올라가 두 개의 각을 이루는 이 모자는 프랑스 혁명 시대에 크게 유행하였다.

당시 남성들은 기본적으로 코트, 베스트, 바지를 입었는데 바지 길이가 차츰 길어졌다. 이 바지는 주로 중국 남경에서 수입한 소가죽을 소재로 사용하여 난킨(Nankeen) 바지라고도 불렸다.

부르주아의 화려한 생활양식은 패션에도 영향을 끼쳤다. 1796년에 나폴레옹 보나파르트와 결혼하고 1804년에 프랑스 왕비가 된 조제핀은 직선형의 실루엣을 특징으로 하는 엠파이어 스타일을 선보였다. 이 스타일은 제1제정 시대에 가장 유행한 것으로 일반 여성들도 이 스타일의 의상을 입었다. 당시에는 겨울에도 반투명한 얇은 소재로 만든 슈미즈 가운을 입었는데, 1803년 파리에 인플루엔자 바이러스가 돌면서 이 병을 모슬린 디시즈(Muslin Disease)라고도 불렀다.

이러한 시대적 상황을 배경으로 19세기 패션 스타일의 변천을 아래와 같이 분류할 수 있다.

- 고전주의, 엠파이어 스타일, 나폴레옹 1세 시대(1789~1815)
- 낭만주의, 로맨틱 스타일, 왕정복고 시대(1815~1848)
- 크리놀린 스타일, 나폴레옹 3세 시대(1848~1870)
- 버슬 스타일, 아르누보 시대(1870~1906)

2. 엠파이어 시대 패션

18세기 말에 발생한 프랑스 혁명은 1871년에 제3공화국이 탄생할 때까지 100여 년 동안 사회 발전에 영향을 끼쳤다. 대혁명(1789~1794)을 계기로 남녀의 패션 스타일에 혁명적인 변화가 생겨났는데, 프랑스 혁명 이후에는 패션이 일부 권력층의 취미에만 국한된 것이 아니라 대중과 관계있는 패션, 민주주의 경향의 패션으로 발전하였다. 이 시기에는 모든 문화가 기능성을 강조하면서 귀족과 시민의 구별이 점차 사라지고 패션 또한 시민적인 취향으로 바뀌었다. 혁명 전 유행하던 과잉 장식의 의상은 심플한 의상으로, 화려한 색채의 의상은 흰색의 얇은 드레스로 바뀌었다.

새로운 시대의 사람들은 이러한 변화를 받아들였다. 심플한 흰색 의상은 혁명 동안 끈질기게 지속되었다. '네오 클래식'으로도 불렸던 그리스 로마풍 여성복은 민주화, 개방, 진보에 중점을 둔 새로운 패션과 일치하였다. 1790년에는 '코르'라고 하는 딱딱한 전통 코르셋이 추방되었다. 하이 웨이스트와 고대풍으로 드레이프된 직선 실루엣의 새로운 드레스는 여성 몸의 선을 자연스럽게 나타내고 보다 활동성을 가진 의복이 되었다.

1) 여성의 패션

원시 시대부터 1920년대에 이르기까지 19세기 초반처럼 옷을 적게 입었던 시대는 없다. 당시 여성들은 열대기후에 적합한 옷을 입었다. 1850년대 여성들은 1800년대 여성보다 열 배나 더 많은 옷을 입었다. 패션을 이끌었던 프랑스와 영국에서는 얇은 나이트가운 종류의 드레스가 유행하여 낮에도 발목까지 오는 극단적인 데콜테의 옷을 입었다. 러프가 다시 유행하였

고 숄도 애용되었다. 혁명 이래로 가벼운 섬유의 유행을 추방하기 위하여 튀일리 궁전의 굴뚝을 막고 살롱의 난로 불을 끄게 하였다. 하지만 상류층 부인들은 추위에 떨면서도 튈이나 얇은 모슬린 드레스에 대한 애착을 버리지 못하였다.

엠파이어 스타일은 1789년 프랑스 혁명 이후 나폴레옹 제정 시대(1804~1814)를 중심으로 1815년 나폴레옹 1세가 물러난 1815년까지 유행하였던 그리스풍 흰색 얇은 면인 모슬린으로 만든 하이 웨이스트 라인의 직선적인 드레스 스타일이다. 프랑스는 나폴레옹이 1806년에 파리 개선문을 건립하고 프랑스가 정치적으로 중요한 위치를 차지하게 되면서 패션계에서 큰 영향을 끼치게 되었다. 혁명 초기에는 뚜렷한 패션 스타일이 나타나지 않았으나 로코코 스타일이 사라지면서 고대 그리스의 키톤(Kiton)을 재현한 스타일, 즉 신고전주의 스타일이 등장하였는데 이것이 황후 조제핀을 중심으로 유행하면서 부르주아와 귀족 사이에 엠파이어 스타일이 유행하기 시작하였다〈그림 12-7〉.

엠파이어 스타일은 혼란스러운 혁명을 겪은 후에 그리스와 로마를 이상적으로 여기는 신고전주의 영향을 받아 코르셋과 파니에가 없이 투명하게 비치는 얇은 소재로 만든 허리선이 위로 올라가 있는 하이 웨이스트의 원피스형 드레스로 소재는 흰색의 목면 모슬린을 사용하였고, 그 위에 캐시미어 숄과 플리스(Pelisse), 영국풍의 스펜서를 입었다. 그러다가 제정 시대에는 장식을 많이 한 면 드레스가 유행하였다. 1814년 왕정복고 시대부터는 다시 치마가 넓어지기 시작하였고 복잡한 장식으로 소매의 부풀림을 강조하였다. 인체의 곡선이 드러나는 H라인의 스타일에 부풀린 퍼프 반팔 소매와 가슴을 많이 노출하여 여성미를 크게 강조하였다. 엠파이어 스타일은 조제핀 황후의 옷에 잘 표현이 되었고 다음 시대인 왕정복고 시대의 로맨틱 스타일로 자연스럽게 연결되었다.

이 시대의 빼놓을 수 없는 중요 인물로는 르루아(Leroy)가 있다. 로코코 시대에 마리 앙투아네트의 의상 장관 로즈 베르탱(Rose Bertin)이 있었다면 조제핀 황후에게는 르루아가 있었는데 르루아는 그의 부티크 상품 리스트에 모든 액세서리, 장갑, 구두, 속옷, 조화, 깃, 모피 등과 향수가 포함되어 있었다. 다양한 그의 취급 품목은 현재의 오트 쿠튀르의 메종과 크게 다르지 않다. 오늘날 창조적인 패션의 종합상사로 불리는 오트 쿠튀르의 초석을 놓은 것도 르루아이다. 조제핀 황후 시절 패션 장관으로 불린 르루아는 그 뛰어난 창조력으로 패

션을 변화시키고 황제의 정책 추진에 기여하고 정책에 따라 국산 섬유만을 사용하였다. 그는 왕실 패션의 부활과 함께 트레인을 부활시켰는데, 이 트레인을 어깨나 가슴 바로 밑의 벨트에 묶어 떼었다 붙였다 할 수 있도록 한 새로운 형태를 만들어냈다. 여기에는 서로 다른 색상의 벨벳을 사용하였고 금사로 수를 놓기도 하였다.

12-6 슈미즈 가운을 입은 마담 레카미에, 1802

(1) 슈미즈 가운

영국에서는 프랑스 혁명이 일어나기 20여 년 전 1770년대부터 고대 그리스 의상을 동경하여 얇고 부드러운 천으로 만든 키톤과 같은 스타일의 의복을 입었다. 이 새로운 드레스는 슈미즈 가운으로 폭이 넓지 않은 긴 스커트, 허리선이 올라간 하이 웨이스트 라인, 짧은 소매 등의 간편한 스타일로 만들어졌다. 스커트 속에 파니에를 입지 않았기에 전체적으로 날씬해 보이기도 했다.

영국에서 프랑스로 직접 도입된 고대풍의 슈미즈 가운〈그림 12-6, 9〉은 귀부인들이 먼저 착용하였다. 파리의 부인들은 그리스풍이라는 구실로 코르셋, 파니에, 그리고 속옷도 입지 않고 맨살에다 슈미즈 가운을 입어서 얇은 옷감을 통해 다리 곡선이 비치게 하였다. 슈미즈 가운은 보통 짧은 소매가 달렸기에 팔꿈치까지 오는 긴 장갑을 끼었고 초기에는 스커트의 뒷길이가 앞보다 길어서 바닥에 끌리기 때문에 한 손으로 무릎이 보일 정도로 끌어올리고 다녔다. 이런 의상들은 영국의

산업혁명 시기에 직물 기술을 발전시켜 다루기 힘든 얇은 소재 생산을 가능하게 만든다.

속옷은 슈미즈 형태의 하이 웨이스트에 폭이 넓지 않은 직선 형태, H라인의 길이가 긴 심플한 실루엣으로 부풀린 짧은 퍼프(Puff) 소매와 스퀘어 네크라인이 특징이다. 이것은 얇은 소재로 만들어서 몸의 형태가 잘 드러났으며 긴 트레인(Train)이 달려 있었는데 이것을 팔에 걸치는 것이 유행이었다.

12-7 엠파이어 시대의 여성복

12-8 바이콘 해트를 머리에 쓴 나폴레 **12-9** 콜레트 장식을 한 슈미즈 가운, 1796
옹, 1769~1821

12-10 매멀루크 소매를 단 엠파이어 드레스, 1801

(2) 엠파이어 드레스

이 시대의 가장 대표적인 의복인 엠파이어 드레스(Empire Dress)는 조제핀 황후가 대관식에서 착용한 것으로, 다양한 형태의 소매와 약 9m 정도의 트레인이 달려 있으며 비치지 않는 화려한 옷감으로 만들어졌다. 목은 르네상스의 러프 칼라가 작아진 형태의 고운 리넨으로 만든 콜레트(Collerette)로 장식하고 밑단은 러플 여러 겹으로 장식하여 여성스럽고 화려하였으며 소매는 반팔 퍼프 소매로 되어 있었다. 칼라는 영국에서 건너온 베트시(Beties)나 셰리스(Cheris)라고 불린 스페인풍의 칼라를 달았다.

조제핀이 입었던 엠파이어 드레스는 조세핀의 전속 디자이너 르루아의 걸작 중 하나였다. 르루아는 심플하면서도 우아한 멋과 세련된 여성스러움을 도입하여 집정관 정부 시대부터의 기본적인 라인을 이어가면서 거기에 프랑스적인 기호와 우아함, 화려함을 더한 독창적인 작품을 선보였다. 이러한 세련된 심플함은 속옷에도 적용되었다〈그림 12-11〉.

당시에 여성들은 영국에서 건너온 스펜서(Spencer) 재킷을 입었는데 길이가 볼레로처럼 짧고 앞이 오픈되었으며 소매가 타이트하고 스탠딩 칼라가 달린 것이었다.

외투로는 칸주(Canezou)와 플리스(Pelisse)를 입었다. 짙은 색 벨벳 소재의 칸주(Canezou)는 케이프의 일종으로 스

12-11 조제핀 황후의 엠파이어 드레스, 1804

12-12 스펜서를 입은 남녀, 1800   **12-13** 르댕고트를 입은 여성, 1795~1804   **12-14** 클로크와 망토를 입은 여성, 1822

펜서보다 길어 허리에 벨트를 매기도 하였다. 플리스(Pelisse)는 방한복 역할을 하는 망토(Manteau) 형태의 겉옷으로 솜을 넣거나 안감을 모피로 대어 입었다.

(3) 스펜서

스펜서(Spencer)는 18세기 말에서 19세기 초까지 남녀가 공동으로 착용하였다〈그림 12-12〉. 대개 더블 여밈에 높은 칼라나 테일러드 칼라, 좁고 긴 소매에 허리까지 오는 짧은 상의 길이로 주로 짙은 색의 벨벳, 캐시미어, 실크, 모슬린 등으로 만들어져 백색의 드레스와 색의 조화를 이루었다. 재킷의 가장 자리는 모피로 장식하기도 하였다. 주로 로브와 함께 착용하다가 1830년에 이르러서는 로브의 하이 웨이스트 라인이 정상적인 허리선으로 내려오면서 스펜서 스타일도 사라지게 되었다.

추운 날씨에 착용했던 짙은색 벨벳으로 된 재킷 칸주(Canezou)는 스펜서의 변형으로 스펜서 재킷보다는 상의가 길어서 허리에 벨트를 매었고, 소매 길이가 짧았으며 아랫단을 프릴로 장식하였다. 베스트, 웨이스트 코트는 길이가 극도로 짧아졌고 칼라는 머리 뒤로 높이 올라가게 되었다. 머플러는 풍성해져서 종종 턱을 덮을 정도로 올라가 입을 가렸다.

〈그림 12-12〉는 남녀의 스펜서 차림을 표현한 것이다. 남성이 쓴 커다란 모자는 비버의 털로 만든 것으로, 표면이 거칠고 위로 올라갈수록 넓어지는 톱 해트(실크 해트)이다. 남성이 입은 코트는 허리에서 잘려 있으나 뒤쪽으로 길고 가는 꼬

리가 내려오며 어깨 쪽 소매를 부풀리고 손목으로 내려오면서 가늘어지는 형태이다. 셔츠 쪽에는 빳빳하게 풀 먹인 주름 장식이 눈에 띄며 칼라의 끝이 높게 맨 머플러부터 양쪽 뺨까지 닿는다. 남성의 헐렁한 퀼로트는 발목 위까지 내려온다.

여성은 모슬린으로 만든 하이 웨이스트 라인의 슈미즈 가운을 입고 있다. 많이 파인 데콜타주(Decolletage, 가슴이 보이도록 목 부분이 깊게 파인 드레스)를 입은 여성은 가슴 밑을 장식 술이 달린 끈으로 묶고 있다. 가운데에는 긴 트레인(Train)이 달려 있고, 벨벳으로 된 스펜서 재킷에는 하이넥 칼라가 달렸다. 또한 보닛 스타일의 실크 모자를 썼는데 레이스로 만든 주름 장식과 리본이 돋보인다.

(4) 르댕고트

르댕고트(Redingote)는 플리스보다 완전한 방한용 외투로 18세기 말부터 유행하여 영국에서는 남성용으로 입었으나 프랑스에서는 여성의 승마용 의상으로 착용되었다. 1810년경에는 앞 중심이 단까지 터지고 전체적으로 품이 넉넉하고 길이가 발목까지 왔으며, 1813년경부터는 드레스의 품이 넓어지면서 르댕고트의 길이가 짧아졌다.

17세 말에 영국에서 도입된 망토 스타일의 르댕고트가 프랑스의 로브와 만나 18세기 초에 유행하였던 로브보다 심플하고 활동성을 고려한 형태가 되었다가 1789년에 혁명기를 맞았다. 남성들이 착용했던 르댕고트의 영향으로 로코코 말기부터 착용하기 시작하였고 앞 중심에서 밑단까지 앞여밈으로

12-15 엠파이어의 시대의 패션

되었고 때로는 벨트로 묶거나 방한을 위하여 모피로 장식하였다.

이것은 원래 승마용이었다가 차츰 아침 산책에도 착용하면서 인기를 끌었다. 〈그림 12-13〉 속 여성이 입은 르댕고트는 몸에 타이트하게 맞는다. 이 옷은 남성용 그레이트 코트와 같은 형태로 두 개의 큰 폴링 칼라(Falling Collar)에 더블 브레스티드로 되어 있다. 그림 속 숙녀는 뷔폰(Buffoon)이라는 네커치프(Neckerchief)도 하고 있다. 이 외투는 바닥까지 내려오는 넓은 스커트에 단추가 앞트임을 따라 길게 이어져 있다. 아래쪽 단추는 잠그지 않고 페티코트가 보이게 두었으며 소매는 길고 꼭 맞게 만들어 손목 부분에서 단추로 잠그게 하였다.

(5) 클로크

〈그림 12-14〉 속 왼쪽 여성이 입은 커다란 클로크(Cloak)는 길이가 발목 위까지 내려온다. 칼라의 앞쪽과 단은 털로 장식되어 있다. 이 여성의 드레스는 주름 장식이 달린 하이넥 칼라와 데미지곳(Demi-gigot) 스타일의 소매가 달린 옷을 입고 있다. 또한 팔꿈치까지 올라오는 장갑을 끼고 있다. 머리에는 포크 보닛(Poke Bonnet)을 썼다. 오른쪽에 있는 여성은 모피로 장식된 망토를 입었다. 위로 세운 칼라와 단은 넓은 모피로 장식되었고 어깨에는 모피로 된 숄을 둘렀다. 깃털로 장식된 보닛은 깔때기 모양인데, 뾰족한 끝이 얼굴 양쪽으로 내려와 턱 밑에서 리본으로 묶는 형태이다. 모자의 테두리는 실크로 주름을 잡고 안감은 프랑스산 레이스를 대었다. 손에는 털로 만든 머프(Muff)를 끼고 있다.

2) 남성의 패션

프랑스 혁명은 남성 복식에 큰 변화를 가져왔다. 귀족적 복식은 스타일을 변화시켜 궁정에만 남아 있었고 일반 사회에서는 시민적·실용적 의상을 착용하였다. 궁정에서는 부드러운 실크로 만든 자보(Jabot)와 칼라를 높이 세운 상의와 짧은 조끼 그리고 다리에 꼭 끼는 바지 퀼로트를 입었다. 이런 귀족적인 복장은 옛 귀족이나 상류 부르주아의 계급의식을 그대로 표현한 것이다. 이와 대조적으로 시민들은 수수한 옷감으로 만들거나 수수한 색의 옷감을 착용하여 귀족들과 쉽게 구별되었고, 짧고 꼭 끼는 퀼로트가 아닌 헐렁한 판탈롱(Pantalon)을 입었다. 판탈롱 위에는 카르마뇰(Carmagnole)이라는 시민복 상의를 입었다. 이와 같이 귀족풍과 새로운 시민풍의 병행은 프랑스의 제1제정 시대 말까지 계속된다.

제정 시대 번성기에는 여성의 패션처럼 금실로 자수를 놓는 등 화려한 장식이 더해져서 프랑스의 화려함이 극치를 이루었다. 나폴레옹 집정 시대에 들어오면서는 우아한 분위기의 의상이 등장한다.

상의 데가제(Degage)는 몸에 꼭 맞는 르댕고트의 일종으로 칼라가 달리고 앞은 허리까지 넉넉하게 맞으며 더블 브레스티드나 싱글 브레스티드로 여몄고 허리부터 무릎까지 오는 상의 단이 경사지게 잘려나갔고 긴 소매가 달렸다.

   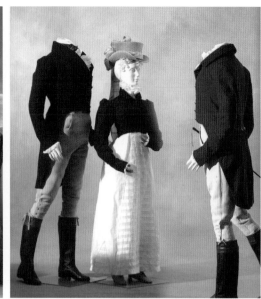

12-16 데가제와 위사르, 판탈롱, 1814 　**12-17** 드레스 코트, 테일 코트, 1820년대 말 　**12-18** 퀼로트 차림의 장교, 1810 　**12-19** 르댕고트, 1715~1815

꼭 끼는 퀼로트는 후기에 위사르(Hussard)라는 바지로 대치되었다. 위사르는 퀼로트와 판탈롱을 합친 것 같은 형태로 힙은 판탈롱처럼 헐렁하고, 바짓단은 퀼로트처럼 무릎 밑이나 발목에서 맺는 형태였다. 사람들은 위사르에 데가제를 같이 입는 옷차림을 많이 하였다〈그림 12-16〉.

외투로는 르댕고트와 개릭(Garrick)이 있었다. 영국에서 들어온 개릭은 길이가 길고 폭이 넓은 큰 실루엣으로 어깨에 케이프가 여러 겹 달려서 더욱 크게 보였다.

중세 이래로 남성들의 겉옷은 망토 형태였는데 18세기에 유행했던 커다란 망토들이 작은 망토들로 변하기 시작하였다. 이러한 망토형 외투는 폭 너비나 단추가 있고 없고에 따라 유행이 변하였다. 남성용 플리스의 겉감은 캐시미어, 벨벳, 모슬린, 실크 등으로 만들어졌고 안감에는 밝은색의 실크나 모피를 이용하였다.

(1) 데가제
데가제(Degage)는 귀족들이 주로 착용한 무릎까지 오는 길이의 상의로 싱글 또는 더블 여밈으로 되어 있었고 허리에서 무릎까지 비스듬히 재단되었고 자보(Jabot) 네크라인으로 되어 있었다.

(2) 테일 코트
19세기부터 유행하여 현재까지 착용되고 있는 테일 코트(Tail

Coat)는 허리선에서 정면 앞부분 일부를 잘라내어 뒷부분만 남게 한 연미복이다〈그림 12-17〉. 싱글이나 더블 여밈으로 되어 있고 타이트하며 길이가 긴 소매에 칼라가 세워진 스탠드나 롤 칼라가 특징이며 정장용으로 입는다.

(3) 프록코트
프록코트(Frock Coat)는 성직자들이 입는 넓고 풍성한 스타일로 무릎까지 오는 길이에 벨트가 달렸으며 뒷부분에 뒤트임이 있었다. 소매 끝은 트임이거나 커프스로 되어 있었으며 대개 짙은색이었고 정장용으로 입었다.

(4) 판탈롱
판탈롱(Pantalon)은 무릎까지 오는 길이에 몸에 꼭 맞는 퀼로트로, 대개 궁중에서 착용하였다. 풍성한 직선형의 발목까지 오는 이 긴 바지는 혁명기에는 급진파들이 착용하였다. 퀼로트와 판탈롱의 중간 정도의 바지, 위사르(Hussard)가 생기면서 퀼로트가 사라졌는데, 위사르는 판탈롱처럼 힙에 여유가 있었고 바짓단이 퀼로트처럼 꼭 맞는 형태로 데가제와 같이 착용되었다. 이 바지는 귀족풍과 서민풍의 조합된 스타일을 보여주었다〈그림 12-16〉.

(5) 르댕고트와 개릭
르댕고트(Redingote)는 승마용 라이딩 코트에서 유래된 로

12-20 르댕고트와 개릭, 1814　　　　**12-21** 개릭, 1810　　　　**12-22** 상 퀼로트를 입은 혁명군, 1792

코코 시대의 대표적인 외투로, 상체에서 허리까지를 몇 조각으로 만들어 꼭 맞게 하고 하체 부분은 넓게 퍼진 프린세스(Princess) 스타일로 입는 것이었다. 테일러드나 플랫 칼라가 부착되고 싱글 혹은 더블 여밈으로 된 발목까지 오는 길이가 긴 코트였다〈그림 12-19〉.

　르댕고트의 일종인 개릭(Garrick)〈그림 12-21〉은 영국에서는 길이가 길고 풍성하여 '그레이트 코트'라고 칭하였고, 마부들이 착용하였다. 이 코트에는 넓고 높은 칼라가 부착되었다. 어깨에는 케이프를 걸쳤고 금사로 수를 놓아서 화려하게 장식하였다.

　〈그림 12-20〉속 두 신사는 르댕고트와 갤릭 르댕고트를 입고 있다. 오른쪽 신사가 입은 온몸을 풍성하게 감싸고 큰 칼라가 여러 개 달린 것이 바로 개릭 르댕고트(galick redingote)이다. 이 개릭 르댕고트는 앞 여밈이어서 옷에 달린 끈이나 단추로 여미거나, 때에 따라 벨트로 묶기도 하였다. 접어올린 칼라나 케이프는 목에서 가죽 끈이나 단추로 잠그게 되어 있었고, 주머니는 단추가 달린 플랩 포켓으로 되어 있었다. 왼쪽에 서 있는 신사는 두 줄의 단추가 달린 더블 브레스티드 코트를 입고 있다. 이 코트는 무릎 정도의 길이에 플랩 포켓이 달린 타이트한 소매의 르댕고트이다. 코트 앞은 목부터 허리 바로 아래까지 단추 두 줄로 여미게 되어 있고, 뒤쪽은 가운데 두 개의 단추가 달린 터침(Vent)으로 되어 있다. 또한 목이 긴 장화를 신고, 수직으로 높이 올라간 톱 해트

(실크 해트)를 쓰고 있다.

(6) 상 퀼로트

프랑스 혁명은 계급에 따라서 옷의 표현을 달리하게 만들었다. 그 예로 귀족 계급의 상징인 퀼로트를 착용하지 않는다는 뜻의 상 퀼로트(Sans Culotte)가 있었으며 헐렁하고 긴 바지, 판탈롱과 여유 있게 엉덩이까지 오는 길이의 상의, 카르마뇰(Carmagnole)을 착용하였다. 혁명 시대 시민들은 상 퀼로트〈그림 12-22〉를 입고 자유(청색), 평등(흰색), 박애(적색)를 상징하는 삼색기를 들고 다녔는데 이것이 훗날 프랑스의 국기가 되었다.

3. 헤어스타일과 액세서리

1) 헤어스타일과 모자

혁명기(총재 정부 시대)에 남성들은 집정 시대부터 내려온 단발을 고수하였다. 1806년경에는 머리카락이 짧아져 목까지 왔으며 앞머리를 얼굴의 반 정도까지 늘어뜨리게 되었다. 가발은 사라졌고 파우더를 뿌리지 않은 머리카락에 수건을 썼으며, 때로는 머리카락을 이마 앞으로 늘어뜨렸다. 앞머리는 컬을 하여 늘어뜨리고 나머지 머리는 단정하게 올렸고 로마 황

12-23 엠파이어 시대의 헤어스타일과 모자

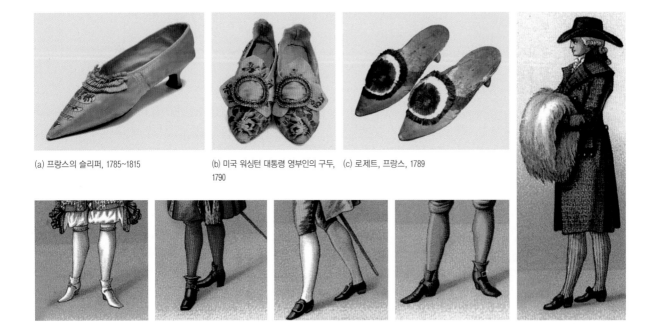

(a) 프랑스의 슬리퍼, 1785~1815

(b) 미국 워싱턴 대통령 영부인의 구두, 1790

(c) 로제트, 프랑스, 1789

(e) 프랑스의 구두, 1815

(d) 남성의 액세서리와 슈즈

12-24 엠파이어 시대의 액세서리와 슈즈

제 티투스(Titus)의 단발 헤어스타일을 본뜬 티투스 스타일을 하였으며, 얼굴 양쪽으로 늘어지도록 자른 도그 이어(Dog Ear) 스타일도 하였다. 여성들은 헤어스타일에서도 고대 스타일을 고수하였다〈그림 12-23〉.

모자는 크라운이 높은 고대풍의 샤포(Chapeau)가 유행하였다. 모자의 재료로는 검은색, 갈색, 회색 등의 펠트, 모직, 실크 등이 쓰였다. 또한 보닛(Bonnet), 해트, 캡과 같은 스타일을 착용하였다. 주로 챙이 넓은 것이 많았으며 깃털, 리본으로 장식하고 턱 밑에서 끈으로 묶었다.

2) 액세서리와 슈즈

당시에는 고대풍의 묵직한 팔찌, 발찌, 반지 등이 유행하였다. 남성들은 장식용 장갑, 지팡이, 우산을 들고 다녔다. 샌들은 그리스인들이 신던 것처럼 끈으로 묶어올리는 스타일이 많았고, 목이 긴 장화와 단화, 펌프스도 신었다. 주로 고전적인 스타일의 슈즈를 신었는데 혁명 시대에는 정치적 현상이 반영되어 굽이 낮은 슈즈를 신었다. 궁정에서 신었던 빨간색 굽은 혁명 이후 차츰 계급의 차이가 사라지면서 그 상징성이 소멸되었다〈그림 12-24〉.

엠파이어 시대 패션 스타일의 응용

엠파이어 스타일의 군복, 1769~1821

엠파이어 스타일의 군복을 응용한 여성복, 1800년대

나폴레옹 시대 군복을 모티프로 만든 프로그 장식이 달린 흰색 밀리터리 슈트, 1985

엠파이어 시대 패션 스타일의 요약

엠파이어 시대(1785~1815)

대표 양식	대표 패션
 나폴레옹의 명에 의해 건립된 개선문, 1806~1836	 혁명 시대의 패션

패션의 종류	여성복	• 슈미즈 가운(Chemise Gown) • 엠파이어 드레스(Empire Dress) • 스펜서(Spencer) • 르댕고트(Redingote) • 클로크(Cloak) • 망토(Manteau)	• 네커치프(Neckerchief) • 메르베이외즈(Merveilleuse) • 자보(Jabot)
	남성복	• 데가제(Degage) • 테일 코트(Tail Coat) • 프록코트(Frock Coat) • 판탈롱(Pantalon), 위사르(Husard) • 르댕고트(Redingote), 개릭(Garrick) • 상 퀼로트(Sans Culotte), 카르마뇰(Carmagnole)	
디테일의 특징	데콜타주(Décolletage), 하이 웨이스트 드레스, 퍼프(Puff) 소매, 데미지곳(Demi-gigot) 스타일, 고대풍의 액세서리, 프랑스 비단, 벨벳, 고가의 자수		
헤어스타일 및 액세서리	남성	보닛(Bonnet), 해트(Hat), 캡(Cap), 터번(Turban)	티투스(Titus), 베트시(Beties) 칼라
	여성	바이콘 해트, 피리기안 캡(Phrygian Cap), 샤포(Chapeau)	
	슈즈	고전 스타일의 슈즈, 펌프스, 부츠	
패션사적 의의	• 고대풍으로 드레이프된 직선 실루엣의 새로운 드레스 • 여성의 선을 자연스럽게 나타내고 활동성을 가진 패션 • 활동적이고 기능적인 복장(귀족의 패션에 대항) • 캐시미어 기계화 기업의 탄생		

13-1 플랫 홀, 맨체스터, 1807　　　　**13-2** 할딩 로웰, 텍스타일 회사, 1810

CHAPTER 13
로맨틱 시대의 패션

1. 로맨틱 시대의 사회와 문화적 배경

낭만주의(Romanticism)가 유행했던 1815~1848년은 나폴레옹이 추방되고 왕정이 복귀(1815)되었다고 하여 왕정 복고 시대라고도 부르며, 다시 왕정이 무너진 1848년까지 유행했던 패션을 로맨틱 스타일이라고 한다. 낭만주의는 17세기, 18세기 고전주의 스타일과는 반대로 이상적이기보다는 감정적인 느낌을 강조했던, 18세기 후반에서 19세기 초반의 문예사상이다. 낭만주의의 본질은 감정과 본능을 중요시하는 데 있었다. 여기에는 자연에 대한 존중, 일반인에 대한 감상적 사랑, 세상을 바꾸려는 욕구, 과거에 대한 향수 및 감정이 포함되어 있었다. 형식과 법칙을 중요시하고 합리성을 강조하는 고전주의와 반대되는 사상이다.

새로운 문예운동인 낭만주의의 선구자들로는 루소 쉴러, 괴테 등이 있었다. 낭만주의는 19세기 들어 유행하기 시작하여 1830년대에 그 유행이 절정에 달하였다. 낭만주의는 문학에 국한되지 않고 회화, 음악 등 모든 예술 분야로 확대되어 갔다.

조용하면서도 가라앉는 듯한 음악이나 소규모 실내악은 활기 넘치는 산업혁명의 활기를 표현하기에는 역부족이었다. 따라서 형식의 우아함보다는 감정적인 강렬함을 추구했던 낭만주의 정신을 가장 잘 표현한 베토벤(1770~1827)이나 슈베르트(1797~1828) 등의 음악가들이 유명하였다.

낭만주의의 영향을 가장 덜 받았던 예술 분야는 건축이었다. 1830년경까지 유럽과 미국의 건축은 대체로 고전적 모델에 의거한 것이었다. 예를 들면 나폴레옹 전쟁 시대의 개선문은 로마의 개선문에서 영향을 받은 것이고, 미국의 국회의사당은 그리스 건축에서 영향을 받은 것이었다. 1840년대 낭만주의 영향이 나타남으로 인하여 중세 고딕 건축양식은 부분적으로만 응용되었다. 1900년대에 이르러서야 비로소 새로운 20세기적 양식이 나오게 되었다. 당시 프랑스에서는 나폴레옹 1세가 추방당하고 프랑스를 비롯하여 유럽 각국에서 정치적인 혁명이 계속 일어났다. 유럽의 군주들과 지배층은 1789년 이전의 시대로 복귀하기를 원하여 생활 전반에 귀족풍 생활양식이 소생하기 시작하였다.

패션에서도 귀족풍의 스타일이 두드러지게 나타나서 어깨를 많이 노출하고 허리를 가늘게 조이고 스커트를 넓게 하는 등 혁명 이전의 귀족 의상을 연상하게 하는 로맨틱한 의상들이 상류사회를 중심으로 나타났다. 이러한 패션 경향은 1830년에 프랑스에서 일어난 7월 혁명으로 루이 필리프(Louis

13-3 로맨틱 스타일의 의복을 입은 가족들, 영국, 1821

13-4 드롭 숄더와 지곳 슬리브, 1828~1831

Philippe)가 왕이 된 후에도 계속되었다.

2. 로맨틱 시대 패션

여성의 실루엣이 변해가면서 고전 엠파이어 스타일에서는 중요하지 않았던 속에 입었던 코르셋이 중요해졌다. 이 시기에는 가는 허리를 강조하기 위하여 철로 만들어진 스틸 코르셋을 사용하는 로맨틱 스타일로 변해갔다.

남성의 복장은 영국의 영향을 받아 큰 변화가 없었으나 여성들 복장에는 계속하여 로맨틱 스타일이 유행하였고 소매, 스커트가 크게 강조되어 허리는 꼭 끼게 하고 가슴과 엉덩이를 강조한 X자 형태로 변하였다.

귀족적인 화려함과 환상적이고 로맨틱한 분위기의 의상들은 르네상스 스타일과 흡사하여 이러한 신르네상스(Neo Renaissance) 스타일을 로맨틱 스타일이라고도 칭한다. 엠파이어 스타일은 그리스의 키톤을 대상으로 했던 흐르는 듯한 부드러운 하이 웨이스트 라인만 남겨놓고 1820년경부터 사라졌다〈그림 13-3〉.

1) 여성의 패션

프랑스 혁명으로 인하여 나폴레옹 제정이 무너지고 왕정이 복고되면서 패션은 과거의 귀족풍을 띠게 되었다.

하이 웨이스트와 엠파이어 스타일의 길고 자연스럽게 흘러내리는 실루엣은 완전히 사라졌고 로맨틱 스타일이 유행하기 시작하였다. 가운의 어깨와 소매 윗부분은 크게 부풀었고 손목 쪽으로 내려오면서 타이트해진 레그 오브 머튼(Leg of Mutton) 소매에 목에는 버사(Bertha) 칼라나 케이프 칼라를 달고, 허리는 코르셋으로 바짝 조이고 여러 겹의 페티코트로

13-5 정원의 여인, 모네, 1866

13-6 이브닝드레스, 1831

13-7 소매와 스커트를 강조하고 허리를 조여주는 X자 형 실루엣의 로브

13-8 드롭 숄더 슬리브에 붙은 벌룬 슬리브, 1836

퍼지게 하여 X자형의 실루엣을 만들었다. 넓어진 스커트 밑단은 러플, 플라운스(Flounce), 꽃, 리본, 브레이드(Braid) 등으로 화려하게 장식하였다. 상체 부분은 몸에 타이트하게 맞았고 네크라인은 어깨 끝까지 깊고 넓게 파서 노출이 심하였다. 하이네크의 경우에는 16세기의 러프와 유사하게 잘게 주름을 잡은 콜레트(Collerette) 칼라를 달았다. 1825년경부터는 가슴을 받쳐주고 허리를 가늘게 하기 위하여 코르셋을 착용하면서 로코코를 연상케 하는 V자형을 되살리려고 하였다〈그림 13-6〉.

영국은 신축성이 있는 능직 코튼과 고래수염으로 제작한 코르셋을 전 유럽에 소개하였다. 말기에는 정상적인 허리선에서 V자형으로 뾰족하게 내려오기도 하였다. 스커트 밑부분에는 뻣뻣한 천인 아마포 버크럼(Buckram)을 부착하고 그 위로 레이스, 리본, 꽃, 러플 등으로 화려하게 장식을 하였다. 1840년대 초에 스커트 밑에 입었던 속치마, 페티코트는 스커트 형태를 크게 부풀리기 위하여 크리놀린(말털과 마직물의 페티코트)과 대여섯 개의 페티코트를 겹쳐 입어 큰 실루엣을 만들었는데, 이것이 크리놀린 스타일의 시초가 되었다.

로맨틱 스타일에서 레그 오브 머튼 소매, 벌룬 소매, 펠러린은 매우 중요한 디테일이다.

(1) 레그 오브 머튼 소매

당시에는 소매를 크게 부풀리기 위하여 소매에 철사를 사용하기도 하였다. 1825년경부터는 부드럽고 완만한 어깨선에 소매의 윗부분은 부풀리고 소매 밑 부분으로 가면서 타이트하게 좁아진 양다리 모양의 레그 오브 머튼(Leg of Mutton) 소매가 등장하였다. 일명 지곳(Gigot) 소매라고도 하는 이 소매는 1830년경에 가장 유행하였다가 부풀림 위치가 점점 내려와서 1840년대에는 팔뚝을 조이는 타이트 소매도 유행하였다. 소매의 부풀림은 1830년경에 가장 커졌고 이후 점점 작아지기 시작하여 꼭 끼는 타이트 소매가 유행하였다. 레그 오브 머튼 소매와 종 형태의 스커트는 새로운 실루엣으로 소매 속에 털이나 철사로 짠 바구니를 넣어 부피를 크게 만들었다.

(2) 벌룬 소매

어깨에서 또는 어깨 밑에서 크게 부풀린 모양이 풍선 같다고 하여 벌룬(Ballóon) 소매라고 불렀다. 때로는 소매를 더욱 부풀리기 위하여 소매 안쪽이 더욱 뻗치도록 망사나 튈(Tulle) 또는 철사로 주머니를 만들어 부착하였다〈그림 13-8〉.

(3) 펠러린

펠러린(Pèlerine)은 어깨에 걸치는 케이프형 장식의 일종이다〈그림 13-10〉. 어깨를 크게 강조하는 이 장식은 목부터 어깨

13-9 레그 오브 머튼 소매, 버사 칼라의 로맨틱 스타일 가운 벨트, 1830년대스, 1829

13-10 펠러린으로 장식된 드레스, 1829

13-11 로맨틱 스타일 패션의 소재, 1829

날개와 같은 펠러린이 부착된 드레스

〈그림 13-12〉 속 여성이 입은 드레스는 깊게 파인 데콜테의 몸에 딱 맞는 보디스로, 지곳 (Gigot) 소매와 그 위로 날개 모양 케이프가 달려 있다. 발목까지 내려오는 스커트는 허리에 주름이 잡혀 있고 페티코트로 부풀려져 있다. 보닛은 실크로 만들어졌고 모자는 꽃과 리본으로 장식되어 있다.

남성은 단추 두 줄이 달린 연미복을 입고 있다. 슬리브는 타이트하고 커프가 달려 있다. 이 남성은 두 개의 조끼를 입고 있는데, 겉의 조끼는 아름다운 실크 브로케이드로 만들어졌다. 주름 장식 셔츠는 하이넥 칼라가 달려 있고 목에 두른 스카프는 낮게 매고 있다. 꽉 끼는 바지는 벨트로 고정시켰고, 웰링턴 톱 해트(실크 해트)을 손에 들고 있다.

13-12 지곳 소매, 펠러린이 달린 스커트를 입은 여성, 1833

13-13 드레스 코트, 1820

13-14 벌룬 소매가 달린 로맨틱 스타일 웨딩드레스, 프랑스, 1837

13-15 르댕고트를 입은 여성, 1845

13-16 로맨틱 시대의 댄디들, 1820년대 말
프록, 판탈롱, 망토, 질레, 크라운이 높은 실크 해트를 착용하고 있다.

13-17 테일 코트, 트라우저를 착용한 남성, 1838

까지를 덮기도 했다. 끝단은 레이스나 트림(Trim)으로 정교하게 장식하여 더욱 부피감을 살려 여성스럽게 보이게 했다. 네크라인이 많이 파인 데콜타주(Décolletage)도 이용되었다. 이러한 스타일의 로브에는 보닛이나 보닛에 달린 바브레이(Bavolet) 모자에 꽃, 리본, 레이스, 깃털을 화려하게 장식하였다.

(4) 코트

남성복의 코트(Coat)와 같은 르댕고트〈그림 13-15〉 스타일의 코트를 착용하였다. 이 코트는 허리가 타이트하고 앞쪽 허리선이 뾰족하게 내려왔으며, 스커트 쪽으로 내려오면서 크고 넓어졌다. 소매는 어깨에서 내려온 드롭 숄더에 레그 오브 머튼 소매를 달았고, 칼라는 깊게 파서 크게 하였다. 목에는 남성들과 같이 운두가 높은 실크 톱 해트를 쓰고 백색 네커치프를 리본 형태로 묶었다.

2) 남성의 패션

이 시기에는 귀족풍 의복이 다시 부활하여 더블 브레스티드에 목에는 크라바트를 매고 상체는 크게, 허리는 꼭 맞도록 입었다. 당시 남성들은 정장에 톱 해트(Top Hat)를 쓰는 것이 필수적이었다.

기본 의상은 프록코트, 베스트, 혹은 질레와 판탈롱이었다. 프랑스인들은 프록코트 속에 화려한 소재로 질레를 만들어서, 상의를 벌렸을 때 질레가 잘 보이도록 입었으며, 길이가 힙까지 길게 내려오도록 하였다. 또한 뒷모습에서 넓은 어깨와 가는 허리가 돋보여 날씬한 역삼각형을 이루고자 하였다. 바짓단에는 끈이 달려 있어서 바지를 끌어당겨도 주름이 생기지 않았다. 바지의 소재는 체크나 줄무늬 모직이었다〈그림 13-16〉.

(1) 코트

① 테일 코트

테일 코트(Tail Coat)는 앞쪽이 허리에서부터 뒤로 둥글게 곡선으로 파여 있고 뒤쪽이 앞쪽보다 길어 꼬리처럼 늘어져 있다. 주로 예복으로 착용하였다〈그림 13-17〉.

② 프록코트

프록코트(Frock Coat)는 여성의 스타일처럼 어깨, 가슴, 힙에 패드를 넣고 허리가 잘록하게 보이도록 한 것이다〈그림 13-18〉. 대개 신사들은 두 줄의 단추가 달린 재킷을 입었으며 이 재킷은 대개 길이가 긴 형태였고 허리가 가늘게 보였다. 버튼 스탠드(Button Stand)로 잠그게 되어 있으며 스커트는 무릎을 구부리는 위치 바로 위까지 내려오고 낮은 칼라는 V자형으

13-18 프록코트를 입은 신사들, 1846　　**13-19** 그레이드 코트를 착용한　**13-20** 체스터필드 팰레토, 1842　　**13-21** 케이프, 베스트, 1820~1840
남성, 1820

로 된 끝에서 넓은 깃의 접혀진 부분에까지 이어졌다. 긴 소매
는 타이트하게 만들어져 있으며 단추로 잠글 수 있는 짧은 커
프로 되어 있었고 베스트는 허리 아래로 길게 내려오며 목부터
허리 바로 아래까지 한 줄로 단추가 달렸다. 셔츠는 하이넥 칼
라에 크라바트(Cravaet, 스카프)을 둘렀는데 여기에 술 장식을
달았다. 바지는 위쪽이 풍성하고 아래로 내려오면서 점점 좁아
지며, 발등 밑에서 가죽 끈으로 연결시켰다. 위 신사는 실크로
된 톱 해트를 쓰고 있다〈그림 13-18〉. 이 코트는 일상복 및 예
복으로 착용되었다.

③ 그레이트 코트
그레이트 코트(Great Coat)는 로브나 코트 위에 착용했던 외
출용 코트로 대개 두꺼운 모직으로 만들어졌다〈그림 13-19〉.
여기에 하이넥의 롤 칼라나 큰 라펠을 달기도 하였다. 소매는
대개 레그 오브 머튼 소매가 많았으며 기장은 발목까지 길게
내려왔다. 케이프 안쪽에는 모피를 대는 경우가 많았고 길이
가 다양하였다.

④ 르댕고트
르댕고트(Redingote)는 싱글 혹은 더블 브레스티드로 만들
어진 긴 코트로 허리 부분이 딱 맞고, 허리부터 아래로 내려
오면서 넓어진다.

⑤ 체스터필드 코트
체스터필드 코트(Chesterfield Coat)는 1830~1840년대의 패
션 리더였던 체스터필드 6세가 최초로 입은 데서 유래되었다.
스탠드 칼라나 테일러드 칼라로 되어 있는 이 코트는, 허리를
꼭 맞게 하거나 박스형 실루엣으로 만들었다. 앞여밈은 싱글
또는 더블로 되어 있었으며 검은색의 벨벳 칼라를 다는 경우
가 많았다. 때로는 어깨에 천 자락을 덧대었다.

〈그림 13-20〉 속 남성은 체스터필드 팰레토(Chesterfield
Paletot)라는 헐렁한 외투를 입고 있다. 이 코트는 허리 부분
이 약간 잘록하게 맞고 무릎 바로 위까지 내려오며 단추는 한
줄로 달려 있다. 코트의 주머니에는 뚜껑이 없으며 베스트에
는 단추가 한 줄로 달려 있고 숄 칼라로 되어 있다. 그는 스카
프 형태의 목도리를 두르고 있는데, 바지는 몸에 꼭 맞고 발
바닥 아래에서 매게 되어 있다. 손에 든 톱 해트(실크 해트)는
꼭대기 부분이 살짝 휘어져 있다.

⑥ 케이프
케이프(Cape)는 소매 없이 어깨와 팔을 덮어 헐렁하게 드리
워지도록 입었으며, 팔이 나올 수 있게 터침을 넣기도 하였다.
다양한 길이로 만들었으며 싱글 혹은 더블로 앞여밈으로 된
코트의 한 종류였다. 때로는 어깨에 한 자락을 덧붙여 보온효
과를 높이기도 하였다〈그림 13-21〉.

(2) 베스트

베스트(Vest)는 허리까지 오는 짧은 길이로 숄 칼라, 롤 칼라, 테일러드 칼라 등으로 만들었으며 싱글이나 더블로 앞을 여 미였다. 이 시대 남성의 의상 중에서 가장 화려하다.

(3) 트라우저

트라우저(Trousers)는 엉덩이 부분에 약간 여유가 있고, 아래 로 내려가면서 통이 좁아지는 긴 바지로 때로는 바지 밑단에 부착된 고리를 신발에 고정시켰고 바지가 흘러내리지 않게 하

거나 장식성을 더하기 위하여 어깨에 멜빵을 부착하였다.

3. 헤어스타일과 액세서리

1) 헤어스타일과 모자

남성들은 머리를 짧게 자르고 한쪽으로 가르마를 타서 빗어 넘기거나 고대 로마 황제였던 티투스의 헤어스타일을 닮은

(a) 어메일 백작 부인, 1846

(b) 마리아 크리스티나 여왕, 1830

(c) 로맨틱 스타일의 모자, 1826

(d) 마담 도부레, 1833

(e) 레그 오브 머튼 소매와 보닛을 쓴 마담 바벨

(f) 일반적인 헤어스타일

13-22 로맨틱 시대의 헤어스타일과 모자

(a) 가방, 영국, 1820~1850

(b) 가방, 1820~1850

(c) 어깨 끈달이, 1840

(d) 레그 오브 머튼 소매와 네크웨어, 1828

(e) 숄

(f) 목걸이와 반지

(g) 프릴, 네크레이스 칼라

13-23 로맨틱 시대의 가방과 액세서리

(a) 슬리퍼, 1820

(b) 방수 부츠, 영국, 1830

(c) 하프 부츠, 1830

(d) 하프 부츠, 이탈리아, 1852

13-24 로맨틱 시대의 슈즈, 1820~1850

'아라 티투스' 스타일을 하기도 했다. 군인들은 구레나룻이나 콧수염이 양옆으로 내려오도록 길렀다. 또한 비버(Beaver) 해트, 실크 해트 등 현대의 것과 비슷한 스타일의 모자를 썼다.

여성들은 중앙에 가르마를 타고 컬을 주고 머리를 부풀려서 과장되게 빗었다. 당시에는 머리카락을 낮게 묶고 곱슬머리로 얼굴 윤곽을 장식하였다. 밀짚으로 만든 모자와 보닛도 유행하였다. 이것은 꽃, 깃털로 장식하고 때로는 베일을 달아 낭만적으로 보이게 하였다〈그림 13-22〉.

2) 액세서리와 슈즈

이 시기에는 여우털이나 친칠라털을 액세서리로 사용하였다. 보석으로는 다이아몬드, 진주, 루비, 에메랄드, 토파즈 등으로 만든 팔찌, 반지, 귀걸이, 목걸이, 브로치 등을 선호하였다. 남성들은 지팡이를 들고 다녔으며 장갑은 필수품이었다. 여성들은 소매가 짧은 옷을 입고 긴 장갑 위에 팔찌를 차거나 작은 손가방을 가지고 다녔다〈그림 13-23〉.

슈즈는 남녀 모두 발목까지 오는 구두를 신었다. 구두의 굽은 사각형의 낮은 것으로, 앞부리가 짧고 둥글었다. 남성들은 길이가 짧은 부츠를 착용하였고, 여성들은 부드러운 소재로 만든 슬리퍼를 신었다. 이 슬리퍼는 끈을 발목에서 묶었으며 앞부리가 길었고 둥글었는데 나중에는 앞부리가 사각형으로 변하였다. 여성들은 실내에서 주로 슬리퍼를 신었고 외출할 때는 부츠를 신었다〈그림 13-24〉.

로맨틱 시대 패션 스타일의 응용

로맨틱 스타일 웨딩드레스, 1837

로맨틱 스타일 웨딩드레스, 비블로스, 1993

로맨틱 시대 패션 스타일의 요약

로맨틱 시대(1815~1880)

대표 양식	대표 패션

플랫 홀, 멘체스터, 1807	엠파이어 시대 스타일이 남아 있는 로맨틱 시대 초기의 패션, 1818

패션의 종류	여성복	• 로맨틱 가운(Romantic Gown) • 펠러린(Pèlerine) • 코트(Coat) • 페티코트(Petticoat)	• 버사 칼라(Bertha Collar) • 콜레트 칼라(Collerette Collar) • 크라바트(Cravate)
	남성복	• 테일 코트(Tail Coat) • 프록코트(Frock Coat) • 그레이트 코트(Great Coat) • 르댕고트(Redingote) • 체스터필드 코트(Chesterfield Coat) • 체스터필드 팰레토(Chesterfield Palatot) • 케이프(Cape), 베스트(Vest) • 톱 코트(Top Coat)	

디테일의 특징	레그 오브 머튼(Leg of mutton) 소매, 벌룬(Ballóon) 소매, 플라운스(Flounce), 꽃, 리본, 브레이드(Braid), 레이스, 트림(Trim), 데콜타주(Décolletage)
헤어스타일 및 액세서리	곱슬머리, 베일 장식, 바브레이(Bavolet) 모자, 모자에 꽃, 리본, 레이스, 깃털로 화려하게 장식, 슬리퍼, 사각코의 굽이 낮은 슈즈, 짧은 부츠, 털 장식, 팔찌, 반지, 귀걸이, 목걸이, 브로치, 남성용 모자(비버 해트, 실크 해트)
패션사적 의의	• 패션의 일반화 • 소매, 스커트가 크게 강조되어 허리 부분이 꼭 맞고 가슴과 엉덩이를 강조한 X자형 실루엣의 등장 • 귀족적인 화려함과 환상적이고 로맨틱한 분위기 표현

CHAPTER 14
크리놀린 시대의 패션

14-1 팔레 가르니에, 파리, 1816~1874

14-2 에펠탑, 파리, 1887~1889

CHAPTER 14
크리놀린 시대의 패션

1. 크리놀린 시대의 사회와 문화적 배경

1830년대부터 1900년대까지는 자연과학의 진보가 가장 활발하게 이루어졌던 과학기술의 전성기였다. 과학 발전의 주된 요인은 산업혁명에 의한 생활 수준의 향상이었다. 19세기 과학 분야 중에서도 특히 생물과학과 의학은 획기적으로 발전하였다. 특히 생물학의 놀라운 발전으로 진화론(Evolution Theory)을 들 수 있다. 패션 분야에서는 산업혁명으로 기계와 기술이 발달하여 가는 실을 이용한 직물 생산, 편물공업, 레이스 봉제 등이 급속도로 발전하였다.

프랑스 혁명으로 권력을 되찾았던 왕정은 경제적 불안정을 불러와 시민들은 생활에 위협을 느꼈다. 1847년에는 물가가 치솟아 프랑스뿐만 아니라 유럽 전역이 경제적 안정을 잃었다. 그러면서 자연히 자본가와 노동자라는 두 계급이 생겨났다.

루이 필리프 왕의 부패에 불만을 품은 시민들은 1848년에 2월 혁명을 일으켰다. 혁명 후 귀족적 경향을 배제한 부르주아들이 사회를 지배하였으나 이 역시 실패하였고, 1848년 12월에 농민들의 지지를 받아 나폴레옹의 조카인 루이 나폴레옹(Louis Napoléon, 1808~1873)이 대통령으로 선출되었다. 루이 나폴레옹은 1852년 2월에 황위에 올라 나폴레옹 3세라

칭해졌고 전쟁과 식민지 개혁으로 프랑스의 지위를 강화하려 하였다.

나폴레옹 3세는 1800년대부터 경제 개발에 힘써 농업 국가였던 프랑스를 광공업 국가로 탈바꿈시키고, 파리의 도시계획사업에 열중하면서 나폴레옹 1세의 영광을 재현하고자 하였다. 그가 통치했던 18년간 프랑스는 다시 문화의 전성기를 맞이하였다. 특히 나폴레옹 3세는 로코코 양식을 동경하여 자신의 궁을 18세기 루이 16세 때와 같이 호화롭게 장식하였고, 고급스러운 직물로 만든 화려한 의상을 입고 무도회에 가는 등 로코코 시대의 생활양식을 모방하였다. 부족함이 없던 부르주아들은 사치스러운 생활을 하며 화려한 의복을 입고 무도회를 즐겼다. 그들은 과거 귀족들을 모방하였는데, 그 결과 1세기 동안 볼 수 없었던 크리놀린(Crinoline)이 다시 등장하였다.

산업혁명이 이루어졌던 영국은 1845~1870년에 세계에 각종 면 제품을 수출하여 세계 면 제품의 절반을 차지할 정도로 활발한 무역활동을 하였다. 18세기 말부터 시작된 산업혁명은 19세기에도 계속 진행되었다. 1846년에는 일라이어스 하우(Elias Howe)가 처음으로 재봉틀의 특허를 내었고, 1850년대에는 재봉틀이 처음으로 시중에 등장하였다. 1851년에는 미

14-3 힙을 강조하기 시작한 버슬 스타일　　**14-4** 크리놀린 스타일의 플레어 드레스, 1865

국의 아이작 메릿 싱어(Isaac Merritt Singer, 1811~1875)가 재봉틀을 개량하여 구두의 기계봉제가 가능해졌고, 1855년에는 의류를 대량 생산하게 되었다. 1870년에 미국의 에벤저 버터릭(Ebenzer Butterick)이 창안한 종이 패턴은 의복의 봉제 기술을 더욱 발전시켰다. 1856년에는 영국의 화학자 윌리엄 헨리 퍼킨(William Henry Perkin)이 만든 합성염료와 1889년에 프랑스의 샤르도네(Chardonnet)가 발명한 레이온이 직물 염색에 크게 공헌하여 여러 가지 색과 다양한 프린트가 그려진 직물의 대량 생산으로 패션의 대중화가 가속되었다.

2. 크리놀린 시대 패션

이 시기에는 사람들이 로코코 양식을 동경하여 옛 귀족을 모방한 화려한 의복을 입고 무도회를 즐겼다. 여성들은 크고 넓은 스커트를 즐겨 입었는데 그 속에 크리놀린과 크리노(마모), 리노(마)로 짠 페티코트를 입었다.

　여성의 의복은 크리놀린 스타일을 따른 것으로 18세기 브로봉 왕조의 화려한 모드를 반영하여 신로코코(Neo Rococo) 스타일이라고도 불렸다. 이 스타일은 리본, 레이스 등의 장식을 많이 이용하였다. 허리는 코르셋으로 가늘

게 조였고 스커트에는 프란넬 페티코트와 크리놀린, 캘리코(Calico)로 만든 페티코트를 여러 개 겹쳐 부피를 과장하였다. 크리놀린은 말의 털로 만든 마직 속 스커트와 후프(Hoop)로 모드의 실루엣을 만들어냈다. 1860년대에는 가브리엘(Gabriel)이라는 프린세스 라인이 들어간 원피스 드레스가 유행하였고 투피스 형태의 재킷과 스커트도 입었다. 재킷은 여성스러운 레이스, 프릴로 장식을 하고 칼라를 달았다. 이 시기부터 크리놀린 스타일이 사라지기 시작하여 1869년에는 엉덩이 부분을 돌출시킨 버슬(Bustle)로 변하였다〈그림 14-3〉. 이외에 유행했던 패션으로는 모자가 달린 망토형 외투인 뷔르누(Bournou), 숄, 케이프 등이 있었으며 남성복에서 영향을 받은 여성용 재킷과 스커트가 처음으로 등장하였다. 또한 기존의 비활동적인 의복이 아닌 활동적인 의복에 대한 관심으로 수영복이나 운동복같이 기능성을 갖춘 현대 의복을 착용하였다. 이는 여성의 사회적 지위 향상을 의미하기도 한다.

　남성의 패션은 기능과 모드 면에서 여성 패션을 앞섰다. 영국의 남성 패션은 화려했던 프랑스 여성복에 영향을 받아 유럽 전체의 패션을 선도하였다. 귀족풍의 불편한 아름다움은 1860년대 후반부터 급하게 바뀌어 활동하기 편한 실용적인 스타일이 되었다. 로맨틱한 분위기의 크리놀린은 크기가 많이 줄고 장식도 간소화되었다. 오랫동안 지속되었던 귀족풍은 옆

14-5 외제니 황후와 궁녀들의 크리놀린 드레스, 1855

의 부풀림이 뒤로 몰린 폴로네즈(Polonaise) 스타일과 버슬 (Bustle) 스타일로 바뀌었다. 19세기 후반을 지배하던 사실주의가 외형적으로 바뀌어 표현된 것이다.

1) 여성의 패션

(1) 크리놀린 스타일의 로브

크리놀린 스타일은 허리를 코르셋으로 타이트하게 조이고 대개 둥근 네크라인에 레이스나 리본 등을 달고 소매에는 아랫부분이 넓은 비숍(Bishop) 소매를 주로 단 스타일로 스커트를 크게 부풀리기 위하여 크리놀린 위에 페티코트를 겹쳐 입어 최대한 스커트를 부풀려 입었다〈그림 14-3〉.

이 스타일은 1845년경부터 유행하기 시작하여 당시 여성들은 무릎길이의 슈미즈 위에 코르셋을 착용하였다. 그 위에 크리놀린을 착용하고 한두 개의 페티코트를 겹쳐 입어 스커트를 최대한 부풀렸다. 1850년대 전반에는 속에 여러 겹의 페티코트를 겹쳐 입어 원하는 효과를 얻었으나, 페티코트가 매우 무거워서 1856년에는 케이지 크리놀린(Cage Crinoline)이나 후프로 만든 페티코트를 입었다.

코르셋은 전에 사용했던 바스크(Basque)나 직물에 고래수염을 넣어 불편하지 않도록 만들었다. 두모울린(Dumoulin)은 흰색 면으로 재단하고 꿰매어 몸에 딱 맞게 하고 길이는 짧게 만들었다.

크리놀린 이브닝드레스는 어깨가 많이 드러나게끔 목선을 넓고 깊게 파고 태슬(Tassel)이나 러플, 리본, 프릴, 브레이드(Braid) 등으로 장식하였다. 일상복은 스커트의 폭이 좁았으며 네크라인을 둥글게 파고 레이스나 브레이드 등으로 간단하게 장식하였다.

크리놀린은 원래 외제니(Eugénie) 황후가 임신으로 변한 몸매를 감추기 위하여 스커트 폭을 크게 확대하는 데 사용했던 것으로 영국의 디자이너 찰스 프레더릭 워스(Charles Frederick Worth)가 그녀를 위해 디자인한 것이다〈그림 14-5〉. 크리놀린이 최고로 발달했던 프랑스 제2 제정 시대는 방탕한 사치의 역사로 간주된다. 특히 나폴레옹 3세의 부인인 외제니 황후는 크리놀린의 여왕으로 패션에 크게 영향을 미쳤던 마지막 황족이었다. 그리고 새로운 패션 디자이너들이 등장하여 특별 주문복을 취급하는 오트 쿠튀르(Houte Couture)의 세계가 시작되었다.

외제니 황후의 전속이었던 찰스 프레더릭 워스는 단연 최고의 디자이너였다. 영국 출신의 그는 까만 피부와 작은 키, 무뚝뚝하고 신경질적인 태도, 시가를 문 모습, 타인에게 무례한 태도로 소문이 났음에도 10년 동안 파리 유행의 독재자로 군림하였다. 그가 운영했던 고급 의상실, 쿠튀르(Couture)의 등장은 패션사에서 가장 중요한 사건 중 하나이다. 그가 1853년에 제작한 외제니 황후의 결혼식 의상은 모든 여성이 부러워하는 것이었다. 외제니 황후는 특히 여성스럽고 환상

14-6 언더 스커트, 1800년대

적인 분위기의 레이스를 좋아하여 소매, 모자, 손수건 등에도 레이스를 사용하였다. 이에 따라 레이스의 수요가 증가하여 프랑스의 레이스 산업이 급속히 발전하였다. 또한 그녀는 파스텔조의 색상을 좋아하였다.

여름옷의 소재로는 론(Lawn), 친즈(Chintz), 피케(Piqué), 거즈(Gauze), 모슬린(Muslin) 등을 좋아하였고 겨울옷의 소재로는 캐시미어(Cashmere), 메리노(Merino), 플란넬(Flannel), 태피터(Taffeta), 브로케이드(Brocade), 벨벳(Velvet) 등을 사용하였다.

크리놀린 스타일은 약 15년간 유행하였는데 1860년경에는 스커트 폭이 절정에 이르러 밑단 둘레가 10마까지 넓어졌다. 당시 크리놀린 스타일은 앞만큼이나 뒤도 튀어나와 옆에서 보면 마치 벌집 같은 모양이었으며 허리와 보디스가 꼭 맞는 것이었다. 그 후 스커트의 부풀림이 축소되면서 스커트 밑단이 여러 층으로 나누어졌고 러플, 브레이드, 리본, 레이스, 자수 등으로 장식되어 스커트가 땅에 끌렸으며 때로는 뒤에 트레인을 달기도 하였다.

1860년대 중반에는 크리놀린이 스커트 뒤쪽으로 이동하여 앞쪽이 약간 직선적으로 변하였다. 1868년에는 스커트의 보강물이 완전히 뒤쪽으로 옮겨져서 반쪽짜리 크리놀린이 되었고 뒤쪽에 산더미같이 쌓인 끝자락이 바닥에 끌렸다. 그러다가 1860년대 말기에 크리놀린이 완전히 사라졌을 때는 이것을 묶어 올린 일종의 버슬 형태가 만들어졌다. 1870년대에는 스커트가 매우 길어져서 바닥에 끌고 다닐 정도였다.

(2) 크리놀린

크리놀린(Crinoline)은 르네상스 시대의 후프 파팅게일이 재료와 형태만 바꾸어 부활한 것이다. 당시 여성들은 스커트를 부풀리려고 여러 겹의 페티코트 밑에 특수한 틀을 착용하였는데 이것을 크리놀린이라 불렀다. 크리놀린이란 라틴어의 크리니스(Crinis)에서 유래한 단어로 리넨에다 말의 털을 넣어 짠 두껍고 빳빳하며 잘 꺾이지 않는 천으로, 크리놀린으로 만든 페티코트 역시 크리놀린이라 불렀다.

크리놀린은 최대한으로 부풀리기 위하여 철로 만든 굴레를 스커트 밑에다 달았는데, 후에는 철로 만든 닭장같이 변하였다. 나폴레옹 3세 초기에는 많이 퍼지지 않은 종 모양이었

14-7 크리놀린 스타일의 로브, 1860년대

14-8 가봉하는 모습, 1865   **14-9** 봄과 가을의 크리놀린 드레스, 1868

고, 후반에는 아랫부분이 크고 둥글게 퍼지는 모양이었으며, 1856년에는 금속 링을 넣은 것이 등장하여 스커트가 더욱 넓고 커졌다. 1860년대에는 앞이 납작하고 양쪽 옆면과 뒷면이 둥글게 부푼 형태가 되었다〈그림 14-6, 7〉.

1840년대부터 1870년대까지는 스커트를 부풀린 실루엣이 유행하였는데, 크리놀린이 그것을 가능하게 하였다. 유행에 민감한 여성들은 앞쪽을 고래수염이나 나무, 또는 철판으로 받치고 뒤나 옆도 고래수염으로 받치는 코르셋을 포기하지 않았다. 단지 걷기 편하게 하려고 앞쪽을 부드럽게 하고 뼈대는 제거하였다. 마지막으로 위에는 한두 개의 페티코트를 입고, 그 위에 크리놀린을 입었다. 크리놀린은 계속 커져 엉덩이 부분이 비교적 평평해졌으며 풍성한 부분이 뒤쪽으로 강조되

었다. 크리놀린은 위쪽이 열려 있어 쉽게 입을 수 있고 허리를 감아서 맬 수 있었다. 모양은 둥글거나 타원형으로 되었고 작은 것부터 큰 것까지 사이즈가 다양하였다.

당시에 가장 인기 있었던 것은 강철로 된 둥근 버팀대로 만든 크리놀린으로 저렴한 가격 탓에 인기가 많았다. 그중에서도 톰슨(Thompson) 사의 제품이 애용되었다. 처음에는 고무로 된 튜브가 삽입되어 크기를 조절하는 등의 기능으로 인기를 끌었으나 튜브에 구멍이 쉽게 나는 바람에 상업적으로는 성공하지 못하였다.

크리놀린의 유행이 최고조에 달했을 때는 스커트의 지름이 2m나 되는 것도 있었는데, 이것을 싫어하는 여성들은 페티코트를 여러 개 입었다. 한 풍자 만화가는 남녀가 궁전 계단

14-10 아멜리아 블루머, 1850년경   **14-11** 블루머를 착용한 여성들, 1901~1910   **14-12** 크리놀린 시대의 남성복

14-13 크리놀린 시대의 남성복

14-14 디토 슈트, 1872

14-15 니커보커스, 1888

을 내려오는 장면을 표현하면서 여성의 넓은 스커트가 계단 전체를 막아, 남성이 계단 밖 허공에서 내려오는 장면을 그리기도 하였다. 크리놀린은 사람 한두 명이 들어갈 정도로 폭이 넓어져서 이것을 착용하고는 마차에 올라탈 수도 없는 지경에 이르렀다. 따라서 마차에 타기 전, 크리놀린을 벗어 지붕 위에 걸쳐놓고 목적지에서 다시 착용하곤 하였다.

크리놀린은 저렴한 가격 탓에 일반 여성 사이에서도 대중화되었지만 농사를 짓는 여성들에게는 아주 불편한 속옷이었다. 결국 크리놀린은 일상에서 자취를 감추었고 그 자리를 볼 가운(Ball Gown)이 대신하였다. 르네상스 시대 후부터 프랑스 혁명 전까지 유행했던 과장된 실루엣은 크리놀린을 마지막으로 사라지게 되었다〈그림 14-8, 9〉.

(3) 블루머

크리놀린이 등장하기 전, 미국에서는 여성의 합리적인 패션을 위한 운동이 일어났다. 여성 최초로 바지를 제안했던 아멜리아 블루머(Amelia Bloomer)는 여성스럽지는 않으나 무릎 아래까지 내려오는 블루머(Bloomer, 넉넉한 스커트 밑에 헐렁한 바지를 입는 형태)를 소개하였는데, 빅토리아 시대 중반의 남성들은 이를 남성의 특권적 지위에 대한 무례한 공격으로 여겼다〈그림 14-10, 11〉.

블루머는 남성의 전유물이었던 바지에서 영감을 얻은 의복으로 발목까지는 풍성하고 발목에서 좁아지는 활동이 편리한

바지였다. 여성들은 짧은 스커트 밑에 드로어즈(Drawers)를 입었는데, 유행 중이던 보디스를 단순화시킨 형태의 것과 무릎 아래까지 내려오는 상당히 넉넉한 스커트로 이루어져 있었다. 속에 입었던 발목까지 오는 헐렁한 바지 아랫부분에는 대개 레이스로 된 프릴이 달려 있었다.

2) 남성의 패션

남성의 복장은 런던에서 처음 생겨나서 프랑스로 전파되었다. 나폴레옹 3세는 루이 16세와 같은 호화스러운 궁중생활을 그리워하였고, 급성장한 부르주아 역시 과거의 귀족 못지않은 권력과 재력을 과시하였다. 1848년 2월 혁명으로 왕정 복고 시대의 귀족풍 남성 패션이 자취를 감추고, 부르주아가 정권을 잡으면서 일반 시민과 구별할 수 있는 정도의 귀족 의상을 입게 되었다. 부르주아 중 일부는 위에 프라크(Frac)를 입고, 아래에는 귀족의 상징인 퀼로트를 착용하였는데 이러한 패션의 형태는 루이 왕조 시기의 것과 같은 것이었다. 남성의 기본 패션은 계급에 따른 차이 없이 대개 프라크, 코트, 판탈롱, 베스트, 셔츠 등으로 구성되었다〈그림 14-12, 13〉.

(1) 프라크

프라크(Frac)란 도련을 허리 부분에서 비스듬하게 잘라내는 커트 어웨이(Cut Away)를 이용한 코트로, 대개 궁중 예복으

로 착용하였으며 현재의 연미복과 그 형태가 같다. 화려한 색상의 프라크(Frac)에는 금·은사로 수를 놓았는데, 계급에 따라 프라크나 자수의 색상을 다르게 하였다. 신분이 낮은 일반 시민들은 실용적이고 검소한 차림을 하였다.

(2) 코트

코트(Coat)로는 싱글 혹은 더블 여밈의 직선으로 내려온 박스 스타일의 체스터필드 코트(Chesterfield Coat), 또는 허리에는 꼭 맞고 허리 밑으로 내려가면서 넓어진 프록 그레이트 코트(Frock Great Coat)가 유행하였다. 프록코트 위에는 두꺼운 모직으로 풍성하게 만든 톱 프록코트(Top Frock Coat)를 착용하였다. 여행용 코트로는 케이프 형태의 인버네스 케이프를 착용하기도 하였다. 이외에도 허리선에서 밑을 향해 일직선으로 내려오는 박스형이 유행하여 1860년경에는 현재의 남성복 형태인 색코트(Sack Coat)가 일상에서 착용되었다. 또한 크리미아 전쟁(1854~1856)의 영웅 래글런의 이름을 따서 부상당한 그의 팔을 쉽게 넣을 수 있도록 소매의 시작선이 네크라인에서 겨드랑이 쪽으로 여유 있고 크게 만든 래글런 코트(Raglan Coat), 테일러드 칼라에 앞 중심이 사선으로 잘려나간 형태로 주로 예복으로 사용되었던 모닝코트(Morning Coat) 등을 착용하였다. 코트, 베스트, 팬츠를 동일한 옷감으로 만든 한 벌의 정장으로 만든 디토 슈트(Ditto Suit)〈그림 14-14〉도 착용하였다. 디토 슈트는 1859년에 착용하기 시작하여 19세기 후반에 유행하였는데 이것이 오늘날의 스리피스 남성복으로 변하였다.

(3) 베스트, 재킷

베스트(Vest)는 싱글 혹은 더블 여밈으로 숄칼라, 테일러드 칼라의 허리선까지 오는 짧은 길이의 조끼로 안과 밖을 다른 색상으로 만들기도 하였다.

상의로는 재킷, 질레(Gilet) 및 판탈롱을 착용하였는데 부르주아들은 지나치게 장식에 신경 쓰기보다는 산업 시대에 맞는 실용적인 차림을 주로 하였다. 일반 시민들이 입었던 재킷은 궁정의 프라크 대신으로 전에 착용했던 프록과 르댕고트(Redingote)의 혼합 스타일로 이 재킷은 길이가 허리 밑까지 왔고, 앞단은 둥글게 처리되었다. 때로는 재킷 밑에 조끼나 베스트를 입었다. 베스트는 르댕고트와 비슷했지만 길이가 허리 밑까지 왔고 밑단이 직선으로 처리되었다. 재킷이나 베스통(Veston)은 대개 어두운색 모직으로 만들었는데, 질레는 이와 대조적으로 밝고 화려한 색상이었다.

(4) 바지

바지는 코트와 조화를 이루었으며 바지폭이 약간 넓어졌고 길이는 구두 굽에 닿도록 길어졌다. 특히 체크, 스트라이프

14-16 신로코코, 크리놀린 시대의 헤어스타일과 모자

무늬 판탈롱이 유행하였다. 이것은 무릎 아래에서 버클이나 고무줄로 조이는 무릎까지 오는 바지로 자전거를 탈 때나 사냥할 때, 스포츠용 바지로 니커보커스(Nickerbockes)를 착용하였다〈그림 14-15〉. 남성복 하의, 판탈롱은 이 시기에 형태상의 변화가 생겨서 전부터 사용하던 끈이 달린 꼭 맞는 바지 형태가 사라지고, 1850년대부터는 바지통이 넓어지고 길이가 구두까지 오도록 길어졌다. 색상도 어두운색이 주를 이루었으나 이 시기에는 줄무늬나 체크를 이용하였다. 저녁에는 주로 검은색 도스킨이나 모직물로 된 바지를 입었고, 낮에는 줄무늬나 체크무늬가 그려진 바지를 입었다.

(5) 셔츠

셔츠(Shirt)는 단순한 형태의 상의 안에 맞추어 입는 옷으로 여기에 여러 가지 넥타이를 매치하였다. 정장에는 주름이나 턱으로 된 셔츠에 넥타이, 나비넥타이 등을 착용하였다. 남성들도 여성의 것과 같은 형태의 슈미즈를 착용하였다.

슈미즈는 저녁에 착용하는 것으로 귀족들은 가슴에 레이스나 프릴을 부착하였고 시민들은 심플한 디자인에 앞을 단추로 여미게 되었다. 슈미즈의 칼라도 1850년경부터는 약간 넓게 하고 풀을 먹여서 빳빳하게 한 후 좁은 밴드로 된 넥타이를 매었다. 1860년경에는 칼라의 폭이 좁아진 턴다운(Turn-down) 칼라에 좁은 넥타이를 매어 앞 중심에서 나비넥타이 모양으로 맺었다. 커프스에도 빳빳하게 풀을 먹였다.

외투로는 망토를 입었는데, 대개 단추가 양쪽으로 달린 더블브레스트로 만들어 라펠 칼라를 달고 팔을 내놓을 수 있도록 양쪽을 터침, 슬릿으로 하였다. 후기에는 산업화와 영국의 영향으로 근대 남성 패션의 형태를 갖추게 되었다.

3. 헤어스타일과 액세서리

1) 헤어스타일과 모자

남성들은 약간 긴 머리카락에 컬을 주고 구레나룻을 길렀다. 나폴레옹 3세의 이발사가 소개한 '황제 수염'도 인기였다. 모자로는 실크 해트나 비버(Beaver) 해트를 썼다. 또한 딱딱한 펠트로 만든 멜론 형태의 모자가 등장하였는데, 영국에서는 이를 보울러 해트(Bowler Hat)라 불렀고 프랑스에서는 멜론 해트라고 불렀다.

여성들 사이에서는 머리카락을 귀 위로 늘어뜨리고 뒤에서 묶거나, 또는 컬을 양쪽으로 자연스럽게 늘어뜨리는 외제니 황후 스타일이 유행하였다. 앞가르마를 타고 목 뒤에 늘어진 머리를 크게 묶어서 망으로 감싸기도 하였다. 모자는 앞머리가 드러나도록 이마에서 뒤쪽으로 작은 보닛을 쓰거나, 꽃과 리본으로 장식한 낮은 관 형태의 모자를 썼다. 머리를 감싸며 턱 밑에서 리본으로 묶는 포크 보닛(Poke Bonnet)과 꽃으로 장식한 밀짚모자도 선호하였다〈그림 14-16〉.

 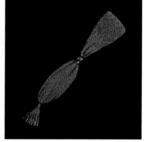

(a) 리본, 머리의 깃털 장식, 목걸이, 팔찌   (b) 태슬 장식이 달린 동전지갑, 1850

14-17 신로코코, 크리놀린 시대의 액세서리

(a) 프랑스, 1855   (b) 미국, 1860   (c) 이탈리아, 1860   (d) 영국, 1860

14-18 신로코코, 크리놀린 시대의 슈즈

2) 액세서리

스커트 길이가 짧아지면서 스타킹의 역할이 중요해졌다. 남성들은 항상 지팡이를 들고 다녔는데, 안경은 사각이나 둥근 테가 있는 것을 사용하였다. 장갑은 길이가 다양하였고 검은색 리본 장식이 새로운 액세서리로 등장하여 목에 묶고 다녔다. 보석도 많이 이용하여 진주, 구슬, 수정, 호박 등을 사용하였다. 여성들은 손잡이가 짧은 파라솔을 들고 다녔다.

3) 슈즈

남성들이 긴 바지를 입으면서 목이 긴 부츠가 사라지고, 미국에서 재봉틀이 발명되면서 간편하고 실용적인 구두를 신게 되었다. 펌프스는 나폴레옹 3세에 의하여 궁정에서 신게 된 것으로 1860년경에는 힐이 높아지기 시작하였다. 여성들의 구두 재료로는 검고 부드러운 가죽과 새틴, 에나멜 등이 쓰였다.

크리놀린 시대 패션 스타일의 응용

크리놀린 드레스, 1860~1870

잔니 베르사체, 1997, S/S

야마모토 요지, 1994, F/W

알렉산더 맥퀸, 2000, S/S

크리스찬 디올, 1955, S/S

크리놀린 시대 패션 스타일의 요약

크리놀린 시대(1848~1870)

대표 양식	대표 패션
 수정궁, 런던, 1850년대	 외제니 황후와 궁녀들의 크리놀린 드레스, 1855

패션의 종류			
패션의 종류	여성복	• 크리놀린 스타일의 로브(Robe) • 프린세스 드레스(Princess Dress) • 뷔르누(Bournou) • 블루머(Bloomer) • 코트(Coat)	• 턴 다운(Turn-down) 칼라 • 밴드가 좁은 넥타이
	남성복	• 프라크(Frac) • 체스터필드 코트(Chesterfield Coat) • 그레이트 코트(Great Coat) • 색코트(Sack Coat) • 래글런 코트(Raglan Coat) • 모닝코트(Morning Coat) • 디토 슈트(Ditto Suit) • 베스트(Vest) • 니커보커스(Nickerbockers) • 셔츠(Shirt)	
디테일의 특징		넓은 비숍(Bishop) 소매, 술, 태슬(Tassel), 프린지, 자수(신분 구분)	
헤어스타일 및 액세서리		구레나룻, 수염, 줄무늬, 체크무늬, 비버 해트(Beaver Hat), 보울러 해트(Bowler Hat), 포크 보닛(Poke Bonnet), 펌프스(Pumps), 지팡이, 안경, 파라솔, 진주, 구슬, 수정, 호박, 검은색 리본 장식	
패션사적 의의		• 재봉틀의 발명 • 오늘날 스리피스 남성복의 시초인 디토 슈트의 등장 • 스커트 길이가 짧아지면서 스타킹의 중요성이 대두	

CHAPTER 15
버슬, 아르누보 시대의 패션

15-1 대량 생산 위주의 기성복 산업, 1880년대

15-2 오르세 미술관, 파리, 1986

CHAPTER 15
버슬, 아르누보 시대의 패션

1. 버슬, 아르누보 시대의 사회와 문화적 배경

1850년대부터 1870년대까지는 내셔널리즘(Nationalism)이 중요한 이슈로 떠올라 이탈리아와 독일에서 가장 두드러졌다. 과학기술과 산업국의 발달은 자본주의 사회를 만드는 데 큰 역할을 하였으며 철도와 전선의 발명으로 교통과 통신수단이 발달하면서 근대화에 박차를 가하였다.

19세기에 들어서면서 인간의 생활환경을 개선하기 위한 수많은 발명과 기술 혁신이 행해졌는데, 19세기 전반의 기술적 발전은 후반에 이르러서는 산업 발달과 함께 가속화되었다. 1870년에는 재봉틀의 공급으로 기성복이 발전하였다. 1876년에 지멘스(Siemens)는 실용화가 가능한 발전기를 창안하여 증기 대신 새로운 동력을 활용할 수 있게 하였다〈그림 15-1〉.

1870년에는 파리 세느 강 왼편 오르세에 회계 검사원이 세워졌지만 파리 코뮌 시대에 파괴되고, 그 후 1898년 파리 올레앙 철도회사가 신역사 건축을 빅토르 랄루에게 위탁하여, 만국박람회가 있었던 1900년에 맞추어 신오르세 역을 완성하게 되었다. 이 건물의 철골 구조는 밝은색의 장식 회반죽으로 덮였고 16개의 플랫폼, 레스토랑, 400개의 객실을 갖춘 우아한

호텔도 갖추어 운송에서 중요한 역할을 담당하였다. 이 역은 1973년 당시 퐁피두 대통령에 의해 국제적 건축물로 지정되어, 나폴레옹 3세의 제2 황제기부터 큐비즘 시대에 이르는 방대한 양의 미술품을 전시하는 미술관이 되었다. 오르세 미술관은 현재까지도 유럽에서 가장 아름다운 미술관으로 손꼽히는 건축물이다〈그림 15-2〉.

세계가 전기 시대로 들어감으로써 공장과 가정에서 일상적으로 전기를 사용하게 되었다. 열다섯 살부터 1869년까지 미국, 캐나다의 여러 곳에서 전신수로 일했던 에디슨(Edison)은 특허 수가 1,000종이 넘을 정도로 많은 발명을 하였다. 그의 발명품 중 가장 유명한 것은 1872년에 발명한 전구로, 이 발명이 세계 전자공업 발달의 바탕이 되었다. 알렉산더 그라함 벨(Alexander Graham Bell)은 전화를 발명하였다. 교통수단의 큰 혁명으로는 1880년 독일인 다인러(Dainler)가 가솔린을 연료로 한 자전거, 마차, 모터사이클과 자동차를 몰기 시작하였다. 미국의 포드(Ford)는 자동차 대량 생산에 들어갔고 1901년에는 이탈리아인 마르코니가 라디오를, 1903년 미국에서는 라이트 형제가 최초로 비행에 성공하였다. 특히 이 시대에 이스트먼(Eastman)은 미국의 사진 기술자로 1880년 로체스터에 공장을 건설하고 1884년에 롤필름 제작에 성공하였으

15-3 벨 에포크 시대, 1875
벨 에포크는 '아름다운 시대'란 뜻으로 19세기 말부터 1914년 제1차 세계대전이 일어날 때까지 파리가 번성했던 화려한 시대이다.

며 1888년 코닥 카메라를 고안하여 이스트먼 코닥 사를 설립하였다. 그는 필름을 대량 생산하여 사진이 대중화되는 데 기여했으며 1928년에는 천연색 필름을 발명하였다. 그는 미국의 대표적 자선가로 재산 대부분을 로체스터대학과 매사추세츠 공과대학에 기부하였다.

19세기 말 부터는 제국주의와 자본주의가 시작되면서 패션이 간소하고 실용적인 방향으로 발전하였고, 거대하고 화려한 크리놀린 스타일 대신에 폴로네즈 스타일을 거쳐 1860년대 말부터는 엉덩이 부분을 튀어나오게 강조한 버슬(Bustle) 스타일로 변하였다. 1870년대를 시작으로 제1차 세계대전에 이르기까지 제국주의 시대가 열렸으며 현대 민주사회로 기반을 닦은 서양에서는 산업화 사회로 급속히 변하였다.

19세기 말에는 샤르도네(Chardonnet)에 의하여 인조 섬유가 발명되고 1891년에는 크로스(Cros)와 베반(Bevan)에 의하여 비스코스 레이온(Viscose Rayon)이 발명되었다. 여성들도 사회에 진출하기 시작하여 1870년대 이후부터는 남성복과 같은 투피스, 슈트를 입기 시작하였다.

1910년에 에드워드 7세가 죽었음에도 불구하고, 영국에서는 1900년이 시작될 때부터 제1차 세계대전이 일어날 때까지의 시기를 에드워드 시대(Edwardian Era)라고 불렀다. 프랑스에서는 약간 이전인 1890년대 중반부터의 시기를 벨 에포크(La Belle Époque), '아름다운 시대'라고 불렀다. 이 시기는 정확히는 19세기 말부터 제1차 세계대전이 시작되는 1914년경을 의미하는 것으로, 당시 사람들은 과거의 좋았던 시절을 그리워하였다〈그림 15-3〉. 에드워드 시대에는 사회가 국왕의 개인적인 욕구에 맞추어, 무도회와 만찬, 교회 별장에서의 파티가 넘쳐났다. 그 어느 시대보다 패션에 많은 돈을 쏟아부었고, 많은 음식을 먹었고 말 경주와 불륜, 새 사냥, 요트 놀이가 행해졌다.

사람들은 침착하면서도 당당한, 약간 풍만한 가슴을 가진 성숙한 여성을 선호했고 그러한 인상은 소위 건강 코르셋으로 더욱 강조되었다. 이것은 배를 내리누르는 압박을 막기 위한 노력의 결과물로 가슴은 앞으로 쏠리게 하고 엉덩이는 뒤로 쏠리게 해서 앞에서 보면 몸이 일직선이 되도록 만든 것이다. 이로 인해 독특한 S자 모양의 자세가 만들어져 이 시대의 특징이 되었다.

19세기는 국제관계 전개나 물질문명의 발달 못지않게 문학과 예술에서도 다양한 문화를 꽃피웠다. 19세기 후반기에는 감성주의, 낭만주의에 반대하는 리얼리즘이 세계적으로 영향을 주었다. 19세기 말에 등장한 예술 양식 중의 하나인 아르누보(Art Nouveau)는 건축, 조각, 회화, 공예, 의상 등 예술 분야에 큰 영향을 끼쳤다. 화가 제임스 티소(James Tissot)의 작품에는 당대의 패션이 섬세하고 정확하게 묘사되어 있다〈그림 15-4〉. 그는 19세기 의상을 주의 깊게 관찰하여 섬세하게, 그리고 의상을 주제로 그림을 그린 대표적인 사람이다.

1886년부터는 버슬 스타일이 쇠퇴하였고 1890년에 이르러서는 아르누보 양식이 등장하였으며 S자 실루엣, 깁슨 걸 스타일과 모래시계 모양의 아워글라스 스타일이 유행하였다. 이는 가슴을 많이 노출시키고 허리는 가늘게 조이며 스커트의 엉덩이 부분을 돌출시킨 실루엣으로 종 모양의 형태로 퍼져

15-4 무도회용 볼 가운, 제임스 티소, 1878

1867년에는 패션잡지 〈하퍼스 바자〉가, 1892년에는 〈보그〉가 창간되어 세계 패션 발전에 공헌하였다.

우리나라에서는 1850년대 말~1900년대 초, 유럽의 외교사절과 기독교 전도사들에 의하여 개화의 바람이 일었다. 1884년에는 도포를 두루마기로 간소화하였고 이러한 영향으로 인하여 1885년에는 경찰복을 양복으로 바꾸게 되었다. 1895년 '단발령'에 이은 문무백관에 대한 '양복 착용령', 고종 황제가 영국식의 대례복 프록코트에 실크 모자를 쓴 것은 한국 패션 개혁에 획기적인 전환점을 가져왔다. 여기에 외교관들의 가족, 특히 부인이나 딸들이 한국에 첫 양장을 들여오면서 최초의 피복 공장과 양복점이 문을 열게 되었다.

여성들은 이러한 개화의 바람을 타고 쓰개치마와 장옷을 벗어버렸다. 복장 개혁을 단행했을 당시 기생 배정자는 아르누보 스타일의 드레스를 착용하였다. 진명여성고등학교 등을 설립하고 교육 발전에 많은 공을 남겼던 영친왕의 생모 순헌황귀비는 1890년대 서양에서 유행하던 하이네크에 양다리 형태의 레그 오브 머튼(Leg of Mutten) 소매가 달린 깁슨 걸 (Gibson Girl) 스타일의 드레스에 우산을 들고 장갑을 착용하였다〈그림 15-5〉. 이는 미국의 화가 찰스 데인 깁슨(Charles Dane Gibson)이 그린 초상화에서 나타난 여성의 옷차림에서 기인한 명칭이다.

1896년에는 육군 복장 법칙이 제정되어 구군복은 완전히 자취를 감추고 구미식 군복으로 바뀌었으며 문관 복장의 개혁도 반포되었다. 이로써 조선왕조 500년의 구관복제도가 완전히 서양화되었다. 특히 고종의 단발과 프록코트와 실크 해트, 서양 의복 차림의 신하들을 거느린 순종의 지방 사찰 등은 관리들로 하여금 서양 패션을 더욱 빨리 수용하게 만들었다.

나가 스커트가 마루에 끌렸다. 또한 소매 윗부분을 크게 부풀린 팝(Pop) 소매나 양다리 모양 소매, 보디스와 허리선은 타이트하게 맞으며, 스커트는 엉덩이에서부터 고어나 플레어, 플리츠 형태로 점차 아래로 퍼져나가는 스타일이 많아졌다.

15-5 깁슨 걸 스타일의 드레스를 착용한 순헌황귀비, 1890년대

2. 버슬, 아르누보 시대 패션

19세기는 학문·문학과 예술 면에서도 다양한 변화와 발전이 나타났다. 추상적이고 주관적 표현의 인상파와 후기 인상파가 형성되어 현대 미술의 기초를 이루었고 이러한 리얼리즘의 영향으로 화려한 분위기의 크리놀린 스타일이나 버슬 스타일이 점차 사라지고, 검소하고 기능성이 강한 패션이 나타나기 시작하였다.

여성들의 사회 진출 계기가 마련되었고 여성의 지위가 향

15-6 버슬 스타일의 볼 가운, 1885 　　　　**15-7** 발레이외즈가 달린 버슬 스타일 드레스

상되었다. 따라서 여성의 패션에 신체의 활동성과 실용성을 추구하는 현상이 나타나 코르셋(Corset)이 폐지되고 바지를 착용하며 신체를 노출하는 경향이 세계로 파급되었다. 패션에서의 계급의식은 사라지고 성별의 차이가 없는 의상을 착용하게 되었으며, 의복을 대량 생산하는 기성복 산업이 발달하였다.

1) 여성의 패션

(1) 버슬 스타일

버슬 스타일(Bustle Style, 1870~1890)은 과장된 크리놀린 스타일이 쇠퇴하면서 나타났다. 1860년대 말부터 뒤쪽이 전체적으로 넓어졌던 스커트는 뒤쪽만 허리에서부터 엉덩이까지

15-8 버슬 드레스, 1870년대

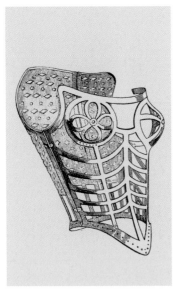

15-9 코르셋, 1902   **15-10** 검은색 코튼 새틴 소재의 코르셋, 1880년대   **15-11** 코르셋으로 강조한 가는 허리, 1890년대   **15-12** 코르셋과 언더웨어를 착용한 여성, 1877

를 부풀리는 버슬 스타일로 변하게 되었다. 버슬은 스커트 뒤쪽의 볼륨을 만들기 위하여 말의 털, 닭의 깃털을 넣어 만든 쿠션과 철사나 대나무로 만든 버팀대, 버슬 패드로 만들어졌다. 뒤쪽의 허리가 부풀어져 보이는 현상은 1870년대 말부터 1880년대 초에 걸쳐 약간씩 줄어들었지만, 1880년대 중반과 말기에는 다시금 스커트가 부풀기 시작하였다. 이 스타일은 시간이 흐르면서 디자인이 조금씩 변하였다〈그림 15-6〉.

버슬 스커트의 실루엣 제작에는 두 가지 형태의 버팀대가 사용되었다. 하나는 버슬 패드를 속치마의 엉덩이 부분에만 부착한 것이고, 다른 하나는 강한 철사로 틀을 만들어서 속치마 위에다 입는 것이었다. 스커트의 단이 더러워지는 것을 막기 위하여 페티코트에다가 발레이외즈를 부착하였다〈그림 15-7〉. 스커트의 버팀대를 착용할 때는 엉덩이가 거의 90도로 돌출되었다. 돌출된 부분은 물건을 놓아도 떨어지지 않을 정도로 직각으로 튀어나왔다.

스커트의 단을 강조하는 경향은 1880년대가 되면서 엉덩이쪽으로 옮겨갔고 그곳에 리본이나 주름으로 장식을 하게 되었다. 1888년이 되면서는 버슬의 크기가 줄어들었고, 1890년대에는 버슬 스타일이 사라지면서 새로운 아워글라스 실루엣이 나타났다. 스커트는 여전히 뒷부분이 풍성했지만, 그 풍성함이 점점 아래로 이동하였다. 때로는 데이 드레스에 길게 끌리는 트레인이 달려 있었다. 스커트는 몹시 거추장스러웠고, 어떤 이들은 이 스타일의 비위생적인 점을 지적하였다.

1870년대 후반기에는 뒤에 늘어진 트레인이 짧아지기 시작하였고, 니트 의상이 도입되었다. 이것은 영국령인 저지 섬 출신의 유명 여배우 미시즈 랭트리(Mrs. Langtry), 즉 저지 릴리(Jersey Lily)에 의하여 유행하여 '저지 드레스'로 알려져 있다.

① 코르셋

19세기 코르셋(Corset)은 15세기경에 보디스라고 불렸던 두 조각의 리넨을 앞뒤로 붙여서 뻣뻣하게 만들었던 것을 다시 재현한 속옷으로, 가는 허리가 유행하던 시절에 착용되었다. 고래의 입천장 뼈를 천조각에 판처럼 지탱하도록 끼워서 만든 코르셋은 얇은 면이나 모슬린 시프트(Shift) 위에 입었고, 그 위에 다시 드레스를 입었다.

당시에는 허리의 앞쪽이나 뒤쪽을 끈으로 단단히 조여 매는 방식의 코르셋이 육체에 고통을 준다며 항의하던 시절이었다. 1850년 이후에는 의학계에서도 허리를 억지로 졸라매는 코르셋의 부작용에 관한 내용을 의학 잡지에 싣기 시작하였다. 병리학자들은 소화 불량이나 척추 손상, 현기증, 심지어 기절이나 낙태를 유발하는 코르셋의 부정적인 면을 지적하였다〈그림 15-9〉. 하지만 이러한 항의에도 불구하고 19세기 말에는 아주 정교한 코르셋이 만들어졌다. 이때 S자처럼 구부러진 실루엣이 큰 인기를 끌었는데, 코르셋이 엉덩이 밑까지 내려오고 가슴을 앞으로 밀어내도록 만든 것이었다.

1900년대 초에는 푸아레(Poiret), 루실(Lucile), 비오네

(Vionnet) 같은 디자이너들이 여성들을 코르셋에서 해방시키겠다며 나섰다. 이에 따라 뼈로 만든 코르셋이 사라지고, 탄력성 있게 직조된 옷감으로 만든 코르셋이 나왔는데, 허리를 끌어당기는 대신 편편하게 만든 것이었다. 폴 푸아레(Paul Poiret)의 급진적인 디자인이 여성들의 몸매를 그대로 나타낼 수 있게 해준 것이다. 파리의 상공회의소는 코르셋 제조업체들의 반대를 푸아레에게 전했으나 그는 계속 본인의 디자인을 고집하였다〈그림 15-10~12〉.

16세기에서 19세기에는 힙의 볼륨감을 한껏 강조한 스타일의 드레스가 유행하여, 버슬형 페티코트 프레임을 속에 입었다. 또한 척추에 무리가 많이 가지 않는다고 알려진 말총 버슬(1870년대)과 과학적·건강 버슬(1880년대)이 인기를 끌었다〈그림 15-13〉.

② 언더웨어

이 시대 여성의 언더웨어(Underwear)는 정교하고 어느 세기보다 화려하고 아름다웠다. 1890년경에는 엘레강스 또는 팬시한, 옷감의 스치는 소리에서 명칭이 유래된 프루프루(Frou-frou)라는 페티코트가 나오면서 언더웨어의 화려함이 정점에 이르렀다. 슈미즈는 계속해서 애용되었고 드로어즈(Drawers)에는 프릴이 달리고 무릎 바로 밑에까지 오는 길이가 유행하기도 하였다. 1877년에는 드로어즈와 슈미즈가 연결된 콤비네이션(Combination)이 출현하였는데 목이 높은 하이넥 스타일의 소재는 리넨, 메리노(Merino), 카리코(Calico) 또는 인도

산의 얇고 가벼우며 부드러운 광택이 나는 고급 면직물인 네인속(Nainsook)을 사용하여 긴 소매의 데이웨어(Daywear)로도 이용되었다. 그러나 1890년대에는 소매 프릴, 턱(Tuck), 레이스 트리밍 리본 등의 장식으로 더 화려해졌다.

1890년대에는 남성들의 니커보커스(Knickerbockers)와 비슷한 플란넬(Flannel)로 만든 니커스(Knickers)가 드로어즈 대신 애용되기도 하였다. 19세기에는 페티코트가 속옷만을 의미하였는데 그 이전에는 실제로 가운에 딸린 스커트를 의미하는 것이었다. 왜냐하면 크리놀린은 겉으로 보기에는 견고해 보이나 자칫하면 좌우로 흔들려 무릎 위가 드러났기 때문이다. 1870년대에 들어와서 페티코트는 겉에 입는 스커트의 모양을 따르기 시작했는데 대개 엉덩이를 자연스럽게 감싸도록 테를 둘러서 만들었고 1880년대에 와서 코르셋은 길어졌으며 힙의 모양을 맞추었고 더 단단해졌다. 이 시대에는 신축성 있는 어깨끈이 나왔는데 코르셋의 끝에 달려 스타킹을 붙잡아주는 역할을 했다.

19세기 말까지 코르셋은 아주 단단한 스타일을 그대로 유지했으나 조금씩 변하기 시작해서 배를 수직으로 받쳐주면서 군살을 허리 뒤나 엉덩이 밑쪽으로 밀어내도록 만들어져 1900년대의 S밴드 모양으로 발전되었다. 1890년대에는 더 우아하고 아름다운 코르셋이 출현하였는데 검은색 새틴에 미색, 청색, 분홍색 수를, 또는 흰색 새틴에 주황색으로 수를 놓아 만든 웨딩 코르셋 등이 그 예이다.

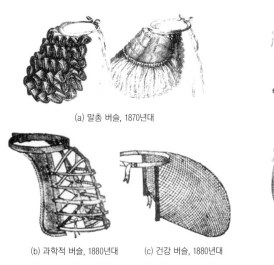

(a) 말총 버슬, 1870년대

(b) 과학적 버슬, 1880년대   (c) 건강 버슬, 1880년대

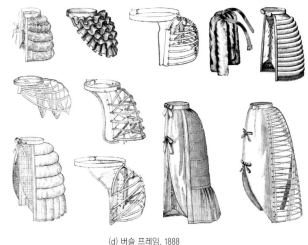

(d) 버슬 프레임, 1888

15-13 다양한 버슬 프레임

(a) 실크 이브닝드레스, 찰스 프레더릭 워스, 1877~1878

(b) 데뷔탕트 이브닝드레스, 찰스 프레더릭 워스, 1882

(c) 레이스, 구슬 장식 디너 드레스, 찰스 프레더릭 워스, 1900

(d) 레이스 가든 파티 드레스, 찰스 프레더릭 워스, 1908

(e) 라인 스톤, 자수틸, 시폰 튜닉 드레스, 찰스 프레더릭 워스, 1914

(f) 레이스 이브닝드레스, 찰스 프레더릭 워스, 1908

15-14 이브닝드레스, 1877~1914

③ 이브닝드레스

벨 에포크 시대에는 저녁에 열리는 무도회나 파티들이 많아서 화려한 이브닝드레스(Evening Dress)를 많이 착용하였다. 드레스의 네크라인, 소매 등은 다양하였으며 드레스의 길이는 바닥에 끌릴 정도로 길었다. 때로는 앞보다 뒤가 많이 길게 만든 트레인(Train)을 부착하기도 하였다.

드레스는 비즈, 조화, 깃털, 튜림 등 각종 재료들로 장식하여 화려하게 만들어졌다. 흰색, 상아색, 크림색, 연보라, 라벤더 등의 옅은색의 세폼(Seafoam), 새틴, 실크 태피터, 아렌콘(Alenqon) 레이스, 틸 등을 사용하여 만들었으며, 그 위에다가 베네시안(Venetian) 유리 비즈로 수를 놓거나 술을 부착하여 늘어뜨려 장식하였다. 또한 새시, 보 등으로 여성스러운 디테일을 더하였다(그림 15-14).

15-15 아르누보 스타일의 이브닝드레스, 찰스 프레 **15-16** S-커브 스타일의 이브닝드레스, 1900~1910 **15-17** 아워글라스 스타일 드레스, 1890년대
더릭 워스, 1897

(2) 아르누보 스타일

아르누보(Art Nouveau)란 '아르(Art)'와 '누보(Nouveau)'가 합쳐져서 나타난 '새로운 예술'이라는 뜻의 단어로, 1890년경부터 20세기 초에 걸쳐서 프랑스와 벨기에를 중심으로 일어난 예술 양식이다. 패션에서의 아르누보 스타일은 대개 S자형 실루엣을 의미하며 동식물을 주제로 하여 중세의 회화를 떠올리게 하는 담쟁이 덩굴, 백합, 연꽃 등의 무늬를 많이 사용하였다〈그림 15-15〉.

아르누보 스타일은 1890년경부터 1900년경까지 유행한 아워글라스 스타일과 1900년경부터 1910년경까지 유행한 S-커브 스타일로 분류된다.

① 아워글라스 스타일

1880년대에는 버슬이 거의 직각으로 돌출되어 엉덩이를 강조하다가 크기가 줄어들면서 아워글라스(Hourglass) 실루엣이라는 새로운 스타일로 변하였다. 버슬이 줄어들고 스커트가 단순해지는 반면, 어깨는 과장되었고 스커트가 넓어져 모래시계 형태의 실루엣을 형성하기 시작하였다. 이때 어깨를 강조하기 위하여 커다란 팝 소매나 레그 오브 머튼 소매를 달아 부풀렸다. 커다란 소매와 가는 허리, 넓은 플레어스커트는 서로 어우러져 아워글라스 실루엣을 이루었다〈그림 15-17〉.

② S-커브 스타일

1890년경에 유행하였던 아워글라스 스타일의 부피가 큰 소매는 1897년경부터 좁은 소매로 변하였고 아르누보의 영향을 받아 몸의 곡선미는 살리고 전체적으로 날씬해 보이게 하는 직선 형태의 S-커브 실루엣(1900~1910)이 새로이 등장하였다. 이 실루엣은 가슴이 많이 나오고 허리는 꽉 끼고 스커트는 힙이 나오면서 종과 같은 형태로 퍼져나가 스커트 길이는 더 길어졌고 마루에 끌릴 정도여서 걸을 때는 치맛자락을 걷어올리고 다녔다. 스커트는 고어드나 플레어였고 칼라는 하이넥으로 만들었으며 가장자리를 주름으로 장식하고 레이스 보(Bow)를 부착하기도 하였다. 세기 말부터는 소매, 스커트가 줄고 엉덩이와 가슴을 돌출시켜서 옆에서 보았을 때 완전한 S자의 스타일이 되었다. 20세기 초부터는 엉덩이와 가슴을 더 많이 돌출시켰다〈그림 15-16〉.

옷의 실루엣이 S자로 보인다고 하여 S자형 스타일, 미국의 화가 찰스 다나 깁슨이 그린 초상화의 여인들이 착용한 여성스럽고 로맨틱한 깁슨 걸 스타일, 미국의 여배우 메이 웨이스트(May Waist)가 유행시킨 메이 웨이스트 스타일로도 불린다.

소재로는 얇고 가벼우며 로맨틱한 느낌의 시폰, 레이스, 오건디(Organdy), 새틴 등을 사용하였고 브레이드, 튜림 등의 장식을 많이 사용하여 화려하면서도 여성스러웠다.

S-커브 스타일은 1910년경에 사라졌고 20세기 초기에는 가는 허리는 그대로였으나 차츰 코르셋에 변화가 생겨 1907

15-18 레그 오브 머튼 소매가 달린 테일러 메이드 슈 트, 1860~1897

15-19 이집트 여행풍의 테일러드 슈트, 자크 도세, 1894

15-20 오페라 케이프, 1900년경

년에는 가슴과 힙의 곡선이 줄어들고 스커트는 힙까지 타이트해졌고 종 형태로 플레어가 생겼다. 1905년까지는 트레인이 달렸다가 차차 매니시(Manish)한 칼라와 라펠이 달린 넉넉한 재킷과 직선적인 스커트로 변했다. 소매는 타이트 소매나 비숍(Bishop) 소매를 달았다.

③ 볼레로
볼레로(Bolero)는 길이가 긴 드레스 위에 입는 것으로 드레스와 조화를 이루는 허리까지 오는 짧은 옷이었다. 소매는 대개 길었고, 속옷의 칼라가 잘 보이게 하기 위하여 칼라가 없는 형태로 만들어졌다. 이튼 학교 소년들의 유니폼 재킷처럼 보였기 때문에 때로는 '이튼 보디스'라고도 하였다. 1890년대의 풍선처럼 부풀린 소매는 완전히 사라졌으며 소매가 손목 부분에서 타이트해졌고 손등을 살짝 덮을 정도로 길어졌다 〈그림 15-21〉.

④ 베스트
베스트(Vest)는 소매가 없는 정장용 조끼로 블라우스나 드레스 위에 착용하였으며 겉옷에 맞는 다양한 컬러와 소재로 만들어서 착용하였다.

⑤ 테일러드 슈트, 투피스
테일러드 슈트(Tailored Suit)와 투피스(Two-piece)는 남성 정장에서 영향을 받은 옷으로, 여성들의 사회 진출이 늘어나면서 블라우스와 함께 착용되기 시작하였다. 테일러드 슈트는 수영복 같은 스포츠웨어에 사용되기도 하였다〈그림 15-18, 19〉.

⑥ 코트, 케이프, 망토
코트(Coat), 케이프(Cape)〈그림 15-20〉, 망토(Manteau)는 옷 전체를 덮는 형태의 큰 실루엣으로 소매통이 넓고 대개 두꺼

15-21 볼레로를 착용한 여성, 제임스 티소, 1864

15-22 프록코트와 베스트, 톱 해트 차림의 신사, **15-23** 다양한 길이의 코트와 실크 해트
파리, 1908

운 소재로 만들었다.

2) 남성의 패션

여성의 패션 스타일이 파리의 영향을 받았다면, 남성의 패션 스타일은 18세기 말 혁명기부터 편안하고 실질적인 영국 모드의 영향을 받았다(1870~1910). 밝고 화려한 남성복의 색은 어둡고 침착한 색상으로 바뀌어갔다. 당시 남성복의 기본은 19세기 말을 거쳐서 현재까지도 유지되고 있다. 직조기술이 발달하고 고급 재료들이 사용되면서 남성복은 더욱더 발달하였다.

당시 남성복 재킷은 길이가 힙까지 왔으며 단추 두세 개로 앞을 여몄고, 테일러드 칼라를 부착하였다. 때로는 스트라이프나 체크지로 만들기도 하였다. 질레 속에 착용하던 슈미즈(Chemise)는 흰색을 정장용으로 사용하였다. 평상복은 줄무늬, 꽃무늬 등의 직물로 만들었고 칼라의 폭이 다양하게 변화하였다.

19세기 말에는 현재와 같이 넥타이를 매고 셔츠를 입는 형태의 패션이 나타났다. 베스트는 정장용 예복으로 사용되었고 질레에는 작은 칼라가 부착되었다. 외투는 엉덩이 또는 무릎까지 오는 길이가 되었다. 예복으로는 프록코트, 모닝코트 등을 착용하였으며 일상복으로는 재킷, 조끼, 바지, 외투 등을 착용하였다.

(1) 모닝코트, 프록코트

모닝코트(Morning Coat)는 프록코트(Frock Coat) 대신 낮에 착용했던 예복으로, 사선으로 된 앞자락과 뒤중심에 트임이 있으며 허리에 절개선이 있다. 색상은 주로 검은색이었다. 테일러드 칼라가 달린 이 코트는 상의 앞자락 단추가 대개 하나였고 길이는 무릎 정도까지 내려왔다. 일명 유니버시티 코트(University Coat)라고도 불렸던 이 코트는 정면이 둥글게 잘려나가 있으며 여기에 프록코트도 함께 착용하였다〈그림 15-22, 23〉.

(2) 재킷

① 블레이저 재킷

블레이저 재킷(Blager Jacket)은 스포츠 재킷의 일종으로 칼라가 각이 지고 싱글 또는 더블 브레스트로 되어 있으며 대개 플란넬 옷감과 단색 줄무늬, 프레이드(Plaid) 등의 다양한 소재로 만들었다. 여기에다 상하의를 같은 소재로 만든 투피스나 스리피스의 디토 슈트도 많이 착용하였다〈그림 15-24〉.

② 노퍽 재킷

영국 노퍽 주의 지명에서 유래된 노퍽 재킷(Norfolk Jacket)은 어깨에서 밑단까지 몸판 앞뒤에 박스 플리츠를 잡고 뒤쪽 중심과 소매에도 주름을 넣어서 활동이 편하도록 만들었다. 허리에는 벨트가 달려 있고 길이가 힙까지 오는 싱글 브레스티드 재킷이다.

15-24 블레이저 재킷, 판탈롱 팬츠를 입은 신사 　**15-25** 체스터필드 코트 차림의 신사, 1900년대 　**15-26** 모닝코트와 셔츠, 베스트, 톱 해트를 착용한 남성과 S-커브 스타일의 드레스를 입은 여성, 1903

(3) 베스트

베스트(Vest)는 재킷이나 코트 속에 입었던 소매 없는 상의로 싱글 혹은 더블의 앞여밈에 줄이 달린 시계를 넣는 주머니가 필수적으로 달려 있었다. 안에는 대개 백색의 칼라 앞 끝을 접어올린 좁은 스탠딩 칼라로 된 셔츠를 입었다. 1880년경부터는 보타이를 맸는데 주로 작은 무늬나 사선무늬가 있고 실크로 만든 것이었다.

(4) 판탈롱

이 시기 남성들은 약간 헐렁하고 길며 바짓단에 커프스가 달린 판탈롱(Pantalon)을 착용하였다. 검은색의 예복 판탈롱에는 옆선에 검은색 공단 브레이드로 장식선을 넣었고, 노퍽 재킷에는 무릎 아래까지 오는 풍성한 바지통을 밴드, 단추, 버클, 고무줄 등으로 조인 스포티한 니커보커스(Knickerbockers)를 입었다. 직선적이고 좁은 바지는 폭과 길이에 약간의 변화가 있었는데 대개 체크무늬나 줄무늬로 만들어졌다.

(5) 코트

외투로는 짙은 색상으로 된 정장용의 체스터필드 코트

15-27 정장 차림의 남녀, 1902 　**15-28** 캐주얼웨어를 입은 남성, 1902

(a) 모자를 저울에 달아 가벼움을 보여주는 상점 주인, 1907 (b) 꽃으로 장식한 아르누보 스타일의 모자, 1900~1908

15-29 버슬, 아르누보 시대의 모자

(Chesterfield Coat)〈그림 15-25〉, 영국 스코틀랜드 인버네스에서 유래된 케이프가 달린 인버네스 케이프(Inverness Cape), 아일랜드 얼스터 지역에서 유래된 모직으로 된 더블 여밈의 방한용 외투 얼스터 코트(Ulster Coat)를 입었다. 또한 어깨에서 소매 밑으로 절개선이 나 있는 래글런 소매의 래글런 코트(Raglan Coat), 일반적으로 가볍게 걸치는 톱 코트(Top Coat) 등을 착용하였다.

3. 헤어스타일과 액세서리

1) 헤어스타일과 모자

이 시기에는 머리 위에 얹었던 작고 여성스러운 보닛이 모자에 자리를 양보하였다. 여성들은 아주 작은 모자를 이마 위로 얹어 머리 맨 위쪽에 착용하기 시작하였다. 머리카락은 길게

(a) 진주와 구슬 장식, 뉴욕, 1895

(b) 쇠로 된 남성용 시곗줄

(c) 벨벳에 타조 깃털 장식을 한 토시, 찰스 프레더릭 워스, 1913

(d) 가죽으로 만든 여행 가방, 1850~1910

(e) 드로스트링을 이용한 벨벳 소재의 금색 게이밍 백, 1900년대 초

(f) 아르누보 스타일 화병

(g) 공작새 무늬 직물

15-30 버슬, 아르누보 시대의 액세서리

(a) 터키 슈즈, 1900

(b) 중국의 금색 연꽃 슈즈, 1900

(c) 중국 슈즈, 19세기 말

(d) 유럽 슈즈, 1890년대

(e) 앵클 슈즈, 프랑수아 피네, 1870

(f) 실크 슈즈, 조셉 박스, 1875

(g) 버튼이 달린 부츠, 에드워드 아예스, 1880년대

(h) 크롬웰 슈즈, 영국, 1890

15-31 버슬, 아르누보 시대의 슈즈

땋거나 컬을 넣어 큰 시뇽(Chignon)을 만들었다. 새로운 패션을 따르기 위해서는 많은 머리카락이 필요했으므로, 머리카락을 수입하여 가발용 헤어 캡인 스칼페테(Scalpette)나 프리제테(Frizzette)를 만들어냈다.

1870년 이후, 헤어스타일은 우아하고 단정해져서 여성들은 머리카락을 둥글게 감거나 땋은 머리를 다듬어 높게 올렸다. 1880년대의 모자는 챙과 크라운을 원하는 대로 변형시킨 것으로 동식물을 모방한 특이한 장식이 달려 있었고 종류로는 간단한 캡, 펠트모자, 밀짚모자 등이 있었다. 예복용으로는 높은 크라운과 챙이 좁은 실크 해트가 20세기까지 착용되었다〈그림 15-29〉.

2) 액세서리

여성들은 부채나 작은 가방을 액세서리로 들고 다녔다. 남성들은 줄이 달린 시계를 단춧구멍에 끼운 다음 포켓에 넣고 다녔다. 손수건은 재킷 윗주머니에 장식용으로 꽂았다. 지팡이를 들고 다니는 것도 유행하였다〈그림 15-30〉.

3) 슈즈

1850년대까지는 구두를 제조하는 사람들이 좌우를 구분하지 않아서 새로 산 구두를 길들이기 위해 많은 시간과 고통을 감내해야 했다. 그러다가 1850년대 후부터는 좌우를 구분하기 시작하면서 구두 착용이 좀 더 수월해졌다. 가장 많이 신었던 구두는 짧은 부츠 형태로 끈으로 묶은 것이었으나 단추를 단 것, 신축성 있게 고무를 부착한 것들도 신었다.

긴 부츠는 평상시에는 거의 착용하지 않았고 발목까지 오는 짧은 부츠나 단추, 혹은 끈으로 매는 구두를 신었다. 야회용 구두로는 윤이 나는 흑색 펌프스를 신었고 1880년 이후에는 스포츠용으로 백색과 검은색의 콤비네이션이 유행하였다〈그림 15-31〉.

버슬, 아르누보 패션 스타일의 응용

버슬 스타일 드레스

크리스티앙 라크루아, 1997, A/W

볼 가운, 살미, 1958

버슬, 아르누보 시대 패션 스타일의 요약

버슬, 아르누보 시대(1870~1906)

대표 양식	대표 패션
 오르세 미술관, 파리, 1986	 버슬 스타일, 1870

패션의 종류	여성복	• 볼레로(Bolero), 베스트(Vest) • 테일러드 슈트(Tailored Suit) • 투피스(Two-piece) • 코트(Coat)	• 케이프(Cape) • 망토(Manteau) • 코르셋(Corset), • 프루프루(Frou-frou), 페티코트(Petticoat)	• 팝(Pop) 소매 • 레그 오브 머튼(Leg of Mutten) 소매 • 깁슨 걸(Gibson Girl) 스타일 • 수영복, 스포츠웨어
	남성복	• 베스트(Vest), 판탈롱(Pantalon) • 블레이저 재킷(Blager Jacket) • 노퍽 재킷(Norfork Jacket) • 니커보커스(Knickerbockers) • 모닝코트(Morning Coat)	• 체스터필드 코트(Chesterfield Coat) • 인버네스(Inverness Cape) 케이프 • 얼스터 코트(Ulster Coat) • 래글런 코트(Raglan Coat) • 톱 코트(Top Coat)	

디테일의 특징	비즈, 조화, 깃털, 튜립 장식, 트레인(Train), 버슬, 버슬 패드
헤어스타일 및 액세서리	카이저 콧수염, 시뇽(Chignon), 캡(Cap), 펠트모자, 밀짚모자, 실크 해트, 검은색 펌프스, 콤비네이션 펌프스, 스포츠용 슈즈
패션사적 의의	• 편안하고 실용적인 영국 모드의 남성복 • 직조 기술과 재단 기술의 발달 • 패션의 간소화와 실용성 강조, 코르셋의 축소 • 〈보그(Vogue)〉의 창간, 패션의 현대화

16-1 타이타닉호의 침몰, 1912

16-2 엠파이어 튜닉 드레스를 입고 재즈에 맞추어 춤추는 여성

CHAPTER 16
1910년대의 패션

1. 1910년대의 사회와 문화적 배경

제1차 세계대전을 거치며 세계는 본격적인 산업화 시대로 접어들었다. 이러한 변화는 패션 산업에 큰 영향을 미쳤다. 유럽의 정치는 독일의 비스마르크(Bismarck) 같은 정치가에 의해 좌우되었고, 프랑스는 전쟁에서 패배하여 제2 제정이 붕괴되었다. 또한 독일 제국이 새롭게 등장하여 유럽의 강국으로 떠올랐다. 영국은 빅토리아 왕조의 타협으로 민주적 정치를 실현하게 되었으며 미국은 서부를 개척하고 유럽에서 옮겨온 이민자들을 받아들였다. 미국은 산업국가로서 세계적인 강국으로 떠올랐다.

과학기술과 산업주의의 발달은 자본주의 사회 형성에 큰 역할을 하였다. 철도와 전신의 발명으로 교통과 통신수단이 발달하여 근대화에 촉진을 가하였다. 새로운 예술운동인 아르데코(Art Deco)나 독일 바우하우스(Bauhaus)에 의한 기능주의(Functionalism)가 패션에 큰 영향을 끼쳤다. 기능주의는 1907년 독일에서 일어난 예술운동으로 현대 공예에 큰 공헌을 하였다. 재료의 발명, 기계 기능의 활용으로 저렴한 가격으로 대량 생산을 주도하여 세계적으로 기능주의에 영향을 끼쳤고 그 영향으로 패션 분야에서 기능적이고 합리적인 패션들이

소개되면서 모던한 스타일 등이 정착되었다.

영국에서는 보통 1910년에 에드워드 7세(1841~1910, 1901~1910 재위)가 타개하고 1900년이 시작될 때부터 제1차 세계대전이 일어나기까지의 시기를 에드워드 시대(Edwardian Era)라고 부른다. 프랑스에서는 약간 앞당겨서 1890년대 중반부터를 벨 에포크(Belle Époque)라고 불렀는데 이는 19세기 말부터 제1차 세계대전이 시작되는 1914년경까지를 의미한다 〈그림 16-3〉.

2. 1910년대 패션

20세기 초반부(1907~1914)의 패션 흐름은 직선형 실루엣으로, 1910년대에는 벨 에포크 스타일로 인체의 자연미를 표현하였다. 또한 이 시기에는 현대 의상들이 정착되기 시작하였다. 아르누보(Art Nouveau) 양식이 쇠퇴하기 시작하면서 아르데코 양식이 호응을 받게 되었다. 1914년까지는 동양적이고 화려한 예술 양식이 성행하였으나 제1차 세계대전 이후 바우하우스의 영향으로 심플하면서도 기능성을 중요시하는 아르데코 예술이 유행하기 시작하였다. 아르데코는 1910~1930년 당시 파

16-3 벨 에포크 스타일 드레스

16-4 발레복, 1910~1919

16-5 동양풍의 드레스와 코트

16-6 샤넬 저지 슈트, 1917

리에서 피카소, 장 콕토 등 예술가들이 기하학적인 형태와 강렬하고 밝은 색상을 특징으로 한 예술활동을 펼쳤다. 대표적인 패션 디자이너로는 마들렌 비오네(Madeleine Vionnet)와 폴 푸아레(Paul Poiret, 1910~1914)를 들 수 있는데, 이들은 기능주의를 주장하였다. 특히 폴 푸아레는 코르셋에 의한 아워글라스 스타일을 거부하고 부드러운 직선의 기능적인 스타일의 새로운 드레스에 동양적인 색상과 무늬를 넣어 이국적인 디자인을 만들어냈다. 유연성을 강조하기 위하여 실크, 크레이프 드 신(Crêpe de Chine), 벨벳 등의 드레이프성이 좋은 옷감을 많이 사용하였으며 1925년 파리에서 국제장식미술전(Exposition International des Arts de Coratibs)이 시작된 해부터 1930년까지 유행하였다.

당시 유럽은 러시아 발레단의 파리 공연(1910)의 영향으로 오리엔탈풍이 유행하기 시작하여 동방에 흥미를 느낀 파리 디자이너들은 중앙아시아, 극동아시아로부터 영감을 받아서 동양풍의 옷을 선보이기도 하였다. 딱딱한 보디스(bodice)들은 사라졌고, 부드러운 의상들과 터번, 깃털로 된 장식품들이 유행하였다〈그림 16-5〉.

미국은 경제적으로 강대국이었으며, 프랑스는 여전히 패션 리더국으로서 매 시즌 새로운 스타일을 제시하였는데 이것이 유행하면서 디자이너의 역할이 중요시되었다. 프랑스는 폴 푸아레, 에르테(Erte), 비오네, 장 파투(Jean Patou), 샤넬(Chanel) 등의 디자이너들과 함께 세계 패션을 이끌어갔다. 제1차 세계대전이 시작되자 미국은 유럽으로부터 수입해오던

패션 정보에서 단절되었기에 1914년 〈보그〉의 후원으로 미국 최초의 패션쇼가 열렸다.

디자이너 폴 푸아레는 계속적으로 새로운 스타일을 발표하였다. 그는 1911년에 파리고급의상조합을 창립하고 파리 패션계의 리더로서 전성기를 맞았다. 그는 20세기를 맞이하며 코르셋을 사용하지 않은 드레스를 발표하여 여성들을 불편한 코르셋에서 해방시켰다. 코르셋의 추방은 현대 패션의 개척을 의미하며 이는 20세기 현대 패션의 기반을 가져온 사건이라고 할 수 있다. 그는 폭이 좁은 스커트에 슬릿을 주어 무릎까지 오는 가느다란 부츠를 신게 한다거나, 전통적인 큰 모자를 없애고 쇼트 헤어나 헤어밴드를 하게 하였다. 또한 제1차 세계대전 시기에는 여성이 밖에서 일할 때 활동이 편하도록 최초로 긴 스커트에 트임을 주었다. 1925년 파리에서 개최된 아르데코전에서 보여준 직선적, 기하학적, 기능적 양식이 의상에 반영되어 드레스에서 로 웨이스트(Low Waist)의 직선적인 라인이 나타났다.

제1차 세계대전으로 남성들이 전쟁터로 떠나자, 여성들이 대신 일하면서 편하고 실용적인 저지 슈트를 많이 착용하기 시작하였다. 샤넬은 저지나 트위드를 소재로 하여 실용적이고 우아한 샤넬 슈트를 유행시켰다〈그림 16-6〉.

잔 랑방(Jeanne Lanvin)이 1914년에 패션 역사상 최초로 여성들의 스커트를 바닥에서 8인치 정도 띄운 것을 시작으로 디자이너들은 그동안 발목까지 오던 긴 스커트를 짧게 만들기 시작하였다. 마리아노 포르투니(Mariano Fortuny)는 1907년

16-7 털로 장식한 동양풍 망토　　　**16-8** 하프코트 앙상블　　　**16-9** 영친왕과 이방자 여사, 1910

초, 그리스 고전 의상에서 영감을 받아 실크에 주름을 넣은 옷감으로 만든 델포스 드레스를 발표하였다.

당시 식민지였던 한국 사회는 민족의 상처 속에서도 현대화의 기초가 하나씩 쌓여갔고 개화 의상이 정착되기 시작하여 일본식 군복, 경찰복, 교복, 간호사복 등을 착용하였다. 외국 선교사들이 창립한 학교에서도 서양식 교복을 착용하였다. 개화파 지식인들의 양복 착용이 늘어나면서 전국적으로 양복이 확산되었으나 여전히 대부분의 남성 외출복은 두루마기 차림이었다. 남성 양복에서 영향을 받아 여성들도 테일러드 재킷과 블루종, 깁슨 스타일의 블라우스와 드레스를 착용하였다. 하이 네크라인, 러플 칼라, 스탠드 칼라가 많았으며, 파티복은 스커트 뒤 트레인이 땅에 길게 끌려서 걸을 때는 손으로 트레인을 잡아올리는 경우가 많았다.

1918년 이후에는 발목 위로 올라오는 비교적 짧은 길이의 원피스 드레스를 입었고 팔을 노출한 7부 소매도 착용하기 시작하였다. 여학생들은 주로 치마저고리 형태의 교복을 입었는데, 저고리에 검은색 짧은 통치마를 교복으로 택하고 쓰개치마와 장옷을 벗었다. 장옷이나 쓰개치마의 사용을 금지하자 등교하는 학생 수가 줄어 몇몇 학교에서는 쓰개치마 대신 검은색 양산이나 흰색 수건을 쓰고 다니게 하였다. 겨울에는 검은색 두루마기를 입었다.

1) 여성의 패션

아르데코 스타일(Art Deco Style)은 1908~1914년에 유행하였던 벨 에포크 시대의 스타일로 호블 스커트, 동양풍의 스타일, 엠파이어 튜닉 스타일, 미너렛 스타일, 하렘 팬츠 스타일 등이 특징이다.

이 스타일은 곡선적인 아르누보 스타일과 달리 직선적이고 기하학적인 느낌을 주는 스타일로 동양적이고 이국적인 색채를 띠고 있다.

(1) 호블 스커트

벨 에포크 시대라 불리던 1910~1914년경에 폴 푸아레는 엠파이어 튜닉의 스커트 단을 좁힌 직선적인 호블 스커트(Hobble Skirt)〈그림 16-11〉를 발표하였다. 이 스커트는 무릎 위는 부풀리고 무릎 밑으로 점점 좁아진 길이가 긴 스커트로, 역삼각형 실루엣에 입은 사람이 총총거리며 넘어질듯 걸어야 했기 때문에 넘어졌다가 다시 일어나는 오뚝이라는 뜻의 '호블'이라는 이름이 붙었다. 그리고 동양의 영향을 받은 기모노 스타일의 의상도 유행하였다.

호블 스커트는 여성들을 꼭 끼는 코르셋에서 자유롭게 한 획기적인 형태로 1910년경에 센세이션을 일으켜 1914년에 제1차 세계대전이 일어나기 전까지 유행하였다. 전쟁 전에 호블 스커트를 착용하였던 여성들은 전시 때 작업에 방해되는 것을 막기 위하여 오버 스커트나 튜블러(Tubular) 스타일의 튜닉

16-10 아르데코 스타일 데이 드레스, 1912 　　**16-11** 호블 스커트 　　**16-12** 미너렛 튜닉 드레스, 폴 푸아레, 1900~1909 　**16-13** 델포스 드레스, 포르투니, 1909

을 착용하였다.

(2) 미너렛 튜닉 드레스

1913년 폴 푸아레는 호블 스커트 위에다 전등갓처럼 허리에 꼭 맞고 허리 아래로 둥글게 퍼지도록 만든 오버 스커트가 부착된 미너렛 튜닉 드레스(Minaret Tunic Dress)〈그림 16-12〉를 발표하였다. 오버 스커트 단에다 철사를 넣어서 둥글게 뻗치기도 하지만, 여러 개의 오버 스커트를 겹쳐 입기도 한다. 일명 램프 쉐이드 튜닉 실루엣이라고도 칭한다. 폴 푸아레가 〈르 미너렛〉 연극 무대 의상을 담당하여 연극이 공연된 이후에 미너렛이라는 이름이 붙었다. 때로는 이 옷에다가 동양풍의 넓은 새시 벨트를 매기도 했다.

(3) 델포스 드레스

마리아노 포르투니(Mariano Fortuny)는 1910년대에 그리스의 고전 의상에서 영감을 얻어 실크주름 옷감으로 드레스를 디자인하였다. 그녀는 네다섯 폭의 실크를 빗자루에 원통형으로 단단하게 만 후, 풀을 먹였다가 푸는 방법으로 주름을 특이하게 만들었는데 이것으로 특허까지 얻었다. 이 델포스 드레스(Delphos Dress)〈그림 16-13〉는 특별한 장식 없이 자연스러운 원통형 실루엣을 유지하면서 직선으로 떨어지는 미를 강조하였다. 배우들 사이에서 인기가 많았던 이 드레스는 유명 배우들이 앞다투어 영화에 입고 나올 정도로 큰 인기를 누렸으며, 재킷이나 케이프와 세트로 소재에 변화를 주어 제작되었다.

(4) 에르테 드레스

1913~1914년 파리의 폴 푸아레 밑에서 일했던 러시아 출신 디자이너 에르테(Erte)는 패션 전문지를 출간하는 〈바자〉에서 패션 일러스트레이터로 근무하면서 약 200여 개의 표지를 디자인하였다. 그의 섬세하고 여성스러운 감각은 예술적이고 아름답다는 평을 받았다. 그는 영화 〈벤허〉의 의상과 브로드웨이 무대 의상도 제작하였다. 대표적인 일러스트 작품으로는 '강아지를 끌고 가는 여성'이 있다〈그림 6-14〉.

(5) 하렘 팬츠

하렘 팬츠(Harem Pants)는 극동 지역의 법정에서 착용하였던 전통 의상에서 힌트를 얻어 디자인되었다〈그림 16-15〉. 러시아 발레단의 영향을 받은 이 터키풍의 바지는 라운지 웨어와 이브닝웨어에 많이 사용되었다. 부드럽게 부풀린 허리라인과 바지 밑단에 개더를 잡아서 조이도록 한 드레시한 스타일의 바지이다.

(6) 엠파이어 튜닉

엠파이어 튜닉(Empire Tunic)은 타이트하게 조였던 코르셋이 없어진 상태에서 허리선이 가슴까지 높이 올라갔으며 스커트는 직선형의 롱 실루엣으로 허리를 조이지 않아 부드럽고 우아한 선이 밑단까지 유연하게 흐르는 의상이었다. 이 의상은 고대 그리스의 키톤이나 프랑스 나폴레옹 1세 시대의 엠파이어 스타일과 유사하다〈그림 16-16〉.

16-14 에르테 드레스, 1988

S-커브 실루엣의 전성기에 이런 스타일이 유행한 것은 미국의 발레리나 이사도라 던컨(Isadora Duncan)이 키톤 스타일의 드레스를 입고 자유로운 춤을 보여준 것과 러시아의 발레를 통하여 페르시아, 아라비아, 일본, 중국 등 이국적인 분위기의 영향을 받았기 때문이다.

(7) 테일러드 슈트

남성들이 전쟁에 참여함으로써 여성들이 남성을 대신하여 사회에 진출하면서 실용성과 기능성을 강조한 테일러드 슈트(Tailored Suit)를 입기 시작하였다. 대개 테일러드 칼라에 싱글 혹은 더블 여밈이었고 스커트는 기능성을 고려하여 짧아지기 시작하고 주름을 잡았다. 니커보커스(Knickerbockers)와 같은 짧은 승마용 바지와 전쟁의 영향으로 밀리터리 룩이 유

행하여 현대 여성 패션에서 슈트의 위치를 확고히 하였다〈그림 16-17〉.

(8) 코트, 케이프

1917년에는 허리선이 없는 길고 날씬한 형태의 코트(Coat)와 케이프(Cape)가 유행하였다〈그림 16-18〉. 이러한 코트는 대부분 돌먼 소매에 칼라가 달려 있었고 칼라나 소매 끝이 털로 장식되었다.

2) 남성의 패션

1910년대부터 짧은 재킷이 인기가 있었고 벨 에포크 시대와 제1차 세계대전 사이의 짧은 기간 동안 모던한 현대가 시작되었다. 비즈니스 슈트들은 전쟁의 영향을 받아 어깨의 패드가 없어지거나 줄어들기 시작하였다. 소매는 날씬해 보이도록 좁아졌고 바지의 허리 부분은 넉넉하고 밑으로 갈수록 통이 좁아지는 역삼각형의 테이퍼드(Tapered) 형태가 되었다. 이것은 1904년부터 입었던 라펠이 큰 더블 여밈과 1910년에 등장한 싱글 여밈으로 어깨의 패드가 없고 허리 뒷부분이 잘록한 형태로 단추 두세 개가 달려 있는, 이 시기 푸아레의 여성복 라인과 비슷하다. 당시 사람들은 커프스가 있는 짧은 바지에 굽이 있는 구두나 부츠를 신었다. 또한 전쟁의 영향으로 군복 안에 입었던 스웨터를 스포츠웨어로 착용하였는데, 양말이 보이도록 약간 짧은 길이로 만들어졌다. 정장으로는 셔츠, 베스트, 모닝코트, 톱 해트를 착용하였다〈그림 16-19〉.

16-15 하렘 팬츠, 폴 푸아레, 1911　　**16-16** 엠파이어 튜닉, 조지 바비어, 1914　　**16-17** 테일러드 슈트, 1920　　**16-18** 오페라 케이프, 폴 푸아레

16-19 셔츠, 베스트, 모닝코트, 톱 해트를 매치한 정장 차림, 1910

16-20 톱 코트와 슈트를 입고 빌드 캡을 쓴 청년들, 1910

16-21 미국 이민자들의 작업복, 1910

이 시기 영국에서는 토머스 버버리(Thomas Burberry)가 촘촘한 트윌 코튼에 방수 처리한 소재를 이용하여 만든 트렌치 코트가 유행하였다(1901). 이 코트는 영국 국방성에 디자인을 제출한 후 제1차 세계대전 시기 참호, 트렌치(Trench)에서 군인들이 이것을 입게 되면서 트렌치코트라고 불리게 되었다.

유럽에서 미국으로 건너온 이민자들은 대개 부두나 공장에서 일하였는데, 옷을 갈아입을 시간이 많지 않았으므로 실용적이면서도 간편한 작업복을 착용하였다〈그림 16-21〉.

3. 헤어스타일과 액세서리

1) 헤어스타일과 모자

(1) 헤어스타일

1910년대 초에는 긴 머리카락을 핀 같은 것으로 고정시키거나 물결이 치는 것처럼 밑으로 흘러내리게 하는 스타일이 유행하였다. 주로 큰 나비 모양의 매듭이나 보석이 박힌 핀, 구슬이나 수로 장식한 헤어밴드로 모양을 내었고 모자는 거의 필수품이었다.

1910년대 중반에는 이전 시대부터 유행하던 보브(Bob) 스타일이 다시 유행하였는데 이것은 1920년대에 가서 논쟁의 대상이 된다. 또 이것은 정중앙에 가르마를 타고 헤드 밴드를 따라 머리카락이 흘러내리도록 한 커테인(Curtain) 스타일이 유행하였다. 이외에도 우아한 헤어스타일을 위하여 고수머리의 컬을 헤드 밴드를 따라 만들어내기도 하였다. 1910년대에는 컬이 헤어스타일 활용을 위한 중요한 요소로, 여성들은 많이 부풀리지 않은 웨이브 스타일이나 쇼트커트를 하였다.

남성들은 짧은 머리카락에 기름을 발라 깨끗하게 뒤로 빗어넘긴 헤어스타일을 선호하였다. 그러나 1914년에 제1차 세계대전이 시작되면서부터는 남성의 헤어스타일에 큰 변화가 없었다.

(2) 모자

1910년대 초에는 챙 없이 깃털로 장식한 터번 모양의 모자가 유행하였다. 이 시기 여성의 모자는 매우 시선을 끌었는데, 어떤 것은 어깨 너비 정도로 길고 꽃 모양이나 새의 깃털 등을 모자 위에 꽂았기 때문에 가격이 비싸 부자들만 쓸 수 있었다. 1913년 이후에는 모자가 작고 평평해졌고, 프릴 같은 장식도 줄어들었다. 1917년에는 차를 몰 때 바람이 얼굴에 닿는 것을 막기 위하여 윈드스크린 해트(Windscreen Hat)가 유행하였는데 철로 만들어진 프레임은 어깨에 부착하는 것으로 사용 후에는 가죽 케이스에 보관하였다. 1918년 이후에는 작은 모자가 유행하기 시작하였고, 1920년대에 유행하게 되는 작은 종 모양의 클로시(Cloche)가 나타날 조짐이 보였다.

남성의 모자로는 1900년대 에드워드 시대에 유행했던 함부르크(Hamburg)와 보울러 해트(Bowlers Hat)가 유행하였다. 이것은 일종의 중절모로 찰리 채플린(Charles Chaplin)이

(a) 모자, 폴 푸아레, 1910
(b) 윈드스크린 해트, 1917
(c) 아르데코 스타일의 모자
(d) 랑방의 밴도우 해트, 랑방, 1918~1919

(e) 〈보그〉 커버에 등장한 챙이 넓은 모자, 1917
(f) 깃털 모자, 1910
(g) 소프트 펠트 해트
(h) 보울러 해트

16-22 1910년대의 헤어스타일과 모자

나 영국 수상 처칠이 썼던 것이다. 이외에도 스포츠맨들이 애용했던 캡이 있었는데, 이는 아이비 캡(Ivy Cap) 또는 택시 드라이버 캡(Cab Driver Cap)으로 불렸다. 여름에는 밀짚으로 만든 동그란 머리핀과 모자 둘레가 일직선으로 올라간 보터스(Boaters)가 계속 유행하였다. 공식행사 때는 주로 실크 톱(Silk Top)을 썼다.

제1차 세계대전 이후에는 모자 형태에 큰 변화가 없었고 간단하면서도 쓰기 편한 캡 등이 인기를 끌었다.

2) 액세서리

1910년 전반에는 값비싼 이국풍 패션이 상류사회에서 인기를 끌었다. 보석 등으로 화려하게 장식한 부채(Fan)와 작은 가방(Purse), 장갑(Glove)은 필수품이 되었다. 또 모피로 만든 머프(Muff, 토시)와 스톨(Stole), 새털로 만든 보아스(Boas, 긴 목도리), 파라솔과 보석이 박힌 머리핀도 유행하였다. 모피 코트는 제1차 세계대전 중에도 여전히 유행하였으나 값비싼 목걸이 등은 사라지고 유리알이나 크리스탈 구슬을 진주처럼 써서 만든 목걸이가 유행하였다. 스타킹의 색깔은 다양하였는데

일상에서는 검은색을, 일을 할 때는 흰색을 신었다. 스타킹의 재료로는 면, 실크, 모가 이용되었다.

남성들은 정장에 좁은 넥타이를 매는 것이 대세였고, 저녁 모임 등에는 흰색의 보타이를 매는 것이 유행하였다. 체인이 달린 회중시계도 인기 있는 액세서리였다. 또한 멋지게 장식한 단장이나 돌돌 말아 가늘게 만든 우산을 애용하였고, 단춧구멍에 흰색 꽃을 꽂고 다니기도 했다.

3) 슈즈

여성들은 낮에는 낮은 힐의 펌프스를 신었고, 저녁에는 높은 힐의 스트랩이 달린 구두를 신었다. 이 시기에는 손이나 발의 맨살이 드러나는 것을 예절에 어긋나는 것으로 여겨서 개인 침실에서 베일로 쓰이는 망, 튈(Tulle)로 된 나비 모양의 매듭이 붙은 새틴이나 실크로 만든 슈즈를 신었다.

일반적으로는 부츠가 유행하였다. 데이타임 부츠(Daytime Boots)는 발목 위까지 묶는 것으로 끈이 들어가는 구멍에 장식을 하기도 하였다. 힐은 주로 낮은 V자형이 인기를 끌었다.

남성들은 정장에다가 반장화 같은 복사뼈 조금 위까지 올

(a) 여행용 가방, 폴 푸아레, 1910

(b) 넥타이, 1910~1911

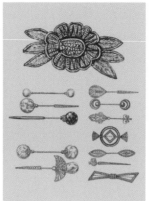

(c) 모자 핀

(d) 머프, 1910~1915

16-23 1910년대의 액세서리

(a) 펌프 발리, 1914

(b) 오후 차림을 위한 타운 부츠, 1913

(c) 아메리칸 스타일의 구두, 1913

(d) 레이스를 댄 아침용 투톤 부츠, 1913

16-24 1910년대의 슈즈

라오는 스펫(Spat)을 신고, 저녁 모임 등에 갈 때는 가죽으로 된 펌프스를 신었다. 1917년에는 캐드(Keds)라는 스니커즈(Sneakers)가 출현하였다. 스니커즈는 운동화의 밑창이 고무로 되어 있어 '남몰래 다가가도 소리가 나지 않는다.'는 뜻의 단어 스니크(Sneak)에서 유래된 명칭이다.

1910년대 패션 스타일의 응용

미너렛 튜닉 드레스, 폴 푸아레, 1913

토렌테, 1992

미너렛 드레스, 사라 베르나르, 1918

피에르 카르댕, 1960

잔니 베르사체, 1998

메리 카트란주, 2011

1910년대 패션 스타일의 요약

1910년대		
사건 혹은 발명품		**대표 패션**

타이타닉호의 침몰, 1912

미너렛 튜닉 드레스, 폴 푸아레, 1900~1909

패션의 종류	여성복	호블 스커트(Hobble Skirt), 미너렛 튜닉 드레스(Minaret Tunic Dress), 포르투니 드레스(Fortuny Dress), 하렘 팬츠(Harem Pants), 엠파이어 튜닉(Empire Tunic), 테일러드 슈트(Tailered Suit), 코트(Coat), 케이프(Cape)
	남성복	역삼각형 테이퍼드 재킷(Tapered Jacket), 커프스(Cuffs)가 있는 짧은 바지, 트렌치코트(Trench Coat)
헤어스타일 및 액세서리	여성복	많이 부풀리지 않은 웨이브 헤어 혹은 짧은 직선의 쇼트 헤어스타일, 깃털로 장식된 터번 모양의 모자, 바람막이 모자, 윈드스크린 해트(Windscreen Hat), 부채(fan), 스타킹, 장갑(Glove), 작은 가방(Purse), 파라솔, 긴 우산
	남성복	앞에서 뒤로 빗어 넘긴 헤어스타일, 단화, 발목까지 오는 길이의 부츠, 흑색 에나멜 단화(저녁), 발목 길이의 부츠나 단화(평상용), 전체적으로 낮은 구두굽, 스타킹, 손목시계, 흰색 장갑
패션사적 의의		• 아르데코 스타일, 아르누보 스타일, S자형 스타일, 아워글라스(Hourglass) 실루엣, 미너렛 스타일 • 남성복 라운지 슈트, 샤넬 저지 슈트, 트렌치코트의 보급
주요 디자이너		폴 푸아레(Paul Poiret), 마리아노 포르투니(Mariano Fortuny), 마들렌 비오네(Madeleine Vionnet), 잔 랑방(Jenne Lanvin), 장 파투(Jean Patou), 에르테(Erte), 가브리엘 샤넬(Gabrielle Chanel)

17-1 클로시 해트를 쓴 여성들과 윈스턴 처칠, 1927   **17-2** 영화 〈위대한 개츠비〉 포스터, 1926

CHAPTER 17
1920년대의 패션

1. 1920년대의 사회와 문화적 배경

세계는 정치적 주도권을 확보하기 위한 경쟁의 시기였다. 1920년대 미국에서는 여성에게도 투표권을 주기 위하여 헌법이 개정되었고, 1922년에는 소비에트 연방이 창립되었다. 독일에서는 아돌프 히틀러(Adolf Hitler, 1889~1945), 이탈리아에서는 베니토 무솔리니(Benito Mussolini, 1883~1945)가 정권을 장악하였으며 일본이 식민지 정책을 펼치며 세력을 굳혀갔다.

제1차 세계대전 후는 경제가 부흥하고 예술·문화계의 활동성이 최고조에 이르는 광란의 시대(Annees Folles)였다. 미국에서는 이 시기를 황금기(Golden Age)라 부를 정도로 문화·예술·음악이 발전하여 재즈 시대(Jazz Age)가 열렸다. 이 와중에 패전국인 독일은 전쟁 배상에 관한 문제로 대단히 궁핍한 생활을 이어갔고, 이 틈을 타서 나치당이 시민들의 관심을 끌었다. 1922년에는 이집트의 청년 왕 투탕카멘의 무덤이 발굴되어 세계가 놀라워했다. 1924년부터는 5년간 영국의 재무장관을 지냈던 윈스턴 처칠(Winston Churchill, 1874~1965)〈그림 17-1〉이 독일에 대한 경계를 늦추지 말자고 사람들에게 호소하였다.

1927년에는 유성영화가 상영되었고 예술극장, 음악 분야가 활성화되었다. 영화 산업의 발전으로 미국의 할리우드(Hollywood)가 국제적으로 관심을 받기 시작하였으며 월트 디즈니(Walt Disney, 1901~1966)의 만화영화 〈미키 마우스〉가 인기를 끌었다. 특히 빠른 리듬의 재즈와 탱고는 경제 문제, 정치적 불안, 실직으로 불안해 하는 사람들에게 위안을 주었다.

1920년대는 현대 의상이 나타난 시기로, 여성들은 과거에 얽매이고 제약이 많던 의상을 버리고 편안한 옷, 예를 들어 짧은 스커트나 트라우저를 선택하였다. 이 시기에 패션 디자인의 기반을 닦아 근대 패션에 공헌한 디자이너로는 폴 푸아레(Paul Poiret), 가브리엘 샤넬(Gabrielle Chanel), 마들렌 비오네(Madileine Vionnet), 엘사 스키아파렐리(Elsa Schiaparelli)가 있다.

폴 푸아레는 20세기 패션사에서 '패션의 제왕'의 위치를 차지하고 있는데, 그는 여성들을 코르셋에서 해방시키고 아르데코 양식에 나타난 큐비즘에 직선과 사선의 기하학적 디자인, 러시아 발레단의 동양적 요소, 신고전주의를 바탕으로 한 엠파이어 룩을 발표하고 1911년에 파리고급의상조합을 창설하였다.

가브리엘 샤넬〈그림 17-3〉은 '심플한 것, 감촉이 좋은 것, 낭비가 없는 패션'을 철학으로 삼아 클래식 스타일의 대명사

17-3 가브리엘 샤넬

17-4 마들렌 비오네, 1920

인 '샤넬 룩'을 탄생시켰다. 그녀가 만든 검은색과 베이지를 기본으로 한 H 실루엣의 샤넬 라인은 여전히 시대와 연령을 초월하여 사랑받고 있다.

마들렌 비오네〈그림 17-4〉는 천을 다루는 솜씨가 탁월하여 입체 재단, 드레이프 재단을 선보였는데 특히 바이어스 재단법이 유명하다. 그녀는 고전주의 사상에 입각하여 패션을 대하고 "의복은 구성하는 것이 아니라 직물 안에서 인체에 옷을 입히는 것"이라고 말할 정도로 인체와 직물의 특성을 잘 알고 있었던 세계 최고의 드레스 메이커였다.

이탈리아의 아티스트로 알려진 엘사 스키아파렐리는 전통적인 쿠튀르보다는 초현실을 추구하여 모드계의 '초현실주의자'였다. 그녀는 1927년에 니트웨어, 수영복 등을 만들고 1928년에는 스포츠웨어 전문점을 창설하였다. 또한 디자인에 플라스틱 지퍼를 사용하는 등 여러 모로 그 천재성을 인정받았다.

1920년대 말, 영화는 패션에 가장 큰 영향을 미치는 매체로 등장하였다. 배우 그레타 가르보(Greta Garbo)가 유명해지면서, 그녀의 트레이드 마크인 헝클어진 곱슬머리와 헤어밴드가 유행하였다. 전설적인 배우 마를레네 디트리히(Marlene Dietrich)의 영향을 받은 눈 화장법도 인기를 끌었다. 일본의 영향으로 소매통이 넓어진 기모노 소매, 풍성한 랩 어라운드(Wrap-around) 스타일의 발목까지 오는 길이의 코트도 유행하였다.

1910~1930년대 파리에서는 입체파 예술의 영향을 받아 곡선으로 된 기하학적인 구성과 입체무늬, 비대칭 등의 특징을 가진 아르데코 스타일이 유행하였다. 파리에서 국제장식미술전이 시작된 1925년부터 1930년대 초반까지 이 스타일이 크게 유행하여 시대를 대변하는 스타일로 자리잡았다. 또한 스포츠에 대한 관심이 고조되면서 골프, 스키, 자전거, 수영 및 테니스를 위한 의상이 패션 잡지를 장식하였고, 노출이 많은 원피스 수영복이 등장하여 인기를 얻었다.

일제 치하의 한국에서는 유학파 신여성들에 의해 외국의 패션이 국내에 보급되면서 국외 패션이 서울 등 대도시의 일부 신여성 사이에서 유행하였다. 신여성들은 활동적인 짧은 드레스 차림과 남자아이 같은 짧은 머리의 모던한 헤어스타일을 했으며, 클로시 해트(Cloche Hat)를 착용하였다. 초기에는 유학생, 상류층 신여성이 유행을 이끌었으나 1920년대 후반에는 여학생을 비롯한 일반 여성에게도 유행이 확대되었다. 당시 유행한 양장은 직선적인 스타일의 드레스와 투피스, 털을 조화시킨 넉넉한 망토 코트, 넓은 플랫 칼라를 단 케이프 등이었고 초기에는 스커트가 발목 길이 정도였으나 점점 짧아져서 1928년에는 무릎까지 올라왔다. 신여성들은 새로운 양장 스타일을 받아들이는 데 적극적이었다. 쓰개치마를 벗어 던진 후에는 단발머리로, 고무신은 구두로 대체되면서 '양장미인', '단발미인'이라는 말이 생겨났다.

17-5 로 웨이스트 플래퍼 드레스, 1923   **17-6** 플래퍼 걸, 1926   **17-7** 테일러드 가르손느 스타일, 1926

2. 1920년대 패션

1) 여성의 패션

광란의 시대, 재즈의 시대답게 의상에도 경쾌함과 발랄함이 반영되었다. 따라서 경쾌한 드레스에 어울리는 단발머리, 보브 헤어스타일이 유행하였다. 또한 이러한 헤어스타일과 함께 깊숙이 눌러 쓰는 종 모양의 클로시 해트와 야회복으로 깃털로 장식한 터번을 착용하였다. 여유 있는 루즈 핏(Loose Fit)의 일자형으로 스커트 단에 프린지를 부착한 플래퍼 드레스가 크게 유행하였고, 목에 스카프를 매거나 진주 목걸이를 겹겹으로 늘어뜨리고 긴 담뱃대를 들기도 하였다. 직선적인 허리선과 로 웨이스트 스타일로 상체 부분이 길어졌고 가슴선과 허리선의 구분도 사라졌던, 여성의 모습이 가장 모던했던 시대이다.

제1차 세계대전의 영향으로 여성의 사회 진출이 늘어나자 인체의 곡선미를 강조하던 스타일에서 기능성을 살린 실용적인 의상으로 바뀌었다. 스타일은 심플해졌고 스커트 길이는 짧아졌으며 직선적인 웨이스트 라인과 허리선이 내려간 로 웨이스트 라인으로 소년 같은 이미지를 더해주는 가르손느(Garçonne) 스타일이 유행하였다.

(1) 플래퍼 드레스

1900년도 초에 유행하였던 독립적이고 활동적인 여성, 도도하고 정숙했던 여성상 깁슨 걸(Gibson Girl)은 1920년대에 보다 자유분방한 플래퍼(Flapper)로 바뀌게 된다. 플래퍼 드레스(Flapper Dress)〈그림 17-5〉는 미국의 황금기였던 1920년대의 풍요 속에서 단발머리, 칼라와 소매가 없는 일자형 드레스, 스타킹을 말아내린 옷차림과 담배, 빠른 템포의 춤을 좋아하고 성적으로 개방된 사고를 가진 젊은 여성들이 착용했던 것이

17-8 동양풍 이브닝 가운, 찰스 프레더릭 워스, 1923

17-9 캐주얼 스리피스 세트, 찰스 프레더릭 워스 **17-10** 스리피스 드레스, 도레, 1923   **17-11** 이브닝 가운, 1920년대   **17-12** 이브닝드레스와 스포츠 코트, 1927

다. 한국에서는 1960년대 중·고등학교에서 교복 치마를 짧게 하고 헤어스타일도 남과 다르게 하고 다니는 여학생들을 '후랏바'라는 속어로 불렀다. 이 단어는 첨단 유행을 쫓고 소비적이며 보이시한 외모와 신체로 정의된 플래퍼를 일본식으로 발음한 것이다.

플래퍼 드레스를 착용하던 멋쟁이 여성을 '플래퍼 걸〈그림 17-6〉'이라고 부를 정도로 이 드레스는 재즈와 함께 크게 유행하였다. 드레스는 루즈 핏의 일직선 실루엣에 춤출 때의 율동성을 고려하고 밑단에 긴 술을 달아 장식하여 신체의 움직임을 더욱 돋보이게 하였으며 검은색 시폰에 은색 비즈를 달아 화려함을 강조한 것이었다.

(2) 가르손느 스타일 드레스

가르손느(Garçonne)란 프랑스어로 '소년'을 뜻한다. 가르손느 스타일 드레스는 짧은 머리, 평평한 가슴, 로 웨이스트의 무릎보다 조금 아래까지 오는 기장의 스커트가 특징이다. 프랑스의 작가 빅토르 마그리드(Victor Marguertee)가 1920년대에 〈라 가르손〉이라는 작품을 발표하면서 큰 인기를 얻었는데, 작품의 주인공은 넥타이, 셔츠, 재킷 등 남자와 같은 복장을 입고 짧은 헤어스타일로 활동적이고 개방적인 여성의 심볼이 되었으며 여기서 유행한 스타일이 가르손느 룩으로 불리며 크게 유행하였다〈그림 17-7〉.

(3) 스포츠웨어

1920년대부터 등장하기 시작한 스포츠웨어는 여성들이 남성의 전유물이었던 스포츠에 관심을 가지고 골프, 스키, 수영, 테니스 등을 즐기게 되면서 대중화되었다. 여성들은 스포츠웨어의 일종으로 팬츠와 각종 운동복을 입었다. 노출이 덜한 피스로 된 수영복〈그림 17-16〉과 비치웨어〈그림 17-17〉, 레저웨어도 인기가 있었다.

가브리엘 샤넬은 여성들이 입기에 편안하면서도 스포티한 캐주얼웨어로 심플한 드레스, 슈트, 세퍼레이트 등을 소개하였다. 이에 따라 다른 디자이너들도 스포츠웨어를 디자인하기 시작하였다. 이 시기에는 그래픽 무늬의 스웨터 카디건 등이 인기가 있었다.

1928년에는 무릎길이의 스커트가 대세를 이루었다. 스커트와 보디스(Bodice), 주로 블라우스나 점퍼같이 따로 구성된 의복이 인기가 높았다. 여성들은 인버티드 플리츠(Inverted Pleats) 스커트에 안에 입은 블라우스가 보이는 루즈한 롱 소매 재킷을 착용하였다.

〈그림 17-18〉 속 오른쪽 여성이 입은 엉덩이 길이의 점퍼 소매는 직선으로 내려와서 손목에서 꼭 맞게 되어 있다. 두 여성 모두 당시에 인기가 많았던 클로시 해트(Cloche Hat)를 쓰고 있다.

17-13 골프를 위한 스포츠웨어, 잔 랑방, 1925   **17-14** 운전을 위한 스포츠웨어   **17-15** 스키를 위한 스포츠웨어

17-16 수영복, 1925   **17-17** 비치웨어, 1928   **17-18** 스포츠웨어, 랑벨, 1928

2) 남성의 패션

남성의 패션은 여성의 패션만큼 큰 변화는 없었지만 좀 더 캐주얼해졌다. 남성들은 포멀한 옷에서 벗어나 운동복을 착용하기 시작하였다. 상의는 단추 세 개로 된 싱글 브레스티드가 되었고, 칼라는 작아졌으며 어깨에는 패드가 들어갔다. 허리선은 약간 올라갔고 전체적으로 상의가 여유 있고 부드러워졌으며 길이가 엉덩이까지 길게 내려왔다.

바지에는 덧단, 커프스가 달렸고 바지통은 넓어지면서 직선으로 내려왔다. 정장 상의로는 디너 재킷, 커터웨어, 테일 코트 등을 입었다. 외투는 정장에는 체스터필드 코트, 캐주얼한 분위기에는 트렌치코트를 입었다. 소재로는 단색을 비롯하여 체크나 스트라이프 등 다양한 무늬의 직물을 사용하였다.

1920년대 중반에는 재킷을 여유 있게 만들고 바지에 주름을 잡아서 편안하게 입었다. 1920년대 말에는 어깨에 패드를 부착하여 강조하였고, 재킷을 좀 더 몸에 꼭 맞게 만들었다. 재킷 길이는 엉덩이를 가릴 정도가 되었다. 바지는 통이 넓어졌고 직선으로 흘러내렸다. 주로 스포츠웨어에 착용했던 니커보커스〈그림 17-21〉는 평상시 캐주얼웨어로 입었으며 재킷 안에 입었던 베스트 대신에 스웨터를 착용하였다. 주로 골프웨어로 입었던 자루 모양의 짧은 반바지, 트위드플러스포스(Tweed-plus-fours)는 주말 여가활동에서도 많이 입었다. 이 옷들은

17-19 일상복을 입은 남녀, 1924 　**17-20** 코트를 입고 손에 보울러 해트를 든 남성들, 1922 　**17-21** 골프용 니커보커스, 1927 　**17-22** 남성의 스포츠웨어, 랑벨, 1928

주로 무지의 트위드나 건 클럽 체크(Gun Club Check)나 글렌 어카트 스퀘어(Glen Urquhart Squares), 또 다른 여러 가지 패턴으로 만들어졌다. 색상은 갈색, 회색, 상아색이 유행하였다〈그림 17-22〉.

골퍼들에게는 재즈와 자가드로 된 니트 웨어가, 풀오버는 대중에게 인기를 끌었다. 골프 스타킹의 색상과 디자인은 풀오버의 색상과 어울리게 매치했으며, 다이아몬드 모양의 패턴과 여러 가지 크기의 체크무늬가 있었다. 무늬가 없거나 체크무늬가 있는 모자가 모든 사회계층의 패션이 되었다. 플러스포스(Plus-fours)에는 대부분 브로그 슈즈(Brogue Shoes)를 신었다.

1920년대 후반에 입었던 남성복 스타일은 현재까지도 남아 있다. 1920년대 전반보다는 후반부에 들어 사람들이 스타일의 변화를 기꺼이 받아들이기 시작하였다.

3. 헤어스타일과 액세서리

1) 헤어스타일과 모자

(1) 헤어스타일

1920년대 초반에는 머리카락이 길어야 여성스럽다고 여겨서 핑거 웨이브(Finger Wave)나 컬을 준 긴 헤어스타일이 대세였다. 하지만 유명한 여성 팝 가수들이 과감하게 단발머리를 시도하면서 지적으로 보이고 싶어 하는 여성의 수도 늘어났다. 이에 따라 롱 헤어(Long Hair)가 보브 스타일로 변화하였다. 한편으로는 젊은 플래퍼들이 곱슬거리고 헝클어진 헤어스타일을 즐겼다. 1925년에 발간된 스콧 피츠제럴드의 소설 《위대한 개츠비》와 작품을 영화화한 필름(1926)의 영향으로 작품 속 여주인공의 스타일을 모방한 '개츠비 스타일'도 유행하였다. 이외에도 마르셀(Marcel) 웨이브 등이 인기를 끌었다. 당시 유행하던 단발머리에는 깊이 눌러 쓰는 종 모양의 클로시 해트를 착용하였다.

남성들의 헤어스타일은 단순하고 고전적이면서도 패셔너블했다. 가장 유행했던 군대식 헤어스타일은 짧고 단순한 모양으로 제1차 세계대전의 영향을 받은 듯하다. 중간 길이로 컷을 한 스타일이나 젤이나 크림을 발라서 말쑥하게 빗어넘긴 스타일도 있었다. 또 다른 인기 있는 스타일로는 토닉을 발라 긴 머리를 매끄럽게 뒤로 전부 넘긴 것으로, 포멀한 의상과 잘 어울렸다. 가르마를 타는 것도 인기가 있었다.

흑인들은 파도가 치는 것 같은 웨이브를 즐겨 했으며, 토닉이나 크림, 젤 등도 많이 썼으나 소년은 아무것도 바르지 않은 짧은 머리를 하였다. 1920년대의 고전적이고 단순한 헤어스타일은 현재까지도 이어지고 있다.

(2) 모자

1920년대 초에 유행한 클로시 해트는 1930년대 초까지 그 인기가 대단하였다. 프랑스어로 '종'이라는 뜻의 이 모자는 짧

(a) 짧은 헤어스타일, 1926

(b) 클로시 해트, 잔 랑방, 1927

(c) 클로시 해트, 잔 랑방, 1927

(d) 클로시 해트, 1927

(e) 클로시 해트, 1927

(f) 클로시 해트를 쓴 여성, 1920

(g) 챙이 넓은 심플한 모자, 1917

(h) 챙이 넓은 심플한 모자, 1928

(i) 아르데코 해트, 파리, 1925

(j) 보울러 해트, 1920년대

(k) 디어스톨커 해트

(l) 페도라

17-23 1920년대의 헤어스타일과 모자

은 보브 스타일에 어울렸으며, 거의 눈썹 밑까지 내려와서 모자를 쓴 여성의 눈만 간신히 보이게 하였다. 모자의 재료로는 펠트, 구슬, 레이스 등이 사용되었고 장식으로는 보석, 자수, 작은 스카프, 깃털 등을 썼다. 1920년대 말에는 챙을 위로 향하게 쓰는 것이 유행하기도 했다. 이외에도 가든 선 해트(Garden Sun Hat)라는 둥근 크라운이 있는 넓은 모자의 챙을 실크로 된 띠나 조화로 장식하여 외출할 때 착용하였다.

듀마의 소설 〈삼총사〉가 1921년에 영화로 나온 후에는 삼총사 모자도 유행하였다. 이 모자는 바이콘 해트(Bicone Hat)라고도 불렸으며 위로 접힌 넓은 창에다가 뒤에 리본을 꼬리처럼 달고 보석이나 자수, 가죽 등으로 장식하였다. 또한 베레모(Beret)나 토크(Toque), 젊은 프래퍼들이 애용한 베레모와 터번의 변형인 아주 큰 원판 같은 것을 머리에 걸친 듯한 태머 샌터(Tam O'shanter) 등이 유행하였다.

1920년대에는 남녀 모두에게 모자가 필수품이어서 여러 가지 행사, 경조사, 사교 모임 등에 갈 때는 의상에 맞는 모자를 착용하는 것이 당연시되었다. 남성들 사이에서도 영화 〈위대한 개츠비〉에 등장한 여러 가지 보터스(Boaters)를 쓰는 것이 유행하였다. 여름에는 보터스뿐만 아니라 파나마(Panama), 롱 혼(Long Horn), 플랫 캡(Flat Cap)이 유행하였고 여름 이외의 계절에는 보울러 해트(Bowler Hat), 더비 해트(Derby Hat), 페도라(Fedora), 트릴비(Trilby, 한국의 중절모)가 유행하였다. 정장에는 톱 해트(Top Hat)를 썼는데, 이 스타일은 현재까지도 그 명맥을 유지하고 있다.

2) 액세서리

여성들은 길고 여러 줄로 된 진주 목걸이로 치장을 하고, 긴

(a) 부채

(b) 향수, 샤넬

(c) 립스틱을 넣을 수 있는 펜던트

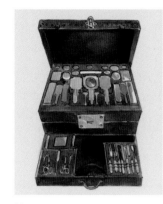
(d) 여행용 트렁크, 1924

(e) 클러치 백, 프랑스, 1925

(f) 메이크업 향수

17-24 1920년대의 액세서리

담뱃대를 들었다. 무도회 등 사교 모임에서는 빨간색, 검은색, 부드러운 파란색 샌들이 강세였다. 목걸이는 유리구슬이나 진주를 이용하여 길게 만든 것이 단연 유행이었다. 여성들은 이 목걸이를 허리띠처럼 엉덩이에 둘러매기도 하였다. 리본처럼 짧은 목걸이도 유행하였다.

긴 귀걸이는 컬러를 드레스와 매치하였고 천 위에다 작은 구슬을 이용하여 꽃을 수놓은 클러치(Clutch Purse)도 유행하였다. 보석이 박힌 머리띠는 윗 이마나 머리에 매었다. 어깨를 따뜻하기 하기 위한 큰 숄도 유행 아이템이었다. 새틴 소재의 검은색 긴 장갑도 필수였다.

남성들은 보타이나 실크 스카프로 목을 감았다. 장갑, 특히 노란색이나 붉은색 장갑은 전통적인 컬러의 갈색 또는 회색 장갑보다 인기가 있었다. 양복 위 포켓에는 실크 소재의 삼각형 손수건을 꽂고 다녔다. 셔츠의 칼라가 쉽게 더러워지고 풀이 죽는 것을 방지하기 위하여 칼라 바(Collar Bar)나 칼라 핀으로 칼라를 떠받치기도 하였다. 이외에도 단장(지팡이), 손목시계, 작은 회중시계, 멜빵, 마름모꼴 무늬 양말 등을 애용하였다.

3) 슈즈

1920년대 이전에는 긴 옷이나 부츠에 가려 여성들의 발이 노출되지 않았다. 하지만 이 시기에는 여성들이 발을 보여주는 것에 관심을 두어 구두도 그에 따라 변형되었다. 가장 인기가 있었던 구두는 1~2cm 폭의 스트랩(Strap)을 T자로 매는 것으로 안정감을 주면서도 발등을 노출시키는 T-스트랩, 또는 T-바 슈즈였다. 색상은 검은색 또는 갈색 계통이 주를 이루었다. 상점 주인들은 높지 않은 힐에 색칠을 하기도 하였다. 스트랩이 한 줄로 되어 있는 메리 제인 슈즈(Mary Jane Shoes)는 대표적인 유행 아이템으로 야회복과 매치할 때는 힐을 금속이나 보석으로 장식하기도 하였다. 양쪽 중간에 구멍을 내어 스트랩 대신 끈으로 묶고 가운데에 리본과 나비 장식을 한 것도 유행하였는데 지금도 이러한 형태의 슈즈를 쉽게 찾아볼 수 있다. 이외에도 스트랩 없이 아주 낮은 힐의 펌프스가 유행하였다. 2.5cm 내지 4.5cm의 힐에 발등을 거의 덮고 그 위에 장식을 한 옥스퍼드(Oxford)도 인기가 있었다. 옥스퍼드는 캔버스와 가죽을 함께 쓰거나 가죽만을 이용하여 만들었는데 후에

(a) 니 스트랩 이브닝 힐   (b) 플래퍼 댄스 슈즈   (c) 투 톤 컬러의 새들   (d) 플래퍼 슈즈   (e) 구슬로 장식한 슈즈, 폴 푸아레, 1924

17-25 1920년대의 슈즈

투 톤 컬러(Two Tone Color)의 새들(Saddle)이 등장하기도 하였다. 가운데에 검은색 또는 갈색 계열, 앞쪽과 뒤쪽의 힐이 흰색으로 된 스타일은 한국에서 '콤비'라고 불렸다. 이외에도 스포츠용으로 가로셰(Galosche)라는 장화 스타일의 오버슈즈와 비단, 새틴, 벨벳으로 만든 가정용 슬리퍼도 유행하였다.

이 시기 남성용 슈즈는 이전의 10년과 비교할 때 큰 변화가 없었다. 검은색 또는 갈색의 옥스퍼드나 발에 딱 맞게 신는 부츠는 계속 애용되었다. 한 가지 변화가 있다면 여름에 가벼운 흰색 계통의 정장을 입게 되면서 이에 맞게 같은 계열의 옥스퍼드를 신기 시작했다는 것이다. 흰색 옥스퍼드는 부의 상징으로 상류층에서 유행하기 시작하였다. 브로그 슈즈(Brogue Shoes)는 1930년대 말 이후에도 유행하였다. 여름에는 가죽 샌들이, 추운 겨울에는 모카신(Moccasin)이나 로퍼(Loafer)가 인기를 끌었다. 스포츠 슈즈와 테니스 슈즈를 필두로 하여 후에 커다란 스포츠 슈즈 브랜드로 거듭나게 되는 컨버스(Converse)도 이 시기에 만들어졌다.

1920년대 패션 스타일의 응용

도릭 키톤과 이오닉 키톤, BC 5세기경

도릭 키톤과 이오닉 키톤을 응용한 드레스, 마리아노 포르투니, 1920년대

이브닝드레스, 잔 랑방, 1926

잔 랑방의 작품을 응용한 드레스, 크리스챤 디올, 1998

1920년대 패션 스타일의 요약

1920년대

사건 혹은 발명품	대표 패션
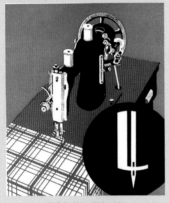 최초의 자수 미싱, 1928	 로 웨이스트 플래퍼 드레스, 1923

패션의 종류	여성복	플래퍼 드레스(Flapper Dress), 가르손느(Garçonne) 스타일 드레스, 일본풍 랩 어라운드(Wrap-around)의 발목 길이 코트, 인버티드 플리츠(Inverted Pleats) 스커트, 술(Fringe) 장식 스커트, 활동적이고 개방적인 스타일, 스포츠웨어
	남성복	• 베스트·상의·팬츠로 구성된 정장용 스리피스 슈트 • 셔츠와 스웨터, 넥타이, 승마용 스타일의 팬츠를 매치 • 밑단이 넓은 벨 보텀(Bell Bottom) 팬츠
헤어스타일 및 액세서리	여성복	짧은 머리, 모던한 헤어스타일, 드레스 밑단의 술 장식(은색 비즈), 남성적인 디테일, 종 모양의 클로시 해트(Cloche Hat), 깃털로 장식한 야회용 터번(Turban)
	남성복	모자, 넥타이 핀
패션사적 의의		• 그리스와 로마의 고대 의상에서 영감을 받음 • 남성복 요소가 가미된 여성복 • 여성 잡지 발간 • 보브(Bob) 스타일 • 무릎길이의 스커트 • 다양한 스포츠웨어의 등장
주요 디자이너		마리아노 포르투니(Mariano Fortuny), 잔 랑방(Jenne Lanvin), 가브리엘 샤넬(Gabrielle Chanel), 폴 푸아레(Paul Poiret), 엘사 스키아파렐리(Elsa Schiaparelli)

CHAPTER 18
1930년대의 패션

18-1 엠파이어 스테이트 빌딩, 1931

18-2 영국의 윈저 공과 웨딩드레스를 입은 심슨 부인, 1936

CHAPTER 18
1930년대의 패션

1. 1930년대의 사회와 문화적 배경

사람들이 재즈에 열광하던 1920년대가 지난 후 1929년부터 시작된 경제공황이 유럽과 미국을 휩쓸었다. 1931년에는 세계에서 가장 높은 빌딩인 엠파이어 스테이트 빌딩〈그림 18-1〉이 건설되었다. 당시는 제2차 세계대전을 앞둔 강대국 간의 대립이 심화되는 등 암울한 시기가 시작되고 있었다. 1939년 참전한 미국은 전쟁에서의 승리를 위하여 과학기술 발전에 몰입하였고, 그 결과 나일론과 텔레비전, 헬리콥터가 등장하였다. "경기가 나쁠 때는 여성의 스커트가 길어진다."는 말처럼 1930년대 초 경제 불황 시기와 1930년대 후반에는 스커트가 길어졌다.

이렇듯 빈곤한 실제 생활과는 대조적으로 영화계는 풍요를 누렸다. 미국 작가 마거릿 미첼(Margaret Mitchell)은 소설 〈바람과 함께 사라지다〉로 1939년에 노벨문학상을 받았다. 그 후 소설은 비비안리, 클라크 케이블의 주연으로 영화화되어 많은 호응을 얻었다. 이외에도 당시 인기를 얻었던 배우로는 마를레네 디트리히(Marlene Dietrich)〈그림 18-3〉와 그레타 가르보(Greta Garbo), 그리고 아역 배우 셜리 템플(Shirley Temple)이 있었다.

길버트 에이드리언(Gilbert Adrian, 1903~1959)은 1930년대 할리우드 스타들의 패션을 주도한 디자이너였다. 영화 산업의 발전은 패션계와 화장품 산업을 크게 발전시켰다.

1920년대의 젊고 발랄한 패션은 우아하고 고상한 패션으로 바뀌기 시작하였다. 이브닝드레스는 몸의 곡선을 강조하는 실루엣으로 만들어졌다. 여성용 슈트도 부드러운 형태의 여성적인 스타일로 만들어졌다. 웨이스트 라인은 다시 강조되었고, 등의 노출이 많아졌다. 졸라 매었던 가슴 라인은 본래의 곡선을 살리고 남성스러움을 배제하기 시작하였다.

파리는 패션의 수도였으며 그곳에서 가장 인기 있는 디자이너는 마들렌 비오네(Madeline Vionnet)와 이탈리아 출신의 엘사 스키아파렐리(Elsa Schiaparelli)였다.

비오네는 실크새틴이나 크레이프 또는 새로운 합성섬유를 드레이핑하여 스타일, 색, 옷의 실루엣을 아름답게 조화시키고 바이어스 재단법으로 곡선미를 살린 의상을 발표하였다. 스키아파렐리의 혁신적인 재능은 미적 상상력을 발휘한 초현실적인 디자인을 창조해냈다. 또한 영국의 찰스 제임스(Charles James)는 당시 인기가 많았던 지퍼를 활용하여 혁신적인 최첨단의 드레이핑 기술과 정교한 옷의 구조를 선보여 천재성을 드러냈다.

18-3 영화배우 마를레네 디트리히, 1937　　　**18-4** 작업하고 있는 가브리엘 샤넬, 1937~1938

파리에 들어온 첫 번째 미국인 쿠튀리에 멩보셰(Mainbocher)는 캐주얼 스타일과 유럽의 우아한 스타일을 결합시켜 후에 그의 모국인 미국을 대표하는 스타일의 기초를 다졌다. 특히 윌리엄 심슨과 윈저 공과의 결혼식에서 심슨이 착용한 웨딩 가운을 통해 우아함과 세련미를 잘 보여주었다〈그림 18-2〉. 미국에서는 할리우드가 황금기를 맞았다. 은막의 스타들이 입은 의상은 대중매체의 관심거리로 유행의 방향을 정하는 데 큰 영향을 미쳤다. 이탈리아 패션계에서는 미술공예가의 경력을 가진 살바토레 페라가모(Salvatore Ferragamo)가 등장하여 여러 가지 걸작품을 만들어내었다.

당시 패션계를 지배하던 최고의 디자이너는 유연하고 부드러운 실루엣을 창조해냈던 가브리엘 샤넬이었다〈그림 18-4〉. 샤넬은 남성의 의상을 여성을 위해 재구성하는 데 몰두하여 로빅, 트위드, 저지(Jersey) 같은 남성적 옷감을 진주, 부드럽게 떨어지는 양복 바지와 매치시켜 여성스럽게 표현하려고 노력하였다. 부드럽고 매끄러운 천을 풍족하게 사용함에 따라 다양한 모양과 바느질이 필요해졌고 패턴이나 프린트들도 작은 꽃무늬의 시폰 종류가 특히 인기가 있었다. 제조업체들은 쿠튀리에들과 함께 새로운 방직물 생산을 위해 노력하였으며 그 결과 이브닝 가운에 코튼 소재를 사용하기 시작하는 등 기술의 혁신이 나타나게 되었다.

스포츠웨어는 최초의 실용적인 패션으로 레디-투-웨어가 그 시작이었다. 부티크가 생겨나고 번성해가면서 유명 디자인

이 팔려나가기 시작하였다.

1920년대부터 세계적인 강대국이었던 미국은 제2차 세계대전 시작 후에 국가의 위상이 더 높아졌다. 이전까지는 미국의 디자이너들이 패션 디자인과 소재를 파리를 비롯한 유럽에 의존하였다면 이 시기부터는 그들 자체적인 힘으로 패션계를 이끌어가려고 노력하였다. 그 결과 인조 합성섬유를 사용한 기성복 생산을 시작하게 되면서 패션 산업이 크게 발전되었다.

2. 1930년대 패션

1) 여성의 패션

1920년대 패션이 보이시하고 자유분방했다면, 1930년대 패션은 성숙하고 우아하며 여성적이었다. 1930년대 불황으로 남성들도 직장 구하기가 어려워지면서 여성들은 사회 진출이 어려워 가사에 전념하게 되었고 의상은 우아하며 몸의 형태를 강조하는 여성스러운 스타일로 바뀌었다. 어깨는 넓고 가슴선과 허리선은 강조되고 엉덩이는 타이트하게 맞으며 스커트는 자연스럽게 길고 넓어지면서 흘러내렸다. 드레스 뒷면은 카울 네크를 많이 사용하여 여성의 몸매를 강조하였다〈그림 18-6〉.

우리나라에서는 1930년대에 접어들면서 여성의 교육 수준이 높아져 신여성이 증가하였다. 신여성들은 지식인으로 활동

18-5 마들렌 비오네의 바이어스 커트 롱 드레스, 1930   **18-6** 카울 네크라인의 바이어스 커트 롱 드레스, 1935   **18-7** 바이어스 커트 드레스, 1930년경

하며 한국 사회 발전에 공헌했을 뿐만 아니라, 양장 착용 인구를 증가시키는 데 영향을 주었다. 당시에는 개량한복이나 전통한복, 양장을 함께 입었으나 양장을 착용하는 사람의 수가 지속적으로 증가하는 추세였다. 또한 세일러복 형태의 양장 교복을 많이 입었다. 1938년에는 양재교육을 위한 국제복장학원이 창설되어 기술교육을 통해 본격적으로 서양식 여성복의 시대가 열렸다.

1930년대 초기에는 보이시한 스타일의 여성복이 유행하였으나, 중반 이후부터는 여성적이고 부드러운 스타일이 나타나 플레어스커트, 세퍼레이트, 스포티한 코트, 테일러드 재킷, 볼레로 등이 유행하였다.

1930년대 말부터는 간단복, 몸빼, 밀리터리 스타일이 등장하였다. 간단복은 허리에 벨트를 메고 양옆에 주머니가 있는 간호복과 비슷한 옷이었다. 일제는 우리나라 남성들에게 국민복을, 여성들에게는 노동복이었던 몸빼를 입으라고 강요하였다. 1930년대에는 결혼식에 신식 드레스가 출현하여 신부가 흰 구두에 흰 장갑을 끼고 아스파라거스로 장식한 부케를 들게 되었었다.

(1) 바이어스 커트 이브닝드레스

이 시기에는 특히 바이어스 재단(Bias Cut)으로 만든 우아한 선이 지배적이었다. 이러한 경향은 이브닝웨어에서 더욱 강하

게 나타났다.

마들렌 비오네(Madeleine Vionnet)는 모드 역사상 최초로 바이어스 재단법을 고안하여 여성미를 극대화시킨 유연한 실루엣을 표현하였다. 그의 바이어스 커트 이브닝드레스는 몸에 타이트하게 맞고 가슴이나 등은 깊게 파여 노출이 심하며 슬리브리스(Sleveless)로 되어 있었다. 그는 앞이나 뒤를 V네크로 처리하고 등을 많이 노출시키는 등 여성의 몸매를 드러내는 섹시하고 화려한 느낌의 옷을 디자인하였다. 1930년대 초의 이브닝드레스는 발목까지 길게 내려오는 것이 대부분이었다〈그림 18-5〉.

경제 불황 시기에 샤넬은 1920년대에 이어 계속 저지와 같은 실용적인 소재를 사용하여 기능적이고 활동적인 라인을 발표하였다. 특히 샤넬은 토털 룩(Total Look)을 지향하였다. 디자이너들은 신소재인 레이온과 같은 인조 실크를 사용하여 옷을 제작하였다. 1939년 미국에서는 나일론이 생산되기 시작하였다. 나일론은 이전의 인조섬유보다 강하고 신축성도 있어서 선풍적인 인기를 끌었다.

엘사 스키아파렐리(Elsa Schiaparelli)는 드레스에 지퍼를 처음으로 디자인에 도입하였고 퀼로트를 외출복으로 제안하여 여성 바지의 선구자로 기록되었다. 또한, 어깨에는 패드를 넣고 허리는 가늘게 강조시킨 모직 소재로 된 꼭 맞는 짧은 재킷, 코트 드레스, 스타일을 유행시켰다. 이러한 여성다운 실

18-8 1930년대의 패션

18-9 테니스웨어, 1932

18-10 비치웨어, 낸시 거넌트, 1931

루엣을 나타내기 위해 업-리프트 스타일(Up-lift Style)이라는 컵 형식의 브레지어로 가슴을 강조하였다. 당시 파리의 패션 디자이너들은 바이어스 재단으로 곡선미를 살리는 의상들을 발표하였다.

일상복들은 대개 저지나 모직으로 만들어졌으며 슬림하고 긴 스타일이 유행하였다. 활동이 편하도록 스커트 길이는 짧아지고 플리츠를 사용하였다. 또한 용도에 따라서 타운웨어, 스포츠웨어, 이브닝드레스 등으로 세분화되었으며 어깨는 패드를 넣어서 높게 하고, 허리는 벨트로 꽉 조였다.

(2) 스포츠웨어

스포츠웨어(Sportswear)라는 실용적인 패션의 탄생으로, 패션계 최초의 기성복이 만들어졌다. 건강을 위해 운동복을 입기 시작하였고, 햇빛과 휴식 그리고 새로운 라이프스타일을 유행시켰다. 테니스웨어〈그림 18-9〉와 사이클링웨어, 골프웨어, 헌팅웨어, 스키웨어 등이 유행하였다.

(3) 비치웨어

여성들은 바닷가에서 비치웨어(Beach Wear)로 길고 편안한 바지에 홀터 네크라인의 톱이나 어깨끈으로 된 톱을 착용하였다〈그림 18-10〉. 수영복은 비키니 스타일이 아닌, 원피스 스타일이 대부분이었다.

2) 남성의 패션

남성들은 어깨가 넓어보이려고 어깨에 패드를 넣었다. 당시 할리우드 영화에서 인기를 끌던 스타 중 게리 쿠퍼(Gary Cooper), 클라크 게이블(Clark Cable)〈그림 18-11〉 등은 왕좌를 포기하고 센세이션을 일으켰던 윈저 공의 패션에 영향을 받았다. 당시 남성들의 패션은 전체적으로 더 스포티하고 캐주얼해져서 짙고 어두운색의 재킷과 칼라, 타이, 모자 등을 착용하였다. 짧고 넓은 라펠과 어깨 부분이 강조된 딱 맞는 재킷은 길이가 힙까지 내려오는 것이었다. 넥타이는 짧았고 커프스가 달린 직선적인 넓은 바지를 착용하였다. 야회복으로는 검은색의 테일 코트(Tail Coat)를 착용하고 일상복으로는 노퍽 재킷(Norfolk Jacket), 니커보커스(Knickerbockers), 블레이저 재킷(Blazer Jacket), 몸에 꼭 맞는 체스터필드 코트와 직선적인 큰 코트, 트렌치코트, 레인코트 등을 착용하였다. 소재로는 모직물이 많이 이용되었는데 1930년대의 대표적인 직물, 윤이 나는 시레(Cire)도 사용되었다. 색상은 회색, 갈색, 어두운 남색 등의 안정된 색상이 주를 이루었다. 정장과 예복은 대부분 검은색에 흰색 셔츠를 매치시켰다.

당시 우리나라 상황을 살펴보면 신문과 잡지를 통하여 새로운 정보가 국내로 전달되었고, 해외 유학생들이 귀국할 때 착용한 양복들을 통해 양복의 유행이 빨라졌다. 당시 착용된 양

18-11 양복을 입은 클라크 게이블

18-12 코트를 착용한 남성들

18-13 양복을 입고 소프트 해트를 쓴 남성, 1930

복의 종류는 프록코트와 싱글 브레스티드 슈트, 더블 슈트, 트렌치 코트, 스프링 코트, 체스터필드 코트 등이었다. 1930년대 초기에는 좁은 어깨에 타이트한 스타일의 양복이 애용되었다. 양복의 라펠은 좁고 길었고 대개 바지에는 밑단이 있었다. 1930년대 중반 이후에는 풍성한 느낌의 볼드 룩(Bold Look)이 유행했다. 재킷의 양 어깨는 심을 넣어 과장시키고, 상체는 꼭 맞게 하였다. 어깨가 넓고 대개 더블 브레스티드 재킷으로 라펠은 넓었다. 레글런 소매에 넓은 칼라가 달린 트렌치코트(스프링 코트)를 착용하였다. 재킷 안에는 셔츠, 넥타이, 때로는 보타이를 착용하기도 했다. 재킷 위로 셔츠의 흰 칼라를 내놓는 경우도 있었다.

위아래에 다른 색을 사용한 세퍼레이트(Separate)는 1920년대 이후 계속 유행하였다. 결혼식 등 특별한 행사에서는 연미복이나 모닝코트를 착용하였다.

1930년대 초기에는 재킷의 길이가 엉덩이를 가릴 정도로 길어졌다가 점차 짧아졌다. 칼라는 스포츠 칼라가 많았다. 소매는 셋인 소매, 퍼프 소매 등을 많이 이용하였으며 말기에는 퍼프 소매가 많았다. 니트 베스트, 카디건, 스웨터도 애용되었다. 1930년대 중반부터는 허리에 벨트가 있고 허리선 아래로 플레어진 풍성한 스타일의 코트가 많았다.

(a) 모자, 엘사 스키아파렐리

(b) 독일의 스탕리 모자, 1932

(c) 모자, 존 프레더릭, 1939

18-14 1930년대의 헤어스타일과 모자

(a) 벨지움

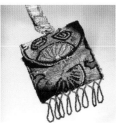
(b) 구슬 장식 백

(c) 영국의 악어 백

(d) 열기구 모양 백

(e) 육각형 박스 백, 에스프리

(f) 모노그램 백, 루이 비통, 1934

(g) 스트랩이 달린 구두

(h) 웨지 힐, 살바토레 페라가모, 1938

(i) 페르지아 펌프스

(j) 리틀 블랙 드레스 힐, 발리, 1934

(k) 샌들, 살바토레 페라가모, 1938

(l) 픽시 부츠, 스티븐 알패드

18-15 1930년대의 액세서리와 슈즈

3. 헤어스타일과 액세서리

1) 헤어스타일과 모자

(1) 헤어스타일

1920년대의 호황기를 지나 1929년에 경제대공황이 시작되면서 이러한 상황이 패션 분야에도 영향을 끼쳤다. 1930년대에는 헤어스타일을 덜 다듬는 경향이 있었다. 머리 위의 머리카락은 살짝 매끄럽게 만졌지만 머리숱은 풍성하게 했는데 이는 당시 유행하던 작은 모자를 편하게 쓰기 위해서였다. 컬은 전보다 부드러워졌고 머리카락은 길어졌다. 할리우드 스타 매 웨스트(Mae West)는 거의 백발에 가까운 염색을 하여 이를 유행시켰다.

남성들 사이에서는 짧은 헤어스타일이 보편적이었고, 짧게 깎은 코 밑 수염을 선호했으며 턱수염은 금기시되었다. 또한 머리 뒤와 옆은 짧게 다듬고, 위는 길게 하거나 옆머리를 포마드나 크림을 이용하여 단정하게 뒤로 젖힌 스타일도 유행하였는데, 이러한 경향이 현재까지도 이어지고 있다.

(2) 모자

1930년대 초에는 1920년대 말의 스타일이 계속 유행하였다. 여성들 사이에서는 보다 활달해보이는 작고 깔끔한 모자를 옆으로 비스듬히 쓰는 것이 유행하였는데, 차츰 챙이 커지고 크라운(모자통)은 낮아지면서 팬케이크처럼 보이기도 했다. 엘사 스키아파렐리는 과일 바구니를 얹어놓은 모양이나 구두 모양, 양고기 커틀릿 모양의 괴상한 모자를 디자인하여 사람들을 놀라게 했다. 또한 빅토리아 여왕 시절에 유행했던 머리띠에 꽃 리본을 단 스누드(Snood) 스타일을 부활시켰다. 이외에도 토크(Toque)라는 챙이 좁고 위가 불룩한 모자, 꽃다발로 장식한 모자, 깃털로 장식한 모자, 흐트러진 머리카락을 감추어주는 터번(Turban) 등이 유행하였다. 1930년대 말 제2차 세계대전의 기운이 감돌던 시기에는 화려한 모자가 자취를 감추고 클로시 해트(Croche Hat)가 유행하였다. 이 모자는 뜨개질로 쉽게 만들 수 있었기 때문에 공장이나 사무실에서 일할 때 유용하였다.

남성들 사이에서는 1930년대 이전의 모자들이 계속 유행했는데 그중에서도 부드러운 털로 짠 느낌의 페도라(Fedora), 일명 트릴비(Trilby, 중절모)가 단연 인기였다. 근대에 들어서는 영화 〈갓파더(Godfather)〉에 등장하는 갱스터들의 홈부르크(Homburg)를 페도라보다 많이 썼고, 일명 더비 해트(Derby Hat)라고 불렸던 보울러 해트(Bowler Hat)도 계속 유행하였다. 현대에 와서는 아이비 캡(Ivy Cap), 또는 드라이빙 캡(Driving Cap)과 1920년대부터 유행한 여름용 모자 보터스(Boaters)도 계속 유행하였다.

2) 액세서리

1929년에 시작된 경제대공황은 1930년대 초 여성의 소비심리에 영향을 주었다. 가방은 작은 클러치가 주를 이루었고, 보석이 박힌 걸쇠가 버클에 달렸다. 장갑은 낮에는 천이나 가죽으로 만든 짧은 형태로 손목에 장식을 달거나 수를 놓은 커프스가 있는 것을 꼈다. 저녁 모임에 가거나 외출할 때는 드레스와 매치되는 긴 장갑을 착용하는 것이 에티켓이었다.

3) 슈즈

여성들 사이에서는 옥스퍼드(Oxford)가 여전히 유행하였다. 펌프스도 인기가 있었는데 대개 커트아웃(Cut-out) 스타일의 일종으로 발등을 덮고 높지 않은 힐이 달린 것이었다. 1920년대 후반과 같이 T-스트랩, 발목 스트랩이 달려 있으며 낮고 평평한 힐의 구두가 유행하였다. 1930년대 말에는 구세군 여성 간부들이 신었던 굽이 낮은 검은색 구두가 유행하였다.

남성들 사이에서는 1920년대의 검은색 또는 갈색 구두끈이 달린 옥스퍼드와 발에 딱 맞는 검은색 부츠가 계속 유행하였다. 두 가지 색, 주로 흰색에 갈색이나 검은색 패턴이 들어간 투 톤 옥스퍼드와 브로그(Brogue)가 1930년대 말까지 유행하였다. 여름에는 가죽 샌들을 주로 신었고, 추운 겨울에는 모카신(Moccasin)이나 로퍼(Loafer)가 인기를 끌었다.

1930년대 패션 스타일의 요약

		1930년대	

사건 혹은 발명품	대표 패션

엠파이어 스테이트 빌딩, 1931

바이어스 커트 드레스, 1930년경

패션의 종류	여성복	여성용 슈트, 바이어스 커트 이브닝드레스(Bias Cut Evening Dress), 플레어스커트(Flared Skirt), 세 퍼레이트(Separate), 스포티한 코트, 테일러드 재킷(Tailored Jacket), 볼레로(Bolero), 밀리터리 룩(Military Look)
	남성복	테일 코트(Tail Coat), 노퍽 재킷(Norfolk Jacket), 니커보커스(Knickerbockers), 블레이저 재킷(Blazer Jacket), 싱글 브레스티드 슈트(Single Breasted Suit), 더블 슈트(Double Suit), 트렌치코트(Trench Coat), 스프링 코트(Spring Coat), 체스터필드 코트(Chesterfield Coat), 레인코트(Rain Coat)
헤어스타일 및 액세서리		페이지보이 봅드(Page-boy Bobed) 스타일, 짧은 머리, 모던한 헤어스타일, 남성적인 디테일, 종 모양의 클로시 해트(Cloche Hat), 깃털로 장식한 터번(Turban, 야회용), 벨벳이나 펠트 소재의 작은 장식용 캡, 구슬 장식 백, 파라솔 백
패션사적 의의		• 그리스, 로마풍의 스타일 • 남성복 요소가 가미된 여성복, 여성 잡지 발간, 보브 스타일, 무릎길이 스커트, 다양한 스키·자전거·수영 및 테니스웨어 등장, 스포츠웨어의 기성복화, 토탈 패션 룩(Total Fashion Look), 업 리프트(Up-lift) 스타일, 브래지어(Brassiere) • 레이온의 상품화, 1930년대 말 나일론 생산 시작
주요 디자이너		엘사 스키아파렐리(Elsa Schiaparelli), 마들렌 비오네(Madeleine Vionnet), 가브리엘 샤넬(Gabrielle Chanel)

19-1 제2차 세계대전 중 착용한 군복, 미국

19-2 제2차 세계대전이 끝난 후 독일의 모습, 1945

CHAPTER 19
1940년대의 패션

1. 1940년대의 사회와 문화적 배경

일본군의 진주만 기습으로 미국이 제2차 세계대전에 참전하면서, 동서양을 막론하고 모든 강대국과 관련 국가들이 1945년까지 6년간 세계적인 전쟁을 치렀다. 이 시기에는 유럽 대부분의 나라에서 의상에서의 디자인 및 소재의 사용을 규제하였다. 사람들은 군복〈그림 19-1〉에서 영향을 받은 옷을 입었으며, 파리를 중심으로 한 패션 산업이 독일군의 점령으로 중단되었다.

1944년 6월에는 노르망디 상륙작전이 있었고, 1945년 8월 초순에는 일본 히로시마와 나가사키에 원자폭탄이 떨어지면서 세계대전이 끝났다. 유럽의 많은 도시와 생산시설은 전쟁으로 인하여 폐허가 되었다〈그림 19-2〉.

미국은 제1차 세계대전 이후와 달리 국제연합(UN)이 적극 참여함으로써 국제정치를 주도하면서, 폐허가 된 유럽을 대대적으로 원조하는 등 영향력을 발휘하였다. 아픈 경험을 한 세계는 국제연합을 통하여 세계인권선언을 채택했고(1948), 여권 신장 운동도 계속 이어졌다. 1947년 11월에는 영국의 엘리자베스 여왕 2세와 필립 공이 결혼하면서 영국과 그들의 연방국이 축제 분위기를 맞이하였다.

전쟁 중 군복은 도처에 흩어져 있었고, 남성 대신에 여성들이 노동시장에 뛰어들었다. 여성들은 남성들처럼 패드를 넣어 어깨를 강조하고, 자전거를 타고 출퇴근하였다〈그림 19-3〉.

제2차 세계대전이 끝나고 경제가 복구되던 시절에는 크리스챤 디올과 살바토레 페라가모가 세계 패션의 리더로 군림하였다. 1947년에는 크리스챤 디올(Christian Dior)이 뉴룩(New Look)을 선보이면서 전쟁 중에 잊고 있었던 여성미를 최대로 표현한 엘레강스 룩이 돌아오게 되었다. 디올은 드레스 한 벌에 80마가 소요되는 로맨틱하고 화려한 크리놀린

19-3 자전거를 타고 출퇴근하는 여성들

19-4 파리 패션 디자이너들의 전시회 작품, 1945~1946

드레스를 발표하였고, 페라가모는 보이지 않는 줄로 연결하여 만든 인비저블(Invisible) 샌들을 발표하여 센세이션을 일으켰다.

2. 1940년대 패션

1940년대에 들어서면서는 이때까지 유럽 디자이너들에 의존하였던 미국 패션이 더 이상 유럽에 의존하지 않게 되었다. 미국은 인조·합성섬유를 사용하여 기성복 산업을 발달시켰다. 1940년대 전쟁 중 전반기의 미국은 유럽과의 교류가 군사적인 것 외에는 거의 단절되었기 때문에 패션 디자인과 관계된 산업을 일으켜야만 했다.

그리시안 프린트에서 영감을 받은 최초의 고전주의자 마담 그레(Madame Gres)는 프랑스 국기의 삼색을 응용한 애국적인 작품을 선보이기도 하였다. 고급 의상의 가치는 치솟았고 상품은 귀했으며 그 스타일은 사치스럽고 황홀하였다. 대중을 위해 생산된 실크는 낙하산 제조에 투입되었고, 모직은 군인들에게 제공되었다.

듀폰이 내놓은 새로운 합섬섬유 나일론은 원래는 스타킹 제조에 사용하려던 것이었으나 다루기 쉬운 옷감으로 인식되어 의상 제조에도 많이 사용되었다. 비스코스와 레이온도 널리 보급되었다. 이러한 옷감의 실용성을 살린 디자인이 발표되었고, 일부 규제에도 불구하고 정교한 디자인 솜씨가 발휘되었다.

이 시기에는 가죽 공급량이 매우 적어 페라가모조차도 이를 사용하기 힘들었는데, 이는 그가 구두에 가죽 대신 나무나 플라스틱의 일종인 로도이드(Rhodoid)를 사용하게 하는 계기가 되었다. 그는 깃털, 튈(Tulle) 등을 구하지 못할 때는 셀로판, 나무를 깎아낸 조각, 종이를 딿은 것 등을 장식용으로 사용하였다.

전쟁 중 뉴욕에 머물던 엘사 스키아파렐리(Elsa Schiaparelli)와 미국의 베라 맥스웰(Vera Maxwell)은 인기 있는 작업복들을 디자인하였다. 그들은 재단할 때 낭비되는 원단을 줄이기 위하여 무늬를 없애고 재단과 라인에 중점을 두었다. 패션의 리더였던 파리 대신 자체적으로 규모가 커진 미국에서 패션이 꽃을 피우기 시작하였다.

에이드리언(Adrian)은 기하학적인 천의 안감과 어깨에 과장되게 패드를 넣은 슈트를 선보이며 오트 쿠튀르 드레스 디자이너로 자리 잡았다. 많은 재능 있는 디자이너들이 복잡하고 다양한 테크닉을 이용한 디자인을 발표하였다.

1940년대 초, 뉴욕의 노먼 노렐(Norman Norell)과 폴린 트리제르(Pauline Trigere)는 우아한 드레스와 깨끗하고 현대적인 감성의 장식이 없는 디자인의 슈트로 상류층 여성을 고객으로 끌어들였다. 짧은 반바지와 브라 톱(Bra Top)도 널리 유행하였고 개성 없는 소재들도 변형되어 사용되었다.

뉴욕에 기반을 갖춘 발렌티나(Valentina)는 그녀의 드라마틱하고 단순한 구조의 드레스로 명성을 날렸는데, 한 판으로 된 긴 옷감과 최소의 바느질로 옷을 만들기도 하였다.

1940년대 중반에는 자크 하임(Jaques Heim)이 비난 속에

19-5 흰색 리넨 소재의 블레이저 슈트를 착용한 자원 **19-6** 테일러드 슈트, 1941
봉사자, 미국, 1943

19-7 전쟁 시의 평상복, 1943

서 비키니를 선보였다. 이 이름은 1946년 원자폭탄을 실험했던 '비키니의 아톨'에서 따온 것이다. 1947년에는 파리 패션의 우수성을 다시금 확인하게 하는 크리스챤 디올의 전설적인 '뉴룩'이 등장하였다. '뉴룩(New Look)'은 간소함과 모방의 대조를 보여주는 걸작으로 패션계에서 찬사를 받았다. 과장된 모래시계 모양의 실루엣과 기울어진 어깨, 명료한 베스트, 잘록한 허리, 부풀린 힙 등은 풍요로움의 시작을 알리는 계기가 되었다.

1945년 이후 파리의 쿠튀리에들은 그들의 신뢰감을 회복하기 위해 순회전시를 계획하였다. 그들은 'Theatre de la Mode'라는 전시회에서 고급스러운 재료를 이용하여 손으로 정교하게 만든 창작품을 철사로 된 소형 마네킹에 입혔다. 1945~1946년에는 파리 디자이너들이 인체의 1/3 정도 되는 마네킹에 그들의 작품을 입혀서 순회전시를 하였다〈그림 19-4〉. 이는 전쟁 피해자들을 돕고 프랑스 패션업계의 재건을 위한 모금 활동의 일환으로 유럽과 미국을 순회하였는데, 당시 작품 일부가 워싱턴의 메리힐예술박물관에 남아 있다.

1940년대에는 인류가 산업사회에서 정보화 사회로 넘어가는 데 중요한 역할을 하게 될 많은 발명이 이루어졌다. 1946년에는 세계 최초의 전자계산기, 컴퓨터, 트랜지스터가 개발되었다. 제2차 세계대전은 사람들의 마음을 황폐하게 만들었는데 미국 사회에서는 가수 어빙 베링(Lrving Berlin)과 프랭크 시나트라(Frank Sinatra)가 노래로 사람들의 마음을 달래주었다. 스포츠 분야에서는 야구선수 조 디마지오(Joe Dimaggio)가

56게임 연속 안타로 세계를 놀라게 하였다.

한국은 국내외에서 독립운동을 활발히 전개하여 1945년 8월 15일에 해방을 맞이하였다. 사람들은 일제 시대에 입지 못했던 한복과 통치마 저고리를 다시 입었다. 일제 시대의 제복을 개량한 옷과 본격적으로 설립되기 시작한 방모방직 공장 등으로 인해 재래시장에서 생활의상이 본격적으로 판매되기 시작하였다.

1940년대 초기에는 국내에서는 전시 체제에서 섬유 공업이 군수 공업화되어 군복, 낙하산 등이 생산되었다. 당시에는 사치품 제한령과 복지의 배급제로 패션 산업이 침체되었다. 해방 이전의 경우, 전쟁으로 인한 물자 부족과 일제의 탄압으로 패션도 암흑기를 맞았으며 특별히 세련된 스타일 없이 전시복이나 몸뻬, 국민복 같은 간편하고 활동하기 좋은 패션이 주를 이루었다.

해방이 되면서 미국으로부터 구호물자와 밀수품이 들어오고 해외 동포들이 귀국하면서 양장과 양복을 착용하게 되었다. 1947년에는 낙하산 제조에 쓰인 나일론, 메리야스직이 양말을 만드는 데 쓰였다. 또한 외국인의 출입과 미군의 주둔으로 양장이 서서히 눈에 띄었고, 1948년 정부 수립 이후 사회가 안정되면서 의생활이 점차 서구화되었다.

1) 여성의 패션

제2차 세계대전 중의 여성들은 활동이 편하고 간단한 형태의

19-8 모직 슈트, 하디 아미스, 1940년대   **19-9** 실용적이고 기능적인 밀리터리 룩, 1942   **19-10** 뉴룩, 크리스챤 디올, 1947

원피스 드레스를 평상복으로 입었다〈그림 19-7〉. 제2차 세계대전의 영향으로 할리우드에서도 화려함이 억제된 캐주얼한 스포츠웨어가 등장하였다. 도시풍의 니트 재킷과 색이 들어간 스타킹, 검은색 장갑, 드레스가 유행하였고, 1941년부터는 슬림한 실루엣이 유행하였다.

1947년 전쟁 중에는 미국에서 금·은사로 짠 루렉스(Lurex)가 등장하였다. 1948년에 크리스챤 디올과 엘사 스키아파렐리가 연필 모양이나 화살 모양처럼 슬림한 라인의 펜슬 실루엣, 화살 실루엣을 발표하였다. 또한 트라이나 로렐(Traina Norell), 하티 카네기(Hattie Carnegie), 클레어 맥카델(Claire McCardle), 에이드리언(Adrian)을 비롯한 디자이너들이 기성복을 선보였다.

(1) 작업복 드레스

1942년에 스포츠 디자이너로 널리 알려진 미국의 클레어 맥카델은 집과 정원에서 간편하게 입을 수 있는 데님 활동복을 〈하퍼스 바자〉에 소개하여 크게 유행시켰다. 이 드레스는 허리에 단추를 달고, 뜨거운 냄비를 잡을 수 있는 장갑을 끈으로 연결하여 탈부착이 가능하게 한 것으로 스커트에는 누빔으로 만든 커다란 주머니를 달았다.

(2) 밀리터리 · 테일러드 슈트

1940년대 초에는 제2차 세계대전의 영향으로 넓고 어깨가 각진 남성적인 밀리터리 룩이 유행하였다. 그 후 전쟁 동안 계속

된 물자 부족으로 치마 길이는 짧아지고 폭이 좁은 실루엣을 형성하게 되었다〈그림 19-9〉.

1939~1945년에는 여성의 군 복무가 늘면서 다양한 여군 유니폼이 등장하였다. 대개 카키색 더블 브레스티드 재킷과 무릎 아래까지 내려오는 길이의 카키색 스커트, 셔츠, 넥타이, 스타킹을 착용하였는데 재킷 어깨에는 견장이 달려 있었다. 스커트는 중심이나 양 옆으로 주름이 잡혀 있었고 스타킹은 카키색이나 진한 색이 주를 이루었다.

여성들이 가장 역할을 해야 했기에, 여성도 남성처럼 어깨가 넓은 테일러드 슈트를 많이 착용하였다〈그림 19-6〉. 이는 영화 〈애수〉와 〈카사블랑카〉의 여주인공이 착용하였던 슈트 스타일과 유사한 것이다.

(3) 뉴룩

1947년 봄, 크리스챤 디올은 새로운 실루엣으로 가슴은 부풀려서 올리고 꽉 조인 허리에다 엉덩이를 강조한 짧은 길이의 재킷을 매치시켰다. 이 여성스러운 스타일은 코르셋으로 졸라맨 가는 허리와 둥글게 곡선을 살린 가슴과 엉덩이, 땅에서 12인치 올라간 말 그대로 뉴룩(New Look)이었다〈그림 19-10〉.

디올은 게피에르(Guêpiére)라는 미니 코르셋으로 허리를 최대로 가늘게 만들고, 힙 부분에 패드를 넣었다. 이는 제2차 세계대전 말기에 나타난 각이 진 남성복과는 차이가 있었다. 여성스러운 뉴룩은 모자에 베일을 늘어뜨리고 하이힐을 신고, 화려한 장갑과 길고 가는 우산, 진주 목걸이 등으로 코디

19-11 여군의 패션, 1942

19-12 전쟁 때 유행했던 가죽 장갑과 기성복 드레스, 조 코플랜드, 1944

네이션하여 보는 사람에게 감동을 주었다.

〈하퍼스 바자〉의 편집장, 카멜 스노는 "My Dear Christian, Your Clothes Have Such a New Look."이라는 극찬을 하였다. 하지만 이러한 실루엣을 만들기 위해서는 스커트에 따라 약 20마의 옷감이 필요하였기에 크리스챤 디올은 낭비가 심하다는 비난을 받기도 하였다.

여성들은 전쟁 후 글래머러스한 실루엣을 찾았지만, 달라스에서는 1,300여 명의 여성이 뉴룩을 반대하는 'Little Below the Knee Club'을 결성하였다. 어느 지역에서는 700여 개의 사무실에서 뉴룩을 반대하는 탄원서를 제출하였다. 그러나 이러한 항의에도 불구하고 이 스타일은 여러 미국 상점에서 복제되면서 유행하였다.

1947년에 디올은 미국에 와서 뉴룩의 조잡한 복제품들이 난무하는 것에 충격을 받아, 미국에 상점을 열고 사업을 시작하여 그해 디올의 뉴룩 판매량의 절반이 미국에서 이루어졌다. 1948년 디올은 뉴욕 5번로 57번가에 첫 해외 지점을 개설하였다. 다음해에는 양말, 내의 종류를 소개하면서 자신의 이름을 라이선스하는 최초의 디자이너가 되었다.

제2차 세계대전 후에는 크리스챤 디올, 자크 페이스 등을 필두로 파리의 디자이너들이 새롭고 화려한 디자인을 선보이기 시작하였다〈그림 19-13〉.

한국에서는 전시 중 일본총독부가 여성들에게 몸빼를 입게 하였다. 또한, 허리에 벨트가 있고 양옆에 포켓이 있는 '간단복'이라는 원피스 드레스를 입도록 강요하였다. 광복 후 초기에는 몸빼 대신에 재래 한복이나 통치마 저고리를 입었으나, 미군정 실시와 해외동포의 귀국으로 다시 양복화가 촉진되었다. 양장은 광복 전까지는 직선적인 형으로 스커트 길이가 짧고 활동적인 군복 스타일이 유행하였다.

여대생을 비롯한 사회참여 여성들이 개량한복을 착용하였고 일반 부인들은 전통적인 치마저고리를 입었다. 해방 직후인 1946년경의 개량한복은 곧게 주름잡은 통치마에 흰 스타킹을 신고 구두를 신은 스타일이었다.

19-13 이브닝드레스, 자크 페이스, 1949

19-14 주트 슈트, 1943   **19-15** 더플코트   **19-16** 활동적이고 간편한 슈트, 1945

재킷은 활동성과 기능성을 위주로 한 스타일로 어깨 폭이 넓고 허리에 다트를 넣거나 벨트를 착용하였다. 대부분 가슴 부분에 주머니를 달았으며 기능성을 위한 디테일을 사용한 밀리터리 재킷을 착용하였다.

이 시기 대부분의 블라우스는 기능적인 스타일로 칼라는 셔츠 칼라, 플랫 칼라, 만다린 칼라 등을 사용하였고, 소매는 세트인 소매가 주를 이루었고 1930년대에 유행한 퍼프 소매도 다시 나타났다.

코트는 대부분 무릎까지 오는 직선적인 스타일이다. 칼라는 털로 장식된 숄 칼라, 플랫 칼라, 스탠드 칼라 등이 유행하였다. 소매는 래글런, 퍼프, 세트인 소매 등을 이용하였다.

학생복으로는 남성 교복이 여성 교복보다 약 10년쯤 더 빠르게 착용되었고 배지와 모자, 단추에 표시된 학교의 상징만 다를 뿐 비슷한 실루엣의 교복을 착용하였다.

운동경기가 활발해지면서부터는 유니폼이 생겼으며 1940년경에는 제2차 세계대전을 앞두고 학생들도 전쟁을 대비하는 옷차림을 했다.

블루머 형태의 바짓단에 고무줄을 넣은 바지도 착용하였고 동복의 경우는 흰색 커프스가 달린 긴 블라우스에 작은 세일러 칼라가 붙어 있었으며, 검은색 삼각형의 스카프로 타이를 매었다. 그리고 검은색 세일러복에 흰색 칼라를 부착하여 입었다. 제2차 세계대전이 심해지자 몸빼에 흰 삼각수건을 쓰고 운동화를 신게 하였다. 일부에서는 여전히 검은색 치마와 옷고름 대신 단추가 달린 흰색 저고리를 입었다. 1940년대 초반에는 학생복의 하복, 동복 모두 세일러복을 착용하였으며 실습복으로 교복 위에 가운을 덧입었다.

일본이 패전한 1945년까지의 2~3년 동안은 전쟁의 막바지여서 전시복으로 몸빼를 착용하였다. 여학생들은 블루머를 체육복으로 계속 입었으며, 몇몇 학교에서는 해방 때까지 세일러복에 주름치마를 입었다. 1940년대 초의 여성복은 의복의 서구화를 정착시키는 계기가 되었다.

2) 남성의 패션

이 시기에는 전쟁을 치르느라 군복을 많이 입었으므로 남성의 패션에 큰 변화가 없었고 자기 소속이 적힌 마크를 단 제복을 입는 경우가 많았다. 이러한 것에서 유행이 싹트기 시작하여 몽고메리 장군이 즐겨 입었던 더플코트(Duffle Coat)가 유행하게 되었다〈그림 19-15〉. 이것은 더플 앞여밈으로 된 7부 길이의 코트로, 나무나 금속으로 된 술통 모양의 독특한 여밈 장식인 토글과 끈으로 되어 있었고, 때로는 모자가 달려 있었다. 이 코트는 남녀노소를 불문하고 스포츠용으로 현재까지도 착용되고 있다. 남성들은 여성들처럼 활동하기 편한 간단한 스타일의 슈트를 착용하였다〈그림 19-16〉.

제2차 세계대전 중 한국에서는 남성 대부분이 국민복 차림이었다. 국민복은 스탠드 칼라에 양쪽 가슴에 뚜껑이 있는 입술 포켓을 부착하고 앞에다가 단추를 대여섯 개쯤 단 것으로 이 옷은 일본 총독부에 의해 강요된 것으로 유사시 군복의 역

(a) 로맨틱 라이딩 해트, 헨리 벤델, 1941   (b) 스페인풍 모자   (c) 플라워가든 해트, 엘사 스키아파렐리, 1935

19-17 1940년대의 모자

할을 할 수 있도록 만들어진 것이었다. 소재는 면이나 모직을 사용하였고, 색상은 대개 카키색이었다. 1940년대 전후에는 한복과 양복을 절충하여 바지저고리 위에 오버코트나 망토를 입었으며 지방에서는 양복지로 만든 두루마기에 흰 동정 대신 벨벳이나 털을 달았다. 광복 후에는 해외 동포들이 귀국하면서 양복이 유행하였는데 미군 부대에서 나오는 저지와 홍콩, 마카오에서 들어오는 양복지가 대부분이어서 당시 멋쟁이를 '마카오 신사'라고 불렀다. 후반에는 '로마에' 또는 '요마에'라고 불렸던 더블 브레스트 재킷이 유행하였는데 가슴에 주머니가 달려 있었다. 그 주머니에 천을 작게 접어서 꽂고, 색안경을 쓰고, 파이프를 문 남성은 당대 최고의 멋쟁이였다. 주로 영화배우들이 이 스타일을 즐겨 하였는데 이러한 유행이 1950년대 초까지 지속되었다.

3. 헤어스타일과 액세서리

1) 헤어스타일과 모자

(1) 헤어스타일

1939년에 시작된 제2차 세계대전으로 여성들이 남자들 대신 사회활동에 참여하면서 자연히 머리카락을 길게 기르는 것이 금기시되었다. 머리카락 길이는 어깨선보다 조금 내려오거나, 그보다 더 짧았는데 이를 머릿수건이나 터번, 머리띠로 정리하고 일터에 가거나 집안일을 하였다. 1945년에는 전쟁이 끝나면서 영화배우의 헤어스타일을 따르는 유행이 번졌다. 일반인들은 집에서 롤을 사용하여 웨이브를 주고, 앞머리를 높이 올린 스타일이나 이마 위로 앞머리를 가지런히 잘라 내린 스타일을 유행시켰다. 1940년대의 중요한 스타일 업도(Updo)는 긴 머리카락을 뒤에서 둘로 가르고 서로 엮어서 머리 뒤로 모은 후 핀이나 머리빗, 또는 고무줄로 묶는 스타일이었다. 이 외에도 피카부 뱅(Peekaboo Bang)이라 불렸던 현재까지도 유행 중인 스타일이 있었다. 이는 긴 머리를 양쪽으로 가르되 한쪽으로 많이 치우치게 해서, 컬을 많이 만들고 핀을 고정시켜서 긴 머리가 눈을 가리는 것처럼 하여 관능적으로 보이게 하는 스타일이었다. 또 하나 중요한 헤어스타일로는 퐁파두르(Pompadour)가 있었는데, 이는 앞머리를 머리 뒤쪽을 향해 높이 올린 스타일로 귀는 가리지 않았다. 이 퐁파두르 스타일은 1950년대까지도 유행하였다.

남성들의 헤어스타일은 여성들보다 단순했다. 1940년대 전반에는 군대의 영향으로 크루커트(Crewcut)나 플랫톱(Flattop) 같은 헤어스타일을 했는데, 이는 오늘날 한국 해병의 머리처럼 아주 짧은 스타일이었다. 이외에도 사이드 파트(Side Part)라는 헤어스타일이 있었다. 이는 양쪽 머리를 길게 하고 귀를 덮지 않게 하면서 뒤로 젖히는 스타일로 슬릭크드 백(Slicked Back), 소위 '올백 머리'라고 부르는 것으로 기름을 발라 머리카락을 전부 젖히는 스타일이었다. 이러한 스타일은 대개 할리우드 영화배우의 영향을 받은 것이었다.

(2) 모자

이 시기에는 1930년대에 인기 있던 모자가 여전히 유행하였다. 여기에 베레모, 터번, 헤드 스카프, 머리망이 유행에 합류하였다. 전쟁 중에는 좋은 재료가 부족하여 많은 사람이 스포츠나 여가를 즐길 때나 저녁에 열리는 파티에 갈 때 모자를 쓰지 않는 경우가 많아져서 고급 모자 생산량이 감소하였다. 대신에 베레모나 터번 같은 단순하고 프릴이 없는 모자가 주

19-18 버사 칼라와 브로치, 장갑, 팔찌 등 액세서리를 매치한 여성, 트레이나 노렐, 1940

로 착용되었다.

이 시기의 유행했던 모자로는 스누드(Snood), 플랫 보터스 (Flat Boaters), 팬케이크 베레모(Pancake Beret), 니트 터번 (Knit Turban), 트리콘 해트(Tricorn Hat), 토크(Toque), 돌스 해트(Dolls Hat), 페도라(Fedora), 보닛(Bonnet), 보울러 해트 (Bowler Hat) 등이 있었다. 또한 모자를 고정시키기 위해 고무 밴드로 된 줄을 턱에 매기보다는 클립이나 핀 등을 이용하여 모자를 머리에 고정하는 방식이 유행하였다. 1941년에는 미국 야생동물보호회의 요청으로 모자에 새의 깃털을 사용하는 것이 법으로 금지되어 모조품 깃털을 사용하게 되었다. 1940년대 전반기 전쟁 중의 모자는 우울하고 지친 사람에게 활력과 희망을 주는 상징물이었다. 필박스 해트(Pillbox Hat)는 이 시기부터 1950년대 이후까지 계속 유행하였다. 카트휠 해트(Cartwheel Hat)는 잘 구겨지지 않는 커다란 둥근 챙이 달린 밀짚 소재의 여름 모자로 실용적이고 멋있는 스타일이었다. 이는 꽃, 보석, 새털로 장식되어 1950년대까지도 유행하였다. 1940년대의 특징은 머릿수건과 꽃핀의 등장이다.

남성들에게 인기 있었던 페도라(Fedora)와 홈부르크 (Homburg)는 예전부터 인기가 있었던 스타일로 여성들도 이

모자를 착용하였다. 다만 여성의 것이 챙이 더 넓고 부드러운 스타일이었으며 크라운이나 큰 매듭, 깃털을 달아 썼다는 점이 달랐다.

1940년대 전반에는 젊은이들이 거의 군대에 가서 후방에 있는 장년층과 노인만이 30년대에 유행했던 페도라(Fedora), 홈부르크 등을 정장에 매치했다. 그 외 1940년대에는 포크 파이 해트(Pork Pie Hat), 보울러 해트(Bowler Hat), 더비 해트 (Derby Hat)가 유행하였고 서민층이 애용하던 플랫 캡(Flat Cap)도 많이 썼다. 1940년대 후반에 유행하던 모자들은 1950년대 초까지 그 인기를 이어갔다.

2) 액세서리와 슈즈

(1) 액세서리

제2차 세계대전(1939~1945) 시의 물자 부족과 전시의 긴장 상태는 재료의 다양성이나 액세서리의 사치화가 최소화 되었던 시기이다. 베이클라이트(합성수지의 일종-당구공 또는 옛날 전화기의 재료로 쓰임)로 된 핸드백이나 액세서리가 많이 유행되었다. 또한 베이클라이트나 플라스틱을 활용한 비싸지 않은 여러 가지 형태의 다양한 색깔의 작은 액세서리가 다량 생산되었다. 모자와 더불어 스카프와 반다나(Bandanas, 큰 스카프)도 머리띠와 같이 유행하였다. 어깨에 패드를 넣거나, 제한된 수의 의상을 위아래로 잘 매치하는 것도 유행하였는데 이는 전쟁 중에 많은 돈을 들이지 않고 스타일을 드러내는 방법이었다. 스타킹은 귀한 물건으로 이를 신지 못할 때는 다리에 화장(칠)을 하거나 무늬를 그려 넣었다. 짙은 빨간색 립스틱은 매우 중요한 화장품으로 여성 대부분이 사용하였다. 또한 모자에 달린 피싱 네트(Fishing Net)를 늘어뜨리고 머리에 인조 꽃을 꽂는 것도 유행하였다. 장갑과 핸드백의 컬러를 매

19-19 1940년대의 가방

(a) 인비저블 샌들, 살바토레 페라가모, 1947   (b) F 형태의 웨지, 살바토레 페라가모, 1944   (c) F 형태의 웨지, 살바토레 페라가모, 1940년대   (d) 나무로 만든 플랫폼, 1943

19-20 1940년대의 슈즈

치시키는 것도 중요한 포인트였다.

1947년에는 디올이 뉴룩을 발표하여 패션계 전반에 새 바람을 불러일으켰다. 이에 따라 옷감의 공급이 늘어나면서 1940년대가 끝날 때쯤에는 패션에 관한 관심이 많아지고 새로운 유행의 바람이 불게 되었다.

남성들의 액세서리도 40년대 전반기에는 30년대 후반기의 것들이 그대로 계승되고 또 전쟁으로 인해 패션에는 관심을 둘 여유도 없었다. 전후 남성들은 셔츠에 커프스(Cuffs), 타이 클립(Tie Clip), 바지가 흘러내리지 않게 붙잡아주는 서스펜더(Suspender)는 폭이 넓고 길이가 짧은 것이 유행이었고, 넥타이는 화려한 색상에 풍경화나 수영복을 입은 여성 등을 그려 넣은 것이 인기를 끌었다.

(2) 슈즈

1940년대의 슈즈 스타일은 한마디로 1930년대의 장식이 많은 구두와 1950년대의 화려한 스타일, 그 중간쯤이라고 할 수 있다. 1940년대 초기에는 전쟁으로 모든 물자가 귀해져서 구두에 쓰이는 가죽도 부족하였다. 따라서 두꺼운 천이나 뱀 가죽 등을 많이 사용하였다. 당시의 구두는 지금보다 앞코가 아주 땅딸막하고 불룩한 형태가 많았으며 힐을 층층이 굵게 쌓아올린 모양으로 길이가 5cm 이상인 것이 많았다. 전쟁이 끝난 1945년 이후에는 두꺼운 구두창과 높은 힐이 유행하

였는데, 이 시기에 유행했던 구두가 현재까지 계속 유행 중이다. 유명한 슈즈로는 두꺼운 구두창과 높고 두꺼운 힐의 웨지(Wedge), 앞코가 둥근 하이힐 슬링 백(Sling Back), 슬링 백과 비슷하지만 앞코가 뚫려 있어 구멍이 크게 난 핍토 펌프스(Peep-toe Pumps), 두 가지 색으로 조화를 이룬 콤비스타일의 슬립인 펌프스(Slip-in Pumps), 발목을 스트랩으로 조이는 메리 제인 슈즈(Mary Jane Shoes)가 있었다. 가장 많이 신었던 옥스퍼드(Oxford)는 뒤창이 높고, 발등을 끈으로 매게 되어 있는 신사화로 여성들도 비슷하게 생긴 옥스퍼드를 신었다. 이외에도 샌들, 새들(Saddle) 슈즈, 로퍼, 밀짚으로 만든 여름용 에스파드리유(Espadrilles)와 겨울용 부츠 등이 유행하였다.

이 시기에는 가죽이 귀하여 슈즈가 굉장히 비쌌다. 따라서 남성들은 가죽이 아닌 캔버스로 만든 구두나 구두창이 나무로 된 것을 신었으나 신기가 불편하여 이러한 흐름은 오래가지 못하였다. 가장 대중적이었던 슈즈는 옥스퍼드로 주로 끈을 매거나 윙 팁(Wing Tip)으로 끈 위를 덮는 것이 유행하였는데 이것이 현재까지도 유행 중이다. 이외에도 두 가지 색의 가죽으로 콤비네이션을 이룬 투 톤(Two Tone) 슈즈나 새들(Saddle) 슈즈, 군화와 비슷한 하프 부츠(Half Boots), 테니스화 등의 스포츠화, 스니커즈, 여러 스타일의 부츠가 유행하였다. 슈즈의 색상은 주로 검은색, 갈색, 흰색이 주를 이루었다.

1940년대 패션 스타일의 요약

1940년대

사건 혹은 발명품	대표 패션

1940년대 파리의 모습	뉴룩, 크리스챤 디올, 1947

패션의 종류	여성복	작업복 드레스, 밀리터리 슈트(Military Suit), 테일러드 슈트(Tailored Suit), 더블 브레스티드 재킷(Double Breasted Jacket), 블루머(Bloomer) 형태의 팬츠, 세일러복과 주름치마로 구성된 교복
	남성복	더플코트(Duffle Coat), 더블 브레스티드 재킷(Double Breasted Jacket), 니트 재킷(Knit Jacket)
헤어스타일 및 액세서리		검은색 장갑, 얼굴을 가릴 만큼 챙이 큰 모자, 터번(Turban)과 스카프, 퍼머넌트, 중간 굽 구두, 둥근 코 구두, 컬러 스타킹
패션사적 의의		• 뉴룩(New Look)의 등장 • 패션 마네킹 • 나일론과 메리야스 직물, 루렉스(Lurex)의 보급 • 펜슬(Pencil) 실루엣과 화살(Arrow-narrow) 실루엣
주요 디자이너		엘사 스키아파렐리(Elsa Schiaparelli), 베라 맥스웰(Vera Maxwell), 크리스챤 디올(Christian Dior), 노먼 노렐(Norman Norell), 폴린 트리제르(Pauline Trigère), 클레어 맥카델(Claire McCardell), 자크 하임(Jaques Heim), 트라이나 노렐(Traina-Norell), 하티 카네기(Hattie Carnegie), 에이드리언(Adrian)

© Christian Dior

20-1 재선에 성공한 아이젠하워 대통령과 닉슨 부통령, 1956

20-2 영국의 엘리자베스 2세, 1955

CHAPTER 20
1950년대의 패션

1. 1950년대의 사회와 문화적 배경

1950년대는 혼란과 시련, 그리고 도약의 시대였다고 해도 과언이 아니다. 제2차 세계대전의 우울한 그림자에서 완전히 벗어나지 못하던 당시 크리스챤 디올은 A, Y, F, H 등의 알파벳 라인 디자인으로 세계 패션을 리드하였다. 이 시기에는 과학이 자연을 지배할 수 있다는 생각이 대중에게 퍼졌다. 화학물질이나 원자구조에 기초한 디자인과 패턴이 소비자에게도 영향을 미쳤고, 나일론과 플라스틱 제품, 컴퓨터 등이 생활에 편안함을 줄 것이라는 생각이 확산되었다.

멕시코인들은 미국으로, 캐리비언들은 영국과 프랑스로, 인도인들은 영국으로 이민을 떠나는 붐이 일면서 인종 차별이 심화되었다. 미국에서는 흑인들이 흑백 인종 차별을 반대하는 인권운동을 시작하였다. 1952년에는 제2차 세계대전의 영웅 아이젠하워 장군이 미국의 대통령이 되었고〈그림 20-1〉, 1953년 6월 2일에는 엘리자베스 2세〈그림 20-2〉의 대관식이 런던에서 거행되었다. 1953년 미국에서는 인기가 많았던 민주당 상원위원 케네디가 재클린과 결혼하였다. 또한 소비를 강조하는 정책의 시행으로 미국에서 처음으로 신용카드가 도입되었다. 유럽은 전쟁으로 폐허가 된 경제를 재건하는 데 열중하였다. 영

국에서는 배급제가 실시되고 내핍생활이 강조되는 등 미국과 유럽이 경제적인 차이를 보였다. 전 세계가 텔레비전을 통해 엘비스 프레슬리의 춤을 보기 시작할 무렵부터는 라디오가 텔레비전에 밀려나기 시작하였다.

크리스챤 디올이 정성들여 내놓은 좁은 어깨와 꽉 조인 허리로 가슴을 강조한 뉴룩(New Look)은 처음에는 무책임하고 여성의 자유를 후퇴시키는 것으로 간주되었으나 얼마 지나지 않아 빠르게 시장을 파고들었다. 전통적인 여성상과 연결되는 관능적인 곡선들은 뛰어난 실루엣의 가는 허리의 스커트를 선보이게 하였다. 상품의 수출의 경제적인 가치를 깨달은 디올은 그의 작품에 이름을 붙여 미국 등에 수출함으로써 쇠퇴해가는 패션계에 힘을 불어넣은 첫 번째 쿠튀리에가 되었다〈그림 20-3〉.

디올과는 대조적이었던 발렌시아가는 혁신적인 모델리스트 스타일로 1950년대 중반에 톱 디자이너가 되었다. 그의 드라마틱한 디자인은 수도승과 모국 스페인의 문화유산에서 영감을 받은 것이었다. 그의 작품은 믿을 수 없을 정도로 단순하여 실루엣이 돋보였다. 그는 허리라인을 위로 올리고 편안한 움직임을 위하여 래글런 슬리브를 애용하였다. 그는 색백 슈미즈(Sack-back-chemise)와 조각처럼 보이는 빳빳

20-3 10주년 기념 컬렉션, 크리스챤 디올, 1957 　　**20-4** 네 잎 클로버 볼 가운, 찰스 제임스, 1953 　　**20-5** 다시 유행한 샤넬 슈트, 1954

한 실크 가자르(Silk Gazar), 실크로 만든 이브닝웨어로 찬사를 받았다. 그의 의상 일부는 프랑스의 유명한 자수가 르사즈(Lesage)의 자수로 장식되었다.

샤넬은 제2차 세계대전 중 파리를 점령했던 독일군에게 협조했다는 이유로 스위스에서 9년간 도피생활을 하다가 1954년에 파리로 돌아왔다. 샤넬은 여성스러운 슈트들로 그녀의 복귀 무대를 성공적으로 이끌었으며 이 슈트들은 미국에서 순식간에 팔려나갔다.

영국에서는 노먼 하트넬(Norman Hartnell)이 영국 왕실을 위해 고급스러운 데이웨어와 이브닝웨어를 만들어 이름을 날렸다. 같은 시기에 파리에서는 발망(Balmain)과 파스(Fath)가 중요한 쿠튀리에로 떠오르고 있었다.

오트 쿠튀르를 예술의 경지로 올려놓은 미국의 찰스 제임스(Charls James)는 부드러운 색과 옷감의 결, 모양, 크기가 대조되도록 정성스럽고 세밀하게 드레이핑한 커다란 꽃 모양의 스커트로 아주 특별한 가운을 만들어냈다. 상류층 부인들은 이 변덕스러운 완벽주의자가 원하는 의상을 완성할 때까지 수년을 기다리기도 했다〈그림 20-4〉.

이탈리아에서는 아름답게 균형 잡힌 실크 코쿤 스커트를 디자인한 시모네타(Simoneta)를 포함하여 재능 있는 디자이너들이 발굴되었다. 이 디자이너들은 이탈리아의 수준 높은 양재 기술과 방직물 생산 기술을 바탕으로 활기차고 세련된 디자인을 창조해냈다.

새로이 등장한 젊은 디자이너 로베르토 카푸치(Roberto Capucci)는 시각 형태의 재단과 건축학적 재능으로 주목받기 시작하였다. 격조 높은 장인의 솜씨와 질 좋은 가죽 세공으로 잘 알려진 이탈리아의 액세서리 기업들도 이와 함께 번창해나갔다. 구찌(Gucci)는 말 안장의 끈에서 모티프를 딴 어깨끈과, 금속으로 된 말 굴레 모양의 작은 장식을 스웨이드 구두에 달았다.

1957년 지방시의 색(Sack) 드레스는 뉴욕을 강타하였다. 〈보그〉는 "색 드레스는 최고의 패션"이라 평하였고, 미국의 각본가 아니타 루스(Anita Loos)는 〈보그〉를 통해 "색 드레스의 풍성한 착용감은 입는 사람에게 신비감까지 가져다준다."고 호평하였다. 또한 수직선으로 가는 신체가 특징인 지방시의 리버티(Liberty) 라인이 1955~1956년에 크게 유행하였다.

"패션은 사라지는 것이고 다만 스타일만 변하지 않고 남는다."라고 말한 가브리엘 샤넬(Gabrielle Chanel)은 여성들이 실제로 편안하게 입을 수 있는 옷을 디자인하였다. 개성이 뚜렷한 샤넬 룩은 상자 주름이 직선 형태로 된 스트레이트 스커트, 라펠, 싱글 브레스티드의 카디건 재킷, 대비되는 색상의 장식, 테이프로 커프스와 포켓을 끝단 처리하고 고양이 리본 모양의 푸시 캣(Pussy Cat) 리본으로 장식한 블라우스 등이 주를 이루었다. 1954년 2월에 그녀가 상점을 새로 개장했을 때 쇼에 대한 반응은 다양했지만, 샤넬의 옷이 입는 사람에게 편안함과 여유를 주면서 실용적이라는 것은 확실하였다. 샤넬은 금사슬 네크 레이스의 룩과 젊은이들을 위한 생기 있고 활동적인 스타일로 그녀의 아성을 구축하였다〈그림 20-5〉.

20-6 다양한 실루엣, 크리스챤 디올, 1950년대

(a) 롱 라인(Long Line), (b) 시뉴스 라인(Sineuse Line), (c) 프로필 라인(Profile Line), (d) 튤립 라인(Tulip Line), (e) 비반테 라인(Vivante Line), (f) 뮤게 라인(Muget Line),
(g) H라인(H-line), (h) A라인(A-line), (i) Y라인(Y-line), (j) 프리체 라인(Fleche Line)

발렌시아가는 조각 예술품에서 힌트를 얻어 만든 슬림한 l라인 튜닉 드레스를 크게 유행시켰다.

여전히 유럽의 고상한 기품을 담은 디자인이 영향력을 가지고 있었지만, 미국의 바이어와 언론은 차츰 고품질의 실용적인 레디투웨어(Ready-to-Wear)에 주목하고 있었다. 또한 대중매체를 통해 알려진 고급 의상을 열망하는 사람들이 늘면서 이를 공급할 수 있는 미국 패션계에 관심이 쏠렸다.

한편 새로운 수요를 가진 젊은 세대를 위한 시장과 더불어 소비자 중심의 시장이 새로운 트렌드를 만들어내기 시작하였다. 1957년, 디올이 갑작스레 타계하자 27세의 젊고 감성이 풍부한 이브 생 로랑(Yves Saint Laurent)이 그 자리를 이어받았다.

한국은 6·25 전쟁으로 인한 폐허와 가난 속에서도 외국 잡지를 보면서 멋에 대한 동경심을 키웠다. 영화 〈로마의 휴일〉의 오드리 헵번 스타일은 우리나라 여성들에게도 유행의 상징이 되었으며, 국외로부터는 듀퐁 사의 나일론과 폴리에스테르가 국내에 도입, 생산되기 시작하였다.

6·25 전쟁은 해방 이후 설립된 공장들의 가동 중단과 함께 해외 구호물자 및 군수품이 시장을 통해 범람하는 상황을 만들었다. 또한 군용 담요와 군복 등을 의복의 소재로 활용하게 만들었다. 1950년대 중반 국회를 통해 '신생활복 착용안'을 제정하면서 재건복이라는 이름의 양장이 일상복으로 널리 확대되었으며, 해외 구호물자와 함께, 외국 영화를 통해 속칭 '맘보바지'라는 타이트한 슬랙스 팬츠가 유행하기도 하였다. 전쟁 이후에는 우리나라에서도 도약을 위한 움직임이 일어 유행이 전파되기 시작하였다.

2. 1950년대 패션

1) 여성의 패션

크리스챤 디올이 "패션은 꿈으로부터 나오고, 꿈이란 현실에서 도피하는 것"이라고 말한 것처럼, 제2차 세계대전의 제약과 궁핍에서 해방된 여성들은 여성미를 과시하고 멋을 즐기고자 했다. 디올은 롱스커트를 16인치나 짧게 함으로써 전 세계의 스커트 길이에 영향을 미쳤다.

1950년대에는 크리스챤 디올이 발표한 모드가 센세이션을 불러일으키면서 디올 사에서 6개월마다 봄과 가을에 새로운 작품들을 선보이며 새로운 라인을 발표하였다. 1950년 파리 S/S 컬렉션에서 발표한 수직선, 직선적인 시스(Sheath) 실루엣의 버티컬(Vertical) 라인과 오블리크(Oblique) 라인, 1951년

(a) 영화 〈로마의 휴일〉 속 오드리 헵번 룩, 지방시, 1953

(b) 영화 〈7년 만의 외출〉 속 메릴린 먼로의 글래머 룩, 1955

(c) 영화 〈퍼니 페이스〉에서 맘보바지를 착용한 오드리 헵번, 지방시, 1957

20-7 1950년대 패션을 주도한 영화배우들

파리 S/S 컬렉션의 달걀 모양 라인, 타원형의 오벌(Oval) 라인, 1953년 S/S 컬렉션에 발표한 둥근 어깨에 가슴은 크게 강조하고 허리 밑으로는 가늘게 하여 튤립 형태와 같은 튤립 라인, 1954년 F/W 컬렉션에 발표한 장 파투의 S라인과 디올의 1954년 F/W 컬렉션에서 발표한 전체적으로 날씬한 체형에 알맞게 된 일종의 튜불러(Tubular) 실루엣으로 허리는 가늘게 하고 부풀린 앞가슴은 평평하게 처리한 H라인, 1955년 가을에 발표한 어깨에서 가슴까지 흐르는 듯한 실루엣으로 전체적으로 날씬해 보이며 때로는 수직형으로 강조된 Y라인, 1955년 S/S 컬렉션에서 어깨선에서부터 치맛단, 또는 허리에서 치맛단에 이르는 옷자락이 점점 넓어지는 A라인, 1956년 봄 알파벳에서 착안한 F라인, 일명 애로(Arrow) 라인이라 불리는 화살과 같은 똑바른 실루엣 등이 눈길을 끌었다.

1957년 가을에는 중앙부가 불룩하게 부풀어올라 윗부분에서 아래로 가늘게 된 물레의 방추 형태와 같은 스핀들(Spindle) 라인, 1958년 봄에는 디올 사의 이브 생 로랑이 좁은 어깨에서 드레스의 밑단까지 플레어지게 한 사다리꼴 형태의 트라페즈(Trapege) 라인 등을 연속적으로 발표하였다. 이들 라인의 공통적인 특징은 군복 스타일에서 벗어나 우아한 어깨, 풍만한 가슴, 가는 허리, 꽃처럼 펼쳐지는 스커트를 표현했다는 점이다.

1954년에 디올이 발표한 H라인과 인위적인 모래시계 실루엣의 이브닝 가운들은 특히 유명하였다. 이브닝 가운의 로맨틱한 멋은 크리스토발 발렌시아가(Cristobal Balenciaga)와 가까웠던 지방시(Givenchy)에 의해 더욱 발전되었다. 지방시는 1957년에 속치마처럼 어깨부터 스커트 끝까지 허리선이 없이 직선으로 내려오면서 슬림한 실루엣을 연출하는 슈미즈(Chemise)와 자루 형태의 색(Sack) 드레스를 발표하였다.

패션을 주도한 영화배우들

1950년대에는 다양한 장르의 영화들이 상영되었는데 그중에서도 〈로마의 휴일〉에 나타난 오드리 헵번의 플레어스커트와 쇼트 헤어스타일, 〈사브리나〉와 〈퍼니 페이스〉에서 착용한 맘보바지가 전 세계 여성들에게 퍼져나갔다. 영화 〈모정〉은 차이니즈 스타일을 유행시켰으며, 1956년에는 엘리아 카잔의 작품에 미국 여배우 캐론 베이커가 노출이 심한 '베이비 돌'이라는 나이트 가운과 어깨끈이 없는 브래지어를 선보여 야한 속옷을 유행시키기도 하였다. 1956년에는 프랑스 출신의 여배우 브리지트 바르도 스타일이 유행하였고, 미국의 메릴린 먼로가 영화 〈7년 만의 외출〉에서 늘씬한 다리와 걸음걸이를 선보여 그녀만의 스타일을 유행시켰다〈그림 20-7〉.

(a) 튤립 라인, 크리스챤 디올, 1953

(b) S라인, 하디 아마스

(c) 시뉴스 라인, 1952

(d) 프로필 라인, 크리스챤 디올, 1952~1953

(e) 버티컬 라인, 크리스챤 디올, 1950

(f) H라인, 크리스챤 디올, 1956

(g) Y라인, 크리스챤 디올, 1955

(h) A라인, 크리스챤 디올, 1955

(i) 뮤게 라인, 크리스챤 디올, 1954

(j) 프리체 라인, 크리스챤 디올, 1957

(k) 트라페즈 라인, 이브 생 로랑, 1958

20-8 1950년대 다양한 실루엣의 의복을 착용한 여성들, 1950년대

  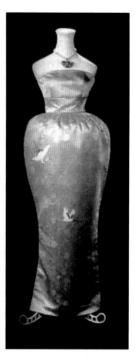

20-9 플레어스커트와 맘보바지 · · · · · · · · **20-10** 아리랑 드레스, 노라노 · · · · · · · · **20-11** 청자 드레스, 최경자, 1959

디올은 1957년에 사망할 때까지 세계 패션의 주도자 역할을 하였는데, 그가 죽은 후에는 이브 생 로랑이 트라페즈 라인과 커브 라인을 발표하며 "프랑스를 구제했다."라는 말이 나올 정도로 기예를 발휘하였다〈그림 20-8〉.

우리나라 여성들 사이에서는 한국전쟁 때 군인들이 사용하던 담요로 만든 담요 코트, 추위를 막기 위한 모자, 플레어지고 후드가 달린 어두운색의 개버딘 코트, 낙하산으로 만든 속이 비치는 낙하산 블라우스, 뉴통 블라우스와 드레스, 영화 〈자유부인〉에 등장하는 벨벳 의상과 망사 속치마로 크게 부풀린 플레어스커트와 드레스, 자루 형태의 색(Sack) 드레스, 헵번 스타일의 맘보바지〈그림 20-7(c)〉 등이 유행하였다. 1959년에는 미스코리아 오현주가 미스유니버스대회에 출전하여 한국인 중 최초로 의상상을 포함한 세 개의 상을 휩쓸었는데 그녀가 입은 드레스는 신라 시대 화랑의 의상을 모티프로 한 것이었다.

디자이너 노라노가 디자인한 '아리랑 드레스'와 최경자가 디자인한 '아랑 드레스(미스코리아 서범주 착용)', 양단으로 만든 '청자 드레스'는 한복을 모티프로 하여 감동을 불러일으켰다. 최경자는 한국 최초로 디자이너협회를 창설하였고(1955), 노라노는 한국 최초의 패션쇼를 개최하였다(1956). 두 디자이너는 한국 패션 발전의 선구적인 역할을 하였다.

(1) 플레어스커트

플레어스커트는 당시 인기 있던 영화 〈젊은이의 양지〉(1954)와 〈로마의 휴일〉(1953), 〈나이아가라〉(1956)의 주인공들이 착용하면서 더 유명해졌다. 이 스커트는 여성스러움을 강조하기 위하여 허리를 꼭 맞게 조이고 스커트를 크게 부풀린 스타일이다. 이 스타일은 우리나라에서도 유행했는데, 대부분의 경우 스커트가 뻗치도록 빳빳한 흰색 망사를 여러 겹 겹쳐서 만든 페티코트를 속에 입었으며 유행이 더욱 확산되면서 스커트의 크기와 부피가 경쟁하듯 커졌다. 아코디언처럼 주름을 좁게 잡은 아코디언 플리츠 플레어스커트와 넓은 페티코트 속치마로 크게 부풀린 핏 앤 플레어(Fit & Flared) 드레스도 유행하였다〈그림 20-9〉. 또한 흰색 푸들 모양을 아플리케한 푸들 스커트(Poodle Skirt)도 유행하였다.

(2) 맘보바지

오드리 헵번 주연의 〈사브리나〉가 흥행하면서, 혼자서는 입고 벗기가 어려울 정도로 타이트한 맘보바지가 유행하였다. 이 바지는 끝을 최대한 좁게 하고, 발목에서 한 뼘 정도 올라간 길이로, 입고 벗기가 불편했기 때문에 바지 밑단에 슬릿을 넣어 입었다. 이 바지와 함께 굽이 없는 납작한 신발과 귀엽고 모던한 쇼트커트도 함께 유행하였다.

(a) 싱글 브레스티드 슈트, 1959   (b) 런던의 테디 보이, 1954   (c) 영화 〈회색 플란넬을 입은 사나이〉의 그레고리 팩 룩, 1956   (d) 영화 〈워터 프론트〉의 말런 브랜도 룩, 1954

20-12 1950년대 남성의 패션

2) 남성의 패션

1950년대 남성들은 제2차 세계대전이 끝난 후 사회에 복귀한 뒤에도 대부분 검은색, 회색 계통의 점잖고 튀지 않는 의복을 착용하였다. 반면 집에서는 밝은색의 편안한 옷을 입었다. 1950년대 후반에는 재킷이 약간 길어지고 어깨의 패드가 얇아졌으며, 바지통이 좁아졌으나 바지선을 빳빳하게 세워서 입는 경향이 강하였다. 인조 옷감의 종류는 다양해졌지만 양복 스타일에는 큰 변화가 없었다.

1950년대에는 전후 경제를 재건하는 데 모든 정열을 쏟았으므로 남성들은 흰색 셔츠를 입어 깨끗하고 점잖아 보이는 회사원의 이미지를 드러내는 것으로 만족하였다. 1955년에 나온 윌슨(Sloan Wilson)의 소설 〈회색 플란넬을 입은 사나이〉를 원작으로 한 영화에서는 대개 싱글 브레스티드의 회색 또는 검은색 양복 차림으로, 흰색 셔츠에 실크 넥타이를 매고 가방을 들고 있다. 그들은 어떻게 보면 기업체의 유니폼 같은 느낌의 정장을 착용하고 있다. 미국 동부의 아이비리그에서도 회색 플란넬 슈트가 가장 많이 애용되었다. 당시의 추세는 단추 두 세 개가 달린 회색 싱글 재킷으로 어깨가 좁고, 길이는 길며 허리에 느슨하게 여유를 줌으로써 큰 체격을 감출 수 있게 한 것이었다.

영국에서는 길이를 짧게 하고 비교적 몸에 맞도록 뒤쪽의 허리를 좁게 재단한 스타일이 유행하였다. 보수적인 영국 사회에서는 깔끔하고 얌전한 차림으로 사회에 대항하는 테디 보이(Teddy Boy)가 젊은 남성복의 유행을 리드하였다〈그림 20-12(b)〉. 미국 서부 지역과 유럽에서는 몸에 꼭 맞는 '콘티넨털' 스타일이 선호되었는데, 길고 날씬하게 보이는 경향 때문에 인기를 끌었다.

미국 남성들이 패션에서 개성을 나타낼 수 있었던 분야는 여가 시간에 입는 옷들로 플래드(Plaid) 반바지, 비치웨어, 허리 쪽을 신축성 있게 만든 반바지, 트렁크(Trunk) 등으로 품이 넉넉하고 목이 깊이 파인 여유 있는 면 소재 셔츠를 코디네이트하는 것이 대중화되었다. 화려한 무늬의 하와이안 셔츠나 버뮤다 팬츠는 중년에게 특히 인기가 있어서 아이젠하워 대통령이나 트루먼 전 대통령도 애용하였다. 하와이안 셔츠가 인기를 끈 이유는 영화 〈지상에서 낙원으로〉(1954) 속 몽고메리 크리프트가 이것을 입었기 때문으로, 하와이가 미국의 50번째 주로 편입되면서 하와이안 레저웨어가 더욱 유행하게 되었다.

한국은 6·25 전쟁 후 1953년부터 영국에서 수입한 양복지로 신사복을 만들어 입었는데, 이를 입은 남성들은 패션의 첨단을 걷는 멋쟁이로 인식되었다. 하지만 여전히 대부분이 검은색으로 물들인 군복을 입었고, 학생들은 저렴한 면으로 만든 교복을 착용하였다. 한복도 꾸준히 착용되어 서구 물결이 우리 생활에 커다란 혁명을 일으키지는 않았다. 불안하고 가난한 시절이었기에 남성들은 대부분 검은색과 짙은 남색 양복을 흰색 셔츠에 착용하여 평범한 유니폼 느낌의 패션을 선보였다. 또한 마카오 신사들이 쓰는 챙이 있는 중절모를 쓰고, 해군이 착용하는 것 같은 반짝이는 흰색 단화를 신기도 하였다.

(a) 오드리 헵번의 쇼트 헤어

(b) 포니테일

(c) 당시 유행한 속칭 '소도마키' 스타일

(d) 제임스 딘의 헤어스타일

(e) 깃털로 된 캡 스타일의 모자, 1951

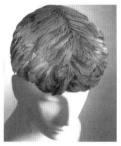

(f) 크라운의 높이가 낮고 챙은 아주 넓은 모자, 1950

(g) 위로 틀어올린 헤어스타일과 짙은 화장

(h) 구슬로 장식한 모자와 메이크업

(i) 1950년대 화장

(j) 재클린이 착용한 필박스 해트

20-13 1950년대의 헤어스타일과 모자, 화장

3. 헤어스타일과 액세서리

1) 헤어스타일과 모자

(1) 헤어스타일

전쟁의 물자 부족과 내핍생활에서 경제 회복의 길로 들어선 1950년대에는 1940년대와 비교할 때 화려하기보다는 형식에 얽매이지 않는 자연스러운 헤어스타일이 유형하였다. 이 시기에는 헤어크림, 오일, 헤어스프레이 등 다양한 제품이 나와 이를 활용한 헤어스타일이 유행하였다.

20세 이상의 여성들 사이에서는 선머슴처럼 비교적 짧은 헤어스타일과 중간 길이의 헤어스타일이 인기였다. 유럽, 아시아, 남미 등지에서는 할리우드의 유명 여배우인 그레이스 켈리, 오드리 헵번, 엘리자베스 테일러, 메릴린 먼로와 재클린 케네디 같은 여성의 헤어스타일을 모방하였다. 특히 인기가 있던 스타일로는 아티초크(Artichoke), 픽시(Pixie, 작은 요정) 커트, 헤어스프레이로 머리를 크게 부풀린 스타일, 뒷머리를 묶어 틀어 올린 시뇽 스타일, 머리카락 끝을 밖으로 말아 올린 소도마키 헤어스타일 등이 있었다. 소녀들은 단연 포니테일(Ponytail)을 즐겨 했으며, 푸들 커트(Poodle Cut, 짧은 머리카락에 빈틈 없는 컬을 만든 머리)도 유행하였다. 머리카락 색은 금발이 선풍적인 인기였다.

남성들의 헤어스타일은 항상 짧고 깔끔하여 젊은이들도 크루 커트(Crew Cut)를 좋아하였다. 이 스타일은 고등학생과 대학생 사이에서 아이비리그(Ivy League) 스타일로 불리며 학부모에게 환영받았다. 단정하게 가르마를 탄 스타일은 점잖은 느낌이 들어 많은 남성이 선호하였다. 그러나 저항적인 성격의 청소년들은 할리우드의 우상이었던 제임스 딘이나 로큰롤 가수 엘비스 프레슬리처럼 젤이나 기름을 머리카락에 발라 뒤로 넘긴 올백 머리나, 기름을 바른 매끄러운 머리에 가운데 이마 위쪽으로는 흐트러진 머리를 조금 높게 올리는 스타일을 하였다. 바지 뒷주머니에 머리빗을 꽂는 것도 일종의 유행이었다. 크루 커트는 1950년대 초반과 중반에 인기를 끌다가 1950년대 말에 그 인기가 사그라들었다.

(2) 모자

1950년대에는 모자의 높이가 낮아지고 챙이 머리 양쪽으로 처지면서 뒤쪽 챙이 좁아지고 앞쪽이 위로 치켜 올라갔다. 1950년대에는 모자가 패션의 일부로 여성들 사이에서 일상화되었다. 크기나 색상이 다양해졌고 재료로 밀짚, 울, 새틴, 펠트 등

(a) 보석핀, 크리스챤 디올, 1967

(b) 두 가지 색을 조화시킨 구두와 핸드백,
샤넬, 1956

(c) 육각형 이브닝 박스 핸드백, 1950년대 초

(d) 그레이스 켈리와 딸 캐롤이 들었던 체
리로 장식한 바구니 모양 핸드백

(e) 보리탄 백, 1950~1954

(f) 밀짚으로 만든 백

(g) 플라스틱 핸드백

(h) 버클이 달린 펌프스, 찰스 조던, 1955

(i) 아워글래스 스타일에 착용했던 하이힐,
1954

(j) 모던 힐, 살바토레 페라가모, 1955

20-14 1950년대의 액세서리와 슈즈

이 사용되었다. 모양 역시 각이 진 모양, 조개 모양, 원형 등 다양하였다. 장식으로는 깃털, 구슬, 리본, 꽃, 나일론으로 된 망사 등이 쓰였다. 또한 사람들이 작은 모자에 관심을 가져서 이를 잘 빗은 뒷머리나 말아올린 머리 위에 모자용 핀이나 모자 띠로 고정시켰다. 가장 인기 있는 모자는 비행접시라고도 불렸던 플라잉 소서(Flying Saucer)와 서부 개척 당시 중국인 노동자들이 썼던 쿨리 해트(Coolie Hat)였다. 쿨리 해트는 챙이 아주 넓고 크라운이 둥글며 위로 올라갈수록 뾰족해졌다. 또 양동이를 뒤집은 듯한 버킷 해트(Bucket Hat)나 램프 모양의 램프셰이드 해트(Lampshade Hat)도 인기를 끌었다. 시뇽 헤어스타일을 작고 둥근 벨벳으로 감싼 필박스 해트(Pillbox

Hat), 머리 위에 반쯤 걸쳐놓는 하프 해트(Half Hat)도 애용되었다. 치켜 올라간 눈꼬리와 조화를 이루는 거친 실크 베일이 달린 모자도 인기가 있었다. 스트로 해트(Straw Hat)도 계속 유행하였고, 잠시 유행이 주춤했던 터번(Turban)도 1950년대 말에 다시 등장하였다. 모자 역시 영화배우들의 유행을 많이 따라갔다.

남성의 모자는 1930년대 이후 20여 년간 크게 변하지 않다가 이 시기에 와서 다양해졌다. 페도라는 1940년대 이후로 계속 인기가 있었다. 전설적인 가수 프랭크 시내트라(Frank Sinatra)는 여러 스타일의 페도라를 애용함으로써 이 모자의 인기를 절정에 다다르게 했다. 포크 파이 해트(Pork Pie Hat)

는 끈이 달려 있어 벗겨지지 않았고, 크라운이 낮은 몇몇 종류가 인기를 끌었다. 이는 1940년대 이후로 계속 인기가 있다가 밀짚모자의 형태만 남기고는 1950년대 중반에 사라졌다. 이외에도 1940년대부터 인기였던 스트로 해트(Straw Hat)가 있었다. 이 여름용 모자는 납작한 타원형으로 흰색, 황색, 코코넛 브라운 색상이 주로 사용되었다. 신사들의 필수품이었던 페도라는 1950년대를 끝으로 거의 사라졌고 다양한 운동 모자나 캐주얼한 모자가 등장하였다.

2) 액세서리와 슈즈

(1) 액세서리

이 시기에는 다양한 스타일의 안경이 많았다. 양쪽 끝에 나비 날개 모양이 달린 안경다리와 모조 다이아몬드가 나선형으로 박힌 안경다리 등 사치스러운 형태의 안경이 중요한 액세서리였다. 또한 화장품이 다양하게 공급되어 기존의 것 외에도 아이섀도, 립스틱, 매니큐어 등 여성을 위한 제품이 많이 나왔다. 장갑은 외출 시 필수품으로 가죽이나 나일론 소재보다는 흰색이나 크림색의 면 소재가 인기 있었다. 모피도 거의 필수품이어서 소매나 칼라를 모피로 만들기도 하였고, 모피 스톨도 유행하였다. 또한 부푼 모양의 플레어스커트를 입고 가는 허리를 강조하기 위하여 넓은 벨트, 속칭 공갈 벨트로 허리를 바짝 조였다.

가방은 커다란 것이 인기를 끌었다. 특히 장갑을 넣었다가 빼기 좋도록 옆에 주머니가 달린 것이 인기였다. 1950년대를 대표하는 가방으로는 육각형 이브닝 박스 핸드백을 들 수 있다〈그림 20-14(c)〉. 1954년에는 작은 나뭇가지를 세공한 버킷백이 등장하였는데, 이는 아주 단단하게 만들어져 있었고 위쪽 가운데 플라스틱 뚜껑이 달려 있어 중앙에서 여닫을 수 있었다. 이 가방은 주로 여름철이나 휴가철에 애용되었으며 대개 조화나 조개껍데기로 장식되었다. 1956년에는 샤넬의 누비 가죽 가방이 등장하였다. 이 가방은 가죽과 금색 쇠줄을 엮은 끈을 어깨에 걸치는 것으로 1950년대에 가장 인기 있었던 액세서리로서 현재도 많은 이들이 애용 중이다. 의상과 코디할 수 있는 반지, 목걸이, 귀걸이, 팔찌 등의 보석은 중요한 액세서리로 일반 가정에서도 진주 액세서리 한 세트 정도를 대부분 가지고 있었다.

남성의 액세서리로는 중절모라고 불리는 페도라와 검은색 옥스퍼드가 보편적이었다. 이외에도 분홍색 타이와 셔츠가 처음으로 유행하였다. 다양한 종류의 시계나 선글라스, 멜빵 등의 제품도 많이 등장하였다.

(2) 슈즈

1950년대에는 슈즈에 큰 변화가 생겼다. 파리의 찰스 조던은 1951년에 나무와 철로 만든 힐을 소개하였는데, 이탈리아의 살바토레 페라가모가 합성수지로 된 힐을 강철로 받치는 디자인을 발표하면서부터는 힐 바닥을 아주 작게 만들게 되었다. 이에 따라 구두 뒷굽이 좁아지고, 앞부리가 둥근 모양에서 조금 더 다듬어졌다〈그림 20-14(j)〉.

이 시기는 하이힐의 전성 시대였다. 따라서 연필같이 길고 바짝 마른 체구와 활짝 펴진 스커트를 착용하여 모래시계 모양의 실루엣을 나타내는 것이 유행하였다. 당시에는 쇠로 된 높은 굽의 스틸레토 힐(Stiletto Heel)을 신었는데 이것을 신고 걸을 때 엉덩이의 움직임이 주목을 받았다. 1955년에는 줄이 없는 스타킹이 나왔다.

두 가지 색을 조화시킨 샤넬의 구두는 베이지색 송아지 가죽으로 만들어졌다〈그림 20-14(b)〉. 검은색의 구두 앞쪽과 힐은 특허를 받아 다른 구두와 차별화되었다. 처음에는 슬링백 펌프(Sling-back Pump)로 소개되었다가 1956년에는 약간의 변화를 거쳐 뒤꿈치가 가늘어지고, 구두 앞쪽도 더 뾰족해졌다.

1950년대에 가장 인기 있었던 슈즈는 앞부분과 뒤축 중간의 발등 부분을 두 가지 색의 가죽(흰색과 갈색, 또는 흰색과 검은색)으로 만든 새들(Saddle)이었다. 이것은 높은 스파이크(Spike) 힐이나 스틸레토(Stiletto) 힐로 만들어져 뒤축이 아주 가늘었으며 젊은 여성들의 패션 필수품이었다. 이 힐은 마루에 흠집을 내기 쉬워 바닥이 나무나 리놀륨(Linoleum)으로 된 건물에서는 신지 못했기 때문에 오래된 교회나 건물에 들어갈 때는 이를 벗어야 했다. 힐이 넓고 적당히 높은 플랫(Flat) 슈즈도 학교나 사무실에서 널리 유행하였다. 이외에도 발레 슬리퍼가 있었는데 이것은 플랫 슈즈보다 더욱 편했다.

모카신의 특징을 가미한 슬립 온(Slip On)이나 발등에 스트랩이나 금속 체인 또는 가죽을 달아 장식한 로퍼(Loafer)도 여학생들에게 인기가 있었다. 특히 고풍스러운 갈색 송아지 가죽으로 만든 구두가 사랑받았다. 1940년대부터 유행한 펌프스(Pumps)는 스트랩이 있는 것과 없는 것 둘 다 선호되었다.

남성들의 슈즈로는 다양한 패턴의 옥스퍼드가 있었고, 여가

활동을 위한 여러 종류의 슈즈가 등장하여 스니커즈나 부츠 등 1940년대에 유행했던 것 외에도 더 많은 스타일이 나왔다.

우리나라에서는 타이트한 스커트에 어울리는 가늘고 뾰족한 하이힐과 줄이 선명한 살구색 스타킹이 여성의 매력을 한층 돋보이게 하였다. 이 시기 한국에서는 좁은 골목이나 문 뒤에서 스타킹을 바로잡는 여성의 모습이 종종 보였다. 전반적으로 하이힐이 유행하였지만, 젊은 층은 넓은 플레어스커트에 굽이 낮은 새들(Saddle)을 착용하거나, 낮은 굽의 페니 로퍼(Penny Loafer)에다가 양말 윗부분을 한두 번 접은 흰색 면의 보비 삭스(Bobby Socks)를 매치하기도 했다. 꼭 맞는 맘보바지에는 굽이 없는 속칭 '쫄쫄이 구두'를 신었고, 목에는 네커치프나 사각형 스카프를 둘러 멋을 냈다.

1950년대 패션 스타일의 요약

1950년대

	사건 혹은 발명품	대표 패션
	로큰롤 뮤직	플레어스커트를 고르는 여성들

패션의 종류	여성복	색백 슈미즈(Sack-back Chemise), 폭이 넓은 플레어스커트(Flared Skirt), 맘보바지, 군복 스타일에서 벗어나 여성의 우아함을 강조하는 스타일, 꽃처럼 펼쳐지는 스커트, 스트레이트 스커트, 라펠, 싱글 브레스티드의 카디건 재킷, 아코디언 플리츠스커트, 돌먼(Dolman) 소매, 프렌치(French) 소매
	남성복	긴 재킷, 통이 좁은 바지, 회색 플란넬 슈트, 회색 또는 검은색 싱글 브레스티드 재킷, 플래드(Plaid) 반바지
헤어스타일 및 액세서리		오드리 헵번(Audrey Hepburn)의 쇼트 헤어, 포니테일(Ponytail), 시뇽(Chignon), 넓은 벨트, 목걸이, 핀, 필박스 해트(Pillbox Hat), 작은 새털과 오스트리치(Ostrich)로 만든 챙이 부드러운 모자, 커다란 소가죽 가방, 샤넬의 누비 가방, 이브닝 박스 핸드백, 하이힐, 이음선 없는 스타킹, 슬링백 펌프(sling-back Pump), 로퍼(Loafer)
패션사적 의의		A라인, Y라인, F라인, H라인, 시스(Sheath) 실루엣, 버티컬(Vertical) 라인, 오블리크(Oblique) 라인, 오벌(Oval) 라인, 튤립(Tulip) 라인, 튜불러(Tubular) 실루엣, 스핀들(Spindle) 라인, 트라페즈(Trapege) 라인, 테디 보이(Teddy Boy) 스타일
주요 디자이너		피에르 발망(Pierre Balmain), 자크 파스(Jacques Fath), 노먼 하트넬(Norman Hartnell), 크리스토발 발렌시아가(Cristobal Balenciaga), 크리스챤 디올(Christian Dior), 시모네타 스테파넬리(Simonetta Stefanelli), 로베르토 카푸치(Roberto Capucci), 위베르 드 지방시(Hubert de Givenchy), 살바토레 페라가모(Salvatore Ferragamo), 가브리엘 샤넬(Gabrielle Chanel), 이브 생 로랑(Yves Saint Laurent), 구찌오 구찌(Guccio Gucci)

CHAPTER 21
1960년대의 패션

21-1 존 F. 케네디와 재클린 케네디, 1963

21-2 스페이스 슈트를 착용한 앨런 셰퍼드, 1961

CHAPTER 21
1960년대의 패션

1. 1960년대의 사회와 문화적 배경

1960년대에는 급격히 변하는 시대와 사회상을 반영하듯 전통적인 패션 트렌드가 빠르게 변화해나갔다. 1961년에는 존 F. 케네디〈그림 21-1〉가 미국 역사상 최연소 대통령으로 취임하며 젊은이들의 우상이 되었다. 그의 매력적인 부인 재클린 케네디(Jacqueline Kennedy)는 새로운 시대의 아이콘으로 떠올랐다. 그녀는 착용했던 의상과 필박스 해트(Pillbox Hat) 등을 유행시키며 패션 리더로 부각되었다.

이 시기에는 제2차 세계대전 이후에 태어난 베이비붐 세대가 청소년이 되어 소비자로서 중요한 위치를 차지하게 되었다. 1961년에 미국인 최초로 우주 비행을 했던 앨런 셰퍼드(Alan Shepard)〈그림 21-2〉는 국민 영웅이 되었다. 1962년에는 영국의 록 그룹 비틀스가 첫 앨범을 냈는데 그들의 패션이 남성 패션의 상징이 될 정도로 인기가 있었다. 비틀스의 칼라가 없는 카르댕 슈트, 머시룸 헤어는 젊은이들의 모방 대상이었다. 1960대에는 물질적인 풍요로움이 사라지면서 오트 쿠튀르 시장의 전성기가 지나고 그 규모가 작아진 대신 시장에 젊은 소비층이 늘어나기 시작하였다. 이 새로운 소비층에 맞추어 패션계에 큰 변화가 일어났다.

1967년에는 영국의 디자이너 메리 퀀트(Mary Quant)가 무릎에서 20~30cm쯤 올라간 미니스커트를 발표하면서 미니 패션이 전 세계를 휩쓸었다.

금융가의 사람들이 주로 입던 세로줄 무늬의 회색 플란넬울 슈트는 다시 디자인되고 재단되어 니커보커스, 피나포어(Pinafore)로 만들어졌다.

비틀스가 미국의 블루스 음악에서 변형된 곡을 팝으로 재해석하여 미국으로 역수출하였다. 이로 인해 미국의 기성세대들은 큰 충격에 빠졌으나 비틀스의 음악에 열광하며 반기는 팬들은 늘어갔다. 이들은 비틀스가 즐겨 입었던 네루(Nehru) 칼라가 달린 양복과 통이 좁은 바지에도 열광하였다. 당시 이탈리아는 영화 〈달콤한 인생〉과 영화감독 비스콘티, 메스파스 등으로 인해 세계의 주목을 받고 있었다.

지방시(Givenchy)의 단골 재클린 케네디가 발렌티노의 검은색과 흰색 작품 전체를 주문했다는 소문은 발렌티노를 더욱 유명하게 만들었다.

이브 생 로랑은 학생 스타일과 쿠튀리에의 기술과 재료들을 혼합하여 혁신적인 의상을 발표하였다. 허벅지까지 올라오는 검은색 악어가죽 부츠와 밍크로 장식하고 실크 안감을 댄 검은색 악어가죽 모터사이클 재킷 등으로 비트닉족 스타일의

21-3 점프 쇼츠와 코트, 지방시, 1967~1968   21-4 수퍼 드레스, 1966~1967   21-5 토플리스 모노키니, 루디 게른
라이히, 1964

옷을 발표하였다. 그의 다양한 스타일, 예를 들어 몬드리안 드레스는 나오자마자 저가의 복제품이 등장할 정도로 인기가 높았다.

이렇게 다양한 스타일들은 많은 브랜드를 등장하게 만들었다. 젊은 남성들은 벨벳, 스웨이드, 가죽, 코듀로이, 새틴에 반짝이는 트라이셀로 만든 셔츠나 스웨터를 몸에 꼭 맞게 입고 거리를 활보하고 다녔다. 런던은 최첨단 유행을 이끄는 도시가 되었고, 카나비(Carnaby) 스트리트에는 새로운 유니섹스 부티크가 번성하여 10대들의 무리가 지방에서 몰려들었다. "사랑을 하고 전쟁은 안 돼."라는 슬로건은 베트남 전쟁에 대한 거부감의 표현이었다. 하나의 여흥거리로 경험하는 마약은 사이키델릭한 색상과 패턴을 도입하게 하였다. 팝아트, 옵아트, 포스트모더니즘 등의 추상적이고 대담한 무늬, 강렬한 색과 기하학적 무늬 등에 영향을 받아 디자이너들도 이러한 것들을 의상에 반영시켰다.

뉴욕의 파라페나리아 부티크는 저렴하여 쉽게 사용하고 버릴 수 있는 의상들을 다루었다. 문자 그대로 패션계에 일회용 시대가 시작된 것이다. 팝아트 작가로 유명한 앤디 워홀(Andy Warhol)의 캠벨 수프 캔에서 영감을 얻은 수퍼 드레스(Souper Dress)〈그림 21-4〉도 있었다. 캠벨 사에서는 왁스를 입힌 종이로 만든 일회용 속옷과 시프트 드레스를 판촉행사의 경품으로 내놓았다.

루디 게른라이히(Rudi Gernreich)는 오스트리아의 빈 출신으로 1938년에 미국 캘리포니아로 이주하여 1960년대 스포츠웨어 분야에서 혁신적인 디자이너가 되었다. 그는 토플리스

모노키니(Topless Monokini)〈그림 21-5〉와 시스루 플라스틱 판넬을 저지 니트 시프트 드레스에 끼워 넣은 작품들로 유명세를 얻었다. 일반인들의 해외여행이 쉬워지면서 세계 여러 나라의 민속풍의 영향을 받아 히피족이 나타나기 시작했다.

이탈리아 패션의 우아함을 강조하여 트렌드를 만든 사람은 에밀리오 푸치(Emilio Pucci)로, 그는 활기 넘치고 다채로운 색의 모자이크와 소용돌이 무늬의 프린트를 넣은 실크 저지와 면을 생산하여 카프리 섬에 있는 본인의 부티크에서 처음 판매하기 시작하였다. 푸치의 매혹적인 의상은 리조트의 필수품이었다.

발렌티노는 1960년에 파리에서 로마로 돌아와 그의 첫 번째 아틀리에를 열었다. 이 시기는 이탈리아의 패션 산업이 성장했던 시기로, 이탈리아의 최첨단 양재 기술과 재료가 해외로 수출되었다.

1960년대의 한국은 나일론 생산이 본격화되면서 평화시장, 동대문시장, 남대문시장 등을 통해 저가의 기성복이 확산되었고 명동을 중심으로 양장점과 양복점이 성업하였다. 해방 이후 서민의 대표 의상이었던 한복은 서서히 자취를 감추게 되었다. 또한 텔레비전 방송국 TBC 등이 개국하면서 드라마 배우와 앵커의 의상이 유행을 선도하였다.

생활이 안정되면서 패션에 눈을 뜨는 사람이 늘어나기 시작하였다. 신생활복뿐만 아니라 소매가 없는 슬리브리스 드레스, 양단 드레스, 양면으로 입을 수 있는 리버서블 양단 코트, 길이가 아주 짧은 핫팬츠, 폭발적인 인기를 끈 미니스커트 등 다양한 의상들이 등장하였다. 1968년 12월에는 우리나라 최

21-6 포스터 드레스, 해리 고든, 1968　　**21-7** 스페이스 룩, 앙드레 쿠레주, 1967　**21-8** 스페이스 룩, 앙드레 쿠레주, 1968~1969

초의 패션 전문지 〈의상〉이 국제복장학원에서 창간되었고 표지 모델로 가수 윤복희가 선정되었다. 그녀는 초미니의 경쾌한 스커트 차림으로 미니스커트 유행의 선도자가 되었다. 유행을 휩쓸었던 미니스커트는 이제껏 신체를 감추는 데만 주력했던 의상에 일대 변혁을 가져왔다. 이 미니스커트에 대한 남성들의 호감은 대단하였다. 패션 역사상 유행 기간이 가장 길었던 이 스커트는 1968년에 그 붐이 절정에 달하여 무릎 위 30cm까지 올라가게 되었다.

한편 정부에서는 활동하기 편하고 옷감도 적게 드는 짧은 치마 입기 운동을 권장하여 개량한복을 선보였고, 재건국민복 콘테스트를 실시하여 실용적이고 질긴 옷감의 재건국민복 붐을 일으키기도 하였다. 공무원들은 여름철 양복 바지에 넥타이를 매지 않은 셔츠 차림을 하여 실용적이면서도 검소한 느낌을 주었다.

1962년에는 한국 최초의 국제 규모 패션쇼와 한·일 패션쇼가 개최되는 등 패션 관련 행사가 많았다. 1964년 조선의 마지막 황태자비 이방자가 일본에서 마련한 한일 친선 패션쇼에는 디자이너 최경자, 이신우, 오은환, 모델 조혜란, 한성희 등이 참석하였다. 이때만 해도 외국과 본격적인 문화 교류가 없었던 터라 이 행사는 큰 의미를 지닌다. 1961년에는 국내 최초로 패션 일러스트레이션학과가 만들어졌고 1963년에는 국내 최초의 모델 양성기관인 차밍스쿨(국제복장학원)이 창설되어 우리나라 패션 교육의 기틀이 마련되었다.

21-9 인공위성 패션, 피에르 카르댕, 1969

  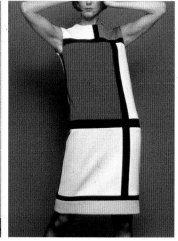

21-10 알루미늄 미니 드레스, 파코 라반, 1967   **21-11** 미니 드레스, 피에르 카르댕   **21-12** 몬드리안 드레스, 이브 생 로랑, 1965

2. 1960년대 패션

1) 여성의 패션

(1) 스페이스 룩

1962년, 존 글렌의 첫 번째 우주선이 달에 착륙하면서 일반인들의 우주에 대한 관심이 높아졌고 그 영향으로 스페이스 룩(Space Look)이 소개되기 시작했다. 앙드레 쿠레주(André Courrèges), 메리 퀀트(Mary Quant), 피에르 카르댕(Pierre Cardin) 같은 디자이너들이 스페이스 패션을 리드하였다. 스페이스 패션의 재료로는 금색과 은색의 가죽, 스팽글 등이 쓰였다.

1969년 피에르 카르댕이 인공위성 패션쇼〈그림 21-9〉에 출품한 미니 드레스는 연한 하늘색 니트 원단에 흰색 가죽을 이용하여 그래픽적인 아플리케(Appliqué)를 넣었다. 이 의상은 당시 우주에 대한 사람들의 높은 관심도가 반영된 것이다.

(2) 미니 드레스

이 스커트는 가냘픈 몸매와 보브 헤어스타일로 인기가 있었던 패션모델 트위기(Twiggy)가 처음 입게 되면서 폭발적으로 유행하였다. 자신의 이름처럼 바짝 마른 몸매의 트위기는 1966년에 '올해의 얼굴(Face of the Year)'로 선정되었다. 대담한 검은색 아이라인을 칠한 말괄량이 같은 얼굴과 아름다운 몸매를 가진 그녀는 당시의 이상적인 모델이었다. 그녀의 등장에 따라 소년처럼 꾸미는 것이 유행하였으며, 젊은 남성들도

패션에 관심을 갖기 시작하였다. 메리 퀀트는 고전적인 퍼스티언(Fustian) 원단으로 새로운 스타일을 탄생시켰고, 로 웨이스트 라인에 소매가 없는 A라인, 터틀넥, 대담한 기하학적 무늬와 색을 선보였다. 이외에도 1960년대 유행을 주도했던 아이템으로는 퀼로트(Culottes)와 고고 부츠(Go-go Boots), 상자 모양의 PVC 드레스 등이 있으며 환각적인 프린트와 형광색, 조화가 되지 않는 패턴도 선호되었다. 또한 히피의 출현으로 벨바텀 진(Bell-Buttom Jean)과 홀치기 염색(Tie-due), 바틱(Batic), 페이즐리 직물로 만든 의상이 유행하였다.

디자이너 앙드레 쿠레주, 피에르 카르댕이 스페이스 룩(Space Look)으로 미니스커트를 널리 유행시켰고 1969~1970년도 맥시와 미디가 유행하기 시작할 때까지 가장 인기가 있었던 패션 아이템이었다〈그림 21-11〉.

1960년대 중반에 영국의 디자이너 메리 퀀트가 대담한 모즈(Mods) 패션으로 발표하여 유행하기 시작하였는데, 프랑스 디자이너 앙드레 쿠레주와 피에르 카르댕에 의해 더 알려지기 시작해서 세계적으로 크게 유행하였다. 미니 패션은 인기에 힘입어 10년을 주기로 리바이벌되었다.

(3) 몬드리안 드레스

몬드리안 드레스(Mondrian Dress)는 면을 컬러풀한 사각형으로 분리하여 그 경계를 검은색 테이프로 처리한 직선 형태의 드레스이다. 이브 생 로랑이 1964년 가을 컬렉션에서 발표한 것으로, 피에르 몬드리안의 모던한 선에서 영향을 받았다〈그림 21-12〉.

21-13 팝아트 룩

21-14 옵아트 드레스

21-15 포스트 모더니즘 드레스

(4) 팝아트, 옵아트, 포스트모더니즘 패션

이 시대에는 팝아트 패션과 기하학적 무늬로 특수한 시각적 효과를 낸 옵아트 패션, 모던 다음의 모던을 의미하는 포스트모더니즘 패션(현대와 과거가 복합된 아트 패션)이 대중 사이에서 크게 유행하였다〈그림 21-13~15〉.

2) 남성의 패션

(1) 비틀스 룩

비틀스와 롤링스톤스(Rolling Stones)는 전 세계 젊은이들에게 대단한 영향을 미친 밴드로 영국 애드워드 시대의 깔끔하고 단정한 의상을 노래와 함께 유행시켰다. 그들은 깨끗한 모습을 표현하기 위해 피에르 카르댕의 짙은 단색의 칼라 없는 네루 재킷을 입었고, 머시룸 형태의 헤어스타일을 하였다. 1960년대 후반에는 슈트에 터틀넥 스웨터를 입고 다양한 색상과 프린트로 편안하고 자유로운 캐주얼한 분위기로 바뀌면서 모즈(Mods) 패션을 유행시켰다.

피에르 카르댕, 앙드레 쿠레주, 메리 퀀트 등은 모두 모즈 패션의 리더들이었다. 모즈란 모더니스트(Modernist)의 약자로 1960년대 런던의 카나비 스트리트를 중심으로 나타났으며 비틀스가 크게 영향을 끼친 룩을 일컫는다. 이 룩은 꽃무늬, 물방울무늬 등이 화려하게 들어간 셔츠, 통이 넓은 판탈롱, 장

21-16 히피 스타일, 1966

21-17 페이즐리 소재의 슈트, 1960

발 등의 튀는 차림으로 남성들의 딱딱한 슈트 차림을 캐주얼로 변화시키는 데 많은 영향을 끼쳤다.

(2) 유니섹스 모드

유니섹스(Unisex)란 남녀의 구별 없이 같은 의상을 입는 것으로 청바지와 티셔츠를 남녀가 같이 착용함으로써 유니섹스 모드에 박차를 가했다. 이 시기에는 같은 스타일의 옷을 남녀가 함께 입으면서 일치감과 친밀감을 느꼈고, 남녀 평등 사상이 젊은이들에게 각인되기 시작하였다.

3. 헤어스타일과 액세서리

1) 헤어스타일과 모자

(1) 헤어스타일

이 시대에는 급격한 사회 변화에 따라 독립적인 영화나 음악이 등장하고, 중산층의 영향으로 헤어스타일이 변화하기 시작했다. 1960년대 초 여성들은 단아하고 청순한 헤어스타일이나 큰 벌집 같은 부풀리고 과장한 소위 후카시(ふかし, 부풀림)라는 바가지 모양의 스타일이 유행하였다. 남성들 사이에서는 장발이 유행하였는데 한국에서는 남성의 긴 머리와 여성의 미니스커트가 단속의 대상이 되기도 했다.

1960년대 중반에는 유명한 헤어 디자이너 비달 사순(Vidal Sassoon)이 옆머리 끝을 뾰족하게 해서 초상화 같은 분위기를 내는 기하학적이면서도 비대칭인 '비달 사순 커트'를 유행시켰다. 이 스타일은 당대의 유명 디자이너였던 메리 퀀트, 영화배우 미아 패로 등이 연출하면서 더욱 유명해졌다.

여성들이 즐겨 했던 손질이 편하고 단정해 보이는 보브(Bob) 스타일도 계속 유행하였다. 긴 머리나 포니테일도 계속 남아 있었지만, 1960년대 말에는 반정치적 운동이 활발해지면서 머리카락이 길어졌으며, 미국에서 시작된 흑인들의 인종 차별 금지에 대한 운동이 아프로(Afro) 스타일에 영향을 주었다.

또한 이 시기의 특징으로는 가발의 등장을 꼽을 수 있다. 가발은 여러 가지 종류와 대중적인 가격으로 일반 소비자들에게 널리 퍼졌다. 가발의 수요가 폭발적으로 늘었던 미국 같

(a) 클래식 헤어스타일

(b) 속칭 '후카시'를 넣은 헤어스타일

(c) 화장으로 눈을 강조한 트위기, 1967

(d) 보닛, 티올, 1966

(e) 부풀리고 과장한 헤어스타일

(f) 바가지 모양 헤어스타일

(g) 컬이 들어간 헤어스타일

(h) 공작 깃털로 장식한 헤어스타일, 바튼 스톤, 1965

21-18 1960년대의 헤어스타일과 모자

은 나라에서는 하류층에 속하는 여성들까지도 가발을 몇 개씩 가지고 있었다.

남성의 경우에는 크루 커트가 1950년대 이후부터 지속되었다. 버즈 커트(Buzz Cut)나 플랫 톱(Flat Top, 위가 평평한 짧은 헤어스타일)처럼 보수적인 느낌의 헤어스타일도 모든 연령대에서 인기를 끌었다. 이외에도 엘비스 프레슬리와 방송인 조니 카슨의 헤어스타일을 딴 록카빌리(Rockabilly)도 유행하였다. 아프로 아메리칸(Afro American), 젊은 세대의 자유와 변화에 대한 갈망을 담은 헤어스타일도 유행하였다.

(2) 모자

1960년대 초 여성들 사이에서는 높이 틀어올린 머리카락을 감싸는 형태의 모자가 유행하였다. 재클린 케네디의 영향으로 머리 뒤에 얹는 둥근 형태의 필박스 해트(Pillbox Hat)도 크게 유행하였다. 그러나 1960년대 패션의 중심에 있었던 젊은이들은 모자를 애용하지 않았다. 1967년에는 천주교인들도 머리에 아무것도 쓰지 않게 되었다.

1960년대 남성들은 다양한 컬러와 패턴, 스타일의 펠트, 트위드, 밀짚으로 만든 모자를 썼는데 이전부터 유행하던 모자와 크게 다르지 않은 것이었다. 기성 세대에 반발했던 젊은 히피들은 특이한 스타일의 머리띠를 착용하였다.

2) 액세서리와 슈즈

(1) 액세서리

1960년대 여성들 사이에서는 보석으로 만든 브로치, 목걸이 팔찌 등이 유행하였다. 브로치와 핀에는 금으로 악센트를 주었고 목걸이는 진주로, 핀은 꽃이나 동물 모양을 장식하여 저녁 모임에 갈 때 이것들로 치장하였다. 핸드백은 모양과 재질이 다양해져서 반투명한 아크릴로 만든 작은 가방부터 가죽이나 천, 악어가죽 등으로 만든 커다란 가방까지 종류가 다양하였다. 이외에도 줄을 골드체인으로 만든 것 등 가방의 색상, 모양, 크기가 어느 시대보다 화려했다. 선글라스는 색상이 다양해졌고, 벨트는 너비와 재질, 스타일에 큰 변화가 생겼다. 젊은이들은 히피 스타일의 펜던트를 선호하였는데 펜던트나 가방을 손수 만들기도 했다.

남성들 사이에서는 다양한 색상과 패턴의 너비가 좁은 스키니 타이(Skinny Tie)가 유행하였다. 히피족의 영향을 받은 젊은 남성들은 넥타이를 매지 않고, 히피 스타일의 펜던트를 걸치고 다녔다. 선글라스와 손목시계는 종류가 부쩍 다양해져서 소비자들의 선택 범위가 넓어졌다. 특히 영화배우나 록 가수, 텔레비전 드라마의 영향이 커져서 남성들의 의상에 영향을 끼쳤다.

(2) 슈즈

지난 1950년대의 절제된 아름다움과 우아한 스타일은 이 시기의 젊은 세대에게 차츰 소외되고 있었다. 멋을 즐기는 일부 상류층 부인을 제외하고는 높은 힐인 스틸레토도 주목을 받지 못했다. 대신 저렴하면서도 편하고 개인 생활에 제한을 주지 않는 슈즈가 주목을 받았다. 여성들 사이에서는 높은 힐보다는 밑창이 평평하고 사각형 모양의 힐로 된 메리 제인 슈즈 등 오래 신어도 발이 편한 슈즈가 인기를 끌었다. 또한 맞춤신발 대신 대량 생산되어 싫증이 나거나 더러워지면 쉽게 바꿀 수 있는 슈즈가 인기를 끌었다.

젊은이들은 엠파이어 톱 미니 드레스에 두꺼운 흰색 스타킹을 신고 메리 제인 슈즈를 신은 돌 룩(Doll Look)을 따라 했다. 슈즈는 큰 버클이나 나비매듭 등으로 멋을 냈고, 두 가지 색으로 된 옥스퍼드 타입의 투 톤 스펙테이터(Two Tone Spectator)도 유행하였다.

에드워드 시대부터 꾸준히 변해온 메리 제인 슈즈는 힐의 높이가 약 3.8cm인 것이 가장 높은 것이었다. 앞이 뾰족한 플랫 슈즈와 T-스트랩이 다시 유행하였고 7~8cm의 힐이 달린 뭉툭한 펌프스도 계속 인기 있었다. 일상에서는 네모난 나무 조각을 겹겹이 쌓아서 붙인 스택크드 힐(Stacked Heel)이 인기를 끌었다.

1960년대의 큰 변화는 부츠가 널리 유행했다는 것이다. PVC를 소재로 한 부츠는 메탈릭 칼라인 실버, 브론즈, 빨간색 등의 반짝이는 소재가 무릎 바로 밑까지 이용된 것으로 팝아트와 우주 시대의 상징이 되었다. 이 부츠는 미니스커트와 매치하는 것이 유행이었다. 고고댄서들이 신기 시작했다는 고고 부츠 역시 매끄러운 소재와 다양한 색상으로 인기를 끌었다. 이외에도 복사뼈 위치까지 올라오는 하프 부츠(Half Boots), 새들(Saddle)보다도 더 편하다고 해서 인기를 끈 스니커즈, 밑창이 평평한 가죽 슈즈로 히피들이 즐겨 신었던 버켄스톡, 꾸미지 않은 샌들 등이 있었다.

1960년대 초, 남성들 사이에서는 발목까지 오는 앵클부츠

(a) 메리 제인 스타일의 로 힐

(b) 비즈로 장식한 힐, 로저 비비어, 1967

(c) 동물 무늬 부츠

(d) 애나멜 팬츠 부츠, 데이비드 에빈스, 1967

(e) 다양한 색상의 가죽 앵클 부츠, 뉴메로 우노, 1969~1972

(f) 이국적인 패턴의 슈즈, 타이거 모스, 1964

(g) 다양한 액세서리, 조르조 생 안젤로

21-19 1960년대의 액세서리와 슈즈

(Anckle Boots)가 인기를 끌었다. 비틀스가 착용하여 유명해진 첼시 부츠(Chelsea Boots), 카우보이 부츠도 그 인기가 대단했다. 부츠의 색상은 다양하였는데 염색한 스웨이드로 만든 것도 유행하였다. 옆에 지퍼가 달리기도 했다. 보수적인 남성들은 계속 옥스퍼드와 투박한 가죽 구두인 브로그(Brogue), 간편한 샌들 타입의 로퍼를 애용하였다. 이 슈즈들은 1950년대와 비교할 때 앞코가 더 둥글어졌다. 여가생활을 위한 스니커즈도 인기가 있었다.

팝 뮤직과 히피 문화도 슈즈 스타일에 영향을 미쳤다. 히피들이 신는 뒤축이 없는 사슴 가죽 재질의 모카신도 마찬가지였다. 반문화주의의 상징이었던 히피들은 맨발로 다니거나 샌들, 모카신, 고물상에서 파는 헌 구두를 주로 신었다.

		1960년대	
		사건 혹은 발명품	**대표 패션**

존 F. 케네디와 재클린 케네디, 1963

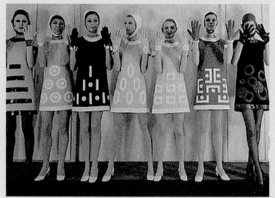
인공위성 패션, 피에르 카르댕, 1969

패션의 종류	여성복	미니스커트, 여성용 슈트, 스페이스 룩(Space Look), 토플리스 모노키니(Topless Monokini), 페이전트 블라우스(Peasant Blouse), 스토브파이브(Stovepipe), 힙스터(Hipster) 팬츠, 판탈롱, 쇼트(Short), 맘보바지
	남성복	피에르 카르댕의 슈트(칼라가 없는 재킷), 인디언풍 패션, 털이 달린 조끼, 몸에 꼭 맞는 재킷, 슬림 라인, 둥근 깃이 있는 드레스 셔츠, 화려한 프린트의 패션
헤어스타일 및 액세서리		보브(Bob) 헤어스타일, 보디 메이크업, 필박스 해트(Pillbox Hat), 니 하이 부츠(Knee High Boots), 니트 스타킹, 어깨끈이 달린 편한 가방, 비틀스 부츠(Beatles Boos), 너비가 좁은 실크 넥타이, 체크무늬(검은색과 흰색, 파란색과 흰색), 덥수룩한 수염, 아프로(Afro) 헤어스타일, 머리띠, 부적, 반다나(Bandana)
패션사적 의의		미니멀리즘, 모델 트위기(Twiggy), 예술과 패션의 접목, 팝아트(Pop Art), 옵아트(Op Art), 포스트모더니즘(Post-modernism), 몬드리안 룩(Mondrian Look), 히피 문화, 스포티브 룩(Sportive Look), 모즈룩(Mods Look), 댄디 룩(Dandy Look), 플라워 차일드(Flower Child), 사이키델릭(Psychedelic), 유니섹스(Unisex), 의복의 기능성 향상, 캐주얼 세퍼레이트(Casual Separate)
주요 디자이너		메리 퀀트(Mary Quant), 앙드레 쿠레주(André Courrèges), 루디 게른라이히(Rudi Gernreich), 이브 생 로랑(Yves Saint Laurent), 발렌티노(Valentino), 파코 라반(Paco Rabanne), 피에르 카르댕(Pierre Cardin), 장 뮤어(Jean Muir), 에밀리오 푸치(Emilio Pucci)

22-1 워터게이트 사건에 대한 책임 문제로 사퇴를 발표하는 닉슨 대통령, 1974

22-2 기성사회의 가치관을 부정하고 인간성 회복과 자연으로의 복귀를 주장했던 히피의 생활촌, 1960년대 후반~1970년대

CHAPTER 22
1970년대의 패션

1. 1970년대의 사회와 문화적 배경

1973년 전후에는 베트남 전쟁(Vietnam War)이 끝나가면서 전쟁에 반대하는 젊은이들 사이에 히피(Hippie) 스타일과 집시룩(Gipsy Look)이 유행하였다. 1973년에는 제1차 오일쇼크가 일어나 전 세계 경제가 침체되었고, 1972년에 일어난 워터게이트 사건으로 인하여 1974년 8월에 미국의 닉슨 대통령이 불명예스럽게 대통령직에서 사임〈그림 22-1〉하고 부통령이었던 제럴드 포드가 대통령이 되었다.

수년간 진행되었던 베트남 전쟁은 1975년에 끝을 맺고, 1970년대 후반에는 디스코 음악의 유행이 절정에 다다랐다. 1970년대는 개인주의적 사상이 자리잡기 시작한 시대로 재즈 록(Jazz Rock), 서던 록(Southern Rock), 포크 록(Folk Rock), 소프트 록(Soft Rock) 등의 다양한 록 뮤직이 등장하였다. 이외에도 소울 뮤직, 사이키델릭 록 등이 인기를 끌었다. 특히 1978년에 제작된 영화 〈그리스〉에서 존 트라볼타(John Travolta)가 착용한 셔츠의 칼라나 타이트하고 직선적인 스토브파이프(Stovepipe) 팬츠가 젊은이들 사이에서 크게 유행하였다. 이 시기는 인플레이션과 정치적 분쟁으로 불안하였다. 그러나 1970년대 중반으로 접어들면서 세계 경제가 안정되기

시작하였고, 생활수준이 향상되었다. 특히 영국은 다른 나라보다 산업적인 문제와 물가 상승 등 경제적인 문제가 많았지만 영국의 디자이너들은 계속 창의적인 디자인을 발표하였다. 1970년대 젊은이들은 독자적인 라이프스타일을 지향하여 개인의 건강과 활동을 중요시하였다. 1970년대는 여성의 파워가 강해지면서 베이비붐 시대의 여성이 커리어 우먼으로 성장하여 현대적인 멋이 가미된 유니섹스 스타일, 판탈롱 팬츠 슈트, 점프 슈트, 진웨어, 레이어드 룩, 러플 스커트 등이 유행하였다.

1970년대는 빠르게 변해가는 젊은이들의 열정과 반항에서 나오는 한쪽으로 치우치지 않는 트렌드 등 패션계가 풍성한 열매를 맺은 시기였다. 미니는 미디로 옮겨가고 다시 맥시로 변해갔다. 또 A라인은 더 흘러내리는 듯하게 변하면서 로맨틱한 실루엣으로 변형되었고 의상 재료들은 더 유연해졌다. 많은 여성들이 팬츠 슈트를 입었고 남성들은 오히려 여성스러운 스타일에 몰두하여 틀에 박힌 고정관념보다는 개인적 취향을 따르는 경우가 늘어났다. 또한 보헤미안 스타일의 자유분방함과 반체제적 문화가 확산되었다. 자연으로의 복귀 사상은 고유한 전통의 크로셰와 아플리케, 셰브론 패턴의 편물, 빌 집(Bille Gibb)의 기묘한 디자인 등에 대한 관심을 불러일으켰고, 패치워크 등이 고급 마켓에 나타났다.

22-3 피카소 프린트 드레스, 이브 생 로랑, 1979~1980　**22-4** 편안한 세퍼레이트 드레스, 로이 할스톤, 1972

　1976년 후의 컬렉션에서는 러시아·모로코·코사크풍의 패션스타일이 발표되었는데 그중에서도 이브 생 로랑의 작품이 인기가 많았고, 1979년에 발표된 피카소 프린트 드레스〈그림 22-3〉는 더 큰 호응을 받았다. 1973년의 오일파동과 주식시장 대폭락 등은 사람들에게 과거의 향수를 불러일으켰다.

　남녀가 서로의 옷을 입는 유행은 대담한 색상과 외향적인 스타일로 데이비드 보위(David Bowie)가 구현하였다. 1970년대 후반에는 또 다른 그룹에 의해 디스코 열풍이 불기 시작하였는데, 여기에는 핫팬츠와 1930년대의 영감을 받은 플랫폼 부츠가 필수였다.

　그다음으로 따라온 유행이 1970년대 중반, 미국과 영국 등에서 시작된 펑크(Punk)였다. 만족스러움을 얻지 못한 반항적인 개인들은 그들의 상점에 '섹스'라는 이름을 붙이고 남을 얽매는 의류를 분해하거나 갈라놓은 옷들과 무정부주의 슬로건을 프린트한 티셔츠 등을 함께 판매하였다. 몇 년 후 이 상점들은 '선동자'라고 다시 브랜드화되었다. '섹스 피스톨스'라는 상점의 대표인 말콤 맥라렌(Malcolm Mclaren)이 브랜드의 창시자였으며 비비안 웨스트우드(Vivien Westwood)는 이곳의 도발적인 디자이너가 되었다. 그들은 함께 인기 있는 패션에 대한 심미안을 발전시키며 한편으로는 쿠튀르의 상류층에도 진출하였다.

　한편 늘어나는 업체의 도산과 의류 시장의 광란적인 분위기에 휩쓸려 쿠튀르들은 계속 감소하였다. 그러나 이브 생 로랑은 큰 범위의 자료 안에서 꼭 필요한 요소만 선택하는 비범함을 보여주며 최전방에 남아 있었다. 이브 생 로랑은 1960년대 후반부터 오트 쿠튀르와 프레타 포르테 콜렉션에 참가하여 세계적으로 인기를 끌었다. 이브 생 로랑은 계속 번창하여 이탈리아 밀라노에서도 프레타 포르테 패션주간을 창립하였고, 파리와 경쟁하며 국제적인 바이어를 위한 고정 행사로 만들었다. 이탈리아의 방직 공장과 프린트 공장도 디자이너들을 위해 독점적인 제품을 생산하기 시작하였다. 당시 패션계를 리드한 것은 디자인계의 스타였던 아르마니(Armani)나 베르사체(Versace), 미국의 로이 할스톤(Roy Halston)〈그림 22-4〉, 캘빈 클라인(Calvin Klein) 등이었다. 이들은 우아한 스타일과 현대적이며 심리적으로 편안함을 주는 심플하고 독특한 캐주얼을 만들어냈다. 또한 밝은색 계열의 실크 저지와 양배추 모양의 시폰 드레스가 유행하였다.

　패션 산업에서는 파리가 밀라노에 주도권을 내어주었다. 프랑스의 오트 쿠튀르 디자이너들은 사치스런 고급 정장 옷에 집중하는 반면, 기성복에서는 이탈리아와 미국 디자이너들이 영향력을 행사하였다. 영국에서는 킹스 로드(King's Road)를 중심으로 창조적인 하이 패션이 발달하였다. 이 시기의 디자이너로는 프랑스의 이브 생 로랑, 소니아 리키엘, 장 폴 고티에, 티에리 뮈글러, 칼 라거펠트 등이 있다. 또한 영국의 잔드

22-5 실크 새틴 이브닝드레스, 로이 할스톤, 1976 　**22-6** 판탈롱 　　　　　　　　**22-7** 팔라초 팬츠

라 로즈, 로라 애슐리, 비비안 웨스트우드, 미국의 앤 클라인, 로이 할스톤, 제프리 빈, 빌 블라스와 일본의 겐조, 이세이 미야케 등의 활동이 두드러졌다. 로이 할스톤은 날씬하고 섹시하며 심플한 드레스를 발표하여 미니멀리즘의 대표 주자가 되었다〈그림 22-5〉.

우리나라에서는 새마을운동이 일어났으며 경부고속도로, 호남고속도로가 개통되었다. 활발한 수출 정책으로 섬유산업이 호황을 누렸고, GNP가 높아지면서 라이프스타일의 변화에서 비롯되는 패션에 대한 의식 변화가 패션 산업의 발전 가능성을 높여주었다. 1960년대까지는 디자이너가 발표하는 대로 유행을 따라가는 데 급급했으나, 1970년대에는 형식에 얽매이지 않고 자신의 의지와 개성에 어울리는 스타일의 자유로운 패션이 유행하게 되었다. 화려하게 꾸미기보다는 자연 그대로의 모습을 소중히 여기는 심플 라이프가 유행했던 시기이기도 하다.

이때는 스커트 길이가 미니, 미디, 맥시로 다양해지는 시기로 이러한 3M 경향은 소비자의 선택 폭을 넓혀주고 일률적인 유행의 틀에서 벗어나게 해주었다. 청바지, 넓은 판탈롱, 핫팬츠 등 여러 패션이 혼합된 시기로 유행의 춘추전국시대라고 불렸다. 값싼 합성섬유, 신축성 있는 폴리에스테르 저지와 코듀로이가 유행하면서 거의 모든 의상이 저지로 만들어졌고, 퀼트 기법의 디자인이 많았다. 또한 큰 꽃무늬, 그래픽 무늬의 가죽 조끼가 유행했는데, 조끼 단에 긴 술(Fringe)을 부착하는 경우가 많았다.

판탈롱의 유행과 함께 어깨에 메는 커다란 가방, 통굽 슈즈가 등장하였다. 판탈롱은 통기타, 생맥주와 함께 젊은이들의 상징으로 여겨졌다. 또한 실용적이고도 튼튼한 진 소재 의상이 뿌리내리기 시작했는데, 통기타 가수의 등장으로 청색 진에 대한 선호도가 높아졌다. 이 시기에는 집시풍의 민속 스타일이 인기가 있었다. 특히 실용적인 진이 패션 산업에서 중요한 아이템이 되었다. 젊은이들은 펑크와 팝의 영향으로 티셔츠와 진을 즐겨 입었다. 여러 가지 옷을 겹쳐 코디네이트하여 입는 레이어드 룩도 유행하였다. '와라실업'은 국내 처음으로 진 패션을 대량 생산하였고, 국내 최초로 진웨어를 가지고 전국 순회 패션쇼를 하는 등 진 유행의 교두보 역할을 하였다. 사람들이 질적으로 향상된 홈웨어를 입기 시작한 것도 이때부터였는데, 홈웨어의 대명사로 불렸던 '신즈부띠끄'는 여성스럽고 아름다운 홈웨어를 생산하여 인기를 얻었다.

1970년대 초에는 소수의 디자이너들이 소규모 부티크의 형태로 기성복을 생산·판매하는 명동의 의상점들이 인기를 끌었으나 화신그룹, 반도패션, 코오롱의 벨라, 제일모직의 라보떼, 삼성물산 등의 대기업이 자체적으로 디자인한 기성복 생산에 뛰어들면서 패션 산업의 규모가 커지고 경쟁이 치열해졌다. 또한 전국적으로 슈퍼마켓 체인점이 늘어나고 이민 붐이 일어났다. 고고춤이 인기를 끌었으며 쐐기 커트(일명 거지 커트)와 쇼트커트, 자연스러운 머릿결을 살린 웨이브 스타일이 유행하였다. 1970년대 후반에는 대량으로 생산된 기성복의 영향으로 패션의 대중화가 시작되었고 TPO(Time, Place, Occasion)

22-8 히피 스타일의 진과 스웨이드 재질 베스트, 1969~1970

22-9 갈색 스웨이드 핫팬츠와 맥시 코트, 1971

22-10 집시 스타일, 이브 생 로랑, 1976~1977

의 개념이 일반인에게도 도입되었다. 대중매체인 텔레비전도 패션 발전과 의생활 변모에 큰 영향을 끼쳤다.

2. 1970년대 패션

1) 여성의 패션

(1) 판탈롱

1970년대에는 여성들의 사회 진출이 크게 늘어나면서 여성들이 남성의 전유물이었던 바지를 입기 시작하였다. 이 시기에는 바짓부리가 넓은 판탈롱(Pantalon)이 크게 유행하였다〈그림 22-6〉. 엉덩이 라인부터 바짓단까지 폭이 넓어지는 팔라초 팬츠(Palazzo Pants)도 이브닝웨어로 많이 착용하였다〈그림 22-7〉.

(2) 핫팬츠

핫팬츠(Hot Pants)는 타운웨어로 착용하던 짧은 팬츠로, 1971년 미국의 권위 있는 패션 일간지 〈우먼스 웨어 데일리(Women's Wear Daily)〉에서 그해의 유행을 선도한 팬츠로 선정되었다. 이 팬츠는 꼭 끼는 짧은 바지로 대개 비닐 가죽 등으로 만들어졌다. 1970년대에는 짧은 핫팬츠에 목이 긴 장화를 신고 발목까지 오는 치렁치렁한 긴 맥시 코트 자락을 펄럭이며 거리를 활보하는 것이 유행이었다〈그림 22-9〉.

(3) 진웨어

진웨어(Jean Wear)는 능직으로 짠 목면의 질긴 천으로 재킷, 조끼, 바지, 셔츠 등 다양한 아이템으로 만들어서 착용하였다. 우리나라에서는 수입된 라바이스(Levis), 리(Lee) 등의 진웨어가 크게 유행하였다.

(4) 집시 스타일

집시(Gypsy) 스타일〈그림 22-10〉은 점술, 음악 등을 생업으로 하는 중동, 유럽 남부를 방랑하는 표류민족의 이미지와 패션을 도입한 것으로 페이전트 블라우스, 볼레로, 새시 벨트, 숄, 길이가 긴 술, 플라워 프린트의 조각보, 치마폭이 넓은 페이전트 스커트, 풀 스커트 등이 유행하였다.

(5) 펑크 스타일

펑크(Punk) 스타일은 1960년대 후반부터 유행한 기존의 질서와 격식을 깬 반항적 스타일로 1970년대가 전성기였다. 주로 낡고 찢어진 빈티지 의상이나 검은색 가죽 베스트를 입는 경우가 많았다. 또한 금속 쇠사슬이나 깃털, 핀 등을 의상에 많이 이용하고 분홍색이나 파란색처럼 눈에 띄는 원색으로 머리카락을 화려하게 염색하였다. 화장 역시 진하게 하였다〈그림 22-11〉.

(6) 랩 스타일

랩(Wrap) 스타일은 옷의 한쪽과 또 다른 한쪽을 포개듯이

22-11 펑크 스타일, 1971

22-12 모직 랩코트, 앤 클라인, 1972

감싸는 것으로 여밈은 단추나 끈을 이용하며 1970년대에 랩 스커트, 랩 블라우스, 랩코트〈그림 22-12〉 등이 유행하였 다. 1970년대 미국 디자이너 다이앤 폰 퍼스텐버그(Dian Von Furstenberg)에 의해 소개된 이 스타일은 기모노 드레스와 형태가 유사하다.

2) 남성의 패션

남성복은 여성복과 점점 비슷해져서 남녀 공용의 유니섹스 패션이 유행하기 시작하였다. 직장에 입고 가기에 적합한 비 즈니스 슈트는 캐주얼한 스타일로 변화하였다. 남성복에서도 바짓부리가 넓은 판탈롱이 유행하였고 체크나 프레드의 캐주 얼한 재킷, 스포티한 티셔츠, 화려하고 큰 꽃무늬 넥타이 등을

22-13 비틀스의 히피 패션

착용하였다. 볼륨감 있는 큰 그레이트 코트는 젊은층에서 인 기가 많았다.

또한 진과 코듀로이 소재의 의복이 많았으며 1960년대에 활 약하고 1970년대에 해체된 비틀스의 패션이 큰 영향을 미쳤다 〈그림 22-13〉.

3. 헤어스타일과 액세서리

1) 헤어스타일과 모자

(1) 헤어스타일

이 시대 여성 헤어스타일의 가장 큰 특징은 긴 머리카락 한가 운데나 한쪽으로 몰아 가르마를 탄 것이다. 1970년대 초까지 는 컬을 넣은 집시 커트(Gypsy Cut)나 보풀이 일게 만든 섀 그(Shag), 관자놀이 부근에서 날개처럼 흩어지는 프릭크드 (Flicked) 스타일을 들 수 있다. 머리 몇 가닥을 금색이나 흰색 으로 염색하는 것도 유행이었다.

1970년대의 헤어스타일을 연출하는 데는 시간이 오래 걸리 지 않았다. 헝클어진 머리를 귀나 앞이마까지 덮는 섀기 헤어 두(Shaggy Hairdo), 긴 머리카락을 양쪽 귀까지 덮고 머리 한 가운데에 가르마를 타고 계속 웨이브를 준 깃털(Feathered) 스타일은 간단한 손질로도 연출할 수 있었다. 이들은 유명 인 사들도 즐겨 하는 스타일이었다. 아프로(Afro) 헤어스타일은 특히 흑인들이 선호했던 것이다. 또한 길고 잘 다듬은 헤어스 타일에 싫증을 느낀 백인 여성들도 이 스타일을 즐겨 하였다.

남성의 헤어스타일은 1960년대 이후 계속 유행한 덕테일 (Ducktail, 양옆 머리카락을 길러 머리 뒤까지 오게 하는 헤 어스타일)과 퐁파두르(Pompadour), 또는 엘비스 프레슬리의 헤어스타일이 여전히 인기가 있었다. 1970년대 중반까지 남성 들은 긴 헤어스타일을 즐겨 하였는데 이는 사회적·도덕적 관 습에 대한 저항의 표현이기도 했다. 구레나룻 역시 유행하였 다. 이 시대의 유행 헤어스타일을 정리하면 긴 머리카락과 섹 시한 루셔스(Luscious) 스타일, 모드풍의 헤어커트, 버즈커트 (Buzzcut, 전기이발기로 짧게 깎은 헤어스타일) 등 긴 머리와 짧은 머리가 공존하였다. 1970년대 말이 되면서부터는 구레나 룻과 얼굴에 난 털이 자취를 감추었다.

22-14 초록색 슈트, 이브 생 로랑, 1972　　**22-15** 팬 슈트, 1968　　**22-16** 코듀로이 슈트, 호주, 1973

(2) 모자

1960년대 중반부터 여성들의 모자 착용에 대한 관심이 줄어 1970년대에는 추위를 막는 방한모를 제외하고는 모자가 패션의 영역에서 거의 사라졌다. 이 과정에서 여러 모자업체가 폐업을 하였다. 그러나 일부 모자 애호가들은 유명 디자이너의 작품이나 1960년대부터 쓰던 것을 계속 애용하였다. 이런 와중에도 인기가 있었던 모자로는 와이드 브림 플로피 해트(Wide Brimmed Floppy Hat)로 이 모자는 챙이 펄럭일 만큼 넓었다. 디스코 PVC 해트는 1960년대까지 한국 학교에서도 썼던 교모 모양의 모자로 당시 유행하던 것은 챙과 크라운이 컸으며 화려한 색상으로 만들어졌다. 스트로 해트(Straw Hat)와 클로시 해트(Cloche Hat)도 계속 유행하였다. 특이한 점은 히피족을 중심으로 유행한 헤드 밴드가 계속 유행했다는 것이다. 이 헤드 밴드는 무늬와 색상이 다양하여 드레스의 무늬와 맞추어 쓰기도 했다. 터번도 계속 인기를 끌었다.

　1970년대에는 남성 또한 마찬가지로 모자 착용을 멀리하였다. 일부에서는 케네디 대통령이 모자를 쓰지 않은 데서 영향을 받은 것이라고도 하였고, 자동차를 타고 내릴 때 불편해서 쓰지 않은 것이라고도 한다. 하지만 여가생활에서는 밀짚으로 만든 보터스(Boaters)나 클로시 해트 등을 썼다. 젊은이들은 히피족처럼 헤드 밴드를 썼다.

2) 액세서리와 슈즈

(1) 액세서리

1970년대 초, 여성들 사이에서는 히피족의 영향으로 수공예풍의 액세서리가 유행하였다. 이러한 액세서리의 재료로는 나무, 조개껍데기, 돌, 가죽, 구슬, 깃털 등이 쓰였다. 목에 꽉 끼게 거는 짧은 목걸이인 초커(Choker)나 보석이 박힌 폭이 넓은 목걸이인 도그 칼라(Dog Collar) 등이 젊은이들 사이에서 유행하였다. 1970년대 중반에는 많은 사람이 미니멀리즘(Minimalism) 풍조에 따라 액세서리를 최소한으로 사용하였다. 가방도 어깨에 걸치는 작은 가죽 가방이 인기였고 남녀 모두 늘어진 스카프나 챙이 출렁이는 모자, 헤드 밴드, 값싼 재료(나무, 플라스틱, 가죽, 돌 등)로 만든 팔찌 등을 애용하였다. 벨트는 폭이 넓은 것과 좁은 것 모두 인기가 있었고 보석 중에서는 금이 선호되었다.

　남성들 역시 히피족의 영향을 받아 손수 만든 목걸이와 헤드 밴드, 팔찌 등을 착용하였다. 또한 액정 석영을 사용한 반지인 무드 링(Mood Ring)을 끼었는데 이것은 기분에 따라 색이 변한다고 하여 인기가 많았다. 금으로 된 메탈리온도 유행하였다. 그러나 모든 액세서리가 히피풍이 아니었고 일부에서는 전통적인 액세서리인 넥타이, 행커치프, 타이 핀 등을 즐겨하였다.

(a) 뱅 헤어스타일

(b) 컬이 들어간 짧은 헤어스타일

(c) 펑크 헤어스타일

(d) 목걸이와 귀걸이

(e) 니트 모자와 터틀넥 스웨터

(f) 스페이스 캡슐 해트

(g) 밀짚 모자, 이브 생 로랑

(h) 웨더 해트, 이브 생 로랑

22-17 1970년대의 헤어스타일과 모자, 액세서리

(a) 금속 디스크로 만든 가방, 파코 라반

(b) 플라스틱 디스크로 만든 가방

(c) 빨간색 가죽 가방, 찰스 조던

(d) 자동차 재질 백, 마리 벨트라미, 1976~1977

(e) 스포티한 브랜드 로고 가방, 아디다스

(f) 글리터 메이크업

22-18 1970년대의 가방, 화장

(a) 플랫폼 슈즈, 그레카, 1970~1972

(b) 꽃으로 장식한 슈즈, 이브 생 로랑

(c) 중국풍 샌들, 1972

(d) 운동화, 모야 브울러

22-19 1970년대의 슈즈

(2) 슈즈

1970년대 초, 여성들 사이에서는 여전히 고고 부츠(Go-go Boots)가 유행하였다. 반짝이는 크링클 부츠(Crinkle Boots), 무릎 바로 아래까지 끈을 매는 1920년대풍의 그래니 부츠(Granny Boots)도 있었다. 1970년대 중반에는 앞 끝이 둥근 하이 부츠인 메리 제인 부츠(Mary Jane Boots)와 플랫폼 슈즈, 히피족의 영향을 받은 샌들과 버켄스톡(Birkenstock), 로퍼도 계속 인기를 끌었다. 진(Jean)과 어울리는 스니커즈도

인기가 있었다. 디스코 슈즈 역시 여러 가지 형태와 굽의 색상 때문에 인기를 끌었다. 이외에도 형태가 다양한 하이힐이 나왔으며 웨지 부츠는 항상 선호되었다.

남성들은 전통적인 옥스퍼드나 윙팁(Wing-tip) 슈즈 외에도 비교적 굽이 높은 남성용 플랫폼 슈즈나 디스코 슈즈를 신었다. 이 슈즈는 앞창이 3~4cm나 되는 것으로 뒷굽은 4~5cm까지 높아지기도 했다. 또한 남녀 모두 신을 수 있는 가죽 히피 샌들도 있었다. 긴 장화 형태의 카우보이 부츠도 유행하였다.

1970년대 패션 스타일의 요약

1970년대		
사건 혹은 발명품		대표 패션

워터게이트 사건에 대한 책임 문제로 사퇴를 발표하는 닉슨 대통령, 1974

판탈롱

패션의 종류	여성복	클래식 슈트(Classic Suit), 플레어(Flare), 벨보텀스(Bell-bottoms), 배기 진(Baggy Jean), 올인원(All-in-one), 트랙 슈트(Track Suit)
	남성복	테일러드 비즈니스 슈트(Tailored Business Suit), 가죽 재킷(Leather Jacket), 톱코트(Top Coat), 레인 코트(Rain Coat), 그레이트 코트(Great Coat), 진(Jean)
헤어스타일 및 액세서리		쐐기굽 샌들, 자연스러운 웨이브, 레이어드 효과가 나는 짧은 웨이브, 구레나룻, 콧수염, 턱수염, 튀는 염색, 창백한 화장, 다양하는 커트(Cut), 키퍼 타이(Kipper Tie), 가죽 부츠
패션사적 의의		• 유니섹스(Unisex) 스타일, 팬츠 슈트 • 저지와 니트 소재 활용, 라이크라의 등장, 레저웨어 • 러시안 룩, 테일러드 룩, 오리엔탈룩, 볼드 룩, 에스닉 룩, 슬림 룩 • TPO의 개념 전파, 검은색·분홍색 등 강렬한 색상 • 미니멀리즘·맥시·판탈롱의 공존
주요 디자이너		이브 생 로랑(Yves Saint Laurent), 장 뮤어(Jean Muir), 소니아 리키에르(Sonia Rykiel), 장 폴 고티에(Jean Paul Gaultier), 티에리 뮈글러(Thierry Mugler), 클로드 몬태나(Claude Montana), 칼 라거펠트(Karl Lagerfeld), 잔드라 로즈(Zandra Rhodes), 로라 애슐리(Laura Ashley), 비비안 웨스트우드(Vivienne Westwood), 조르조 아르마니(Giorgio Armani), 잔니 베르사체(Gianni Versace), 캘빈 클라인(Calvin Klein), 앤 클라인(Ann Klein), 로이 할스톤(Roy Halston), 제프리 빈(Geoffrey Beene), 빌 브라스(Bill Blass), 겐조(Kenzo), 이세이 미야케(Issey Miyake)

23-1 찰스 왕세자와 다이애나 왕세자비의 결혼식, 1981

23-2 베를린장벽 붕괴, 1989

CHAPTER 23
1980년대의 패션

1. 1980년대의 사회와 문화적 배경

1980년대에는 미국의 레이건과 영국의 대처가 각각 대통령과 수상이 되면서 서방 세계가 보수주의 성향을 띠게 되었다. 1981년에는 영국의 찰스 왕세자와 다이애나 왕세자비의 결혼식〈그림 23-1〉으로 세계가 떠들썩했다. 1989년에는 베를린장벽이 무너지면서 세계가 새로운 정치적 국면을 맞았다〈그림 23-2〉. 포스트모더니즘의 영향으로 패션 트렌드도 다양화되었다. 패션 산업은 강력한 마케팅과 매혹적인 광고 전략에 의해 발전하였다. 많은 디자이너들의 상품은 세계적으로 성장하는 경제 발전에 한몫을 했다.

산유국과 일본 등 경제 호황을 누리는 국가들은 이러한 상품의 구매 대열에 합류하여 세계적으로 약 3,000명에 달하는 쿠튀리에의 수입을 보장해주었다. 이에 따라 쿠튀르 면허 대여가 상상을 초월할 정도로 늘어났으며, 상표권과 로고가 두 배 이상 늘었고 디자이너의 이름은 일반 가정에서도 흔히 불리는 것이 되었다. 크리스챤 디올, 존 갈리아노 등의 디자이너뿐만 아니라 캐롤라인 로엠도 새틴 뷔스튀에, 코트로 인기를 끌었다〈그림 23-3〉. 외형에 신경 쓰는 사회 분위기 속에서 상류층은 패션을 통해 성공과 부를 과시하였다.

이 시기에는 많은 여성이 취업 전선에 뛰어들었다. 그중 일부는 높은 지위를 얻어 경제적으로 성공하였다. 성공한 여성들이 선호했던 스타일은 1940년대의 과장된 실루엣으로, 어깨에 큰 패드를 넣고 권력의 상징인 슈트를 입는 것이었다. 또는 소매가 없는 셸 블라우스(Shell Blouse)와 무릎 바로 위까지 오는 타이트한 스커트 등을 입었다. 여성의 지위 향상과 사회 진출로 본격적인 캐주얼 시대가 시작된 것이다〈그림 23-4〉.

1980년대 초에는 일본의 디자이너들이 배가본드 룩을 선보였다. 1980년대 중반부터는 에콜로지(Ecology)라는 테마를 주제로 하여 천연섬유로 만든 의상을 발표하기 시작하였다. 또한 민속풍의 포크로어(Folklore) 스타일〈그림 23-5〉, 1984년의 여성적인 것과 남성적인 것을 혼합한 유니섹스 룩의 앤드로지너스(Androgynous) 스타일, 1985년의 허리는 가늘게 하고 힙을 강조한 보디콘셔스 스타일, 역삼각형 실루엣의 아워글라스 스타일, 1987년의 중저가 브랜드와 에콜로지 스타일, 1989년의 오리엔탈 룩이 대표적인 스타일이었다. 이외에도 다리에 밀착되는 레깅스 스타일의 스키 바지 등 다양한 아이템이 유행하였다. 이 시기에는 유행의 주기가 짧아졌으며, 가격의 폭도 넓어져서 소비자에게 선택의 기회가 많아졌다.

1980년대 중반의 패션 실루엣은 어깨를 크고 둥글게 살려

23-3 새틴 뷔스티에와 코트 앙상블, 캐롤라인 로엠, 1989 　**23-4** 성공한 비즈니스 우먼의 슈트, 오스카 드 라 렌 **23-5** 퀼트 기법을 이용한 포
타, 1985 크로어 스타일 드레스, 설윤형,
1987

입체적으로 강조한 것이 특징이다. 니트웨어가 크게 유행하였
는데, 1977년 농촌 출신의 지미 카터가 미국 대통령으로 취임
하면서 편안한 니트웨어를 많이 착용하던 것에 영향을 받은
것이다. 또한 벨트로 꽉 조인 재킷, 짧은 스펜서 재킷, 디스코
팬츠, 롱 팬츠 등 다양한 팬츠와 엉덩이가 보일 것 같은 짧은
스커트가 유행하였다. 1989년에는 다채로운 비비드 컬러를 많
이 사용하였고 에스닉·내추럴 룩과 타이트하게 달라붙는 실
루엣의 복고풍 패션 및 여성스러운 레이어드 스타일이 여전히
인기를 누렸다.

젊은이들은 스타의 의상에 특별한 관심을 가졌다. 그들은
마이클 잭슨의 베르사체풍 의상, 마돈나의 란제리 룩, 보이 조
지의 앤드로지너스 룩, 신디 로퍼의 펑키 레이어드 룩, 조지
마이클의 가죽 재킷과 남성적인 룩 등에 크게 영향을 받았다.

1980년대에는 전후의 베이비붐 세대가 새로운 라이프스타
일에 따라 미국의 대도시에 인접한 교외에 살게 되면서 전문
직에 종사하는 젊은 엘리트층, 여피(Yuppie)족이 각 분야에서
주도적인 활동을 하였다.

1980년대 한국 사회는 정치·사회적인 변화와 함께 개방과
민주화의 바람으로 다양한 형태의 문화현상과 유행이 발생하
게 되었다. 특히 컬러텔레비전이 보급되면서 의상의 색상과 스
타일에 급격한 변화가 일어났다. 교복 자율화와 프로야구 개
막으로 캐주얼 중심의 영(Young) 패션이 유행하였고 의복의
소재는 물론 스타일에서도 스포츠웨어가 크게 유행하였다. 또
한 패션 전문점의 등장과 함께 그동안 유행에 둔감했던 남성

정장도 기능성과 경제성 위주에서 벗어나 개인의 자유와 감각
을 표현하는 형태로 발전하였다.

1978년에는 압구정동에 현대아파트와 한양아파트가 들어서
면서 우리나라의 패션 중심지가 명동에서 강남으로 옮겨가기
시작하였다. 그 지역 거주자의 부유함은 해외 유명 브랜드와
국내 톱 디자이너의 숍을 유인하였고 이러한 현상에 가속도가
붙어 청담동, 압구정동, 논현동, 방배동 등이 첨단 패션의 중
심지가 되었다.

1986년의 아시안게임과 1988년의 올림픽 이후, 서울은 국제
화와 대중문화의 급격한 발달이 이루어져 의상에서도 지역
및 계층별로 다양한 스포츠웨어가 생기고 스포츠웨어를 평상
복으로 많이 활용하기 시작하였다. 이때부터 소위 스트리트
패션이 등장하여 압구정과 이대, 홍대를 중심으로 영 캐주얼
이 발전하였고 수입 개방에 따라 해외 브랜드가 유입되었다.
또한 국내 저가 브랜드, 복고 패션 등 다양한 형태의 유행이
등장하였다.

소위 '양장점'에 의존하던 1970년대 패션에서 벗어나 1980
년대에는 브랜드가 하나둘씩 생겨나면서 비로소 패션 산업이
라는 독자적인 형태를 띄기 시작하였다. 외환위기를 거치면서
나타난 의류 브랜드를 살펴보면 1980년대의 선두 주자인 논노
패션과 반도패션, 나산, LG패션 등이 있다. 이 시기부터 패션
을 통해 자신을 표출하려는 여성들이 대거 나타나서 논노의
샤트렌(Chatelaine)을 시작으로 마인(Mine), 타임(Time), 데코
(Deco) 등 본격적인 여성 정장 브랜드 시대가 열리고 수많은

23-6 나이애나 왕세자비의 이워글라스 슈트, 1986 　**23-7** 역삼각형 드레스, 티에리 뮈 　**23-8** 슈트, 조르조 아르마니, 1980년대
글러, 1980년대

디자이너와 생산업체가 등장하기 시작하였다.

2. 1980년대 패션

1) 여성의 패션

1980년대에는 텔레비전과 비디오의 영향이 커져 영국의 다이애나 왕세자비이 세계 패션의 리더가 되었다. 그녀가 입었던 어깨를 강조한 역삼각형 스타일의 의상은 로맨틱한 아워글라스 스타일을 제시하는 데 중요한 역할을 하였다〈그림 23-6, 7〉.

칼 라거펠트(Karl Lagerfeld)는 샤넬의 대표적인 작품인 울 슈트에 아주 큰 리본을 달아 자기만의 독특한 작품으로 재탄생시켰고 클로드 몬태나(Cloud Montana)는 가죽을 열정적으로 사용하여 자기만의 독특한 라인을 만들어냈다. 아제딘 알라이아(Aggedine Alaia)는 신체를 강조하기 위해 신축성이 좋고 광택이 없는 검은색 라이크라 소재로 드레스를 만들어냈다. 그는 인간의 자연적인 외형을 드러내는 것에 중점을 두었다.

파리와 더불어 세계 패션의 중심지로 부상한 이탈리아에서 의류제조업은 세 번째로 큰 산업으로 발전하였으며, 패션제품이 세계 전역으로 수출되었다. 조르조 아르마니(George Armani)는 부드러운 선을 가지고 천을 넉넉하게 재단하여 세련미를 과시하는 슈트〈그림 23-8〉를 만들어, 남녀 모두에게 입힘으로써 패션계의 중심으로 떠올랐다. 아르마니의 재킷은 튀지 않는 색의 질 좋은 원단과 리넨으로 만들어졌다. 베르사체(Versace)의 관능적인 스타일은 아르마니와 대립되는 것으로 화려한 색과 잘록한 허리의 재킷 등이 대표적이었다.

패션계에 분 가장 흥미로운 바람은 일본 디자이너의 출현이었다. 1980년대에 파리를 중심으로 활동하던 이세이 미야케(Issey Miyake)는 새로운 재료와 형태를 사용하였는데 대표적인 작품으로는 부풀릴 수 있는 실리콘 팬츠와 플라스틱 뷔스티에 등이 있었다〈그림 23-9, 10〉. 콤 데 가르송에서는 레이 가와쿠보(Ray Kawakubo)가 여권 신장의 표현으로 여성의 신체를 가리는 비대칭 재단법을 사용하였다〈그림 23-11〉. 요지 야마모토(Yohji Yamamoto)는 남녀 구분 없이 입을 수 있는 유니섹스 룩에 맞는 특별한 다트 배치를 이용하였다. 이 외에도 다카다 겐조(Takada Kenzo) 등의 일본 디자이너들이 파리로 진출하여 활동하기 시작하였다.

런던은 새로운 패션 중심지로 떠올랐다. 비비안 웨스트우드(Vivien Westwood)는 비대칭적인 재단으로 이루어진 파이래이트 컬렉션(Pirate Collection)을 발표하였고, 존 갈리아노(John Galliano)는 기존 드레스의 고정관념에서 탈피하여 동양의 스타일과 서양의 제조 기술을 결합한 드레스를 유행시켰다.

1984년 말경 등장한 앤드로지너스 룩은 패션을 통해 남녀의 구분을 해체하고 양성적인 이미지를 연출하였다. 1980년대 후반에는 민속풍의 옷과 크리스티앙 라쿠아, 스카시 등의 부풀린 풍선 같은 벌룬 드레스, 버블 드레스〈그림 23-12〉가 유

23-9 부풀릴 수 있는 실리콘 팬츠, 이세이 미야 **23-10** 플라스틱 뷔스티에, 이세이 미야케, 1983 케, 1983

23-11 비대칭 재단법을 이용한 의상, 레이 가 와쿠보, 1984~1985

행하였다. 또한 자연보호에 대한 관심이 고조되면서 자연물을 모티프로 한 디자인이 인기를 끌었다. 영화〈아웃 오브 아프리카〉의 영향으로 자연주의 테마는 더욱 강화되고 사파리 룩이 유행하여 꽃, 나무 등을 주제로 하거나 산림을 상징하는 초록색, 바다를 상징하는 파란색 등의 천연소재로 옷을 만들기도 하였다. 특히 커다란 꽃 프린트의 화려한 드레스가 크게 유행하였다.

1980년대 중반에는 전원도시 스타일이 유행하여 여성들 사이에서도 트렌치코트나 굵은 실로 만든 니트 풀오버 같은 남성적인 패션이 유행하였다. 바지도 승마용 바지처럼 좀 헐렁하게 만들어져 무릎 길이의 가죽 부츠 안으로 밀어넣었다. 긴 캐

시미어나 털로 만든 스카프는 편안하게 목둘레에 감았다. 또한 남성용 트위드 모자와 어깨에 메는 큰 가방이 유행하였다.

1980년대 색채 경향은 초반에는 일본 스타일의 영향으로 검정, 회색, 카키, 베이지 등의 무채색, 즉 내추럴한 색채가 유행하였다. 중반부터는 보디컨셔스(Body-conscious) 스타일의 영향으로 밝고 화려한 색조가 유행하였고, 후반에는 에콜로지와 관련된 초록색이나 청색이 유행하였다.

1980년대 중반부터는 어깨를 강조하던 패드가 점점 작아지면서 부드럽고 곡선적이며 여성스러운 스타일이 등장하였다.

1980년대에 유행한 스타일 중 중요한 것을 꼽아 정리하면 다음과 같다.

23-12 버블 드레스, 스카시, 1986 **23-13** 니트 소재의 사파리 룩, 페리 앨리스, 1980년대 **23-14** 가수 보이 조지의 동양적인 스타일

23-15 오렌지 레이온 벨벳 코르셋 드레스, 장 폴 고티에, 1984

23-16 꽃무늬 세퍼레이트, 겐조, 1983

23-17 유니섹스 스모킹 재킷, 티에리 뮈글러, 1981~1982

- 조르조 아르마니(George Armani) 스타일: 전문직을 가지고 대도시와 근접한 교외에 살면서 전원생활을 즐기는 1945년 종전 후에 태어난 베이비붐 세대, 여피족은 새로운 라이프스타일을 즐겼다. 그들은 디테일이 많지 않은 단색의 심플한 스타일을 즐겨 운동으로 단련된 몸에 조르조 아르마니 스타일의 옷을 걸쳤다.

- 아워글라스(Hourglass) 스타일: 허리를 졸라매고 가슴과 힙을 강조한 실루엣이 마치 모래시계를 닮았다.

- 가수와 영화배우에게서 영감을 받은 스타일: 1980년대에는 유명 가수와 영화배우가 트렌드를 만들고 이것이 레디 투 웨어(Ready-to-wear)로 번져나갔다. 마이클 잭슨은 당시 여성용 재킷이었던 블루종(Blouson)과 황금색 자수로 화려하게 장식한 붉은색 쇼츠를 선보여 관중을 열광시켰다. 같은 해 장 폴 고티에는 대담한 형태의 코르셋 드레스를 발표하여 패션계를 놀라게 했다〈그림 23-15〉. 도시의 래퍼들은 정장에다가 운동선수들이 신는 최상품의 슈즈를 신고 나왔다. 1983년에는 영화 〈플래시 댄스〉의 영향으로 레깅스와 헤어 밴드, 찢어진 오버 사이즈의 자루 같은 스웨트 셔츠(Sweat Shirts) 등에 대중이 열광하였다.

- 화려한 꽃무늬의 벌룬(Ballóon) 스타일: 1980년대에는 어느 시기보다 화려하고 커다란 꽃무늬에 부피가 큰 스커트가 유행하였다〈그림 23-16〉. 이 스타일을 선보였던 디자이너 중에서 가장 큰 호응을 받았던 것은 크리스티앙 라쿠아였다.

- 앤드로지너스(Androgynous) 스타일: 남녀의 특징을 감성으로 크로스오버시킨 스타일로, 남녀가 서로의 옷을 입어서 아름다움을 연출한다. 머리카락을 짧게 자른 보이시한 헤어스타일과 테일러드 슈트, 넥타이, 셔츠 등이 이 스타일에 속하며 남녀가 공용으로 입는 유니섹스 스타일〈그림 23-17〉과는 차이를 보인다.

- 파이래이트(Pirates) 스타일: 유럽 중세 해적의 의상에서 아이디어를 얻은 마린 룩의 일종〈그림 23-18〉이다. 블라우스는 품이 넉넉하고 소매통이 넓으며, 바지는 허리와 발목에 주름을 잡아 풍성하다. 이 스타일은 모자, 부츠, 해골 모양

23-18 파이래이트 스타일, 비비안 웨스트 우드

23-19 보디컨셔스 룩, 노마 카말리, 1980

의 액세서리 등으로 큰 인기를 얻었다.

- 보디컨셔스(Body-conscious) 스타일: '신체를 의식하다'라는 뜻의 보디컨셔스 룩〈그림 23-19〉은 신체를 그대로 드러내는 타이트한 실루엣으로 아름다움을 표현한다. 다리에 꼭 맞는 팬츠도 보디컨셔스 스타일의 일종이다.

2) 남성의 패션

1980년에는 생활수준이 높아지면서 남성들도 외모에 관심을 갖기 시작하였다. 남성들은 유행에 맞게 어깨가 넓고 약간 긴 심플한 재킷을 입었다. 여기에 코튼(Cotten) 셔츠와 다양한 프린트의 넥타이를 착용하였다. 또한 조르조 아르마니의 넓고 경사진 어깨선과 긴 라펠이 달린 캐주얼한 더블 브래스티드 재킷이 유행하였다. 이 재킷 속에는 넥타이 없이 그냥 셔츠만 입었다. 바지는 품이 넉넉하여 자루 같은 느낌을 주는 것이었으나 무릎 쪽으로 내려오면서 차츰 좁아지는 형태를 띠었다. 프랑스의 패션회사 토랑트가 디자인한 몸에 딱 맞는 의상은 1980년대에 최고로 인기를 끌었다.

이 시기에는 팝 가수들의 영향으로 가죽 재킷, 청색 진의 캐주얼한 스타일이나 벨벳 재킷이나 러플 셔츠 같은 로맨틱한 스타일이 선호되기도 하였다.

1970년대 중반부터 유행했던 진은 1980년대에도 남녀를 불문하고 착용되었다. 리바이스 진과 코튼 셔츠, 진 재킷은 보편적으로 인기가 있었던 차림이다. 여름에는 여러 가지 길이와 진한 남색, 검은색, 파란색 등 다양한 색상의 반바지가 유행하였다.

3. 헤어스타일과 액세서리

1) 헤어스타일과 모자

(1) 헤어스타일

1980년대 헤어스타일은 화려하게 꾸미거나 기교를 부리는 대신에 비교적 쉽게 손질할 수 있는 스타일이었다.

여성들 사이에서 히피 스타일은 사라져 갔고 대신에 크게 부풀린 풍성한 헤어스타일이 유행하였다. 파마를 하여 머리카락을 세우거나 풍성하고 다듬지 않은 긴 헤어스타일은 어깨나

어깨 아래까지 내려오는 것이었다. 밝은색으로 염색하고, 헤어스프레이나 무스로 머리카락을 고정시켜 스타일을 유지하기도 하였다. 당시에도 유명 가수나 영화배우의 헤어스타일에 영향을 받았는데, 특히 가수 마돈나의 스타일이 유행하였다. 펑크스타일의 파격적인 스타일도 유행하였지만, 가운데에 가르마를 탄 스타일은 거의 사라졌다.

남성의 헤어스타일은 록 가수의 영향으로 괴상하게 부풀려졌다. 머리를 바짝 민 셰이브(Shaved) 스타일도 인기가 있었다. 또한 앞머리는 짧게 하고 뒷머리는 길게 한 뮤렛(Mullet) 스타일과 머리를 단정하게 기르고 구레나룻을 짧게 한 스타일이 공존하였다.

(2) 모자

화려하게 장식한 모자는 유행에서 멀어지고, 대신에 간편한 모자들이 유행하였다. 1981년에는 영화 〈인디애나 존스〉와 다이애나 왕세자비의 영향으로 유행 저편으로 밀려났던 모자가 다시 인기를 끌었다. 여성들은 다이애나처럼 챙이 넓은 모자나 팬시한 트림이나 베일이 달린 작은 모자를 정장과 매치하였다. 남성들은 인디애나 존스가 영화에서 썼던 페도라나 사파리 모자를 즐겨 썼다. 이외에도 유명 디자이너들이 새로운 디자인의 모자를 발표하면서 다양한 모자를 유행시켰다.

여성의 모자로는 챙이 넓은 브림 해트(Brim Hat), 필박스 해트(Pillbox Hat), 펠트 해트(Felt Hat), 펑크 플로럴 해트(Funk Floral Hat)가 있었다. 이는 꽃과 리본 등으로 장식한 작은 모자들로 색상과 패턴이 다양하였다. 남성들은 정장에 쓰는 페도라나 카우보이 해트(Cowboy Hat), 가지각색의 스포츠 캡(Sports Cap), 크루 해트(Crew Hat) 등을 즐겨 썼다.

2) 액세서리와 슈즈

(1) 액세서리

1980년대 액세서리는 작고 가는 것이 인기가 있었다. 목걸이나 손목시계도 작은 것이 유행하였고 벨트 역시 가는 것이 많았다. 합금이나 진주로 만든 귀걸이도 인기가 있었다. 젊은이들은 빨간색, 파란색, 노란색 등의 무지개색으로 만들어진 젤리 팔찌를 많이 착용하였다. 또한 에어로빅이 유행하여 머리나 손목에 밴드를 차고 넓은 벨트를 하기도 했다. 가발, 손가락이 없는 장갑, 다채로운 색상의 레깅스들도 유행 품목이었다. 부

23-20 1980년대의 헤어스타일

(a) 다양한 주얼리, 샤넬, 1983   (b) 다양한 구슬로 장식된 목걸이

23-21 1980년대의 액세서리

유한 여성이나 성공한 여성들은 유명 디자이너가 만든 브로치 등 고가의 액세서리로 자신을 과시하였다.

남성들의 액세서리는 폭이 좁은 타이였는데, 1980년대 중반부터는 폭이 넓고 줄무늬가 새겨진 보수적인 느낌의 스트라이프 타이가 다시 유행하였다. 안경은 테가 굵은 것이 유행하였는데 색상이 다양하였다. 또한 디지털 시계가 인기를 끌다가 1980년대 중반부터는 다시 숫자판이 있는 시계가 유행하였다. 몇몇 남성들은 반지를 착용하기도 했다.

(2) 슈즈

여성들의 슈즈는 1970년대 말의 유행 품목이 계속 인기를 끌었다. 슬링 백 코트(Sling Back Court)는 구두 앞이 뾰족한 것보다는 둥근 것이 선호되었다. 펌프스나 무릎까지 오는 부츠,

발등에 스트랩이 있는 샌들과 스니커즈도 계속 인기가 있었다. 실내용의 뒤축이 없는 뮬 슬리퍼(Mule Slipper)도 유행하였다. 1970년대 말에 인기 있었던 스파이크 힐이나 뾰족한 코가 있는 슈즈는 사라지고 뒤축이 대개 굵어졌다. 여름에는 젤리 슈즈처럼 화려한 색상의 슈즈를 많이 신었다. 포멀한 슈즈도 계속 착용되었다.

남성의 슈즈는 고전적이고 보수적인 스타일의 옥스퍼드와 브로그(Brogue)가 계속 인기를 끌었다. 색상은 검은색과 가죽 색상이 주를 이루었다.

로퍼는 남녀 구분 없이 애용되었다. 스니커즈는 나이나 성별과 관계없이 여가생활에서 즐겨 신었다. 이외에도 등산화, 테니스화, 조깅화 등 활동에 따른 전문화가 대중화되기 시작하였다.

1980년대 패션 스타일의 요약

		1980년대	
		사건 혹은 발명품	대표 패션

라데팡스 완공, 파리, 1989

다이애나 왕세자비의 아워글라스 슈트, 1986

패션의 종류	여성복	셸 블라우스(Shell Blouse), 아워글라스 스타일, 울 슈트, 햄 라인, 유니섹스 룩, 민속풍의 포크로어(Folklore) 스타일, 에어로빅 스타일, 세일러 칼라
	남성복	어깨가 넓은 재킷, 디테일이 작아진 슈트, 면 소재 셔츠, 러플이 달린 셔츠, 벨벳 재킷, 스웨터, 리바이스 진, 체크무늬 셔츠, 버뮤다 팬츠
헤어스타일 및 액세서리		다양한 스타일의 모자와 가방 유행, 패턴이 있는 넥타이. 웨이브 에어스타일, 헤어 밴드 클립, 리번, 무스나 젤의 사용, 해외 디자이너의 명품 소유로 신분 상승 기대. 신발 굽은 낮아짐, 얇고 투명한 스타킹, 레그 워머, 러닝 슈트, 발레 펌프스, 머리띠, 가죽 신발(마돈나), 로퍼(마이클 잭슨)
패션사적 의의		에콜로지(Ecology), 벌룬(Ballóon) 스타일, 앤드로지너스(Androgynous) 스타일, 파이래이트(Pirates) 스타일, 보디 컨셔스(Body-conscious) 스타일, 펑키 레이어드 룩, 마린 룩, 여피족
주요 디자이너		칼 라거펠트(Karl Lagerfeld), 클로드 몬태나(Claude Montana), 아제딘 알라이아(Aggedine Alaia), 조르조 아르마니(Giorgio Armani), 잔니 베르사체(Gianni Versace), 이세이 미야케(Isey Miyake), 레이 가와쿠보(Rei Kawakubo), 티에리 뮈글러(Thierry Mugler), 다카다 겐조(Takada Kenzo), 요지 야마모토(Yohji Yamamoto), 비비안 웨스트우드(Vivien Westwood), 존 갈리아노(John Galliano), 장 폴 고티에(Jean Paul Gaultier), 이브 생 로랑(Yves Saint Laurent), 캘빈 클라인(Calvin Klein), 도나 캐런(Donna Karan), 랄프 로렌(Ralph Lauren), 질 샌더(Jil Sander)

CHAPTER 24
1990년대의 패션

© Jean-Paul Gaultier

24-1 걸프전에서 승리한 미국, 1991

24-2 웨딩드레스, 이브 생 로랑, 1996

CHAPTER 24
1990년대의 패션

1. 1990년대의 사회와 문화적 배경

1990년에는 분단 45년 만에 독일이 통일되었고, 1991년에는 미국과 다국적 연합군이 이라크를 쿠웨이트에서 몰아내고 걸프전(Gulf War)에서 승리하였다〈그림 24-1〉. 같은 해 냉전 시대의 한 축이었던 소련이 붕괴되고, 1992년에는 지구 환경 보전을 위한 회의가 개최되면서 환경에 대한 관심이 늘어 무공해 상품을 보증하는 에콜로지 마크가 생겨났고, 자연을 중시하는 풍조가 생겨나 이브 생 로랑의 컬렉션에 꽃과 자연을 테마로 한 런웨이가 등장하기도 하였다〈그림 24-2〉. 생활 전반에 친환경 상품이 등장하였으며 녹색연합 등 환경보호단체의 활동이 활발해졌다. 패션과 화장품 분야에서 '환경친화'라는 주제로 환경친화적 상품을 취급하는 브랜드 '더 보디 숍(The Body Shop)'이 등장하였다. 의류의 소재 역시 환경친화적인 것을 선택하는 경향이 있었다. 1996년에는 유럽의 광우병 파동으로 전 세계가 크게 긴장하였고, 1997년에는 영국의 다이애나 왕세자비이 교통사고로 사망하였다. 같은 해에는 홍콩이 중국으로 반환되면서 중국이 급성장하여 아시아 경제가 세계의 이목을 끌었다. 1999년 1월에는 유럽의 화폐가 통일되었다.

1990년대에는 건강을 위한 다이어트와 운동에 관심이 쏠렸고 여성들도 체력 단련을 위하여 머슬 빌딩〈그림 24-3〉, 아쿠아 스포츠〈그림 24-4〉, 사이클링〈그림 24-5〉을 즐겼다. 또한 케이블 텔레비전, 위성방송, 인터넷, 패션 잡지 등을 통해 모든 정보가 전 세계에 전달되면서 패션계에서 글로벌리즘이 대두되었다. 세계 각국의 디자이너들은 파리, 밀라노, 런던 컬렉션에 진출하여 세계가 패션을 공유하면서, 1995년 10월에 열린 파리 프레타 포르테 S/S 컬렉션에서는 프랑스 디자이너보다 외국 디자이너의 수가 더 많아졌다. 이렇게 외국 디자이너가 늘어나면서 이탈리아와 런던 디자이너들의 영향력이 파리의 디자이너들보다 커졌다. 1990년대에는 세계 어느 도시를 가더라도 같은 패션 트렌드를 목격할 만큼 국제적인 마케팅이 활발해졌다. 젊고 발랄한 이미지로 파리 프레타 포르테의 최고 인기 디자이너였던 장 폴 고티에의 뷔스티에(Bustier)는 마돈나가 착용하여 센세이션을 일으켰다〈그림 24-6〉.

다양한 종류와 품질의 패션상품들이 기하급수적으로 늘어나 세분화된 틈새시장의 욕구를 충족시켰고, 이질적 문화 간 교류가 일어났으며 장벽이 제거되면서 반문화 또는 비문화적인 스타일이 주류가 되었다. 복고풍 디자이너의 스타일을 모방하는 것보다는 독창적인 빈티지 아이템 착용이 세련된 것

24-3 머슬 빌딩 룩   **24-4** 운동을 즐기는 여성들의 아쿠아 걸 룩   **24-5** 사이클링 룩

으로 인식되어 개인적인 스타일이 중요해졌다. 재활용은 대세가 되었고 모피가 퇴출되기 시작하였다.

　시장은 여러 형태의 아웃렛, 온라인과 오프라인의 경쟁으로 포화상태가 되었다. 소비자의 선택 폭은 넓어졌다. 스타일은 모두 비슷해졌고 구매력은 상대적으로 약해졌다. 텔레비전 광고, 잡지, 모델 등 모든 광고수단이 동원되었으나 의류 판매 시장이 쇠퇴하기 시작하였다. 기술 발달의 산물인 CAD(Computer Aided Design)와 CAM(Computer Aided Manufacture)은 대량 생산의 전성기를 가져왔다. 또한 컴퓨터에 의한 패션 제작을 가능하게 하는 운영체제가 개발되었다.

　유명 디자이너로는 돌체 앤 가바나(Dolce & Gabbana),

구찌(Gucci), 톰 포드(Tom Ford), 크리스티앙 라크루아(Christian Lacroix), 비비안 웨스트우드(Vivian Westwood)로 이들 모두는 코르셋 스타일을 부활시켰다. 돌체 앤 가바나는 셔츠와 타이를 매치한 타이트한 코르셋 실루엣을 발표하여 큰 호응을 얻었다〈그림 24-7〉. 장 폴 고티에는 남성에게 스커트를 입혔고〈그림 24-8〉, 존 갈리아노(John Galiiano)는 브랜드 디올(Dior)을 새로이 탄생시켰다. 프랑코 모스키노(Franco Moschino)의 초현실적이고 재치있는 디자인, 젊은 직장 여성들을 매혹시킨 심플한 디자인의 프라다(Prada) 등이 주목받았다.

　한국에서는 1993년에 우루과이 라운드 협정으로 인해 외

24-6 뷔스티에, 장 폴 고티에   **24-7** 타이트한 실루엣, 돌체 앤 가바나, 1990   **24-8** 포크로어풍의 스커트, 장 폴 고티에, 1992

24-9 메릴린 먼로가 프린트된 포스트모더니즘 드레스, 잔니 베르사체, 1990

24-10 미드리프 스타일의 그런지 룩, 안나 수이, 1993

24-11 미드리프 재킷과 드레스, 잔니 베르사체, 1992

24-12 메탈릭 소재의 재킷과 스커트, 미지코 코시노, 1996

국 유명 제품이 백화점에 입점되면서 명품 브랜드가 대중화되기 시작하였다. 필라(FILA), 샤넬(Chanel), 크리스챤 디올(Christian Dior), 루이 비통(Louis Vitton) 등의 명품 브랜드가 대중화되면서 고가의 옷을 사지는 못하더라도 해당 브랜드의 액세서리, 핸드백, 안경, 구두 등을 구입하는 소비 경향이 생겨났다. 또한 1990년대에는 의류 브랜드의 성격이 뚜렷한 캐릭터 캐주얼 브랜드가 여럿 등장하였다. 캐릭터 캐주얼의 개념을 처음 도입했던 논노의 샤트렌(Chatelaine), 오브제(Objet), 미샤(Michaa), 신원의 여성복 브랜드 베스티 벨리(Besti Belli), 시(Si)는 채시라, 심은하, 이영애 등 인기 스타를 모델로 기용하여 대중을 사로잡았다. 일반인들의 패션 수준이 향상되면서 전체적인 코디네이션 개념이 가미된 개성 있는 연출로 자신만의 멋을 살리는 경향이 나타났다. 한때는 IMF 영향으로 의류 경기가 침체되었지만, 1990년대 후반 동대문에 패션타운이 활성화되면서 경기 불황이 조금씩 타개되었다. 미니멀리즘 패션의 유행으로 디자인이 심플해지면서 라벨을 노골적으로 강조·이용한 디자인이 많았으며, 교복 자율화 세대를 타깃으로 한 주니어 브랜드가 붐을 일으키기도 했다. 남성복 디자인이 특히 많았고, 스포츠웨어의 영향력이 컸다. 국내의 패션 디자이너들은 국외로 진출했으며, 이 중 일부는 런던, 파리, 뉴욕 등에서 주목을 받기도 하였다. 또한 미니멀리즘 패션이나 공주 패션이 크게 유행하였고, 이지 캐주얼 시장이 확대되었다. 한편으로는 해외 유명 브랜드를 따라 한 이미테이션 상품과 중국이나 동남아에서 수입되는 저가 상품이 한국 패션업체에게 큰 부담을 안겨주었다.

2. 1990년대 패션

1) 여성의 패션

1992년에는 패션계에 포스트모더니즘 열풍〈그림 24-9〉이 불었고 펠트 코트, 그런지 룩, 허리를 노출시키는 미드리프 스타일〈그림 24-10, 11〉, 오리털을 넣고 두껍게 누빈 긴 코트가 유행하였다. 또한 같은 해에 무스탕 열풍이 불기도 했다. 1996년에는 밀리터리 스타일과 아방가르드, 번 아웃 소재가 등장하였다. 1998년에는 스포츠웨어의 영향이 컸으며 그다음 해에는 힙합 바지, 자연을 중시하는 분위기 속에서 그물 의상이 나타났으며 사이버 룩의 영향으로 광채가 나는 메탈릭 소재〈그림 24-12〉와 가죽 소재가 유행하였다. 파코 라반은 대담한 신소재와 특수 구성으로 드레스를 만들어 인기를 끌었다〈그림 24-13〉.

런던에 사는 터키계 디자이너 후세인 샬라얀(Hussein Chalayan)은 개념예술가로서 특수한 재료와 새로운 기술을 이용하여 혁신적인 패션을 선보였다. 그는 데뷔 컬렉션에서 땅에 묻었다가 꺼낸 실크로 만든 드레스를 소개하였다. 그는 모슬렘(Moslem) 여성을 관찰하여 몸을 조금씩 더 드러내며 변화하는 다양한 의상을 입고, 부르카를 머리에 뒤집어쓴 모델을 무대에 등장시켰다. 또한 의복을 접어서 항공 우편용 봉투에 넣거나, 의자를 접어서 여행용 가방에 넣었고, 테이블을 스커트처럼 접었다 펼 수 있게 디자인하였다. 후세인 샬라얀은 비행기를 만드는 재료로 의상을 만들고, 이를 원격조종으

24-13 신소재, 특수 구성으로 만든 드레스, 파코 라반, 1996 　**24-14** 미니 드레스, 프라다, 1999 　**24-15** 중국풍 슈트, 크리스챤 디올, 1999 　**24-16** 타탄체크 벌룬 드레스, 비비안 웨스트우드, 1993~1994

로 변형시키는 형태로 만들었다. 이 드레스는 움직이는 레이저에 의하여 번쩍거리며 변화되었다.

1990년대에 미니멀리즘(Minimalism)을 추종했던 것은 1980년대의 화려하고 세련된 패션에 대한 반응이었다. 1990년대에는 미니멀리즘 패션이 크게 유행하면서 심플함과 핏(Fit)이 주요한 이슈로 떠올랐다. 사람들은 무채색을 기본으로 한 직선적인 의상을 착용하였다. 미니멀리즘을 대표하는 디자이너로는 조르조 아르마니, 프라다, 캘빈 클라인 등이 있었다. 프라다의 흠 없는 조각풍 디자인과 무채색의 군더더기 없는 지적인 의상은 도시에서 일하는 젊은 직장인을 매혹시켰다〈그림 24-14〉.

프라다(Prada)는 전통적인 소재와 아이디어를 날카로운

통찰력으로 다듬어 일관성 있는 의상을 발표하였다. 그는 섬세하게 직조한 나일론 핸드백에 프라다의 초기 상표를 부착한 핸드백 등을 만들어냈다. 또한 본인의 개인 소장품에서 영감을 받아 비교적 저렴한 의상도 선보였다.

1991년 크리스챤 디올은 중국 공산당의 인민복을 현대적인 스타일로 해석하여 마오쩌둥의 이름을 딴 마오 슈트를 선보였다. 이 슈트는 스탠드 칼라가 달려 있고, 재킷 밑단에 확대된 엽전이 부착되어 중국 인민복의 분위기가 났다〈그림 24-15〉.

1992년 영국 패션계의 대모라 불렸던 비비안 웨스트우드는 영국을 대표하는 다양한 붉은색의 프레드 옷감으로 힙을 부풀린 벌룬 형태의 의상을 발표하였는데 이 의상은 재킷의 안

24-17 가죽 재킷, 잔니 베르사체, 1993 　**24-18** 메탈릭 베스트, 마크 엘센, 1996 　**24-19** 모터사이클 웨어, 1996 　**24-20** 헐렁한 바지 정장, 뉴욕, 1996

쪽까지 세심하게 처리한 것이 돋보였다〈그림 24-16〉.

또한 복고풍이 유행하여 복고 스타일의 새 옷을 판매하는 상점보다는 진짜 옛날 옷을 취급하는 중고 상점이 활성화되었다. 민속풍을 추구하는 디자이너도 늘어났는데 이러한 디자이너 중에서는 장 폴 고티에, 존 갈리아노가 대표적이었다. 아프리카의 사파리 룩도 유행하여 베이지색이나 카키색을 주로 사용한 사파리 패션도 인기가 많았다. 이 밖에도 속이 들여다보이는 얇은 시스루(See-through) 의상이 유행하였다.

2) 남성의 패션

1990년대 중후반부터 경기가 침체되면서 평범하고 기본적인 미국 스타일을 선호하기 시작하였다. 캐주얼한 스타일의 평상복으로는 검은색 가죽 재킷〈그림 24-17〉이나 베스트〈그림 24-18〉, 유니섹스 룩의 스포츠웨어, 스키·테니스·사이클·모터사이클을 위한 스포츠웨어 등이 있었다.

남성복 정장은 넓은 어깨, 헐렁한 바지의 Y 실루엣이 사라지고, 몸에 딱 맞는 깔끔한 조르조 아르마니 스타일과 심플한 캘빈 클라인 스타일 등이 유행하였다〈그림 24-20〉. 남성들도 화려한 색상과 캐주얼한 의상을 선호하기 시작하여 라펠이 없는 상의에 스카프를 이용하여 대담하게 연출하기 시

작하였다. 길이가 긴 정장 바지뿐만 아니라 짧은 반바지도 인기를 끌었다.

3. 헤어스타일과 액세서리

1) 헤어스타일과 모자

(1) 헤어스타일

1990년대 중반까지는 1980년대에 유행했던 컬이 많이 들어간 풍성한 헤어스타일이 유행하였다. 이외에도 다양한 스타일이 유행했는데 그중에서 가장 유명한 것으로는 1994년 미국 드라마 〈프렌즈〉에서 레이철(Rachel)을 연기한 제니퍼 애니스턴(Jennifer Aniston)의 '레이철 헤어스타일'이 있다. 가슴 위까지 내려오는 적당히 컬이 들어간 이 스타일은 얼굴 양쪽으로 내려오는 몇 가닥에 탈색이나 염색을 하기도 했다. 당시에는 염색약이 발달하여 누구나 손쉽게 머리카락 색상을 바꿀 수 있었다. 하지만 누구나 이 스타일을 좋아한 것은 아니어서 몇몇은 이를 잠에서 막 깬 사람의 스타일이라고 혹평하였다.

이외에도 스무 가지 정도의 스타일이 유행하였는데 대표적인 것으로는 앞머리를 양옆으로 늘어뜨리는 프런트 레이

(a) 모자, 존 갈리아노, 1996

(b) 검은색 가방과 스카프, 1996~1997

(c) 머리 장식과 화장, 샤넬, 1994

(d) 커다란 핸드백, 루이 비통, 1990

(e) 커다란 숄더백, 마이클 코어스, 1999

(f) 커다란 가방, 휴대전화, 다이어리, 마크 제이콥스

(g) 샤넬 슈트와 다양한 액세서리

(h) 각종 액세서리, 칼 라거펠트, 1990년대

24-21 1990년대의 액세서리

어드(Front Layered), 머리카락을 머리 위에서 몇 가닥씩 묶어놓은 미니 번(Mini Bun), 가운데에 가르마를 탄 미들 파트(Middle Part), 다이애나 왕세자비이 했던 짧은 헤어스타일인 톰보이(Tom Boy), 짧아서 귀를 넘시 않는 씩시 커트(Pixie Cut), 곱슬거리는 컬을 넣은 크림프드(Crimped), 파마를 하여 머리카락 전체를 크고 둥글게 만드는 아프로(Afro), 앞머리를 가지런히 내어 머리가 새털같이 가벼워 보이게 하는 피터드 뱅(Feathered Bang)이 있었다.

남성들의 헤어스타일은 1980년대의 긴 머리가 1990년대 초까지 유행하였다. 1990년대 초에 조금씩 변하기 시작한 스타일 중에는 긴 앞머리를 양쪽으로 늘어뜨리고 옆머리와 뒷머리를 짧게 깎은 커테인(Curtained) 스타일도 있었다. 플랫 톱(Flat Top)도 계속 유행하였다. 1990년대 중반에는 구레나룻의 인기가 줄고 중장년층 사이에서 1950년대의 보수적인 헤어스타일이나 불룩한 스타일, 가르마를 타지 않은 짧은 머리를 둥그렇게 만든 시저 커트(Caesar Cut)가 유행하였다. 긴 머리는 유행에서 도태되었다.

(2) 모자

1990년대에는 남녀 모두 캐주얼한 모자를 선호하였다. 여성들은 일상에서 베레모나 챙이 넓은 모자, 밀짚모자 등을 착용하였고 헤어스카프도 많이 썼다. 사교모임이나 공식적인 자리에서는 챙이 넓은 펠트 해트나 벨벳 해트, 필박스 해트, 스트로 해트를 착용하였다. 특이한 것은 여성들도 겨울에 남성들처럼 토끼털이나 인조 털로 만든 사냥꾼들의 트랩퍼 해트(Trapper Hat)를 쓰기 시작했다는 것이다. 트랩퍼 해트는 볼을 완전히 감싸는 스타일로 다양한 색깔과 패딘으로 이루어져 겨울에 인기를 끌었다. 남성들 사이에서 전통적인 페도라를 쓰는 경우는 줄고, 남녀 모두 여가를 즐기기에 적당한 운동모나 등산모 등 캐주얼한 모자를 많이 썼다. 다양한 패턴의 헤드 밴드도 인기가 있었다.

2) 액세서리와 슈즈

(1) 액세서리

여성들은 1980년대에 유행했던 브로치나 흰 장갑 등을 계속해서 애용하였다. 젤리로 된 팔찌 역시 마찬가지였고 큰 원형 귀걸이도 인기를 끌었다. 젊은 여성들은 머리핀이나 목에 매는 초커(Choker), 어깨에 걸쳐 뒤로 매고 다니는 작은 지갑(Backpack Purse), 패니 팩스(Fanny Packs), 반다나(Bandana) 등을 애용하였다. 피어싱도 유행하여 귀뿐만 아니라 배꼽이나 코에도 이것을 하였다. 엉덩이에 매는 힙스터 벨트(Hipster Belt)도 유행하였다. 스타킹은 투명하고 얇은 것이 인기였으나 1990년대 말에는 특이한 무늬가 있는 스타킹이 나타나기 시작하였다.

중년 여성들 사이에서는 고가의 귀걸이, 진짜 또는 모조 다

(a) 페니 로퍼, 샤넬, 1995 (b) 페이턴트 가죽 플랫폼, 장 안센, 1996 (c) 클래식 투톤 펌프스, 샤넬

(d) 버켄스톡, 1995

(e) 닥터 마틴, 1996 (f) 하이 톱 스니커즈, 시드 조니, 1994 (g) 거울을 부착한 힐, 라스 하겐, 1991 (h) 펑키한 스타일의 펌프스, 비비안 웨스트우드, 1994

24-22 1990년대의 슈즈

이아몬드가 달린 시퀀스(장식용 금속핀)가 인기를 끌었다. 목걸이 역시 금이나 은, 다이아몬드로 된 것을 많이 착용했다.

　남성의 액세서리로는 단색 넥타이가 유행하였다. 시계는 디지털 시계, 가방으로는 직장인 사이에서 숄더 백이 유행하였다. 선글라스는 남녀 모두에게 인기 있는 품목이었다.

(2) 슈즈

가장 유행했던 것은 다양한 형태의 부츠였다. 이것은 넓적다리까지 오는 것, 무릎 위나 아래까지 오는 것, 끈으로 맬 수 있는 것, 지퍼가 달린 것 등 종류가 다양하였다. 또 활동하는 장소에 따라 하이킹 부츠, 카우보이 부츠, 군인의 콤배트 부츠를 본뜬 부츠 등이 있었다. 메리 제인 슈즈, T자형 가죽 띠가 달린 코트 슈즈(Court Shoes) 등도 계속 유행하였다. 또

창이 아주 두꺼운 슈즈(2~3cm 이상), 힐이 굵은 청키 슈즈(Chunky Shoes)도 계속 유행하였다. 샌들이나 로퍼, 발레 플랫 등 편한 슈즈도 계속 인기를 끌었다. 슈즈의 소재로는 가죽, 스웨이드, 캔버스가 주로 사용되었다. 남녀를 막론하고 유명 브랜드인 나이키, 리복, 아디다스, 하이테크 등의 러닝화를 신었고 농구화니 데니스화, 게드(Keds) 사의 운동화를 즐겨 신었다. 어그(Ugg) 부츠도 크게 유행하였다.

　남성들은 허시 퍼피(Hush Puppie)의 캐주얼한 슈즈나 정장에 신을 수 있는 로퍼, 부츠를 애용하였다. 첼시 부츠나 옥스퍼드, 브로그, 윙팁 등은 신사의 정장에 필수 아이템이었고 여가생활이나 운동에 필요한 전문화도 많이 신었다. 여름에는 화려한 색의 플립플롭(Flip Flop)이나 슬리퍼 같은 고무 재질 슈즈도 유행하였다.

1990년대 패션 스타일의 요약

1990년대

사건 혹은 발명품	대표 패션

미국 교외의 쇼핑센터, 조지 타운

미니 드레스, 프라다, 1999

패션의 종류	여성복	슬립 드레스(Slip Dress), 버블 스커트(Bubble Skirt), 버뮤다 팬츠(Bermuda Pants), 미드리프 톱(Midriff Top), 통이 넓은 바지
	남성복	부드러운 정장, 과장되지 않은 스타일의 정장, Y자형 스타일, 헐렁한 바지
헤어스타일 및 액세서리		조형적인 디자인의 가방, 파시미나, 명품 브랜드, 멜리 백, 바게트 백, 작은 백팩, 프라다 가방, 유명 브랜드(나이키, 리복, 푸마, 아디다스 로고) 운동화, 스틸레토(Stiletto), 뮬(Mule), 피어싱(Piercing), 라이크라(Lycra) 속옷
패션사적 의의		• 환경친화적 상품 인기, 플러스 사이즈, 자연주의, 민속풍, 복고풍, 미니멀리즘 • 헵번 룩, 글램 룩, 히피 스타일, 밀리터리룩, 중고품 상점 활성, 시스루 룩, 바이어스 커트 • 텐셀, 미세 섬유 개발
주요 디자이너		베르나르 아르노(Bernard Arnault), 구찌(Gucci), 지방시(Givenchy), 루이 비통(Louis Vuitton), 셀린(Celine), 로에베(Loewe), 페리 엘리스(Perry Ellis), 패트릭 켈리(Patrick Kelly), 잔니 베르사체(Gianni Versace), 에르메스(Hermès), 샤넬(Chanel), 존 갈리아노(John Galliano), 마이클 코어스(Michael Kors), 마크 제이콥스(Mark Jacobs), 마들렌 비오네(Madelein Vionnet), 프라다(Prada), 드리스 반 노튼(Dries Van Noten), 앤 드뮐미스터(Ann Demeulemeester), 마틴 마르지엘라(Martin Margiela), 베로니크 브랑키노(Veronique Branquinho), 마틴 싯봉(Martin Sitbon), 요지 야마모토(Yamamoto Yohji), 콤 데 가르송(Comme Des Garçons), 비비안 웨스트우드(Vivienne Westwood), 필립 트레이시(Philip Treacy)

© Lie Sangbong

25-1 9·11 테러, 뉴욕, 2001   **25-2** 다양한 메이크업 도구

CHAPTER 25
2000년대 패션

1. 2000년대의 사회와 문화적 배경

1990년대에 급속히 성장했던 인터넷 기업들의 파산과 미국, 일본 등 경제 강대국의 경기가 하락하면서 세계 경제가 침체되어갔다. 2001년에는 뉴욕의 세계무역센터가 알카에다의 공격으로 순식간에 무너지는 참혹한 사건이 일어났다. 전 세계가 테러의 공포에 휩싸이고 미국은 아프가니스탄을 공격하기에 이르렀다. 2003년에는 미국과 영국 연합군이 이라크를 점령하였다. 이슬람 국가와 미국의 대립은 세계를 갈등과 혼란 속으로 빠져들게 했다. 2004년에는 인도네시아 수마트라 섬에서 쓰나미가 일어났고, 2005년에는 거대한 허리케인이 미국을 강타하는 등 지구 상에 많은 천재지변이 생겨났다. 광우병 파동과 사스 등 여러 가지 사건을 겪으면서 사람들이 건강하게 잘 사는 것을 도모하는 웰빙(Well-being)에 신경 쓰기 시작했다.

침체 분위기에 따라 패션계는 그간 지속되었던 판매 부진과 금융계의 불황 등을 이겨내고 생존하고자 최선을 다했다. 거대하고 화려했던 큰 기업과 여러 디자이너 브랜드의 경비 절감 정책 실행으로 인해 패션 출판 매체들은 더욱 힘들어졌다. 여러 회사는 생산 판매 전략을 새로이 구축하여 영향력을 갖춘 세계의 소비자와 전문가들에게 다가가기 위해 노력했으

며, 시장이 요구하는 새로운 기술을 습득해나갔다. 또 2005년도부터 시행된 섬유수입할당제 폐지로 세계 섬유시장이 자유경쟁체제로 전환되었다. 2000년대의 글로벌 패션의 열쇠는 패스트 패션을 선도하는 SPA(Specialty Store, Private Label Apparel) 브랜드, 즉 스페인의 자라(Zara), 스웨덴의 H&M, 미국의 갭(Gap), 일본의 유니클로(Uniqlo)〈그림 25-3〉 등이었다. 또한 환경 보호와 같은 윤리적 성격의 의상, 예를 들어 재활용을 이용한 의상이나 인조 모피가 등장하여 10년간 중요한 위치를 차지하게 되었다. 2009년에는 마이클 잭슨이 사망하여 전 세계의 팬이 슬픔에 잠겼다.

2007년에는 애플 사의 아이폰이 폭발적인 인기를 끌어 사람들의 라이프스타일을 바꾸어 놓았다. 아이폰은 각종 정보를 언제 어디서나 SNS(Social Network Service)를 통해 빠르고 자유롭게 공유하도록 만들어주었다. 이 손 안의 컴퓨터는 블로그나 페이스북 등 개인의 커뮤니케이션 수단을 세계적인 공유 수단으로 확대시키면서 세계가 급속히 네트워크화되었다.

세계적 경기 침체 속에서도 중국은 2008년에 올림픽을 개최하고, 해마다 큰 폭의 경제 성장률을 달성하며 경제 강국으로 떠올랐다. 패션계는 셀러브리티의 추천과 찬사를 최대한 활용하였다. 또한 록스타나 스포츠 영웅을 광고에 출연시켜

25-3 일본의 유니클로 매장 　　　　**25-4** 홀터 톱 투피스, 프　**25-5** 실크 레터 프린트 드레　**25-6** 레트로 판타지 룩, 수키,
　　　　　　　　　　　　　　　　로엔자슐러　　　　　　스, 파리, 이상봉, 2007　　뉴욕, 2006

그들을 패션 브랜드의 얼굴로 인식시켰다. 레드카펫 행사는 아름다운 드레스를 입고 포즈를 취하는 여배우들을 위한 자리가 되었다. 어떤 셀러브리티는 그들이 입은 의상에 대한 찬사를 받았다.

2009년에는 미셸 오바마가 오바마 대통령의 취임식에서 대만계 미국 디자이너 제이슨 우(Jason Wu)의 볼 가운을 입어 엄청난 반응을 불러일으켰다. 이러한 과정에서 패션 산업이 양적으로 팽창하여 수십억 내지 수백억 달러에 달하는 거대 산업으로 성장하였다.

2. 2000년대 패션

2000년부터 2009년까지의 트렌드는 패드를 넣어 어깨를 크게 보이게 하는 것으로, 소매가 어깨 위쪽으로 달린 형태로 변형되어왔다. 유행에 민감한 사람들은 땅에 닿을듯한 스커트와 바지를 입고 배를 노출시키는 디자인의 의상을 입었다. 뷔스티에(Bustier)나 브래지어, 실크 소재의 슬립 같은 전통적인 속옷은 겉옷으로 자리 잡았다. 돌체 앤 가바나(Dolce & Gabbana)는 남부 이탈리아풍의 섹시한 디자인을, 디올(Dior)은 우아하고 전통적인 실루엣을 참고로 하여 다른 느낌의 디자인을 끊임없이 발표하였고 신체 노출이 많은 홀터 드레스〈그림 25-4〉와 민속풍의 드레스가 유행하였다. 디자이너

이상봉은 2007년 S/S 컬렉션에서 한글을 프링팅하거나 염색한 천을 이용한 실크 드레스〈그림 25-5〉를 발표하기도 했다. 서양 패션의 실루엣과 한국적인 모티프가 어우러진 이 의상은 붓의 터치감과 선의 아름다움이 강점으로 한글의 아름다움과 동양적인 선이 지니는 유려함을 드러냈다. 2006년에는 재미 한국 디자이너 수키(Suki)가 오간자 베어 톱 드레스 '레트로 판타지 II'〈그림 25-6〉를 발표하였다. 이 적색 롱 드레스는 한국 전통 노리개를 이용한 한국풍이 특징이었다.

스마트폰과 디지털 기기는 패션 산업에도 영향을 미쳤다. 기업은 세계의 트렌드를 신속하게 받아들여 새로운 패션 상품을 시장에 재빠르게 내놓으면서, 이에 대한 즉각적인 반응을 인터넷을 통해 받아들였다. 유명인사와 스타일리스트는 물론 자신의 의견을 인터넷에 늘어놓는 10대들은 패션쇼의 메인 의상까지도 바꾸어 놓았다.

2000년대의 패션은 메이크업(Make-up)으로 설명할 수 있다. 세계적인 예전의 스타일과 에스닉 의상, 다양한 음악을 배경으로 한 히피 같은 반문화적인 것들의 융합이 트렌드를 이끌었고 힙합 패션이 젊은이들에게 인기가 있었다. 25세 이상에게는 드레시(Dressy)한 캐주얼 스타일이 인기가 많았는데 이 유행은 10년 가까이 지속되었다.

프라다(Prada)는 기업 공개가 연기되면서 인터넷 이메일 오더 전문 브랜드 육스(Yoox)를 만들어 사업을 성공적으로 확장해나갔다. 이를 시작으로 온라인으로 패션 상품을 취급

25-7 SPA 브랜드 패션, 스파오, 2009

하는 혁신적인 전자상거래 전문 회사들이 많이 설립되었다. 에르메스는 독특하고 확고한 고급 브랜드의 위치를 잘 지켜냈으나, 몇몇 브랜드 기업들은 본연의 사업 전략과 명예를 잃고 말았다.

스웨덴에 본사를 둔 거대 의류기업 H&M은 빅터 앤 롤프(Victor & Rolf, 암스테르담에 본사를 둔 의류와 액세서리 디자인 회사)에게 디자인을 맡겼고, 영국의 거대 의류회사 탑샵(Topshop)은 유명 모델 케이트 모스(Kate Moss)를 고용하였다.

아르마니는 레이디 가가(Lady Gaga)에게 갤럭틱 글래머(Galactic Glamour) 의상을 입혔고, 알렉산더 맥퀸은 쓰레기로 뒤덮인 무대에서 재기 넘치는 패션쇼를 열어 감동과 놀라움을 선사했다.

2000년대에 패션계에서 주목할 만한 디자이너로는 알렉산더 맥퀸(Alexander McQueen), 베라 왕(Vera Wang), 크리스티앙 루부탱(Christian Louboutin), 비비안 웨스트우드(ViVien Westwood), 칼 라거펠트(Karl Lagerfelt) 등이 있었다.

전 세계적으로 문제가 되었던 기후 변화는 한국에도 나타났는데, 이는 패션 시장에 중요한 변화를 일으키게 된다. 기후 변화에 따라 패션계에서는 시즌의 개념이 사라지고 아이템의 구별이 약해지면서 소비자의 라이프스타일도 변화하여 패션에 대한 개념에 변화가 생겨났다. 유통에 있어서는 온라인이 새로운 가능성을 보여주었고, 백화점의 점포 수가 주는 등 오프라인 유통의 비율이 낮아지면서 젊고 트렌디한 소비자의 온라인 마켓 이용이 활성화되었다.

우리나라는 IMF를 극복하고 2002년 월드컵을 성공적으로 개최하면서 세계에 대한민국의 이미지를 널리 홍보하였다. 월드컵 응원전에서 우리나라 응원단이 착용한 붉은악마 티셔츠는 폭발적인 인기를 얻었으며, 2008년에는 드라마 〈겨울연가〉가 일본 및 동남아 등에서 한류 열풍의 촉매 역할을 하였다. 이 드라마는 일본과 중국에서 선풍적인 인기를 끌어 많은 외국인을 한국의 촬영장소로 관광을 오게 하였다. 한류와 케이팝(K-Pop) 열풍은 세계로 뻗어나가며 한국 대중음악의 수출로 이어졌다. 서울컬렉션이 서울패션위크로 확대되고 동대문운동장 주변에 패션디자인월드가 형성되면서 동대문이 패션 산업의 중추 역할을 하게 되었다. 1990년대에는 유명 브랜드를 중심으로 패션이 창출되었다면, 2000년대에는 대중적인 로고나 익숙한 브랜드보다는 젊은 층을 중심으로 한 독특한 디자인의 옷과 액세서리가 선호되어 이랜드의 글로벌 SPA 브랜드 '스파오'가 인기를 얻었다〈그림 25-7〉. 세계적인 트렌드로 자리 잡은 미니멀리즘은 로맨틱 스타일이 가미되면서 경쾌하고 발랄해졌다. 2000년대에는 색상과 소재, 실루엣에서 최대한으로 절제된 미를 추구하던 미니멀리즘과 달리, 맥시멀리즘도 여성복에서 주류를 이루게 되었다. 맥시멀리즘에서는 화려한 컬러, 특히 이전에는 생각지도 못했던 대담한 연두색, 노란색, 주황색 등을 사용하고 열대 야자수가 떠오르는 트로피컬 컬러도 사용되었다. 과장된 장식을 추구하는 그래픽 무늬와 커다란 코르사주, 펑키한 디테일도 함께 유행하였다.

2000년 중반에는 데님 미니스커트, 비비드한 색상과 패턴이 유행하였는데 기존의 스트라이프나 체크무늬뿐만 아니라 꽃, 로고, 팝아트에 이르기까지 다양한 디자인과 색상의 프린트가 폭넓게 사용되면서 서로 다른 프린트 코디가 트렌드로 떠올랐다.

1) 여성의 패션

(1) 캐주얼 · 스포츠 패션

스포츠의 액티브한 감성과 디자인의 트랜드로 브랜드 런칭은 물론 전략 아이템으로서 스포티브 룩이 집중적으로 관심을 끌었다〈그림 25-8〉. 모자가 달린 후드 타셔츠는 스포티한 라이프 스타일에 맞아떨어져 시즌에 관계없이 인기를 끌었고 재킷이나 코트의 매출이 저조한 반면 스포츠의 액티브 디자인을 반영한 점퍼, 베스트 등이 높은 판매율을 기록하였다〈그림 25-9, 10〉. 여성스러운 슈트 형태의 트레이닝복과 패딩 베스트는 일상복으로 인기를 끌었다. 스포츠웨어는 힙합 캐주얼이 나타난 시점부터 성장하였고, 섹시 스포츠 힙합 룩이 여성 소비자를 자극하면서 인기를 누렸다.

2009년 9월, 뉴욕 컬렉션 첫날에는 침체된 패션 산업 부흥을 위한 세계적인 프로모션으로 'Fashion Night Out'이라는 패션쇼가 열렸다. 많은 유명 패션 기자와 셀레브리티는 행사에 참여하여 소비자들의 구매 욕구를 불러일으키기 위한 이벤트를 진행하였다. 여러 디자이너들은 스포티즘을 바탕으로 한 현실적인 스타일의 디자인을 발표하였는데, 그 결과 실용적인 아메리칸 스포츠웨어가 신선하게 재구성되어 세계적으로 한층 젊고 경쾌하며 현실적인 스타일이 유행하였다.

컬러는 편안함을 주는 기본적인 것이 강세였으며 베스트 컬러로는 회색 등이 사용되었다. 또한 실용적이고 자연스러운 소재를 중심으로 테일러링과 드레이핑 기법을 이용한 실루엣이 많았다. 스포티즘의 강세로 점프슈트, 팬츠, 셔츠, 스웨터 등이 인기가 있었다.

(2) 트렌치코트

이전까지는 환절기에 주로 입던 무거운 소재의 포멀한 트렌치코트(Trench Coat)가 인기를 끌었다면, 2000년대에는 사계절 어느 때나 쉽게 걸칠 수 있는 트렌치코트가 주요 아이템으로 떠올랐다〈그림 25-11〉. 트렌치코트는 착용감이 가벼우면서도 바람을 효율적으로 막아주어 많은 사람이 선호하였다. 이 코트는 고급스러운 소재를 이용하면서도 편안한 착용감과 깔끔하면서도 디테일이 살아 있어 스카프와 매치하면 여성스러운 멋을 낼 수 있었다.

(3) 클래식 패션

2009년에는 불황이 계속되면서 무난하게 오래 입을 수 있는 클래식 룩〈그림 25-12, 13〉이 남녀를 불문하고 주류로 부상하여, 검은색과 트레디셔널 체크가 강세를 보임과 동시에 전통

25-8 캐주얼 스포츠 룩, 질 스튜어트, 2009 **25-9** 캐주얼 스포츠 룩, 탑샵, 2008 **25-10** 스포티즘 룩, 템탈리, 2009 **25-11** 트렌치코트, 버버리 프로섬, 2010 **25-12** 클래식 룩, 에트로, 2009

25-13 클래식 재킷, 닥 **25-14** 오버사이즈 실루엣의 투피 **25-15** 맥시멀리즘 **25-16** 맥시멀리즘 드레스, 폴 스 **25-17** 맥시멀리즘 세퍼레
스, 2009　　　　　　스, 마크 제이콥스, 2006　　룩, 지안 프랑코 페　미스, 2008　　　　　　이츠, 허지연, 2008
　　　　　　　　　　　　　　　　　　　　　　　레, 2009

적인 소재와 질감을 이용한 댄디 룩이 유행하였다. 또한 경기 호황을 누렸던 1980년대로 귀환하려는 욕구가 커져 그 시대 특유의 화려함과 스트리트적 감성을 담은 복고풍이 인기를 끌었으며, 파워 숄더 룩 등 강렬한 아이템이 높은 인기를 누렸다.

여성복에서는 고전적인 분위기의 체크무늬가 대세였다. 상체는 얌전하게 가리는 블라우스에 앞부분에는 커다란 러플(간격이 넓은 파도 모양)이 부착되어 있었다. 여기에 엉덩이부터 다리까지 하체 라인이 드러나는 좁은 펜슬 스커트나 뒤트임이 깊게 파인 스커트를 매치하여 은근한 섹시미를 강조하였다. 클래식 패션의 소재로는 다양한 레이스와 체크무늬 옷감을 이용하였다. 또한 수년간 유행을 선도했던 스키니 팬츠가 서서히 사라지고 풍성한 오버사이즈의 투피스와 통이 넓은 팬츠가 등장하기 시작하였다〈그림 25-14〉.

(4) 맥시멀리즘

2008년에는 '블랙 앤 화이트'로 대변되는 단조로운 미니멀리즘 패션에 지친 사람들을 위하여 맥시멀리즘(Maximalism)이 여성복의 화두로 떠올랐다. 맥시멀리즘은 색상과 소재, 실루엣에서 절제된 미를 추구하는 미니멀리즘과 달리 화려한 컬러, 과감한 장식이 돋보이는 새로운 트렌드였다. 미국의 ABC 방송국은 패션계에서 밝고 화려한 색상의 제품, 심지어 데님까지도 인기를 끈다고 발표하였다〈그림 25-15~17〉.

맥시멀리즘 패션으로 인해 화려한 색상과 영롱한 광채를 띠는 주얼리 컬러, 열대 야자수 아래에서 어울릴 것 같은 트로피컬 컬러가 유행하였다. 또한 과도할 정도로 러플이 많이 달린 블라우스와 그래픽이 프린트된 티셔츠, 복고풍의 넓은 데님 통바지가 나타났다. 베르사체는 강렬한 색상의 페이크 주얼리를 단 드레스를 주요 아이템으로 선보였다. 소재로는 오간자, 실크, 시폰 등이 있었고, 크게 히트한 상품으로는 복고풍의 커다란 꽃무늬가 그려진 드레스가 있었다.

(5) 파격적인 스트리트 룩

불황에 대한 타개책으로 안정 노선을 선호했던 뉴욕 컬렉션과 달리, 런던 컬렉션에서는 현실 도피적인 파격이 강하게 나타났다. 빅토리안 시대의 호화로웠던 데뷔탕트 룩(Debutante Look)과 경제 호황기인 1980년대를 그리며 등장한 과장된 스트리트 룩은 새롭게 주목받았다. 이와 함께 런던 특유의 테일러링과 스포티한 스타일이 에스닉한 감성과 아티스틱한 터치를 만나 신선하게 재구성되었다. 컬러는 뉴욕과 마찬가지로 밝고 컬러풀하였다. 워시 아웃된 느낌의 라이트 그레이와 마일드한 파스텔톤을 베이스로 하여 경쾌한 네온 컬러가 매치되었다. 소재는 빈티지한 뉘앙스로 재현되었다.

다양한 프린트와 패턴은 컬렉션에 런던 특유의 위트와 활기를 불어넣었다. 특히 번진 듯한 플로럴(Floral) 프린트와 컴퓨터 그래픽을 활용한 디지털 프린트라는 서로 상반된 스

25-18 젊은 남녀의 캐주얼 룩, 에딕, 2006　　　　**25-19** 심플함이 돋보이는 트렌디한 슈트　　**25-20** 캐주얼 슈트, 폴　　**25-21** 스포티즘 룩,
　　스미스, 2009　　　　고태용, 2009

타일이 공존하였다. 아이템은 런던 스트리트와 이스트엔드(East End)의 클럽 스타일을 적극적으로 반영한 것이었다. 1980년대의 빅 숄더 매니시 재킷, 스톤 워시 데님 팬츠, 걸리시한 분위기의 크리놀린 스커트와 블라우스 드레스 등은 키 아이템으로 부각되었다.

2) 남성의 패션

2008년 남성복 컬렉션에서는 심플함과 고급스러움이 주를 이루었다. 색상과 소재를 살펴보면 전체적으로 '가벼움'에 대한 욕구가 많이 나타났다. 음울하고 수수한 색조보다는 전체적으로 밝아진 색상이 많았고 가벼우면서도 올 사이가 비쳐 보이는 얇은 소재가 많이 사용되었다. 한동안 남성복에서도 몸매를 드러내는 가늘고 타이트한 스타일이 유행했으나, 둥근 어깨와 넉넉한 바지통처럼 한결 여유롭고 편안한 캐주얼 스타일이 인기를 끌었다〈그림 25-18〉. 휴가를 위한 리조트 룩은 세련된 이탈리아 신사 이미지와 오버랩되면서 한층 고급스러워졌다.

한편으로는 심플한 클래식한 슈트가 강세였다〈그림 25-19〉. 베르사체를 비롯한 많은 디자이너가 1950년대에서 영감을 받은 복고풍 슈트와 베스트를 선보였다. 알렉산더 맥퀸과 구찌도 1950년대 유행했던 로커와 바이크족의 이미지를 보여주는 옷을 내놓았고, 발렌티노는 고급스러운 슈트와 함께 니트 톱, 스카프, 로퍼 등을 주요 아이템으로 등장시켰다. 파리 남성복 컬렉션에서도 전통적인 슈트가 유행한 것은 마찬가지

였다. 에디 슬리먼은 댄디 룩을 제안했고, 여유롭고 편안한 슈트를 보여준 이브 생 로랑은 잭슨 폴락, 재스퍼 존스 등 예술가들의 회화 작품을 프린트로 사용하여 변화를 주었다.

랑방은 파자마에서 턱시도를 모두 포함한 컬렉션을 선보이면서 '패션이 아닌 옷장을 보여준다.'라는 독특한 메시지를 전달하였다.

2012년의 남성복에서 가장 눈에 띄는 점은 여성적인 감수성으로, 둥근 어깨선과 일본풍의 화사한 꽃 프린트가 "여성적인 터치가 가미된 새로운 복고풍"이라 평해진다. 여성복이 그랬듯 격식을 과감히 털어버린 캐주얼하고 스포티한 남성 정장은 해마다 느는 추세이다〈그림 25-20, 21〉. 여름철 편하게 입을 수 있는 양복은 파스텔톤으로 풀어냈고, 블루 역시 아웃도어와 일상복을 넘나드는 스타일링을 선보였다. 또한 거리의 청년을 주제로 스타일링한 돌체 앤 가바나, 스쿠버 다이빙에서 영감을 받은 루이 비통의 남성 캐주얼, 군복에서 힌트를 얻은 드리스 반 노튼의 컬렉션이 화제가 되었다.

3. 헤어스타일과 액세서리

1) 헤어스타일과 모자

(1) 헤어스타일

2000년대에는 과거의 헤어스타일이 조금씩 변형되어 다시 유행하였고, 헤어스타일의 종류도 다양해졌다. 사람들은 자신

의 얼굴형이나 머릿결을 더욱 돋보이게 하려는 열망으로 긴 머리와 짧은 머리, 부풀려서 크게 올린 머리나 단정한 머리 등 다양한 스타일을 연출하였다.

여성 헤어스타일 중에서 대표적인 단발머리는 머리를 가꾸는 시간이 많이 들지 않아 바쁜 여성들에게 인기가 있었다. 긴 머리의 일종인 롱 레이어(Long Layer)는 곧게 빗거나, 웨이브를 주거나, 컬을 주어 얼굴에 맞는 자연스러운 모양을 만들었다. 잘 빗은 앞머리가 이마를 덮고 눈썹 위까지 내려오는 뱅(Bang) 스타일도 몇 가지 변형된 형태가 나타났는데 손질을 하지 않은 듯한 스타일, 웨이브를 준 스타일, 젤이나 왁스를 발라 머리 위로 올린 스타일 등이 있었다. 또 머리를 짧게 잘라 얼굴의 미를 강조한 듯한 크롭 커트(Cropped Cut)도 인기가 있었다. 컬을 많이 준 스타일과 함께 미국에서는 빨간색으로 염색하는 것이 유행하기도 하였다.

2000년대의 특징 중 하나는 다양한 색상의 염색이 유행했다는 것이다. 특히 원래 머리카락 색보다 더 어두운 색깔의 머리 몇 가닥을 한 곳이나 두 곳을 염색하는 하이라이트(Highlights)가 이목을 끌기도 했다. 금발에 진한 금색을 섞는다거나 진한 갈색에 캐러멜색상을 혼합한 것 등 여러 가지 종류의 염색이 유행하였다. 스포티한 분위기와 밝은 인상을 주는 포니테일(Ponytail)과 요정 같은 느낌의 픽시 커트(Pixie Cut)도 계속 유행하였다. 한편으로는 이와 대조적으로 긴 머리에 웨이브를 많이 넣은 비치 웨이브(Beachy Wave)가 유행하였다. 2000년대에도 텔레비전이나 영화, 패션모델의 영향이 계속되었다.

남성의 헤어스타일은 1990년대 말에 유행하던 아주 짧은 버즈 커트(Buzz Cut), 덥수룩한 장발로 단정하지 않은 셔기(Shaggy) 스타일이 동시에 유행하였다. 이외에도 북미 인디언인 모호크 족의 헤어스타일에서 변형된 것으로 머리카락을 정수리를 향해 양쪽에서 치켜 올려 매의 머리를 닮게 하는 포호크(Faux Hawk)와 머리카락 전부를 젤이나 포마드를 이용하여 위로 세워서 빗은 스파이키(Spiky)도 인기가 있었다. 하지만 직장인들은 기름을 바른 듯한 단정한 스타일을 선호하였다. 이 밖에도 턱수염, 구레나룻, 코밑수염 등을 기르는 남성이 많았다.

(2) 모자

2000년대에는 중저가의 모자 종류가 다양해지고 디자인, 칼라, 재질, 패턴 등이 계속해서 변화하였다. 가장 유행했던 모자는 과거 노동자들이 주로 썼던 트럭커 해트(Trucker Hat)로 앞이 플라스틱 챙과 폼으로 되어 있고, 머리 뒷부분이 망으로 되어서 더운 날씨에 쓰기 좋았다. 또한 삼각형이나 사각형의 천으로 머리를 꽉 덮어쓰는 커치프(Kerchief)라고도 하는 반다나(Bandana)와 털실로 짠 비니(Beanie), 플랫 캡(Flat Cap), 뉴스보이 캡(Newsboy Cap), 그리고 낚시꾼이나 어부들이 쓰던 버킷 해트(Bucket hat)도 남녀 구분 없이 착용되었다. 전통적인 남성의 페도라도 계속 인기를 끌었지만 데이트를 즐기는 남녀들은 크라운이 작게 변형된 페도라를 착용하였다. 챙이 아주 커서 아래로 떨어진 주로 검은색의 보호 해트(Boho Hat)는 여성들 사이에서 특별한 날의 외출용으로 착용되었다.

이 시기에 가장 유행한 모자는 단연 베이스볼 캡(Baseball Cap)으로 색상, 패턴, 모자의 앞과 옆에 붙은 로고 등 여러 가지 형태가 있었다. 이 모자는 저렴하면서도 쉽게 구할 수 있어 한 사람이 몇 개씩 구입하거나 단체 선물용으로 널리 쓰였다.

2) 액세서리와 슈즈

(1) 액세서리

1980년대 말에 크게 유행했던 젤리 팔찌가 계속 유행하는 가운데, 폭이 넓은 흰색 벨트가 유행하다가 차츰 폭이 좁아졌고, 모조 다이아몬드 등으로 장식된 버클(Buckle)이 뒤를 이었다. 귀걸이는 초기에 후프(Hoop) 형태의 커다란 종류가 인기였으나, 2000년대 중반부터는 진주가 달린 작은 것이 유행하였다. 십자가가 달린 목걸이도 유행하였다. 선글라스도 조종사들이 쓰는 것 같은 스타일이 유행하였는데 빨간색 안경알이 단연 인기를 끌었다. 또한 가죽 재질의 작은 직사각형 지갑이 유행하였는데, 그중에서도 케이트 스페이드(Kate Spade)의 제품이 인기였다. 중년 이상의 여성들 사이에서는 크리스챤 디올의 새들 백(Saddle Bag)이나 루이 비통의 핸드백이 인기를 끌었다. 그 밖에도 유명 디자이너의 작은 핸드백, 스카프, 헤드 밴드가 유행하였다. 2000년대 초에 출시된 애플사의 아이팟이나 MP3 플레이어는 젊은 층에서 하나의 액세서리로 자리 잡았다.

남성의 액세서리는 여성들의 것과 유사했다. 선글라스는

(a) 레이스 업 슈즈

(b) 태슬 로퍼, 체사레 파치오티

(c) 흰색 가죽 가방, 크리스찬 디올

(d) 선글라스, 불가리

(e) 목걸이

(f) 다양한 주얼리

25-22 2000년대의 액세서리와 슈즈

여성의 것과 마찬가지로 조종사가 쓰는 것 같은 스타일이 인기였으며 프라다, 아르마니 같은 디자이너 제품이 선호되었다. 젊은 남성들은 여성들처럼 목에 초커(Choker)를 두르거나 다양한 소재의 목걸이, 팔찌, 작은 귀걸이로 멋을 내었다. 아이팟이나 MP3의 이어폰은 액세서리의 일종이 되었다. 멜빵과 버클도 다시 유행하였고, 고가의 유명 브랜드 손목시계가 중년 이상의 남성들에게 인기를 끌었다. 넥타이는 1990년대의 꽃무늬와 줄무늬가 같이 유행하였다. 다만 이 시기의 것은 1990년대보다 폭이 1cm 이상 좁아졌고, 유럽 유명 디자이너의 제품이 크게 유행하였다. 2000년대 말부터는 남성의 화장품 사용이 늘었다.

(2) 슈즈

2000년대에는 명품 브랜드나 유명 디자이너의 스니커즈가 일상생활에서 폭넓게 착용되었다. 얇은 고무 밑창에 끈만 달린 슬리퍼나 플립플롭(Flip Flops)도 계속 유행하였다. 어그(Ugg) 부츠나 무릎 위까지 올라오는 긴 부츠, 카우보이 부츠,

또 로마 시대의 검투사처럼 무릎 위까지 굵은 띠를 X자로 감은 글래디에이터 샌들(Gladiator Sandle)이 유행하였다. 발등이 드러나는 크록스(Crocs)는 뒤창과 밑창 전부가 두꺼운 고무로 되어 있어 신기가 편했다. 크록스는 다양한 색상으로 젊은 층에서 인기를 끌었다. 전통적인 메리 제인 슈즈나 굽이 낮은 하이힐도 정장과 자주 매치되었는데, 앞코가 매우 뾰족한 하이힐은 여성의 발가락에 큰 부담을 주었다.

2000년대 초에는 1990년대 말의 유행이 이어짐과 동시에 유명 브랜드의 스니커즈와 힐과 창이 더 두꺼워진 청키 슈즈(Chunky Shoes)가 유행하였다. 플립플롭이나 샌들은 남녀 모두 즐겨 신었고, 옥스퍼드(Oxford)나 브로그(Brogue) 같은 전통적인 슈즈는 정장을 입을 때 필수적이었다. 스니커즈는 각종 제조사나 디자이너 브랜드에서 다양한 방식으로 디자인되었다. 또한 모터사이클 부츠, 카우보이 부츠, 어그 부츠, 앞코가 사각형인 부츠 등 수많은 부츠와 로퍼(Loafer)와 같은 캐쥬얼한 슈즈가 유행하였다.

2000년대 패션 스타일의 요약

2000년대

사건 혹은 발명품	대표 패션
 다양한 메이크업 도구	 SPA 브랜드 패션, 스파오, 2009

패션의 종류	여성복	1960~1980년대를 재해석한 패션, 히피 스타일의 보헤미안 룩, 파워 숄더 재킷(Power Shoulder Jacket), 시폰 스커트(Chiffon Skirt), 윙 소매 블라우스(Wing Sleeve Blouse), 벨보텀스 실루엣 팬츠(Bell-bottoms Silhouette Pants), 벨벳 재킷(Velvet Jacket), 스키 팬츠(Ski Pants), 레깅스, H라인 미니스커트, 티어드(tiered) 미니스커트, 드로스트링 팬츠(Drawstring Pants), 카고 팬츠(Cargo Pants), 배기팬츠(Baggy Pants)
	남성복	정장과 캐쥬얼의 양립, 정장의 착용 방식 변화(정장 재킷, 후드가 달린 셔츠나 티셔츠), 슬림 코트(Slim Coat), 벨벳 스포츠 코트(Velvet Sports Coat), 스포츠웨어를 일상에 착용
헤어스타일 및 액세서리		여성은 모자를 거의 쓰지 않음, 가방이 중요한 비중을 차지함, 에르메스·고야드 등 명품 브랜드 가방 선호, 에스파드리유(Espadrilles), 킬힐(Kill Hill), 닥터 마틴(Dr. Martens), 레이스 업 부츠, 자연스러운 화장, 스모키 화장, 문신(헤나), 두꺼운 뱅글, 커다란 보석이 박힌 액세서리, 파시미나(Pashmina), 거즈(Gauze), 실크 스카프, 비비크림(BB Cream), 포호크(Faux Hawk), 구레나룻, 콧수염, 턱수염, 메트로섹슈얼(Metrosexual), 롤렉스(Rolex), 파텍 필립(Patek Philippe), 카시오(Casio) 시계
패션사적 의의		글로벌 패션 시대, SPA 브랜드(H&M, ZARA, Gap, Uniqlo, Topshop), 컬래버레이션, 스마트 시대의 패션, 스타의 패션, 패션 아이콘의 변화(스포츠 스타에 대한 관심). 수공예 디테일, 파워 슈트, 미래주의, 하이테크 소재, 트레이닝 웨어, 워싱 가공, 실용적인 미니멀리즘, 캐주얼 펑크, 시티 글램, 아웃도어 룩
주요 디자이너		알렉산더 맥퀸(Alexander McQueen), 비비안 웨스트우드(Vivienne Westwood), 칼 라거펠트(Karl Lagerfeld), 크리스챤 디올(Christian Dior), 베라 왕(Vera Wang), 크리스티앙 루부탱(Christian Louboutin)

© DÉMOO

26-1 영국의 윌리엄 왕세자와 케이트 미들턴의 결혼식, 2011

26-2 중저가 의류 브랜드 탑샵의 런던 매장

CHAPTER 26
2010년대의 패션

1. 2010년대의 사회와 문화적 배경

2011년 3월, 쓰나미(Tsunami)가 일본 후쿠시마를 덮치면서 원자력발전소에서 방사능이 누출되어 전 세계가 공포에 떨었다. 같은 해 5월에는 9·11 테러를 주도한 것으로 알려진 오사마 빈 라덴이 사살되었다. 대체로 우울하던 전 세계는 2011년 4월, 영국 왕세자 윌리엄과 케이트 미들턴(Kate Middleton)의 결혼〈그림 26-1〉으로 잠시 축복의 분위기를 맛보았다. 2012년에는 가수 싸이의 〈강남스타일〉이 유튜브 최고 조회 수를 기록하는 등 세계가 이 노래로 떠들썩했다. 한편으로는 세계 경제 위기가 계속되면서 소비 관련 업체들의 주가가 하락하였다. 금융위기 이후 강세를 보였던 명품업체의 주가조차 맥을 못추었다. 그러나 예외적으로 자라나 유니클로 같은 SPA 기업이 승승장구하였다.

2010년대 상반기의 키워드는 '1980년대 검소함의 부활'이라고 할 수 있다. 2012년 후반부터는 다시 나타난 펑크 록의 영향으로 젊은이들이 헤지고 낡은 진을 착용하는 그런지 룩(Grunge Look)을 선보였다. 또한 스케이터의 패션에서 영향을 받은 편안하고 헐렁한 1990년대의 유니섹스 룩이 유행하였다. 2000년대 후반의 패션과 함께 1970년대의 개러지 룩(Garage Look)과 전위적인 패션의 요소가 가미된 인디 팝 룩(Indie Pop Look)이 계속 유행하였다.

2010년대 초기에는 1950년대와 1970년대, 1980년대의 패션을 재생산한 패션의 유행으로 탑샵(Topshop)〈그림 26-2〉 같은 브랜드에서 오리지널 빈티지 의상을 내놓았다. 2013년에는 1990년대의 안티 패션(Anti Fashion) 경향이 다시 나타나 영국, 미국, 호주의 약 18~30세 여성 사이에서 유행하였다. 인기 있던 의상으로는 스웨터, 카키색 트렌치코트, 티셔츠, 블레이저, 커다란 플란넬 셔츠, 스키니 진, 레깅스, 패러슈트 팬츠, 하이 웨이스트 반바지 등이 있었다. 데님은 인기가 하락하고 요가 팬츠와 레깅스가 그 자리를 차지하였다.

2010년 중반부터는 네온 컬러가 사라지고 대신에 검은색, 흰색, 다양한 채도의 회색과 차콜 색상이 유행하였다. 2010년대 들어 프라다, 구찌, 베르사체, 돌체 앤 가바나, 질 샌더 등의 유명 브랜드들은 밀라노 패션의 전성기였던 1990년대를 재조명하여 레트로 트렌드와 젊고 경쾌한 컬렉션으로 인기를 끌었다. 이에 따라 클래식한 울 소재 니트를 중심으로 한 다채로운 믹스 앤 매치가 시도되었고, 반투명하고 은근한 광택이 나는 소재가 유행하였다. 다른 도시와 마찬가지로 파리의 디자이너들 역시 현실적인 데이 웨어 스타일에 초점을 맞추었다. 특히

26-3 러플이 달린 블라우스
와 팬츠, 랄프 로렌, 2013

26-4 광택이 나는 소재의
티셔츠와 롱스커트, 마크
제이콥스, 2013

26-5 체크무늬 드레스, 프라다

26-6 스키니 팬츠, 이사
벨 마랑

실용적이고 캐주얼한 분위기를 유지하면서 럭셔리 브랜드에 걸맞게 부가가치가 높은 스타일을 제안하려고 노력하였다.

2000년대 후반의 패션 트렌드는 이 시기에도 지속되었다. 몸에 딱 붙는 스키니 진, 퀼로트, 블루머 형태의 롬퍼스 스타일〈그림 26-7〉등이 다양한 색상의 진과 함께 유행하였다. 경제 불황으로 인하여 미디와 맥시스커트가 가장 보편적이었으며 1930년대 경제대공황 이후에는 햄 라인이 가장 길어진 것도 특징이다.

2. 2010년대 패션

2000~2014년 시즌의 빅 트렌드인 미니멀리즘은 파리에 이르러 한층 완성도 높은 테일러링을 바탕으로 표현되었다.

색상은 검은색을 중심으로 한 어두운 톤과 클래식한 웜 그레이, 베이지의 차분한 중간 톤이 베이스를 형성하였다. 여기에 선명한 빨간색이 포인트로 쓰여 스포티하거나 센슈얼한 분위기를 부각시켰다. 소재는 고급스러움에 초점을 맞추어 준비하였다. 캐시미어를 중심으로 한 울 소재가 베이스를 형성한 가운데 고풍스러운 금속성의 브로케이드, 정교한 공예 기술로 표현된 모조 모피 등의 장식 소재가 첨가되었다. 또한 모든 품목에서 테일러링에 대한 접근이 중요하게 부각되었다. 특히 아우터에 이러한 경향이 두드러지게 나타나서 클래식한 테일러드 아이템은 물론 미니멀 스타일, 밀리터리 스타일, 스포티 스타일까지 테일러링과 결합하여 한층 세련되게 완성되었다.

디자이너들은 가라앉은 분위기를 반영하듯 파격과 위트보다는 전통에 집중하였다. 신진 디자이너들도 신선한 아이디어를 제시하기보다는 기존의 스타일을 발전시키거나 상업성을 보강하는 데 힘썼다. 시즌 빅 트렌드였던 아웃도어 무드는 런던에까지 전해져 영국풍으로 해석되었다. 소박한 스코틀랜드의 감성과 스트리트의 느낌을 담은 매혹적인 고스 룩이 결합되거나 승마, 사냥 등의 클래식 스포츠룩에서 영감을 얻었다. 색상은 소박한 감성을 바탕으로 전개됐다. 트래디셔널한 브라운 계열의 얼스 컬러와 웜 그레이가 베이스를 형성한 가운데 강렬한 밝은 컬러가 첨가되어 활기를 더했다. 소재는 해리스 트위드를 비롯한 클래식 울 소재와 니트가 중심을 이루었다. 또한 다채로운 표면감을 믹스 앤 매치하고 반투명한 소재나 은근한 광택 소재를 이용하여 텁텁한 느낌을 덜어내는 것이 중요해졌다.

2010년대 유럽과 미국에서 패션을 리드한 디자이너는 미우치아 프라다(Miuccia Prada)〈그림 26-5〉, 칼 라거펠트(Karl Lagerfeld), 마크 제이콥스(Mark Jacobs), 피비 필로(Phoebe Philo) 등이었다.

한국은 불경기에도 건강과 웰빙에 대한 관심이 여전하였다. 예능 프로그램의 인기로 캠핑과 여행을 즐기는 라이프스타일이 확산되면서 아웃도어 시장의 규모가 2조 원을 넘어서는 등

26-7 빨간색 롬퍼스 세트, 이진윤, 2010   26-8 빨간색이 포인트로 쓰인 코트, 2011~2012   26-9 힙스터 룩, 에트로   26-10 세퍼레이츠 시퀀스, 마크 제이콥스, 2011~2012   26-11 스카프와 매치한 투피스, 자크 파스   26-12 그래픽 코트, 이세이 미야케

최고의 전성기를 누렸다. 이러한 성과는 노스페이스에 이어, 코오롱스포츠를 성장시켜 아웃도어 시장이 성장기에 있음을 입증하였다. 아웃도어의 수요가 확산되면서 초경량 제품과 친환경 제품이 폭발적인 매출을 올렸고, 캠핑과 등산 인구 증가에 따라 젊은 층을 중심으로 한 캐주얼 라인 확대 등 질적 성장과 양적 성장이 동시에 진행되었다. 또한 대형 매장과 함께 문화와 쇼핑이 공존하는 라이프스타일 스토어가 생겨나면서 패션 시장의 주류로 성장하였다. 또한 스포츠 멀티숍이 불황을 모르는 성장으로 시장을 확대하고 10~20대를 위한 스포츠 캐주얼 스타일, 영 캐주얼 스타일이 유행하였다.

10~20대를 겨냥한 아이돌 패션 제품은 폭발적인 인기를 끌며 아이돌 룩이 스트리트 패션에 큰 영향을 미쳤다. 경기불황에도 불구하고 10대와 20대를 겨냥한 아이돌 패션 제품은 거침없는 고공행진으로 아이돌 룩이 시장을 주도했다고 할 수 있을 만큼 영향력을 드러냈다. 특히 걸 그룹 열풍으로 소녀시대의 컬러풀한 스키니 진과 마린 룩, 형광 레깅스 패션이 인기였다. 남성복의 경우에도 하이톱 슈즈, 후드 티셔츠, 빅뱅의 패션이 강세를 보이며 스트리트 패션을 주도하였다. 이렇듯 아이돌에 열광하는 젊은 층이 새로운 소비 주체로 떠오르면서 브랜드들은 아이돌 그룹을 패션 광고 등에 적극 활용하여 인지도 제고 및 매출 상승을 꾀하였다. 백화점에서는 10·20세대 유치를 위하여 영 존(Young Zone) 강화 및 확대에 주력하였고, 가두상권 및 백화점 등 유통 전 부문에서 아이돌의 영향력을 매출로 연결시키는 전략에 집중하였다.

1) 여성의 패션

(1) 단색 의류

2010년대 초반까지 유행하던 네온 컬러는 2010년대 중반에 들어서면서 유럽과 미국, 아시아 등에서 한물간 스타일로 취급받았다. 대신에 그 자리를 검은색과 흰색, 다양한 형태의 회색과 차콜 색상의 의상이 차지하였다. 데님의 인기는 시들해졌고 요가 팬츠와 레깅스가 새롭게 인기를 끌었다.

단색 계열의 검은색, 흰색이 유행했던 2014년과 2015년 초반의 의상으로는 레이스 드레스, 레이스 블라우스, 피터 팬 칼라가 달린 재킷과 드레스, 블레이저, 턱시도 재킷, 크롭 톱, 오버사이즈 코트, 퍼퍼 재킷, 베스트, 무릎까지 오는 스커트, 펜슬 스커트, 검은색과 흰색으로 프린트된 레깅스, 커프스를 단 보이프렌드 진 등이 있다. 검은색과 흰색, 때로는 붉은색의 폴카 도트(Polka Dot) 블라우스와 드레스는 서양은 물론 중국, 심지어 북한에서까지 다시 유행하였다.

(2) 검소한 의상과 힙스터 룩

2010년대 중반까지는 검소했던 시대의 재현이 두드러졌다. 유니섹스 룩과 그런지 룩의 유행도 계속되었다. 이외에도 튜닉, 모터사이클 재킷, 웨스턴 셔츠, 패턴이 있는 고른 색상의 타이

26-13 그런지·개러지 룩, 비비안 웨스트우드   26-14 안티 패션 룩, 비비안 웨스트우드   26-15 리바이벌 스타일의 흰색 셔츠, 랄프 로렌   26-16 볼륨감 있게 누빈 패딩과 털을 부착한 코트   26-17 보헤미안 룩의 홀터 톱과 랩스커트

츠, 오버어스 조거 팬츠, 굽이 낮은 부츠, 앵클 부츠, 허리선이 높은 반바지, 파스텔과 네온 컬러의 반바지, 굽이 낮은 발레 슈즈, 전투용 부츠 등이 유행하였다.

힙스터 룩(Hipster Look)도 유행하였다. 힙스터란 주류 사회와 떨어져 자기만의 독특한 의상, 음악, 음식을 즐기는 부류로 이들은 지난 시대의 의상을 즐겨 입거나 스키니 진을 입고 꽃무늬나 레이스가 달린 옷, 페이즐리 패턴이 들어간 옷을 즐겨 입으며 부츠나 오래된 특이한 슈즈를 신었다. 여성들은 12.7cm 이상 되는 하이힐이나 부츠 또는 샌들을 즐겨 신었다.

(3) 완지 · 그런지 · 개러지 룩의 유행

2015년에 들어서도 2010년도 초에 유행했던 패션이 남아 있었다. 스키니 진, 튜닉, 미디와 맥시스커트, 모터사이클 재킷, 웨스턴 셔츠, 패턴과 고른 색조로 된 타이츠, 오버얼스 조거 팬츠에 신발로는 굽이 낮은 부츠, 앵클부츠, 허리선이 높은 반바지, 파스텔과 네온 컬러의 반바지, 굽이 낮은 발레슈즈, 전투용 부츠 등을 말한다.

2013~2015년대의 또 다른 트렌드 중 하나는 유니섹스 스너기 담요(Snuggie)와 부댓자루 같은 아기용 잠옷 또는 어른의 점프슈트를 일컫는 완지(Onesie)이다. 완지는 원래 파자마를 생각하고 생산하였는데, 익살스러운 선물로 많이 전해졌으며 젊은 여성 중 유행의 첨단을 걷는 이들이 풍자적으로 외출복으로 입기도 했다. 안티 패션의 일종인 그런지 룩(Grunge

Look)의 원조는 1980년대 중반 펑크 록, 하드 록, 노이즈 록 등 헤비메탈의 음악에 영향을 받은 젊은이들의 패션이 그 시작이며 1990년대 초반 미국 서부에서 유행하였다. 진스와 프레이드의 천으로 된 스타일로 펑크족 또는 노동자들의 저렴한 옷을 말하는데, 1980년대 초에는 주로 찢거나 헤어지고 닳은 진 등을 입는 그런지 룩이 유행하였다. 그리고 편안하고 헐렁한 옷, 특히 짧은 팬츠와 낡고 물이 빠지고 빛이 바랜 줄무늬 티셔츠, 후드가 달린 티셔츠 등 스케이트 보딩을 즐기는 사람들이 애용하던 패션에서 유래한 스케이터 룩(Skater Look)이 유행하였다.

개러지 룩(Garage Look)도 다시 유행하였다. 1950년대 미국과 캐나다에서 시작된 로큰롤 스타일의 음악인 개러지 록은 주로 리듬 앤 블루스 비트로 펑크·인디 록의 시초인 음악으로 주로 젊은 연주자들이 집 차고에서 연습하고 연주하여 붙여진 이름이다. 그들이 애용하던 패션 스타일은 개러지 룩이란 이름으로 하나의 스타일이 되었다.

2010년에서 2013년까지는 2000년대 후반의 패션 트렌드가 세계적으로 계속 유행하였는데, 표백된 스키니 진, 트라우저 드레스, 점퍼슈트, 컬러 진, 앵클 팬츠, 앵클 컬러 진 등이 이에 포함된다. 2000년대 초반 경제 불황으로 인하여 미디와 맥시스커트, 드레스들이 가장 일반적으로 애용되었던 시대였다. 1930년 경제대공황 이후 햄 라인이 가장 길었던 시기이기도 하다.

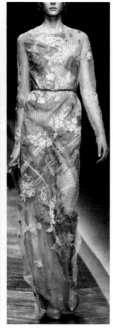

26-18 다운 재킷　　　**26-19** 보헤미안 룩, 발렌티노

인기 있었던 상의로는 볼품없는 스웨터, 카키색 트렌치코트, 블레이저와 갈아입는 티셔츠, 프레이드, 허리에 두르는 큰 사이즈의 플란넬 셔츠, 헐렁한 티셔츠, 패드를 넣은 질레와 크루넥 스웨터 등이 있었다.

영국과 미국에서 주로 인기 있었던 하의로는 스키니 진, 레깅스, 패러슈트 팬츠와 허리선이 높은 반바지가 있었고 슈즈는 여러 형태의 부츠와 샌들이 유행하였다.

(4) 안티 패션

이 시기에는 전통적인 패션에서 채용되지 않던 부정적인 요소와 아이디어를 활용한 안티 패션(Anti Fashion)이 유행하였다. 2013년대에는 1990년대 초의 스타일에 영감을 받았던 안티 패션이 영국과 미국의 18세에서 30대 초반의 여성들 사이에서 되살아났다. 이 패션에는 그런지 룩, 힙스터 룩과 함께 1950년에 나타났던 개러지 룩까지도 포함할 수 있다.

(5) 1980년대의 리바이벌 스타일

2010년대 초반에는 1950년대, 70년대, 80년대의 많은 패션이 모방되어 유행하였는데 그 이유는 탑샵(Topshop)과 같은 많은 체인점들이 지나간 시대의 오리지널 의상을 약간만 변형하여 디자인·판매하였기 때문이다.

미국에서는 구찌, 샤넬, 베르사체의 로고가 붙은 의상과 분

홍색, 초록색, 짙은 청록색, 검은색, 자주색, 노란색과 같은 네온 컬러가 인기가 있었다. 미국, 영국, 호주의 20대에서 50대까지의 여성들에게 인기 있었던 상의로는 튜닉과 1980년대 스타일의 야구 재킷, 크고 헐렁한 카디건, 웨스턴 셔츠, 레이어드 셔츠, 티셔츠 그리고 심플한 셔츠 등이었다. 또한 장식용 쇠단추 등을 단 모터사이클 재킷과 보이 쇼트(Boy Shot), 조화롭게 입는 꽃모양 캐미솔, 선 드레스(Sun Dress) 등이 인기를 끌었다.

유럽의 여성들은 반짝거리는 드레스, 헐렁한 프리 사이즈의 엠파이어 라인 스커트, 블라우스와 드레스 그리고 레이스, 몸에 꼭 맞는 흰색 오간자 맥시 드레스 등을 애용하였다.

(6) 패딩, 털, 아웃도어의 강세

2010년 S/S 시즌부터 부각된 아웃도어 무드는 아메리칸 클래식과 결합되어 프레피 룩을 바탕으로 한 경쾌한 믹스 앤 매치 스타일이나 현대적이고 고급스러운 시티웨어로 표현되었다. 또한 자연스러운 보헤미안 스타일이 유행하였는데 이는 스트리트적인 터프-시크 스타일과 접목되거나 업 타운 레이디 룩과 결합되었다.

아웃도어는 솜, 오리털 등을 넣고 볼륨 있게 누벼 패딩한 코트가 주를 이루었다. 이 코트의 칼라와 소매 등에는 털을 부분적으로 배색하고 7부 정도 길이로 디자인하여 남녀노소에게 겨울용 아웃웨어로 최고의 인기를 누렸다. 전반적으로 어둡고 짙은 컬러와 밀리터리를 떠올리게 하는 카키색이 주를 이루었다. 소재로는 믹스 앤 매치가 가능한 털, 니트 등이 주요 소재로 이용되었다. 털이 코디네이트된 스타일과 테일러드 스타일이 중심이 되었으며, 모직 코트는 프레피 스타일로 캐주얼하게 디자인되었다.

(7) 보헤미안 무드와 로맨틱한 꽃무늬

이 시기에는 세련된 현대판 복고풍 패션과 보헤미안 무드가 미디어를 휩쓸었다. 보헤미안 무드는 전원적이고 서정적인 분위기를 뜻하는 것으로, 발렌티노가 2011년 S/S 컬렉션에서 발표한 레이스 드레스〈그림 26-19〉에서 이러한 경향을 살펴볼 수 있다. 이 드레스는 반투명한 소재에 꽃을 수놓아 로맨틱한 감성을 드러낸 것으로 상아색을 사용하여 깨끗하고 순수한 분위기를 자아냈는데, 이는 수년간 유행했던 시스루 룩을 은근하게 연출한 것이었다. 실루엣에서도 몸매를 드러내기보다

는 가볍고 편한 보헤미안 스타일이 유행하였다.

2) 남성의 패션

여성복이 그렇듯, 남성복에서도 격식을 과감히 없애버린 성상도 해마다 늘고 있다. 2012년에는 발렌시아가, 발렌티노 등이 여성적인 감수성을 보여주어 누길을 끌었다. 패션 칼럼니스트 시나이러(Schneler)는 "발렌시아가 남성복이 보여준 둥근 어깨선과 일본풍의 화사한 꽃 프린트는 여성적 터치가 가미된 새로운 복고풍"이라고 언급하였다.

이 시기에는 여름철에 편하게 입는 반달 양복을 파스텔 톤으로 풀어내고 몽클레어 감무 블루에서 아웃도어와 일상복을 넘나드는 스타일링을 선보였다. 거리의 청년을 주제로 한 돌체 앤 가바나, 스쿠버다이빙에서 영감을 받은 루이 비통의 캐주얼, 군복에서 힌트를 얻은 드리스 반 노튼의 디자인도 화제가 되었다.

2014년 이후에는 경기가 회복되는 조짐이 나타나면서 이러한 경향이 남성의 패션에도 영향을 주었다. 패션에 관심이 높은 뉴욕, 런던, 파리, 밀라노 같은 도시들은 트렌드를 새로 만들어냈다. 화려한 색상의 의류, 특히 에드 하디(Ed Hardy)의 셔츠나 액세서리가 점차 사라졌고 검은색, 흰색, 베이지, 어두운 회색과 여러 가지 색조의 짙은 초록색이 대세를 이루었다.

또한 주문복으로 맞춘 스웨트 팬츠, 저지 셔츠, 봄버 재킷, 가죽 재킷, 데님 재킷, 두꺼운 천의 오버 사이즈 코트, 더블 재킷, 블레이저, 무릎 위까지 올라오는 쇼츠와 조깅할 때 입는 조거 팬츠가 주를 이루었으며 꽃무늬가 들어간 남성복의 매출이 2013년과 2014년 사이 두 배 이상 늘었다.

(1) 네온 컬러

2000년대에는 몸에 날씬하게 맞는 회색의 이탈리아 슈트가 미국, 영국, 중국, 러시아 등에서 인기를 끌었다. 2010년대 초반에는 네온 컬러의 정교한 티셔츠가 인기 있었는데 특히 그래픽 프린트가 그려진 후드 점퍼, 특이한 양말, 붉은색이나 푸른색의 스키니 진, 큰 버클과 쇠 장식이 달린 벨트, 라인스톤으로 장식한 에드 하디의 티셔츠가 유행하였다.

2000년대 후반부터 2009년경의 스타일은 2010년대까지 계속되었다. 폴로, 랄프 로렌, 제이크루 같은 브랜드들은 유럽, 미국, 호주 등에서 인기를 끌었다. 20~50대에 이르는 남성들이 즐겨 찾는 상의로는 숄 칼라의 카디건, V넥 티셔츠, 표백한 데님 셔츠, 케이블 니트 풀 오버, 스냅단추가 달린 타탄 플란넬 웨스턴 셔츠, 붉은색, 청색, 진녹색의 그런지 스타일의 패드로 된 타탄 오버 셔츠, 농구팀이나 야구팀의 유니폼, 데님 재킷, 알로하 셔츠, 카 코트, 1930년대 스타일의 리넨으로 만든 스포츠 코트, 밤색 또는 검은색의 브로그(투박한 가죽구

26-20 크루넥 셔츠   **26-21** 타이트한 재킷   **26-22** 타탄 체크 셔츠   **26-23** 박춘무, 뉴욕, 2011

두), 쇼트 퍼펙트 검은색 가죽 재킷 등이었다.

(2) 1990년대의 부활

2012년 여름, 영국에서는 1990년대에서 영감을 얻은 패션이 다시 나타나 밝은색의 짧은 쇼트, 스톤워시 또는 표백 처리한 진 쇼트, 아즈텍(Aztec) 패션의 셔츠, 마얀 패턴이나 동물 프린트, 플란넬 셔츠, 발목까지 올라오는 스니커즈, 스냅백, 화려한 손목시계 등이 유행하였다. 미국에서는 2013년부터 그런지 룩이 다시 유행하였는데 팝스타 레이디 가가(Lady Gaga)를 위해 그녀의 의상을 디자인한 미국의 유명한 미술가 스티브 핍스의 영향이었다.

2010년에 부활한 고급 의류로는 봄버 재킷(Bomber Jacket), 검은색 가죽 재킷, 크롬비 오버코트, 패드가 있는 타탄 체크 셔츠〈그림 26-22〉, 크루넥 셔츠, 큰 사이즈의 플란넬 셔츠, 농구나 야구의 유니폼, 프래피 난터켓 레드(Preppy Nantucket Red, 매사추세츠에 있는 고급 휴양지의 이름을 딴 빛바랜 장밋빛 트라우저)가 있었다. 이 시기의 특징은 1990년대를 휩쓸던 미니멀리즘에 나르시소 로드리게스(Narciso Rodriguez) 같은 디자이너들이 패션에 컬러를 더했다는 것이다. 그의 의상은 전체적으로 회색, 검은색 같은 모노톤에 집중했지만 보라색이나 산호색 같은 포인트 색상으로 시선을 끌었다.

(3) 전문직 패션

2010년대 초중반에 유럽과 미국의 정장을 취급하던 디자이너들은 1930년대와 1950년대의 패션을 재생시킨 디자인을 발표하였다. 그중 상의가 싱글로 된 뾰족한 라펠 양복은 상당 부분 텔레비전의 영향을 받은 것이었다. 이 시기에는 1990년대 후반에 인기 있었던 남색 대신 회색이나 검은색이 많이 사용되었고, 양복의 줄무늬가 더욱 가늘어지고 간격도 좁아졌다. 영국과 이탈리아, 미국 등지에서는 많은 남성이 회색 모직에 격자무늬가 들어간 더블 브레스티드에 뒤트임이 하나인 좁은 라펠 양복을 사무실에서 입었는데, 이는 미국의 텔레비전 쇼〈매드 맨〉이나 007 시리즈의 제임스 본드 룩에서 영향을 받은 것이었다.

2012년 런던 올림픽 이후에는 1930년대의 패션에서 영감을 받은 스마트 캐주얼웨어가 영국, 독일, 동유럽 등지에서 인기였다. 여기에는 대조되는 옷감으로 만든 파이핑이 들어간 두

개의 블레이저와 브로그 부츠(투박한 가죽으로 만든 단화), 시어서커나 트위드로 된 스포츠 코트, 초커 부츠(송아지 가죽이나 스웨이드로 만든 복사뼈까지 올라오는 구두), 크리켓 스타일의 소매가 없는 스웨터와 굵은 줄무늬의 보팅 블레이저, 둥근 칼라의 드레스 셔츠, 벨벳의 숄 칼라가 달린 스모킹 재킷 등이 포함되어 있었다.

3. 헤어스타일과 액세서리

1) 헤어스타일과 모자

(1) 헤어스타일

2010년대 초, 여성들 사이에서는 긴 머리가 유행하여 대개 웨이브를 조금 주거나, 또는 자연스럽게 빗질한 스타일(Straight Long Hair, Wavy Long Hair)을 연출하였다. 앞머리를 가지런히 잘라 이마를 덮게 하는 뱅(Bang) 스타일도 계속 유행하였고, 머리를 빗질하여 앞이마 위로 높게 세운 퐁파두르(Pompadour)도 2000년대 말 이후 꾸준히 인기가 있었다. 뒷머리 위에 꽈리처럼 땋은 머리를 올린 시뇽(Chignon)이나, 머리를 땋아 올려 리본 따위로 맨 포니테일, 위로 빗어 올린 업두(Updo) 스타일도 유행하였다. 보브 커트(Bob Cut)나 픽시 커트(Pixie Cut), 짧은 크롭 커트(Crop Cut)도 여전히 인기였다. 2010년대 여성들은 자기 취향과 개성에 따라 다양한 스타일을 선택하였다.

남성들 사이에서도 다양한 헤어스타일이 유행하였다. 긴 머리를 뒤로 넘겨 쪽을 진 맨 번(Man Bun)이나 짧은 크롭 커트(Crop Cut)가 인기였다. 가장 유행한 스타일은 옆과 뒷머리를 비교적 짧게 하고 가운데 머리카락을 아주 매끄럽게 뒤로 넘겨 빗은 스릭크드 백(Slicked Back) 스타일이었다.

2010년대에는 영화 또는 텔레비전 스타의 헤어스타일이 대중에게 큰 영향을 끼쳤다. 또한 스타일 연출을 위한 화장품이나 액세서리가 계속 발전하였다.

(2) 모자

2010년 이후 여성들 사이에서는 전통적인 페도라(Fedora), 짧은 챙이 달려 있고 모자의 높이가 낮은 포크 파이 해트(Pork Pie Hat), 또 챙이 아주 넓어 20cm 이상 되는 와이드 브림 펠

(a) 다양한 헤어스타일

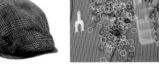

(b) 헌팅 캡   (c) 룸 밴드   (d) 룸 밴드로 만든 목   (e) 팔찌와 지갑 (f) 선글라스   (g) 모자   (h) 머프
                                        걸이

(i) 가방

(j) 슈즈(왼쪽부터 하이힐, 플랫 슈즈, 옥스퍼드, 레인 부츠)

26-24 2010년대의 헤어스타일과 액세서리, 슈즈

트(Wide Brim Felt)가 꾸준히 인기였다. 가을이나 겨울에는 니트로 만든 비니(Beanie)나 털로 만든 후드(Hood)가 인기였고, 여름에는 밀짚으로 만든 스트로 해트(Straw Hat)가 유행하였다. 이외에도 2000년대에 이어 베레모(Beret)나 종 모양의 클로시 해트(Cloches Hat), 베이스볼 캡이 모두에게 애용되었다.

남성들 사이에서도 전통적인 중절모 페도라뿐만 아니라 위가 납작하고 챙이 좁은 펠트 소재의 포크 파이 해트와 둥글고 짧은 앞 챙만 달린 플랫 캡(Flat Cap) 등이 유행하였다. 캐주얼한 의상을 입었거나 여가활동을 할 때는 머리에 꼭 맞는 비니나 베이스볼 캡을 썼는데 이것은 일상생활에 필수품이 되었는데, 다양한 스타일에 모자 뒤에 작은 벨트나 똑딱단추가 달린 스냅 백(Snap Back)이 부착되어 사이즈를 조절할 수 있는 등 실용성이 가미되었다. 겨울에는 남성들도 여성들처럼 인조 모피나 모피로 만든 후드를 썼다. 여름에는 스트로 해트(Straw Hat)를 썼고 이외에도 꼭대기가 움푹 들어간 트릴비와 베레모, 등산모 등이 널리 착용되었다.

2) 액세서리와 슈즈

(1) 액세서리

2010년대에는 룸 밴드(Loom Band)라는 화려한 색의 고무 밴드로 만든 팔찌가 유행하였다. 2014년 5월에는 영국의 케이트 미들턴이 이것을 대중 앞에서 착용하면서 그간 어린이용으로 여겨졌던 룸 밴드를 주류 액세서리의 위치로 올려놓았다.

2010년대에도 여전히 영화나 텔레비전 스타의 액세서리가 유행을 이끌었지만, 더 중요한 것은 각자의 개성을 중시하는 풍조가 새로운 유행의 핵심이 되었다는 점이다. 개인의 사회활동에 따라 자신의 취향 및 개성을 나타내는 의상과 액세서리를 다양하게 코디하는 것이 스타일의 기본이 되었다.

가장 기본적인 핸드백도 클러치 백(Clutch Bag), 숄더 백(Shoulder Bag)과 플랫 프론트 백(Flat Front Bag), 버켓 백(Bucket Bag)등 수많은 종류의 디자인으로 다양화되었다. 특이한 점은 샤넬, 디올, 프라다, 구찌, 지방시 등 유럽과 미국의 디자이너 상표가 붙은 제품이 세계 시장을 정복했다는 것이다. 일부 여성들은 이러한 유행보다는 자기만의 개성을 살리기 위하여 1980년대 반사회주의 운동가들이 즐겨 쓰던 저렴한 가방을 고집하였다. 실용적인 백 팩(Back Pack)은 그 편리함 때문에 전 세대에서 애용되었다.

핸드백과 더불어 유명디자이너의 썬 글래스와 벨트, 숄, 스카프 등도 유행하였는데 털(Fur)로 된 긴 목도리도 겨울에 인기가 많았고, 2010년대 중반까지 고가의 보석이 달린 디자이너 브랜드의 최고급 스타일과 플라스틱과 유리구슬 등 저렴한 소재의 소박한 스타일이 공존하였다. 2010년대는 2000년대 유행의 부활, 고객층에 맞는 제품의 다양화에 따라 개인들이 각자의 취향에 맞게 소품으로 의상 전체의 코디를 창조하는 시대라고 할 수 있다.

남성들 사이에서는 폭이 넓고 부드러운 페이즐리, 스트라이프나 체크무늬의 넥타이들이 디자이너의 벨트와 함께 유행하였다. 이외에도 고가의 시계나 조종사들이 찰 법한 시계가 인기를 끌었고, 디자이너가 만든 선글라스도 유행하였다. 반지, 네크레이스, 귀걸이는 멋쟁이들의 필수품이었다.

(2) 슈즈

패션에 민감한 여성들은 영화 〈위대한 개츠비〉 속 데이지의 헤어밴드와 무릎까지 오는 스타킹, 양말, 메리 제인 슈즈를 착용하였다. 이 슈즈는 발등 부분이 열려 있고 대개 끈이 두 줄 정도 덮인 앞코가 둥근 구두로, 현대적인 분위기와 고전적인 모양새가 절충된 형태를 띤 것이다.

돌체 앤 가바나가 여름 컬렉션에서 선보인 코르크 소재의 웨지힐이 더해진 레인 부츠는 전원풍의 소박한 꽃무늬로 소녀적 감성의 보헤미안 룩을 완성하였다. 레인 부츠는 여름에 주로 열리는 페스티벌이나 캠핑 같은 야외활동과 접목하기 좋고 핫팬츠, 미니스커트, 시폰 원피스와 매치하면 귀여운 룩을 연출할 수 있다. 여러 브랜드에서 레인 부츠를 장화의 기능을 하는 슈즈가 아니라, 독립적인 패션 아이템으로 이용하고 감각적인 패턴과 지퍼, 리본을 단 디자인을 선보이면서 소비자의 선택 폭을 넓혔다.

2010년대의 여성 구두 중 가장 인기 있는 것은 부츠(Boots), 펌프스(Pumps), 스니커즈였다. 종류로는 하이킹(Hiking) 부츠, 라이딩(Riding) 부츠, 군화 모양의 콤배트(Combat) 부츠, 레인 부츠 등이 있었다. 이렇듯 부츠는 패턴, 색상, 재질 면에서 매우 다양했으며 창이 두껍고, 힐이 긴 플랫폼 펌프스도 재질과 색상이 다양하게 출시되었으며 특히 반짝이는 색과 네온 컬러의 제품이 유행하였다. 스니커즈는 농구화, 테니스화, 런닝화 등 그 종류와 재질, 스타일 면에서 수많은 제품이 쏟아져 남녀 모두에게 인기를 끌었다. 나이키, 아디다스, 푸마 등의 유명 브랜드 제품은 시장을 독점하다시피 했다. 플랫 샌들(Flat Sandle)과 로퍼(Loafer)도 계속 인기가 있었고, 표범과 같은 동물무늬가 들어간 천이나 캔버스로 만든 것도 인기였다. 발레리나 프렛(Dallerina Flat)과 무카신(Moccasins), 어그(Ugg)도 계속 유행하였으며 스틸레토(Stilettos)나 로퍼, 펌프스는 정장이나 캐주얼에 모두 어울렸다.

남성들 사이에서도 여성과 마찬가지로 스니커즈와 부츠가 유행하였다. 다만 남성 구두의 경우 검은색과 갈색이 주류를 이루었다. 정장이나 캐주얼에 모두 어울리는 슈즈는 윙팁(wing Tip), 로퍼, 일명 몽크 스트랩(Monk Strap)이라고 불렸던 버클 슈즈 가 있었다. 브로그(Brogue)가 장식된 정장용 옥스퍼드화, 앵클부츠도 또한 많이 애용되었다. 2014년 말부터는 남성용 슈즈에서도 돌체 앤 가바나, 이브 생 로랑, 랑방, 페라가모와 같은 디자이너 브랜드 세품이 유행을 선도하였다.

2000년대 이후에는 남녀를 불문하고 그날의 활동에 맞는 것을 신을 수 있게끔 여러 종의 슈즈를 소유하였는데, 이는 2000년대 이후 생겨난 큰 변화라고 할 수 있다.

2010년대 패션 스타일의 요약

2010년대

사건 혹은 발명품	대표 패션

중저가 의류 브랜드 탑샵의 런던 매장

체크무늬 드레스, 프라다

패션의 종류	여성복	단색 의류, 검소한 의상과 힙스터·완지·그런지·개러지 룩, 안티 패션, 1980년대 리바이벌 스타일, 패딩·털·아웃도어의 강세, 보헤미안 무드, 로맨틱한 꽃 프린트
	남성복	네온 컬러가 악센트로 쓰인 패션, 1990년대의 부활, 전문직을 위한 패션
헤어스타일 및 액세서리	여성	스트레이트 혹은 웨이브 롱 헤어, 뱅(Bang) 헤어, 앞이마 위를 높게 세운 퐁파두르(Pompadour), 시뇽(Chignon), 포니테일(Ponytail), 픽시 커트(Pixie Cut), 크롭 커트(Crop Cut), 페도라(Fedora), 클로시 해트(Cloche Hat)
	남성	맨 번(Man Bun), 크롭 커트(Crop Cut), 스릭크드 백(Slicked Back), 플랫 캡(Flat Cap), 포크 파이 해트(Pork Pie Hat), 베이스볼 캡(Baseball Cap), 등산모, 스냅 백(Snap Bag)
패션사적 의의		• 1950, 1970, 1980, 1990년대 패션을 리바이벌한 스타일을 판매하는 상점이 인기를 얻으며 중저가 상품이 시장에 등장 • 1930년대 경제대공황 이후 햄라인이 가장 길어짐 • 파격과 위트보다는 전통에 집중
주요 디자이너		미우치아 프라다(Miuccia Prada), 조르조 아르마니(Giorgio Armani), 마크 제이콥스(Mark Jaycobs), 칼 라거펠트(Karl Lagerfeld), 구찌(Gucci), 잔니 베르사체(Gianni Versache), 나르시소 로드리게스(Narciso Rodriguez), 돌체 앤 가바나(Dolce & Gabana), 질 샌더(Jil Sander), 랄프 로렌(Ralph Lauren), 발렌티노(Valentino), 자크 파스(Jacques Fath), 알렉산더 맥퀸(Alexander McQueen), 비비안 웨스트우드(Vivienne Westwood), 모스키노(Moschino)

CHAPTER 27
2020년대의 패션

© Lie Sangbong

27-1 영국의 해리 왕자와 메건 마클

27-2 할리우드에서 아카데미 최고상을 발표하는 배우 제인 폰다

CHAPTER 27
2020년대의 패션

1. 2020년대의 사회와 문화적 배경

2018년 5월, 영국의 해리 왕자와 메건 마클이 결혼하면서 영국 런던이 세계 1위 관광지로 올라섰다는 뉴스가 들려왔다. 그 후 3년 만에 두 사람이 영국 왕실로부터 독립을 선언했다는 기사가 전 세계 톱 뉴스로 등장하였다. 미디어를 신경 쓰지 않고 자신들의 삶에 묵묵히 집중하는 부부의 모습을 응원한다는 반응도 있었지만, 대다수의 영국 국민들은 이에 대해 비판적인 분위기였다. 어찌되었든 엘리자베스 2세 여왕은 긴급가족 회의를 거쳐 해리 부부의 독립 허락을 공식적으로 밝혔고, 이로써 해리 부부는 2020년 봄부터 왕실에서 가졌던 직책을 내려놓게 되었다.

2019년 12월 8일에는 중국 후베이성 우한을 진원지로 하여 신종 코로나바이러스가 걷잡을 수 없이 확산되면서 세계 의류 패션 수요와 공급의 3분의 1 이상을 차지하는 중국 시장이 일시에 정지되었다. 글로벌 의류, 패션산업의 생산과 유통, 소비 체계가 크게 흔들리는 위기에 몰렸던 것이다. 주요 외신들에 의하면 2002~2003년에 사스 바이러스 발생했을 때는 중국인들의 세계 명품 시장 수요 점유율이 8%에 불과했지만, 지금은 30%가 넘어 그 영향력이 사스 때보다 4배 이상 커졌다고 한

다. 또 중국인 해외 여행객은 2003년 사스 발생 때 2,000만 명이던 것이 2018년에는 1억 5,000만 명으로 7배 이상 불어났는데, 현재 이들의 해외여행이 전면 통제된 상황이다.

이 밖에도 뉴욕 패션위크를 시작으로 런던, 밀라노, 파리 순으로 개최되었던 4대 도시의 패션위크 행사들이 취소되었고 상하이 텍스타일 쇼도 무기한 연기되었다. 전 세계 스포츠인들의 축제인 올림픽 역시 마찬가지였다. 2020년 3월 30일에 개최가 예정되었던 도쿄올림픽 개막식은 2021년 7월 23일로 연기되었다.

코로나바이러스에 대한 공포가 이제 막 생기기 시작했던 2020년 2월 9일에는 전 세계의 이목이 할리우드로 쏠렸다. 봉준호 감독의 영화 〈기생충〉이 국제 장편 영화상뿐만 아니라 아카데미 최고상인 작품상을 비롯하여 4개 부문에서 상을 받는 꿈 같은 일이 일어난 것이다. 이는 한국 영화산업 101년 만의 쾌거라고 할 수 있다. 시상식은 영화만으로도 무척 특별했지만, 또 다른 의미에서 특별한 순간이 있었다. 전 세계 패션 브랜드에서 중요한 마케팅 기회로 삼는 레드카펫은 영화제의 꽃으로 불릴 만큼 모두의 이목을 집중시키는 이벤트였다. 매년 영화제 수상 소식만큼이나 레드카펫 드레서의 인터뷰 기사가 매스컴을 통하여 널리 알려진다. 올해도 여배우 케이틀

린 디버(Kaitlyn Dever)가 레드카펫에서 포즈를 취했을 때 미국 연예 프로그램쇼의 호스트가 "지금 입고 있는 드레스는 어느 디자이너의 옷인가요?"라고 질문하였다. 모두들 어느 브랜드의 이름이 나올까 궁금해하던 순간 "이 드레스는 완벽하게 지속가능한 루이 비통의 드레스예요. 나는 지속가능하고 친환경적인 옷을 지지하며 그것은 매우 중요한 일이라고 생각합니다." 라는 대답이 흘러나왔다. 이전에도 환경 문제에 대한 자각을 위해 여러 방식으로 레드카펫을 활용한 스타들을 볼 수 있었지만, 올해는 더 많은 스타들이 여기에 적극적으로 참여하고 패션계와 영화계 모두 이 문제에 공감하고 있었다는 점에서 2020년 패션 컬렉션의 키워드인 '지속가능성'이 더욱 의미 있게 빛났다고 할 수 있다.

또 2020년 9월에는 방탄소년단(BTS)이 디지털 싱글 〈다이너마이트(Dynamite)〉를 발표하면서 2주 연속으로 빌보드 'Hot 100' 차트 1위를 달성하며 세계의 이목을 끌었다.

2. 2020년대 패션

코로나바이러스로 인해 이동 제한, 야외 활동 제한 등으로 인해 패션 산업은 좋지 않은 상황에 처하고 말았다. 원래 사람들은 새롭고 멋진 옷을 입고 싶은 욕망을 가지고 있었다. 그러나 계속되는 바이러스의 위험 속에서, 마스크를 쓰고 자신을 방어하며 사는 것에 서서히 익숙해지고 있다. 이에 따라 여러 브랜드들이 각자의 방식으로 사람들의 시선을 끌 방법을 연구하였다. 가장 많이 볼 수 있던 것은 영상을 이용해서 홍보를

27-3 2020~2021 F/W 런던 컬렉션

27-4 마스크 착용 패션을 선보인 마리 셸렌 컬렉션

K-Pop 아이돌 패션의 유행

K-Pop 아이돌이 패션 및 명품 아이콘으로서 밀레니얼 세대의 마음을 사로잡고 있다. 밀레니얼 세대는 디지털 환경에 익숙하고 최신 트렌드를 추구한다. 이들은 1980년대 초에서 2000년대 사이에 출생한 이들로, MZ 세대라고도 불린다. 이 세대의 영향으로 1990년대의 레트로 무드와 뉴트로 열풍이 점점 거세지고 있다. 이에 따라 타이트한 짧은 상의와 통이 넓고 긴 바지, 힙합 무드와 넓은 팬츠 등이 사랑을 받고 있다.

2012년 〈강남스타일〉의 핵폭탄급 인기와 K-Pop의 위상 변화는 국내 시장을 주도하던 K-Pop 스타들이 글로벌 시장에 진출해 성장하는 밑거름이 되었다. 오늘날에는 방탄소년단(이후 BTS)의 등장으로 이들의 인기가 정점을 찍었다. 2019년 7월, 미국 〈월스트리트 저널〉은 "Are K-Pop Stars the World's Biggest Influencers(세계에서 가장 큰 영향을 주는 사람들은 K-Pop 스타들이지 않느냐)?"는 내용의 기사를 게재하기도 했다. K-Pop 스타들은 아시아의 밀레니얼 세대뿐만 아니라 유럽과 미국 시장의 밀레니얼들에게까지 영향력을 넓히면서 한국 패션의 영향력을 함께 확장시켜주었다.

BTS는 2017년 아메리칸 뮤직 어워드, 2018년 빌보드 뮤직 어워드의 레드카펫에 구찌 의상을 입고 나와 '구찌 보이'라고도 불렸다. 얼마 전에는 뮤직비디오에서도 구찌의 맨즈웨어 Pre-fall 2020 컬렉션을 입고 나와 복고 스타일을 재현하기도 했다. 이처럼 2020년대의 패션계에는 1990년대 하이틴 스타들이 착용하던 두꺼운 헤어밴드와 컬러가 들어간 실핀, 곱창 머리끈 등 복고풍이 느껴지는 소품들이 다시 등장하였다.

이 밖에도 패스트패션 브랜드인 '에잇세컨즈'의 전속 모델이었던 빅뱅의 지드래곤과 '인간 샤넬'이라는 별명을 가진 블랙핑크의 제니가 패션 브랜드 샤넬의 앰배서더로 활동하였다.

27-5 2주 연속 빌보드 Hot 100 차트 1위를 달성하며 세계를 놀라게 한 BTS

27-6 인간 샤넬로 불리는 제니가 속한 그룹 블랙핑크

하는 방식이었다. 실제로 몇몇 컬렉션이 디지털로 진행되어 자사의 특징을 살린 영상을 선보이기도 했다.

디올의 경우 2020 FW 오트쿠튀르에서 고대 전설에 관한 SF(Science Fiction) 영화 같은 느낌이 나는 영상을 만들어 비현실적인 환상을 표현하였다. 거기에 더해 홈페이지에서 아틀리에의 모습을 함께 보여주는 재미있는 시도를 하기도 했다. 발렌티노의 오트쿠튀르 역시 실시간 라이브 스트리밍으로 인터넷에 영상을 선보였다. 디올처럼 줄거리가 있는 방식은 아니었지만 어두운 배경에서 온갖 조명을 받으며 서커스단이 공중에 떠 있는 듯한 환상적인 이미지를 전달하였다. 오트쿠튀르에서 패션의 웅장하고 압도적인 모습을 전달했다면 레디투웨어 컬렉션에서는 좀 더 다른 모습을 전달했다. 실제로 프라다의 경우 멀티플 뷰를 활용해 2021 S/S 컬렉션을 다양한 방향과 시점에서 볼 수 있도록 했고, 이를 통해 수많은 해석을 불러오기도 했다.

밀라노 디지털 패션위크 마지막 날에 쇼를 선보인 구찌는 '에필로그'라는 제목으로 여러 사이트에 동영상을 선보였다. 구찌는 패션쇼장의 설치부터 새 컬렉션을 선보이기까지의 모든 과정을 라이브로 보여주었다. 특히 새 컬렉션의 옷을 구찌의 여러 디자이너들이 실제로 입고 나오는 모습은 매우 흥미로웠다. 또 패션 관련 채널, 패션 잡지, 독립 포토그래퍼들이 이와 관련된 영상, 컬렉션, 사진집 등을 내기도 한다. 이러한 변화로 이제는 거의 실시간으로 런웨이에 등장한 새 시즌 컬렉션을 인터넷에서 볼 수 있게 되었고, 몇 년 전부터 많은 브랜드들이 쇼를 실시간으로 스트리밍 중계하기도 한다. 그러나 여전히 현장 런웨이를 더 선호하는 경향도 남아있다.

오늘날에는 패션이 본격적으로 오프라인에서 온라인으로 이동하고 있다. 많은 브랜드들이 어떤 방식으로 밀레니엄 이후의 새로운 세대들에게 자신을 의미 있게 각인시킬 수 있을지에 대한 관심이 큰 시기이다.

1) 여성의 패션

(1) 2020 S/S 4대 컬렉션 키워드 '지속가능성'

세계적으로 환경 오염 문제가 심각해짐에 따라 환경 보호와 생태계를 재생하는 지속가능한 패션 환경과 패션 산업을 위한 운동이 확산되고 있다. 이를 반영하듯 런웨이에서는 친환경 메시지를 담은 컬렉션을 많이 선보였다. 대량 생산과 패스트 패션을 만들어냈던 이전과 달리, 지속가능한 패션을 위한

패션 브랜드들의 움직임은 나날이 심각해지는 환경 문제와 시대적 요구에 부응하려는 글로벌 패션 디자이너들의 움직임을 가속화시켰다. 2020 S/S 세계 4대 컬렉션의 최대 이슈는 단연 '친환경'이었다.

패션위크의 시작을 알린 뉴욕에서는 디자이너 콜리나 스트라다(Collina Strada)가 쇼를 통해 "지구에 더 친절하라"는 메시지를 전달했다. 파리에서는 디올이 런웨이의 배경으로 심은 170여 그루의 나무를 쇼가 끝난 후 도시 전역에 심겠다고 약속하기도 했다. 지속가능 패션의 대표 주자인 스텔라 맥카트니(Stella McCartney)는 재활용이 가능한 친환경 소재를 75% 사용해 '가장 지속가능한' 컬렉션을 선보였다. 미우미우와 루이 비통은 런웨이 세트에 사용된 목재를 기증하겠다고 밝혀 화제가 되기도 했다. 이 밖에 다른 럭셔리 브랜드들도 환경 보호에 대한 약속을 했다. 구찌는 폐기물 재생 소재를 사용한 '오프 더 그리드' 컬렉션, 바이오 기반의 지속가능한 소재로 제작한 '서큘러 라인'의 컬렉션을 선보였다. 버버리, 프라다, 끌로에 등은 기존의 소재를 '에코닐'이라는 친환경 소재로 대체하겠다는 계획을 밝히며 환경 보호에 적극적으로 나서기도 했다. 스포츠웨어 브랜드 크로맷(Chromat), 집시 스포트(Gypsy Sport) 등도 다양한 친환경 소재를 사용해 지속가능한 패션에 동참하고 있다.

27-7 친환경 메시지를 담은 컬렉션

27-8 친환경 소재로 만든 코트, 스텔라 맥카트니

(2) 구찌, 크리스챤 디올, 몽클레르 등 지속을 위한 필수 전략

브랜드를 지속하기 위한 필수 전략으로 자리 잡은 컬래버레이션은 업종과 분야의 경계가 없이 활발하게 진행된다. 브랜드와 디자이너, 예술가, 이종업계 간에 일어날 뿐만 아니라 캐릭터 이모티콘 등 콘텐츠와의 컬래비레이션까지 다양한 협업이 이어지고 있다. 성공적인 협업은 브랜드의 아이덴티티를 재정립하게 해주고 가치를 올려주며 결국에는 매출 상승으로까지 이어지는 효과를 불러온다. 성공적인 협업의 대표적인 사례는 명품 브랜드에서 주로 찾아볼 수 있다.

구찌, 루이 비통, 몽클레르 등의 명품 브랜드는 자신의 이미지와 희소성을 잃을까 하는 우려를 뒤로 하고 기존과 다른 이력의 디자이너들을 크리에이티브 디렉터(CD)로 기용하여 컬래버레이션을 통한 과감한 시도를 하였다. 이를 통해 오래된 중년 브랜드의 이미지에서 벗어나, 밀레니얼 세대 사이에서 핫한 브랜드로 떠오르며 새로운 전성기를 맞이하고 있다.

특히 구찌는 기존의 우아한 브랜드라는 이미지에 대한 손상 없이, 젊고 개성 강한 스트리트 감성의 제품을 출시하여 밀레니얼 세대를 사로 잡은 성공적인 사례이다. 이들은 리뉴얼과 동시에 타 브랜드와의 협업을 활발히 하여 이미지의 변신 속도를 높인 것이 성공에 주효했다고 평가받는다. 2020년대에

성장세로 주목받은 구찌는 알렉산드로 미켈레라는 탁월한 크리에이터, 그리고 '리버스 멘토링' 같은 프로그램의 역할뿐만 아니라 중국과 밀레니얼 세대의 마음을 사로 잡은 것 또한 성장 배경 요소 중 하나로 꼽힌다.

루이 비통은 2000년대에 들어 높은 연령대가 좋아하는 노숙하고 오래된 이미지로 굳어지면서 젊은 층의 수요가 크게 줄어드는 현상을 맞이하였다. 그러나 이후 미국 힙합 뮤지션 '칸예 웨스트'와의 컬래버레이션을 통해 젊은 세대의 폭발적인 관심을 얻었고, 이를 시작으로 하여 젊고 새로운 이미지를 적극 도입하면서 시장에서 다시 확고한 위치를 다졌다.

몽클레르는 이탈리아 사업가 레모 루피니에게 인수된 이후, 뒤처진 브랜드 이미지에서 벗어나 톱 브랜드 중 하나로 떠올랐다. 이는 디자인에 보다 집중하며 다른 업체들과 꾸준히 협업을 펼친 결과였다. 그들은 2018년 밀라노에서 여러 디자이너들과 컬래버레이션 프로젝트 '지니어스'를 선보이면서 시선을 끌었다. 그중에서 특히 패딩 드레스 룩 등이 주목을 받았다.

디올은 여성복과 남성복, 주얼리, 화장품, 핸드백 등 다양한 크리에이티브 디렉터와 일하면서 사업 부문별로 다른 색깔을 가지고 통일된 이미지를 주지 못했던 점을 개선하였다. 이는 '원 디올(One Dior)'이라는 이름의 전략으로 표현되었다. 패션과 뷰티, 그리고 온라인 채널에서 하나의 메시지를 구축하는

27-9 롱 프레드 코트와 레깅스, 버버리 **27-10** 패딩 코트, 몽클레르 **27-11** 세퍼레이트, 루이 비통 **27-12** 재킷과 레깅스, 크리스챤 디올 **27-13** 프린트 드레스와 레깅스, 이상봉

데 집중한 것이다. 이 전략에는 마리아 그라지아 치우리(Maria Grazia Chiuri)나 킴 존스(Kim Jones)같이 패션계에서 가장 유니크하고 인기가 많은 디자이너가 포진하고 있다. 구찌의 크리에이티브 디렉터 알렉산드로 미켈레(Alessandro Michele)가 커머셜 상품팀과 함께 잘 팔릴 수 있는 상품 라인업을 지속적으로 만들어내는 것처럼, 디올 역시 각종 온라인 채널의 점유율을 확대하며 다양한 마케팅을 시도하고 있다. 매출, 가격 포지셔닝, 브랜드 이미지 면에서 디올이 샤넬보다 뒤처지고는 있지만, 두 디렉터가 뿜어내는 영향력은 오히려 디올이 앞설지도 모른다. 지난 몇 년간 샤넬과 비교할 때 큰 폭으로 성장해왔던 디올은, 전 세계를 휩쓴 코로나바이러스로 인해 잠시 성장에 제동이 걸렸으나, 샤넬의 상황 역시 카리스마 넘치는 디렉터 칼 라거펠트가 세상을 떠난 것에 이어 코로나 대유행의 여파로 매출이 낙관적이지만은 않으므로 향후 어떤 브랜드가 승기를 들게 될지는 모르는 일이다. 샤넬의 경우에는 여러 가지 상황 탓에 제품의 가격을 올릴 수밖에 없었는데, 이러한 가격 결정의 이면에는 극소수만 소유할 수 있는 럭셔리 브랜드의 이미지를 계속 가져가고 싶다는 생각이 있음을 부인할 수는 없을 것이다.

(3) 액티브웨어, 레깅스의 유행

출퇴근 자율화에 따라 재택근무의 비중이 높아지면서 소비자의 라이프스타일이 변화되면서 언제 어디서나 편하게 입을 수 있는 신축성 좋은 소재의 액티브웨어가 일상복으로까지 확대되었다. 그중에서도 피트니스 의류에 대한 수요는 지속적으로 증가하고 있으며, 이러한 흐름은 계속될 전망이다.

친환경을 담은 액티브웨어는 2020년 가장 큰 트렌드로 떠올랐다. 소비자들이 보다 적극적으로 지속가능하고 친환경적인 소재에 관심을 가지고 제품을 구매하면서, 재활용 플라스틱이나 폴리에스테르, 재생 나일론, 유기농 면 등을 활용한 친환경 피트니스 웨어 브랜드가 점점 더 인기를 끌고 있다. 또 이전까지는 주로 스포츠웨어로 착용되던 레깅스가 인기를 끌면서, 캐주얼웨어는 물론이고 드레스류에도 레깅스를 함께 착용할 만큼 각광받는 패션 아이템으로 떠올랐다.

2) 남성의 패션

런던의 스타급 디자이너들이 2020~2021 F/W 시즌에 밀라노와 파리 등으로 일제히 자리를 옮김에 따라, 런던 남성복 패션 위크는 인재 유출에 대해 고민하게 되었다. 한편으로는 새로운 남성복 디자이너들에게 또 다른 기회로 다가오기도 했다.

런던은 민간의 다채로운 신인 발굴 프로그램 등에 지원을 하고 스포츠와 캐주얼, 혹은 소재 브랜드 등 다양한 분야와의 적극적인 컬래버레이션을 추진하였다. 런던의 디자이너들은

27-14 테일러드 재킷과 니트 풀오버 스웨터, 루이 비통 **27-15** 액티브 스포츠웨어, 발렌시아가 **27-16** 조끼 세트, 구찌 **27-17** 와이드 팬츠, 톰 브라운 **27-18** 오버사이즈드 톱, 베타니 윌리엄스

독창적인 아이디어와 판매 가능한 실용적인 디자인을 조화시키려는 시도를 꾸준히 진행하였다. 더불어 런웨이의 필수 요소로 자리 잡은 지속가능성과 문화적 다양성을 어떤 방식으로든 컬렉션에 반영하고자 노력하였다.

2020년대 런던의 런웨이에서는 전반적으로 영국적인 요소와 복고적인 요소에 대한 다채로운 해석이 돋보였다. 데일리링은 영국 특유의 젊고 언더그라운드적인 시각으로 재창조되거나 디테일의 변화 등으로 한층 젊게 표현되었고, 한동안 이어오던 산업적이고 테크니컬한 스타일이 좀 더 빈티지하고 낙관적인 워크 웨어와 밀리터리 쪽으로 방향을 틀었다. 러프함을 강조하기보다는 자유롭고 감성적인 터치가 함께 가미된 것도 특징이었다. 스포티한 스타일은 복고적인 터치와 스트리트의 화려한 개성을 통해 업데이트되었다.

소재는 오래된 느낌이 나는 빈티지한 감각이 주를 이루었다. 다양한 트위드와 홈스펀, 심플한 모직, 실용적인 면과 코듀로이, 브리치드 데님 등이 사용되었다. 은은하게 베이스로 활용된 클래식한 체크와 더불어 원포인트로 가미된 레터링이나 니트 등이 돋보였고 새컨핸즈 감성의 실용성과 수공예적인 섬세함도 공존하고 있다. 기본 조직의 면, 퀼팅, 앤틱 가죽, 모직 등의 일상적인 소재부터 속히 훤히 비치는 장식 소재, 복고적인 광택 소재도 활용되었다.

아이템 부문에서는 테일러드 재킷, 오버사이즈드 코트, 빈티지한 블루종 스타일, 니트 풀오버, 와이드 팬츠, 워싱 데님 등이 눈에 띄었다. 밀리터리 재킷과 코트, 유틸리티 조끼, 판초와 로브 스타일의 톱, 카고 팬츠 등도 나타났다.

컬러는 대개 프러시안 블루와 그레이 외에도 빈티지한 감각을 드러내는 보라색, 수풀의 초록색 등이 폭넓게 활용되었고 진한 적색과 노란색 등은 포인트 컬러로 사용되었다. 카키와 브라운 등의 컬러가 중심으로 활용될 때 오렌지, 보라, 백색 등이 일부 포인트 컬러로 쓰이기도 했다. 이외에도 전체적인 룩의 분위기를 화려하게 만드는 주요 역할을 하기 위해 청색, 보라색, 초록색 등의 비비드 컬러를 중심으로 색상을 전개하면서 어느 정도는 형광색을 활용하여 약간의 복고적인 뉘앙스를 공존시키는 트렌드가 나타났다.

3. 헤어스타일과 액세서리

모노그램 트렌드가 주를 이루면서 핸드백은 물론이고 신발에도 반복적인 로고 패턴이 나타나는 모노그램 디자인이 많이 활용되었다. 두 개 이상의 글자를 합쳐 한 글자를 도안화하여 하나의 심볼로 쓰거나, 조합된 문양을 무한 반복하여 패턴으로 만들어 사용하기도 했다. 1896년, 조르주 비통은 자사 브랜드를 모방한 모조품이 많아지자 L과 V를 결합한 모노그램 디자인을 만들어냈다. 당시 모노그램 문양을 가죽에 새길 수 있는 기술이 발달해 있지 않은 상황에서 모조품 제조자들이 따라할 수 없는 기술을 만들어 가죽에 새겨 넣은 것이 바로 루이 비통을 대표하는 모노그램의 시작이 된 것이다. 태생적인 이유 때문인지, 모노그램은 여전히 명품 브랜드의 전유물로 자리 잡고 있다. 루이 비통의 베스트 아이템은 여전히 모노그램 패턴의 가방이다. 생 로랑, 버버리, 고야드 등 수많은 브랜드들도 모노그램을 활용한 제품을 내놓고 있다. 특히 크리스챤 디올, 구찌, 엠씨엠 브랜드들이 인기가 많으며 닥스의 체크 무늬 등 각 브랜드를 대표하는 시그니처 아이템들은 명품 분위기를 연출하기에 부족함이 없다.

백은 액세서리에서 차지하는 비중이 큰 아이템이다. 파리에 본사를 두고 있는 세계 최대 럭셔리 패션그룹 LVMH(Louis Vuitton, Moet, Hennessy)가 보유한 크리스챤 디올의 천으로 된 캔버스 백과 가죽 소재의 새들(Saddle) 백, 생 로랑 스니커즈는 유행을 선도하고 있다.

젊은 여성의 헤어스타일은 대부분 등 뒤까지 내려오는 길이가 길고 윤기가 나는 스타일이 주류를 이룬다. 반대로 길이가 짧은 보브(Bob) 스타일의 헤어스타일도 함께 유행을 이끌었다. 건강을 위해 걷기 또는 달리기 등 운동하는 사람들이 많아지면서 신발은 가볍고 편한 운동화가 많이 착용되었다.

남성의 헤어스타일은 눈에 띄는 색깔로 염색하는 사람들이 늘어나고, 아이돌을 닮은 헤어스타일도 유행을 이끌었다. 신발은 간결한 디자인, 쿠셔닝과 착용감이 좋은 모카신(Moccasin) 스타일의 구두 및 운동화가 많이 착용되었다.

액세서리를 살펴보면 가볍고 편하고 저렴하면서도 다양한 스타일이 존재하는 에코(Echo) 백이 대중에게 인기를 끌었다.

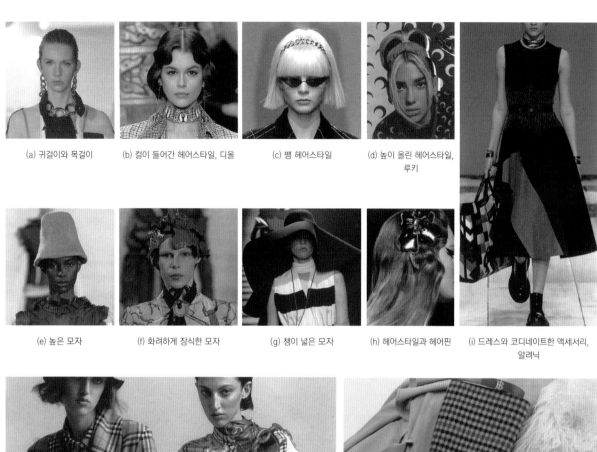

(a) 귀걸이와 목걸이

(b) 컬이 들어간 헤어스타일, 디올

(c) 뱅 헤어스타일

(d) 높이 올린 헤어스타일, 루키

(e) 높은 모자

(f) 화려하게 장식한 모자

(g) 챙이 넓은 모자

(h) 헤어스타일과 헤어핀

(i) 드레스와 코디네이트한 액세서리, 알려닉

(j) 숄더백, 버버리

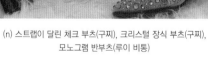

(k) 숄더백, 루이 비통

(l) 반부츠, 루이 비통

(m) 클러치 백, 미우미우

(n) 스트랩이 달린 체크 부츠(구찌), 크리스털 장식 부츠(구찌), 모노그램 반부츠(루이 비통)

27-19 2020년대의 헤어스타일과 액세서리, 슈즈

2020년대 패션 스타일의 요약

2020년대		

사건 혹은 발명품	대표 패션
 K-pop의 상징이 된 BTS	 2020~2021 F/W 런던 컬렉션

패션의 종류	여성복	레깅스가 크게 유행하면서 다양한 다른 아이템과 코디네이트해서 착용. 털을 넣고 누빈 패딩 코트, 간편하고 실용적인 원피스 드레스
	남성복	테일러드 재킷, 니트 풀오버 스웨터, 액티브 스포츠웨어, 조끼, 큰 오버사이즈드 코트, 빈티지한 블루종 스타일, 와이드 팬츠, 판초와 로브 스타일의 톱, 카고 팬츠, 워크 웨어나 밀리터리 스타일
헤어스타일 및 액세서리	여성	길이가 긴 스트레이트한 머리나 반대로 짧은 뱅(Bang) 헤어스타일이 유행, 모노그램 디자인의 백, 에코(Echo)백, 반부츠 운동화
	남성	눈에 띄는 컬러로 염색한 헤어스타일, 아이돌을 닮은 헤어스타일, 수염, 모카신(Moccasin) 스타일의 구두, 운동화, 액세서리
패션사적 의의		• 지구의 환경오염이 심각해짐에 따라 패션업계는 지속가능성에 대한 인식을 강조하며 친환경적인 운동을 확산시킴 • 브랜드를 지속하기 위한 필수 전략으로 업종과 분야를 초월하여 활발한 컬래버레이션이 이루어짐 • 구찌는 기존의 브랜드 이미지 손상 없이 신규 고객과 밀레니얼 세대를 사로 잡아 성공한 대표적인 사례로 손꼽힘
주요 디자이너		발렌시아가(Balenciaga), 루이 비통(Louis Vuitton), 미우미우(Miu Miu), 발렌티노(Valentino), 세인트 로랑(Saint Laurent), 크리스챤 디올(Christian Dior), 지방시(Givency), 알렉산더 맥퀸(Alexander McQueen), 톰 브라운(Thom Browne), 스텔라 맥카트니(Stella McCartney), 겐조(Kenzo), 이상봉(Lie Sangbong), 니나 리치(Nina Ricci), 발망(Balmain), 요지 야마모토(Yohji Yamamoto), 데무(DÉMOO), 랑방(Lanvin), 이세이 미야케(Issey Miyake)

1910~2020년대 패션의 변천사

TIMELINES

타이타닉호 침몰

자동차의 대중화

엠파이어 스테이트 빌딩

미너렛 튜닉 드레스

1910

플래퍼 걸

1920

바이어스 커트 드레스

1930

1970

1980

1990

반미 운동

다이애나 왕세자비의 결혼식

교외 아웃렛, 쇼핑센터

판탈롱

아워글라스 슈트

타이트한 실루엣

텔레비전 방송 시작

로큰롤 뮤직

케네디 대통령 일가

뉴룩

플레어스커트

미니 드레스

1940

1950

1960

2000

2010

2020

오바마 대통령 취임

윌리엄 왕세자와 케이트 미들턴의 결혼식

친환경 런웨이

SPA 브랜드 패션

프라다의 체크무늬 드레스

이상봉 2020 S/S 컬렉션

참고문헌

국내

금기숙, 김민자, 김영인, 김윤희, 박명희, 박민여, 배천범, 신혜순, 유혜영, 최해주(2012). 현대패션 110년. 교문사.

김칠순, 신혜순, 이규혜, 이은옥, 장동림, 채수경, 최인려, 한명숙(2005). 패션 디자인. 교문사.

백영자(1991). 서양복식문화사. 경춘사.

정흥숙(1997). 서양복식문화사. 교문사.

국외

Albert Racinet(1991). The Historical Encyclopedia of Costume. Facts on File.

Allison Adato(1996). LIFE Sixty Years. LIFE, New York.

Amy De La Haye(1988). Fashion Source Book. Regent Publishing Ltd.

Amy De La Haye, Shelly Tobin(1996). Chanel: The Couturiere at Work. The Overlook Press·New York.

Béatrice Fontanel(2001). Support and Seduction: The History of Corsets and Bras. Harry N. Abrams.

Beverley Birks(1993). Haute Couture 1870-1970. Asahi Simbun, Tokyo.

Carol M. Highsmith, Ted Landphair(1997). Washington, D.C. A Photographic Tour. Random House.

Caroline Rennolds Milbank(1985). COUTURE: The Great Designers. Stewart, Tabori & Chang, Inc.

Caroline Rennolds Milbank(1996). New York Fashion. Harry N. Abrams.

Catherine Join-Dieterle, Hubert De Givenchy(1991). Givenchy 40 Years of Creation. Paris Musées.Rottman, Fred, Gross, Elaine(1999). Halston: An American Original. Harpercollins.

Charlie Lee-Potter(1984). Sportswear in Vogue Since 1910. Abbeville Pr.

Charlotte Seeling(1999). La Mode: Au Siècle des Creéateurs. Könemann.

Christina Probert(1982). Hats in Vogue Since 1910. Abbeville Press.

Claire Wilcox(1997). A Century of Bags. Book Sales.

Colin McDowell(1985). McDowell's Directory of Twentieth Century Fashion. A Spectrum Book.

Elane Feldman(1992). Fashion of a Decade: The 1990s. Fact on File, Inc, New York.

Elizabeth Ann Coleman(1989). The Opulent Era: Fashions of Worth, Doucet and Pingat. Thames & Hudson.

Francois Boucher(1987). 20,000 Years of Fashion: The History of Costume and Personal Adornment. Harry N. Abrams.

Inc, New York.

Frank Decaro(1999). **Unmistakably Mackie: The Fashion and Fantasy of Bob Mackie**. Universe.

Georgina Howell(1988). **Diana: Her Life in Fashion**. Rizzoli.

Gerda Buxbaum(1999). **Icons of Fashion**. Prestel.

Giorgio Marangoni(1981). **Piccolo Atlante Storico Della Moda**. Buone condizioni.

Giovanna Magi(1998). **To Do Paris**. Bonechi.

Jack Cassin-scott(1971). **The Illustrated Encyclopaedia of Costume and Fashion**. Studio Vista.

Jacqueline Herald(1992). **Fashion of a Decade: The 1920s**. Facts on File, Inc, New York.

Jacqueline Herald(1992). **Fashion of a Decade: The 1970s**. Fact on File, Inc, New York.

Jacqueline Morley(1992). **Timelines Clothes for Work, Play & Display**. The Salariya Book.

Jane Tozer, Sarah Levitt(1983). **Fabric of Society: A Century of People and Their Clothes 1770-1870**. Laura Ashley.

Jean Starobinski(1990). **Revolution in Fashion 1715~1815**. Abbeville Press.

Joel Lobenthal(1990). **Radical Rags Fashions of the Sixies**. New York: Abbeville Press, New York.

June Swann(1983). **Shoes**. B. T. Batsford.

Karl Rohrbach(2007). **Pictorial Encyclopedia of Historic Costume: 1200 Full-Color Figures**. Dover Publications.

Linda Baumgarten(1986). **Eighteenth-Century Clothing at Williamsburg**. Colonial Williamsburg Foundation.

Linda o'Keeffe(1996). **Shoes: A Celebration of Pumps, Sandals, Slippers & More**. Workman Publishing·New York.

Margaret Knight(1998). **Fashion Through the Ages**. Tango Books.

Maria Costantino(1992). **Fashions of a Decade: The 1930s**. Facts on File, Inc, New Tork.

Marie Paule Pellé, Patrick Mauriès(1990). **Valentino's Magic**. Abbeville Press Publishers.

Marybelle S. Bigelow(1970). **Fashion in History**. Burgess Publishing Company.

Musee des arts de la mode(1986). **Moments de Mode a Travers les Collections du Musee des Arts de la Mode(French Edition)**. Herscher.

Musée Galliera(2001). **La Mode et l' Enfant 1780-2000**. Paris Musées.

Natalie Rothstein(1984). **Four Hundred Years of Fashion**. Harper Collins Publishers Ltd.

Olivier Bernier(1982). **The Eighteenth Century Woman**. Doubleday.

Otto Charles Thieme(1988). **Simply Stunning**. Cincinnati Art Museum.

Paris Musées(2000). **Mutations Mode 1960:2000**. Musée Galliera.

Patricia Baker(1992). **Fashions of a Decade: The 1940s**. Facts on File, Inc, New York.

Richard Martin(1997). **Gianni Versace**. Metropolitan Museum of Art, New York.

Richard Martin(1999). **Our New Clothes: Acquistions of the 1990s**. The Metropolitan Museum of Art, New York.

Richard Martin(2013). **Infra-apparel**. Metropolitan Museum of Art.

Richard Martin, Harold Koda(1995). **Haute Couture**. The Metropolitan Museum of Art, New York.

Sarah E. Braddock, Marie O'mahony(1998). **Techno Textiles**. Thames and Hudson.

Stella Blum(1982). **Eighteenth-Century French Fashions in Full Color**. Dover Publications.

Susie Hopkins(1999). **The Century of Hats**. Chartwell Books.

Valerie Steele(1997). **Fifty Years of Fashion**. Yale University Press New Haven and London.

Vicky Carnegy(1990). **Fashions of a Decade: The 1980s**. Facts on File, Inc, New York.

Yves Saint Laurent, Marguerite Duras(1988). **Images of Design**. Alfred A. Knopf.

그림출처

CHAPTER 1 위키미디어(British Museum CC0)

1-1 위키미디어(kallerna CC BY-SA)

1-2 Albert Racinet(1991). The Historical Encyclopecia of Costume. Facts on File.

1-3 플리커(Steven Straiton CC BY-SA)

1-4 www.egyptsearch.com

1-5 Francois Boucher(1987). 20,000 Years of Fashion The History of Costume and Personal Adornment. Harry N. Abrams, p.98.

1-6 ibid.

1-7 플리커(GeometerArtist CC BY-SA)

1-8 web.tiscalinet.it

1-9 위키피디아(Rama CC BY-SA)

1-10 www.merian.de

1-12 위키미디어(Pataki Márta CC0)

1-13 Albert Racinet(1991). The Historical Encyclopecia of Costume. Facts on File.

1-14 Francois Boucher(1987). op. cit., p.96.

1-15 위키피디아(CC0)

1-16 Albert Racinet(1991). op. cit.

1-17 www.onlineenzyklopaedie.de

1-18 Albert Racinet(1991). op. cit.

1-19 ibid.

1-20 위키미디어(Walters Art Museum CC0)

1-21 www.metmuseum.org

1-22(a) 플리커(Claire H. CC BY), (g) 플리커(Jean-Pierre Dalbéra CC BY), (h) beforeitsnews.com, (i) 플리커(tutincommon CC BY-SA)

CHAPTER 2 김칠순, 신혜순, 이규혜, 이은옥, 장동림, 채수경, 최인려, 한명숙(2005). 패션 디자인. 교문사.

2-1 플리커(David Stanley CC BY-SA)

2-2 위키피디아(CC0)

2-3 위키피디아(CC0)

2-4 위키피디아(Mbzt CC BY-SA)

2-5 Giorgio Marangoni(1981). Piccolo Atlante Storico Della Moda. Buone condizioni.

2-6 Francois Boucher(1987). 20,000 Years of Fashion The History of Costume and Personal Adornment. Harry N. Abrams, p.38.

2-7 위키피디아(CC0)

2-9 Giorgio Marangoni(1981). op. cit.

2-10 ibid.

2-11 김칠순, 신혜순, 이규혜, 이은옥, 장동림, 채수경, 최인려, 한명숙(2005). op. cit.

2-12(a) Francois Boucher(1987). op. cit., p.41., (b) The Historical Albert Racinet(1991). The Historical Encyclopecia of Costume. Facts on File.

2-13 June Swann(1983). Shoes. B. T. Batsford.

CHAPTER 3 위키피디아(C messier CC BY-SA)

3-1 위키피디아(Bgag CC BY-SA)

3-2 위키피디아(CC0)

3-3 www.penn.museum

3-5 Giorgio Marangoni(1981). Piccolo Atlante Storico Della Moda. Buone condizioni, Tav. 5.

3-6 위키피디아(Nikater CC BY-SA)

3-7 위키피디아(CC0)

3-8 위키피디아(C messier CC BY-SA)

3-9 people.ucls.uchicago.edu

3-10 rs.bift.edu.cn

3-13 위키피디아(Hardwigg CC BY-SA)

3-14(f) 위키피디아(C messier CC BY-SA)

CHAPTER 4 Giovanna Magi(1998). To Do Paris. Bonechi.

4-1 위키피디아(Tuca~commonswiki CC BY-SA)

4-2 galleryhip.com

4-5 Giovanna Magi(1998). op. cit.

4-6 위키피디아(CC0)

4-7 위키피디아(CC0)

4-9 Giorgio Marangoni(1981). Piccolo Atlante Storico Della Moda. Buone condizioni.

4-10 i55.tinypic.com

4-12 Marybelle S. Bigelow(1970). Fashion in History. Burgess Publishing Company, p.55.

4-15 Ibid, p.54.

4-19(a) 위키피디아(CC0), (b) 위키피디아(MatthiasKabel CC BY-SA)

4-20(a)~(d) Margaret Knight(1998). Fashion Through the Ages. Tango Books.

CHAPTER 5 위키피디아(Aomarks CC BY-SA)

5-1 위키피디아(CC0)

5-2 위키피디아(Aomarks CC BY-SA)

5-3 위키피디아(CC0)

5-4 위키피디아(Hochgeladen von AlMare CC BY-SA)

5-5 Giorgio Marangoni(1981). Piccolo Atlante Storico Della Moda. Buone condizioni.

5-8 www.ilgiunco.net

5-9 Albert Racinet(1991). The Historical Encyclopecia of Costume. Facts on File.

5-10 ancientrome.ru

5-11 Albert Racinet(1991). op. cit.

5-12(f) Jacqueline Morley(1992). Timelines Clothes for Work, Play & Display. The Salariya Book.

5-14 Francois Boucher(1987). 20,000 Years of Fashion The History of Costume and Personal Adornment. Harry N. Abrams, p.125.

CHAPTER 6 위키피디아(CC0)

6-1 위키피디아(ArildV CC BY-SA)

6-2 위키피디아(CC0)

6-3 위키피디아(CC0)

6-4 위키피디아(CC0)

6-6 위키피디아(CC0)

6-7 stpetersbasilica.info

6-8 Albert Racinet(1991). The Historical Encyclopecia of Costume. Facts on File.

6-10 Ibid.

6-11 위키피디아(CC0)

6-12 Albert Racinet(1991). op. cit.

6-13 Ibid.

6-14 Ibid.

6-15 Ibid.

6-16 Francois Boucher(1987). 20,000 Years of Fashion The History of Costume and Personal Adornment. Harry N. Abrams, Inc, New York.

6-17 Albert Racinet(1991). op. cit.

6-18(d) Francois Boucher(1987). op. cit.

CHAPTER 7 classes.bnf.fr

7-1 플리커(Spencer Means CC BY-SA)

7-2 British Library

7-3 Francois Boucher(1987). 20,000 Years of Fashion The History of Costume and Personal Adornment. Harry N. Abrams, p.169.

7-4 www.zazzle.es

7-5 위키피디아(CC0)

7-6 The Historical Albert Racinet(1991). The Historical Encyclopecia of Costume. Facts on File.

7-7 김칠순, 신혜순, 이규혜, 이은옥, 장동림, 채수경, 최인려, 한명숙(2005). 패션 디자인. 교문사.

7-8 venturiellogabriele.blogspot.kr

7-9 Francois Boucher(1987). op. cit.

7-10 Margaret Knight(1998). Fashion Through the Ages. Tango Books, pp.3-4; Albert Racinet(1991). op. cit; 위키피디아(CC0)

7-11(b)(c) Margaret Knight(1998). op. cit., p.4.

7-12 The Historical Albert Racinet(1991). op. cit; Margaret Knight(1998). op. cit; Jack Cassin-scott(1971). The Illustrated Encyclopaedia of Costume and Fashion. Studio Vista.

CHAPTER 8 Béatrice Fontanel(2001). Support and Seduction: The History of Corsets and Bras. Harry N. Abrams, Inc, New York.

8-1 위키피디아(Tobi CC BY-SA)

8-2 위키피디아(Micdjunior CC BY-SA)

8 3 Albert Racinet(1991). The Historical Encyclopecia of Costume. Facts on File.

8-4 Ibid.

8-8 Ibid.

8-15(a) Albert Racinet(1991). op. cit., (b) 위키피디아(CC0), (c) 위키피디아(CC0), (d) www.thetapestryhouse.com, (e) 위키피디아(CC0)

8-16(a) Albert Racinet(1991). op. cit., (e) Francois Boucher(1987). 20,000 Years of Fashion The History of Costume and Personal Adornment. Harry N. Abrams, p.210.

8-17 Margaret Knight(1998). Fashion Through the Ages. Tango Books; Francois Boucher(1987). op. cit.

CHAPTER 9 위키피디아(CC0)

9-1 위키미디어(Dudva CC BY-SA)

9-2 픽사베이(CC0)

9-3 Albert Racinet(1991). The Historical Encyclopecia of Costume. Facts on File.

9-4 위키피디아(CC0)

9-5 위키피디아(CC0)

9-6 위키피디아(CC0)

9-7 Albert Racinet(1991). op. cit.

9-8 위키피디아(CC0)

9-9 위키피디아(CC0)

9-12 위키피디아(CC0)

9-13 Albert Racinet(1991). op. cit.

9-14 위키피디아(CC0)

9-15 위키피디아(CC0)

9-16 위키피디아(CC0)

9-17 위키피디아(CC0)

9-18 위키피디아(CC0)

9-19 위키피디아(CC0)

9-20 Jack Cassin-scott(1971). The Illustrated Encyclopaedia of Costume and Fashion. Studio Vista.

9-22 Francois Boucher(1987). 20,000 Years of Fashion The History of Costume and Personal Adornment. Harry N. Abrams, Inc, New York.

9-23 Jack Cassin-scott(1971). op. cit.

9-24(a)~(d) Albert Racinet(1991). op. cit., (e) Francois Boucher(1987). op. cit.

9-25(a)~(c) 위키피디아(CC0), (d) Jacqueline Morley(1992). Timelines Clothes for Work, Play & Display. The Salariya Book., (f) 위키피디아(CC0)

9-26(c) Jacqueline Morley(1992). op. cit.

CHAPTER 10 Francois Boucher(1987). 20,000 Years of Fashion The History of Costume and Personal Adornment. Harry N. Abrams, p.256.

10-1 플리커(-jamesn- CC BY-SA)

10-2 픽사베이(CC0)

10-5 Albert Racinet(1991). The Historical Encyclopecia of Costume. Facts on File.

10-6 Francois Boucher(1987). op. cit., p.252.

10-14 Linda Baumgarten(1986). Eighteenth-Century Clothing at Williamsburg. Colonial Williamsburg Foundation, p.28.

10-16 Francois Boucher(1987). op. cit., p.272.

10-17 Albert Racinet(1991). op. cit.

10-18 Francois Boucher(1987). op. cit.

10-20 Natalie Rothstein(1984). Four Hundred Years of Fashion. HarperCollins Publishers Ltd, p.83.

10-21 위키피디아(CC0)

10-22 Linda Baumgarten(1986). op. cit.

10-23 Natalie Rothstein(1984). op. cit., p.79.

10-24 Francois Boucher(1987). 20,000 Years of Fashion The History of Costume and Personal Adornment. Harry N. Abrams, p.257.

10-25 Jack Cassin-scott(1971). op. cit., p.60.

10-26 위키피디아(CC0)

10-28(a) Albert Racinet(1991). op. cit., (b) Francois Boucher(1987). op. cit., p.241., (c)~(d) Albert Racinet(1991). op. cit.

10-29(a) (b) 10-14 Linda Baumgarten(1986). op. cit., p.79.

CHAPTER 11 위키아트(CC0)

11-1 위키피디아(CC0)

11-2 위키피디아(CC0)

11-3 위키피디아(CC0)

11-4 위키피디아(CC0)

11-5 위키피디아(CC0)

11-6 www.steveartgallery.se

11-7 위키피디아(CC0)

11-8 위키피디아(CC0)

11-9 위키피디아(CC0)

11-11 Olivier Bernier(1982). The Eighteenth Century Woman. Doubleday.

11-13 txmdwebsite.angelfire.com

11-16 Jean Starobinski(1990). Revolution in Fashion 1715~1815. Abbeville Press.

11-17 위키피디아(CC0)

11-19 Olivier Bernier(1982). op. cit.

11-20 thedreamstress.com

11-21 Stella Blum(1982). Eighteenth-Century French Fashions in Full Color. Dover Publications, p.22.

11-22 Stella Blum(1982). op. cit., p.46.

11-23 위키피디아(CC0)

11-24 Stella Blum(1982). op. cit., p.38.

11-25 위키피디아(CC0)

11-26 Jean Starobinski(1990). Revolution in Fashion 1715~1815. Abbeville Press.

11-27 Ibid.

11-28 Linda Baumgarten(1986). Eighteenth-Century Clothing at Williamsburg. Colonial Williamsburg Foundation, p.29.

11-29 Jean Starobinski(1990). op. cit.

11-31 Ibid.

11-32 Ibid.

11-33 Jack Cassin-scott(1971). The Illustrated Encyclopaedia of Costume and Fashion. Studio Vista, p.82.

11-34 Linda Baumgarten(1986). op. cit., p.17.

11-35 Jane Tozer, Sarah Levitt(1983). Fabric of Society: A Century of People and Their Clothes 1770-1870. Laura Ashley.

11-36 Natalie Rothstein(1984). Four Hundred Years of Fashion. HarperCollins Publishers Ltd, p.60.

11-37 Ibid., p.59.

11-38 Ibid., p.51.

11-39 위키피디아(CC0)

11-40 Jean Starobinski(1990). op. cit.

11-41 Natalie Rothstein(1984). op. cit., p.60.

11-43 Musee des arts de la mode(1986). Moments de mode a travers les collections du Musee des arts de la mode(French Edition). Herscher, p.49.

11-44 위키피디아(CC0)

11-45 위키피디아(CC0)

11-47 위키피디아(CC0)

11-48 Jack Cassin-scott(1971). op. cit., p.83.

11-49 Ibid., p.81.

11-51 Linda Baumgarten(1986). op. cit., p.35.

11-53(a) Jean Starobinski(1990). op. cit.

11-55 Linda o'Keeffe(1996). Shoes: A Celebration of Pumps, Sandals, Slippers & More. Workman Publishing·New York.

CHAPTER 12 Jean Starobinski(1990). Revolution in Fashion 1715~1815. Abbeville Press.

12-1 위키피디아(CC0)

12-2 위키피디아(CC0)

12-3 Musée Galliera(2001). La Mode et l' Enfant 1780-2000. PARIS Musées.

12-4 Jean Starobinski(1990). op. cit.

12-5 Ibid.

12-6 위키피디아(CC0)

12-7 Albert Racinet(1991). The Historical Encyclopecia of Costume. Facts on File.

12-9 위키피디아(CC0)

12-10 위키피디아(CC0)

12-11 위키피디아(CC0)

12-12 Jack Cassin-scott(1971). The Illustrated Encyclopaedia of Costume and Fashion. Studio Vista, p.95.

12-13 Ibid., p.93.

12-14 Ibid.

12-15 Albert Racinet(1991). op. cit.

12-16 Natalie Rothstein(1984). Four Hundred Years of Fashion. HarperCollins Publishers Ltd, p.63.

12-17 Ibid., p.63.

12-18 위키피디아(CC0)

12-19 Jean Starobinski(1990). Revolution in Fashion 1715~1815. Abbeville Press.

12-20 Jack Cassin-scott(1971). op. cit., p.102.

12-22 위키피디아(CC0)

12-23 Albert Racinet(1991). op. cit.; Jack Cassin-scott(1971). op. cit.

12-24 Albert Racinet(1991). op. cit.

12-25 Jack Cassin-scott(1971). op. cit., p.92.

CHAPTER 13 Natalie Rothstein(1984). Four Hundred Years of Fashion. HarperCollins Publishers Ltd, p.36.

13-1 londonstreetviews.wordpress.com

13-3 위키피디아(CC0)

13-5 위키피디아(CC0)

13-8 위키피디아(CC0)

13-9 Natalie Rothstein(1984). op. cit., p.36.

13-10 Jane Tozer, Sarah Levitt(1983). Fabric of Society: A Century of People and Their Clothes 1770-1870. Laura Ashley, p.33.

13-11 Ibid, p.33.

13-12 Jack Cassin-scott(1971). The Illustrated Encyclopaedia of Costume and Fashion. Studio Vista, p.112.

13-13 위키피디아(CC0)

13-14 Richard Martin(2013). Infra-apparel. Metropolitan Museum of Art.

13-15 위키피디아(CC0)

13-18 Jack Cassin-scott(1971). op. cit.

13-19 Francois Boucher(1987). 20,000 Years of Fashion The History of Costume and Personal Adornment. Harry N. Abrams, p.361.

13-20 Jack Cassin-scott(1971). op. cit., p.121.

13-21 Ibid, p.117.

13-22 위키피디아(CC0)

13-24 Linda o'Keeffe(1996). Shoes: A Celebration of Pumps, Sandals, Slippers & More. Workman Publishing·New York.

CHAPTER 14 Kunstbibliothek, Staatliche Museen zu Berlin.

14-1 위키미디어(CC0)

14-2 Musee des Arts de La Mode(1986). Moments de Mode a Travers les Collections du Musee des Arts de La Mode(French Edition). Herscher, p.206.

14-4 Kunstbibliothek, Staatliche Museen zu Berlin.

14-5 위키피디아(CC0)

14-6 Francois Boucher(1987). 20,000 Years of Fashion The History of Costume and Personal Adornment. Harry N. Abrams, p.375.

14-8 위키피디아(CC0)

14-9 Francois Boucher(1987). op. cit., p.377.

14-11 위키피디아(CC0)

14-18 Linda o'Keeffe(1996). Shoes: A Celebration of Pumps, Sandals, Slippers & More. Workman Publishing·New York.

CHAPTER 15 Elizabeth Ann Coleman(1989). The Opulent Era: Fashions of Worth, Doucet and Pingat. Thames & Hudson.

15-2 Giovanna Magi(1998). To Do Paris. Bonechi.

15-3 위키피디아(CC0)

15-4 위키피디아(CC0)

15-6 Richard Martin, Harold Koda(1995). Haute Couture. The Metropolitan Museum of Art, New York, p.18.

15-7 금기숙, 김민자, 김영인, 김윤희, 박명희, 박민여, 배천범, 신혜순, 유혜영, 최해주(2012). 현대패션 110년. 교문사, p.22.

15-12 위키피디아(CC0)

15-20 Beverley Birks(1993). Haute Couture 1870-1970. Asahi Simbun, Tokyo.

15-21 위키피디아(CC0)

15-22 금기숙, 김민자, 김영인, 김윤희, 박명희, 박민여, 배천범, 신혜순, 유혜영, 최해주(2012). op. cit., p.48.

15-24 금기숙, 김민자, 김영인, 김윤희, 박명희, 박민여, 배천범, 신혜순, 유혜영, 최해주(2012). op. cit., p.51.

15-27 Caroline Rennolds Milbank(1996). New York Fashion. Harry N. Abrams, p.52.

15-28 Ibid.

15-29(a) Susie Hopkins(1999). The Century of Hats. Chartwell Books., (b) Amy De La Haye(1988). Fashion Source Book. Regent Publishing Ltd.

15-30(b) Jane Tozer, Sarah Levitt(1983). Fabric of Society: A Century of People and Their Clothes 1770-1870. Laura Ashley, p.104., (f)~(g) 김칠순, 신혜순, 이규혜, 이은옥, 장동림, 채수경, 최인려, 한명숙(2005). op. cit. p.24.

15-31 Linda o'Keeffe(1996). Shoes: A Celebration of Pumps, Sandals, Slippers & More. Workman Publishing·New York.

CHAPTER 16 Charlotte Seeling(1999). La Mode: Au Siècle des Creéateurs. Könemann.

16-1 위키피디아(CC0)

16-4 Charlotte Seeling(1999). La Mode: Au Siècle des Creéateurs. Könemann.

16-6 Ibid.

16-7 Amy De La Haye(1988). Fashion Source Book. Regent Publishing Ltd.

16-8 Ibid.

16-13 Charlotte Seeling(1999). La Mode: Au Siècle des Creéateurs. Könemann.

16-17 Ibid.

16-18 Beverley Birks(1993). Haute Couture 1870-1970. Asahi Simbun, Tokyo.

16-19 Margaret Knight(1998). Fashion Through the Ages. Tango Books.

16-20 Marybelle S. Bigelow(1970). Fashion in History. Burgess Publishing Company, p.299.

16-21 Jacqueline Morley(1992). Timelines Clothes for Work, Play & Display. The Salariya Book, p.30.

16-22(b)~(e) Susie Hopkins(1999). The Century of Hats. Chartwell Books., (g)~(h) Margaret Knight(1998). Fashion Through the Ages. Tango Books.

CHAPTER 17 Charlotte Seeling(1999). La Mode: Au Siècle des Creéateurs. Könemann.

17-3 Charlotte Seeling(1999). op. cit.

17-7 Ibid.

17-11 Beverley Birks(1993). Haute Couture 1870-1970. Asahi Simbun, Tokyo.

17-12 Caroline Rennolds Milbank(1985). COUTURE: The Great Designers. Stewart, Tabori & Chang, Inc, p.148.

17-13 Charlie Lee-Potter(1984). Sportswear in Vogue Since 1910. Abbeville Press.

17-14 Ibid.

17-15 Ibid.

17-18 Jack Cassin-scott(1971). The Illustrated Encyclopaedia of Costume and Fashion. Studio Vista.

17-22 Ibid.

17-23(l) Caroline Rennolds Milbank(1985). COUTURE: The Great Designers. Stewart, Tabori & Chang, Inc, p.149.

17-24(c)~(d) Jacqueline Morley(1992). Timelines Clothes for Work, Play & Display. The Salariya Book, p.30.

CHAPTER 18 Caroline Rennolds Milbank(1985). COUTURE: The Great Designers. Stewart, Tabori & Chang, Inc, p.213.

18-1 위키미디어(Daniel Schwen CC BY-SA)

18-3 Charlotte Seeling(1999). La Mode: Au Siècle des Creéateurs. Könemann, p.260.

18-4 Amy De La Haye, Shelly Tobin(1996). Chanel: The Couturiere at Work. The Overlook Press, New York.

18-8 Caroline Rennolds Milbank(1985). COUTURE: The Great Designers. Stewart, Tabori & Chang, Inc, p.213.

18-9 Charlie Lee-Potter(1984). Sportswear in Vogue Since 1910. Abbeville Press.

18-10 Ibid.

18-11 Maria Costantino(1992). Fashions of a Decade: The 1930s. Facts on File, p.35.

18-12 금기숙, 김민자, 김영인, 김윤희, 박명희, 박민여, 배천범, 신혜순, 유혜영, 최해주(2012). 현대패션 110년. 교문사, p.148.

18-13 Maria Costantino(1992). op. cit., p.264.

18-14(b) Ibid.

18-15(h) Linda o'Keeffe(1996). Shoes: A Celebration of Pumps, Sandals, Slippers & More. Workman Publishing·New York, p.355.

18-15(j) Ibid., p.41.

CHAPTER 19 Caroline Rennolds Milbank(1996). New York Fashion. Harry N. Abrams, p.47.

19-1 Patricia Baker(1992). Fashions of a Decade: The 1940s. Facts on File.

19-2 Charlotte Seeling(1999). La Mode: Au Siècle des Creéateurs. Könemann.

19-3 Valerie Steele(1997). Fifty Years of Fashion. Yale University Press New Haven and London.

19-4 Charlotte Seeling(1999). op. cit.

19-5 Caroline Rennolds Milbank(1996). New York Fashion. Harry N. Abrams, p.133.

19-10 Valerie Steele(1997). op. cit, p.6

19-13 Caroline Rennolds Milbank(1985). COUTURE: The Great Designers. Stewart, Tabori & Chang, Inc, p.265.

19-14 Valerie Steele(1997). op. cit.

19-15 Patricia Baker(1992). Fashions of a Decade: The 1940s. Facts on File, p.50.

19-16 Ibid., p.42.

19-17(b)~(c) Susie Hopkins(1999). The Century of Hats. Chartwell Books.

19-20(a) www.metmuseum.org

CHAPTER 20 Kobe Fashion Museum

20-1 Allison Adato(1996). LIFE Sixty Years. LIFE, New York.

20-2 플리커(Lee Haywood CC BY-SA)

20-3 Caroline Rennolds Milbank(1985). COUTURE: The Great Designers. Stewart, Tabori & Chang, Inc, p.237.

20-4 Valerie Steele(1997). Fifty Years of Fashion. Yale University Press New Haven and London, p.35.

20-6 금기숙, 김민자, 김영인, 김윤희, 박명희, 박민여, 배천범, 신혜순, 유혜영, 최해주(2012). 현대패션 110년. 교문사.

20-8 Ibid.

20-9 Amy De La Haye(1988). Fashion Source Book. Regent Publishing Ltd.

20-12 Charlotte Seeling(1999). La Mode: Au Siècle des Creéateurs. Könemann, p.248.

20-13(a) 플리커(Zezaprince Gallery CC BY-SA), (d) 플리커(Mike Licht CC BY-SA), (g)~(h) Charlotte Seeling(1999). op. cit., (j) 플리커(Sweet Creations Doll Fashions CC BY-SA)

CHAPTER 21 Joel Lobenthal(1990). Radical Rags Fashions of the Sixies. New York: abbeville press, New York.

21-1 위키피디아(CC0)

21-2 위키피디아(CC0)

21-3 Catherine Join-Dieterle, Hubert De Givenchy(1991). Givenchy 40 Years of Creation. Paris Musées, p.145.

21-4 Valerie Steele(1997). Fifty Years of Fashion. Yale University Press New Haven and London.

21-8 Caroline Rennolds Milbank(1985). COUTURE: The Great Designers. Stewart, Tabori & Chang, Inc, p.347.

20-10 Francois Boucher(1987). 20,000 Years of Fashion The History of Costume and Personal Adornment. Harry N. Abrams.

21-11 Charlotte Seeling(1999). La Mode: Au Siècle des Creéateurs. Könemann, p.372.

21-14 Joel Lobenthal(1990). Radical Rags Fashions of the Sixies. New York: abbeville press, New York.

21-15 Charlotte Seeling(1999). La Mode: Au Siècle des Creéateurs. Könemann.

21-16 Joel Lobenthal(1990). op. cit.

21-17 Valerie Steele(1997). op. cit.

21-18(b)~(f) Joel Lobenthal(1990). op. cit.

21-19(c) Linda o'Keeffe(1996). Shoes: A Celebration of Pumps, Sandals, Slippers & More. Workman Publishing·New York., (f)~(g) Joel Lobenthal(1990). op. cit.

CHAPTER 22 Caroline Rennolds Milbank(1996). New York Fashion. Harry N. Abrams, Inc, New York.

22-1 위키피디아(CC0)

22-2 Allison Adato(1996). LIFE Sixty Years. LIFE, New York.

22-3 www.wsj.com

22-4 Rottman, Fred, Gross, Elaine(1999). Halston: An American Original. Harpercollins, pp.226-227.

22-5 Ibid, p.100.

22-8 Valerie Steele(1997). Fifty Years of Fashion. Yale University Press New Haven and London.

22-9 Ibid.

22-10 Yves Saint Laurent, Marguerite Duras(1988). Images of Design. Alfred A. Knopf.

22-11 Charlotte Seeling(1999). La Mode: Au Siècle des Creéateurs. Könemann.

22-12 Caroline Rennolds Milbank(1996). op. cit., p.256.

22-15 Natalie Rothstein(1984). Four Hundred Years of Fashion. HarperCollins Publishers Ltd, p.72.

22-16 Valerie Steele(1997). op. cit.

22-17(b)·(f)·(g) Yves Saint Laurent, Marguerite Duras(1988). Images of Design. Alfred A. Knopf.

22-18(a)~(c) Claire Wilcox(1997). A Century of Bags. Book Sales., (d) Paris Musées(2000). Mutations Mode 1960:2000. Musée Galliera, p.123., (e) Claire Wilcox(1997). A Century of Bags. Book Sales, p.110., (g) Charlotte Seeling(1999). La Mode: Au Siècle des Creéateurs. Könemann.

22-19(a) Valerie Steele(1997). op. cit., (b) Yves Saint Laurent, Marguerite Duras(1988). op. cit., (c) Caroline Rennolds Milbank(1996). op. cit., p.241.

CHAPTER 23 Charlotte Seeling(1999). La Mode: Au Siècle des Creéateurs. Könemann.

23-1 플리커(Joe Haupt CC BY-SA)

23-2 위키피디아(CC BY-SA)

23-3 Caroline Rennolds Milbank(1996). New York Fashion. Harry N. Abrams, p.274.

23-6 Charlotte Seeling(1999). op. cit.

23-7 Ibid, p.424.

23-8 Ibid, p.527.

23-10 Valerie Steele(1997). Fifty Years of Fashion. Yale University Press New Haven and London, p.319.

23-12 Caroline Rennolds Milbank(1996). New York Fashion. Harry N. Abrams, p.277.

23-15 Valerie Steele(1997). op. cit.

23-16 Caroline Rennolds Milbank(1985). COUTURE: The Great Designers. Stewart, Tabori & Chang, Inc, p.405.

23-17 Charlotte Seeling(1999). op. cit., p.424.

23-18 Natalie Rothstein(1984). Four Hundred Years of Fashion. HarperCollins Publishers Ltd, p.100.

23-19 Charlotte Seeling(1999). op. cit., p.594.

CHAPTER 24 www.celebcafe.net

24-1 Elane Feldman(1992). Fashion of a Decade: The 1990s. Fact on File.

24-4 Ibid.

24-6 www.celebcafe.net

24-12 www.socionica.com

24-16 Richard Martin(1997). Gianni Versace. Metropolitan Museum of Art.

24-17 Sarah E. Braddock, Marie O'mahony(1998). Techno Textiles. Thames and Hudson, p.91.

24-18 Ibid., p.68.

24-20(c) Amy De La Haye, Shelly Tobin(1996). Chanel: The Couturiere at Work. The Overlook Press, New York.

24-21 June Swann(1983). Shoes. B. T. Batsford.

CHAPTER 25 www.liesangbong.com

25-1 위키피디아(7mike5000 CC BY-SA)

25-2 위키피디아(CC0)

25-9 images.vogue.it

25-11 www.carolinedaily.com

25-20 cdn-ak.f.st-hatena.com

CHAPTER 26 DÉMOO

26-1 위키피디아(CC0)

26-2 위키피디아(Flickr upload bot CC BY-SA)

CHAPTER 27 Lie Sangbong

27-1 Blueskynet/Shutterstock.com

27-2 Fashion Post

27-3 GAP Press

27-5 Zety Akhzar/Shutterstock.com

27-6 NAZRUL NAIM BIN NAZMI/Shutterstock.com

27-7 Apparel News

27-19 Haute Couture

가로셰(Galosche) 240

가르손느(Garçonne) 235

가브리엘 샤넬(Gabrielle Chanel) 268

가운(Gown) 102

갈라 스커트(Gala Skirt) 20

개러지 룩(Garage Look) 333

개릭(Garrick) 173

갭(Gap) 320

게이블 후드(Gable Hood) 121

고고 부츠(Go-go Boots) 283, 297

구데아(Gudea) 31

그래니 부츠(Granny Boots) 297

그런지 룩(Grunge Look) 330, 333

그레그(Gregue) 119

그레이트 코트(Great Coat) 185

노라노 271

노퍽 재킷(Norfolk Jacket) 213, 247

뉴룩(New Look) 254, 257, 266

니커보커스(Nickerbockes) 198

다이애나 왕세자비 300

달마티아(Dalmatia) 22

달마티카(Dalmatica) 79

더블릿(Doublet) 101, 116

더플코트(Duffle Coat) 259

덕테일(Ducktail) 294

데가제(Degage) 172

델포스 드레스(Delphos Dress) 223

도그 칼라(Dog Collar) 295

도릭 키톤(Doric Chiton) 56

드로어즈(Drawers) 197

디토 슈트(Ditto Suit) 198

라브리스(Labrys) 47

래글런 코트(Raglan Coat) 198

램프셰이드 해트(Lampshade Hat) 274

랩(Wrap) 스타일 294

랭그라브(Rhingrave) 135

러프(Ruff) 115, 129

럭셔리 패션그룹 LVMH 348

레그 오브 머튼(Leg of Mutton) 소매 182

레디투웨어(Ready-to-Wear) 268

로룸(Lorum) 80

로브(Robe) 102, 112, 128, 144

로브 아 라 레비테(Robe à la Levite) 149

로브 아 라 볼란테(Robe à la Volante) 146

로브 아 라 시르카시엔느(Robe à la Circassienne) 147

로브 아 라 카라코(Robe à la Caraco) 147

로브 아 라 폴로네즈(Robe à la Polonaise) 147

로브 아 라 프랑세즈(Robe à la français) 146

로브 아 랑글레즈(Robe à l'anglaise) 149

로인클로스(Loincloth) 32, 44

로퍼(Loafer) 250

롱 레이어(Long Layer) 326

롱스커트(Long Skirt) 45

루디 게른라이히(Rudi Gernreich) 281

루렉스(Lurex) 257

르댕고트(Redingote) 153, 170, 172, 185

리리파이프(Liripipe) 91

마담 뒤 바리(Madame du Barry) 143

마담 드 퐁파두르(Madame de Pompadour) 143

마리 앙투아네트(Marie Antoinette) 143, 145

만투아(Mantua) 149

맘보바지 271

망토(Manteau) 91, 103, 136

맥시멀리즘(Maximalism) 324

머프(Muff) 122

메리 제인 부츠(Mary Jane Boots) 297

메리 제인 슈즈(Mary Jane Shoes) 239

메소포타미아(Mesopotamia) 30

모노그램(Monogram) 디자인 348

모닝코트(Morning Coat) 198, 213

모카신(Moccasin) 35, 250

몬드리안 드레스(Mondrian Dress) 283

무드 링(Mood Ring) 297

뮬 슬리퍼(Mule Slipper) 306

미너렛 튜닉 드레스(Minaret Tunic Dress) 223

밀레니얼(Millennial) 세대 344

바빌로니아(Babylonia) 32

바빌로니아인의 패션 32

바이어스 커트 이브닝드레스 246

버스킨(Buskin) 62

버슬 스타일(Bustle style 207
버즈 커트(Buzz Cut) 326
버켄스톡(Birkenstock) 297
버킷 해트(Bucket Hat) 274
벌룬(Ballóon) 소매 182
베니션스(venetians) 118
베레(Béret) 121
베르튀가냉(Vertugadin) 114
베스트(Vest) 133, 186, 198, 213
베스트(Veste) 153
벨바텀 진(Bell-Buttom Jean) 283
보디스(Bodice) 128
보브(Bob) 스타일 348
보울러 해트(Bowlers Hat) 225
보터스(Boaters) 226, 295
보헤미안 무드 334
볼레로(Bolero) 212
부르렛(Bourrelet) 104
브라코(Braco) 81
브레(Braies) 91, 103
브로그(Brogue) 306
브리치스(breeches) 103
블라우스(Blouse) 45
블레이저 재킷(Blager Jacket) 213
블루머(Bloomer) 197
블리오(Bliaud) 90
비치웨어(Beach Wear) 247
비치 웨이브(Beachy Wave) 326
빈티지(Vintage) 348

삭코스(Sakkos) 61
상 퀼로트(Sans Culotte) 173
새들(Saddle) 240
색코트(Sack Coat) 197
샤쥐블(Chasuble) 81
샤포(Chapeau) 175
샤프롱(Chaperon) 92
샹테(Schente) 20
셰그(Shag) 294

섀기(Shaggy) 326
섀기 헤어두(Shaggy Hairdo) 294
셰인즈(Chainse) 90
소도마키 273
소매(Sleeve) 113, 130
쇼스(Chausses) 103
수메르인의 패션 32
수퍼 드레스(Souper Dress) 281
쉔도트(Shendot 혹은 Shendyt) 20
쉬르코 투베르(Surcot-ouvert) 100
슈미즈(Chemise) 115, 119
슈미즈 가운 168
슈미즈 아 라 렌느(Schemise à la Leine)
  149
스니커즈(Sneakers) 227
스커트(Skirt) 131
스테판(Stephane) 61
스토마커(Stomacher) 149
스톨라(Stola) 69
스트로 해트(Straw Hat) 274, 295
스트리트 룩(Street Look) 324
SPA(Specialty Store) 320
스파이키(Spiky) 326
스페이스 룩(Space Look) 283
스펜서(Spencer) 170
스포츠웨어(Sportswear) 247
슬래시(Slash) 113
슬링 백 코트(Sling Back Court) 306
시스 스커트(Sheath Skirt) 21
실크 톱(Silk Top) 226

아르누보(Art Nouveau) 211
아리스토텔레스(Aristoteles) 54
아비 아 라 프랑세즈(Havit à la français)
  152
아시리아(Assyria) 33
아시리아인의 패션 33
아이비 캡(Ivy Cap) 226
아포티그마(Apotigma) 56

아프로(Afro) 294
안티 패션(Anti Fashion) 334
앤디 워홀(Andy Warhol) 281
앨모너(Almoner) 93
언더웨어(Underwear) 209
얼스터 코트(Ulster Coat) 215
S-커브 스타일 211
에스코피온(Escoffion) 104
에스빠느리유(Espadrilles) 262
H&M 320
에이프런(Apron) 46
에코(Echo) 백 348
엑조미스(Exomis) 56
MZ 세대 344
엠파이어 드레스(Empire Dress) 169
엠파이어 튜닉(Empire Tunic) 223
오 드 쇼스(Haut de Chausses) 117,
  133
오스 퀴(Hausse cul) 115
옥스퍼드(Oxford) 239, 250
옵아트 패션 284
와이드 브림 플로피 해트(Wide Brimmed
  Floppy Hat) 295
완지(Onesie) 333
우라에우스(Uraeus) 21
우플랑드(Houppelande) 101
윈드스크린 해트(Windscreen Hat) 225
윔플(Wimple) 92
유니버시티 코트(University Coat) 213
유니클로(Uniqlo) 320
육각형 이브닝 박스 핸드백 275
이브닝드레스(Evening Dress) 210
이브 생 로랑(Yves Saint Laurent) 268
이오닉 키톤(Ionic chiton) 57
이집트(Egypt) 16
인버네스 케이프(Inverness Cape) 214

자라(Zara) 320
재클린 케네디 오나시스(Jacqueline

Kennedy Onassis) 280

저킨(Jerkin) 119

쥐스토코르(Justaucorps) 133, 151

지폰(Gipon) 91

진웨어(Jean Wear) 293

질레(Gilet) 198

집시(Gypsy) 스타일 293

집시 룩(Gipsy Look) 290

집시 커트(Gypsy Cut) 294

찰스 프레더릭 워스(Charles Frederick Worth) 194

체스터필드 코트(Chesterfield coat) 197

체스터필드 코트(Chesterfield Coat) 185, 214

초커(Choker) 295

최경자 271

친 밴드(Chin Band) 92

카르마놀(Carmagnole) 173

카우나케스(Kaunakes) 32

카우 혼(Cow Horn) 22

카트휠 해트(Cartwheel Hat) 260

칼라미스트룸(Calamistrum) 70

칼라시리스(Kalasiris) 20

칼세우스(Calceous) 72

칼세우스 세나토리우스(Calceous Senatórus) 72

칼세우스 파트리키우스(Calceous Patrcus) 72

캐니언스(canions) 118

캔디스(Kandys) 35

컨버스(Converse) 240

컬래버레이션(Collaboration) 346

케이프(Cape) 185, 224

코더너스(Cothornus) 62

코르사주(Corsage) 91

코르셋(Corset) 129, 150, 208

코르셋 벨트(Corset belt) 46

코르피케(Corps-piqué) 113

코이프(Coif) 92

코테(Cotte) 99

코투르누스(Cothurnus) 72

코트(Coat) 119, 184, 197, 224

코트아르디(Cote-hardie) 100

코핀(Chopin) 122

쿨리 해트(Coolie Hat) 274

퀼로트(Culotte) 133, 155

퀼로트(Culottes) 283

크라프트(Craft) 22

크랙코(crackow) 106

크레피다(Crepida) 72

크레피스(Crepis) 62

크롭 커트(Cropped Cut) 326

크리놀린(Crinoline) 195

크리스토발 발렌시아가(Cristobal Balenciaga) 269

클라미스(Chlamys) 56, 59

클로시 해트(Cloche Hat) 295

클로크(Cloak) 171

키톤(Chiton) 55

키피(Kyphi) 23

킬트(Kilt) 19

탑샵(Topshop) 330

태머 섄터(Tam O'shanter) 238

택시 드라이버 캡(Cab Driver Cap) 226

터번(Turban) 249, 274

테일러드 슈트(Tailored Suit) 212, 224

테일 코트(Tail Coat) 172, 184, 247

토가(Toga) 68

토가 비릴리스(Toga Virillis) 69

토가 소디다(Toga Sordida) 69

토가 칸디다(Toga Candida) 69

토가 푸라(Toga Pura) 68

토가 풀라(Toga Pulla) 69

토가 프라에텍스타(Toga Praetexta) 68

토가 픽타(Toga Picta) 68

토리아(Tholia) 60

토크(Toque) 249

토플리스 모노키니(Topless Monokini) 281

투피스(Two-piece) 212

튜니카(Tunica) 69

튜니카 라티클라비(Tunica Laticlavi) 69

튜니카 탈라리스(Tunica Talaris) 69

튜니카 팔마타(Tunica Palmata) 69

튜닉(Tunic) 21, 46, 79, 89

트라우스(Trouse) 117

트라우저(Trousers) 186

트라이앵글러 에이프런(Triangular Apron) 21

트럭커 해트(Trucker Hat) 326

트렌치코트(Trench Coat) 323

티어드(Tiered) 스커트 32

파뉴(Pagne) 20

파니에(Panier) 150

파시움(Passium) 26

파에눌라(Paenula) 80

판탈롱(Pantalon) 172, 214, 293

팔라(Palla) 70, 80

팔루다멘툼(Paludamentum) 70, 77

팔리움(Pallium) 70, 80

팝아트 패션 284

패튼(Patten) 106, 122

펑크(Punk) 스타일 293

페르시아(Persia) 34

페르시아인의 패션 34

페스(Fes) 92

페타서스(Petasus) 60

펠러린(Pèlerine) 149, 182

포니테일(Ponytail) 273, 326

포스트모더니즘 패션 284

포호크(Faux Hawk) 326

퐁탕주(Fontange) 137

퐁파두르(Pompadour) 294

푸르푸앵(Pourpoint) 101, 116, 132

풀레느(poulaine) 106

프라크(Frac) 153

프록 그레이트 코트(frock great coat) 197

프록코트(Frock Coat) 172, 184, 213

피리기안 캡(Phrygian Cap) 175

프릭크드(Flicked) 294

플라톤(Platon) 54

플래퍼 드레스(Flapper Dress) 234

플레어스커트 271

플리스(Pelisse) 149

피라미드 17

피리기안 보닛(Phyrigian Bonnet) 60

피불라(Fibula) 56, 61

PVC 드레스 283

픽시 커트(Pixie Cut) 326

필로스(Pilos) 61

필박스 해트(Pillbox Hat) 260, 274, 280, 286

하렘 팬츠(Harem Pants) 223

하이크(Hike) 21

하프 해트(Half Hat) 274

함무라비(Hammurabi) 31

함부르크(Hamburg) 225

핫팬츠(Hot Pants) 293

호메로스(Homeros) 54

호블 스커트(Hobble Skirt) 222

호스(Hose) 103, 155

홈쇼핑 343

후드(Hood) 91

흉패 26

히마티온(Himation) 58

히피(Hippie) 스타일 290

힙스터 룩(Hipster Look) 333

지은이

신혜순
SHIN, HEISOON

경기여자고등학교 졸업
이화여자대학교 가정대학 의류학과 졸업
국제패션디자인아카데미 졸업
미국 뉴욕 FIT대학 패션디자인과 졸업
이화여자대학교 대학원 의류학과 강사 역임
국제패션디자인학원 원장 역임
국제패션디자인연구원 원장 역임
복식문화학회 부회장 역임
국제패션디자인학교 학장
한국현대의상박물관 관장
SUNY Korea FIT 석좌교수

저서

서양 패션의 변천사(교문사, 2016)
의복구성(교문사, 2012)
패턴메이킹(교문사, 2011)
한국패션 100년(미술문화, 2008)
패션 일러스트레이션(교문사, 2007)
패션디자인(교문사, 2005)
현대패션용어사전(교문사, 2003)
우리 옷 이천 년(문화관광부, 2001, 공저)
패턴메이킹 & 의복구성(교문사, 2000)
패션큰사전(교문사, 1999)
패션과 스타일(국제패션디자인연구원, 1987)
섬유제품용어집(한국섬유공학회, 1987)
섬유백서(한국섬유산업연합회, 1985) 등 다수

2판

서양 패션의 변천사
고대부터 현대까지

2016년 2월 23일 초판 발행 | 2020년 12월 30일 2판 발행

지은이 신혜순 | **펴낸이** 류원식 | **펴낸곳** 교문사

편집팀장 모은영 | **책임진행** 이정화 | **디자인** 신나리 | **본문편집** 벽호미디어

주소 (10881) 경기도 파주시 문발로 116 | **전화** 031-955-6111 | **팩스** 031-955-0955
홈페이지 www.gyomoon.com | **E-mail** genie@gyomoon.com
등록번호 1960.10.28. 제406-2006-000035호
ISBN 978-89-363-2073-7(93590) | **값** 39,000원